실전 주방관리론

실전 주방관리론

강동원 · 김영갑 · 서재실 지음

THE PRINCIPLE OF
KITCHEN MANAGEMENT

교문사

음식점을 창업하려는 예비창업자와 이미 음식점 사업을 하는 경영자에게
질문해 보았다. "주방이란 무엇인가요?" 대부분 바로 대답하지 못하고 우물쭈
물한다. 주방이 무엇인지 모를 리 없다. 알지만 쉽게 말로 표현하지 못한다. 깊
이 연구하거나 고민한 적이 없다는 증거다. "음식점을 하려면 조리하는 공간
이 필요하다. 그 공간은 인테리어 사업자나 주방설비 업체에서 알아서 해 준
다."라고 생각할 뿐 창업자나 경영자가 주방에 대한 전문지식이 필요하다고
생각해 보지 않았기 때문이다.

사람에게 뇌가 있고 컴퓨터에 중앙처리장치(CPU)가 있듯 음식점에는 주방
이 있다. 뇌가 없는 사람, CPU가 없는 컴퓨터를 생각할 수 없듯 주방이 없는
음식점을 생각할 수 없다. 컴퓨터의 CPU 크기가 작아지듯 주방의 규모가 작
아진다고 중요성이 줄어드는 건 절대 아니다. 컴퓨터 CPU 크기가 줄지만, 성
능과 효율은 더 커지고 있음을 알아야 한다. 컴퓨터는 CPU에 따라서 컴퓨터
의 처리속도와 성능이 좌우된다. 한마디로 좋은 컴퓨터는 고성능 CPU가 장
착된 컴퓨터이다. 음식점도 같은 이치이다. 좋은 주방이 대박 나는 음식점을
만드는 기초가 된다.

이 책의 독자들은 음식점에서 주방이 얼마나 중요한지를 충분히 알고 있다
고 가정하겠다. 다음 단계는 성공하는 음식점이 되려면 주방을 어떻게 만들
어야 하는가이다. 음식점 창업자와 경영자는 다음과 같은 내용을 잘 이해하
고 실천해야 한다.

첫째, 외식산업의 구조와 동향(trend)을 정확하게 알아야 한다. 그래야 음식
점의 핵심 성공 요인과 시대 흐름에 따라 변화하는 소비자 욕구와 요구를 알

아서 주방에 적용할 수 있다.

둘째, 주방의 개념과 중요성을 파악해야 한다. 주방이 단순히 요리하는 공간이 아니라 그 이상의 역할을 하는 장치이며, 음식점의 경쟁력을 좌우하는 생산성에 가장 큰 영향을 미치는 영역임을 알아야 한다.

셋째, 주방 콘셉트를 기획할 수 있어야 한다. 주방 콘셉트는 음식점의 콘셉트와 어우러지는 심미성을 가지면서 기능성까지 고려해야 한다. 예를 들면 폐쇄형 주방, 오픈형 주방, 카운터형 주방, 독창적인 주방, 청결을 강조하는 주방, 대형 매장에 어울리는 주방, 최신 추세를 적용한 주방 등 다양한 콘셉트 중 음식점에 가장 잘 어울리는 형태를 찾을 수 있어야 한다.

넷째, 콘셉트를 실제 현장에 구현하기 위한 설계와 주방기구 배치를 할 수 있어야 한다. 콘셉트가 아무리 훌륭해도 현장에 제대로 적용하지 못하면 무슨 의미가 있겠는가? 적용이 가능하다 해도 투자가 너무 많이 들어간다면 투자수익률이 하락할 수 있다. 최소의 투자로 최고의 효과를 낼 수 있는 주방 공사 능력을 갖춘 주방전문업체를 찾아야 한다.

다섯째, 주방은 자동화된 공장처럼 돌아갈 수 있어야 한다. 사람이 주방기구와 협업하면서 효율적으로 일할 수 있어야 한다. 경쟁 점포와 같은 시간을 일하면서 피로감은 덜 느끼고 더 많은 생산을 할 수 있어야 한다. 외식업 현장에서 갈수록 주방 인력을 구하기 힘들다고 한다. 소득수준이 높아지는 우리나라에서 너무 자연스러운 현상이다. 사람이 없다고 하지 말고 사람을 최소화하면서 원하는 매출을 달성할 수 있는 주방을 만들어야 한다.

여섯째, 주방은 100년을 쓸 수 있도록 만들어야 한다. 1년, 2년 일하다 보면 여기저기 하자가 발생하는 주방을 많이 보게 된다. 인테리어, 설비, 기구 등의 투자비를 아끼거나 전문성이 떨어지는 업체가 공사한 경우 발생하는 일이다. 이런 현상이 발생하면 초기 투자비를 아낀 것보다 더 큰 비용이 반복적으로 들어가게 된다.

일곱째, 주방은 인간 중심적으로 설계해야 한다. 작업자가 최소의 움직임으로 모든 일을 할 수 있으면서 다른 직원과 협업을 할 수 있어야 한다. 여름에는 시원하고 겨울에는 따뜻한 최적 온도에서 일할 수 있도록 공조시설을 갖추고 쾌적한 환경을 만들어야 한다.

이 책은 이상의 내용을 누구나 체계적인 과정을 거쳐서 실무에 쉽게 적용할 수 있도록 외식산업의 이해부터 미래의 주방까지 총 15개의 장으로 구성하였다. 성공하는 음식점을 만들고 싶은 창업자나 이미 시작한 음식점의 매출과 이익을 높이고자 하는 경영자에게 꼭 필요한 주방 지식과 실전을 포함하기 위해 노력했다.

무엇보다 창업지식, 경영지식, 마케팅지식은 공부하면서 주방에 관한 공부는 하지 않았던 분들이 주방에 관한 학습을 하고 현장에 적용해서 큰 성과를 만들어 낼 수 있는 노하우를 적재적소에 기술했다. 외식산업계의 전문가가 되기를 원하는 독자라면 항상 곁에 두고 필요한 부분을 읽고 적용할 수 있을 것이라 믿는다.

마지막으로 이 책이 나오기까지 물심양면으로 도움을 주신 모든 분께 진심으로 감사드린다. 바쁜 일정 속에서도 많은 관심과 노력을 기울여 주신 교문사 류제동 사장님을 비롯한 임직원 여러분께도 심심한 감사의 마음을 전한다.

2022년 1월

저자 일동

 주방관련 다양한 도면과 자료는 '키친리더'를 참고해 주세요.

CHAPTER 2 주방관리의 이해

CHAPTER 3 주방공간 분석

주방 설계 이해

CHAPTER 5 주방설비 이해

CHAPTER 8
주방 공사의 실제

CHAPTER 9
주방기기의 이해

주방기물의 이해

주방기기와 기물의 관리

주방 환경 관리와 HACCP

CHAPTER 1
외식산업의 이해

1

외식산업의 이해

학습목표

*   외식과 외식산업, 외식사업의 뜻을 이해하고, 설명할 수 있다.
*   한국의 외식산업의 역사를 이해한다.
*   외식사업의 특성과 문제점을 이해한다.

1. 외식의 정의

'식사는 하셨습니까?', '언제 식사 한 번 하자', '내가 밥 한 번 살게, 고마워', '밥은 먹고 다니냐' '식구(食口)', '바빠도 밥은 챙겨 먹어', '밥상머리 교육' 등등.

식사란 허기를 풀기 위해, 식욕을 채우기 위해 먹는 행위를 뜻한다. 그러나 한국인에게 식사란 애정과 관심, 친밀한 관계를 의미하며, 단순히 생존을 위한 활동을 넘어 일상생활과 문화 전반에 매우 깊이 녹아 있는 개념이다. 이러한 문화를 공유하는 한국에서 음식과 관련한 산업이 발전하는 것은 너무나 당연한 것이다. 그 대표적인 것은 외식업이 있다.

사전적 의미의 외식(外食)이란, 가정 밖에서 행하는 식사를 뜻한다. 전통적으로는 음식을 준비하고, 식사를 하는 공간을 기준으로 외식과 내식(內食)을 구

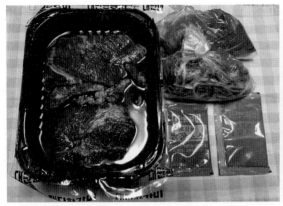

그림 1-1

갈비 전문점 '대단한 갈비'의 밀키트

구성: 돼지 양념구이, 상추, 깻잎, 쌈장, 파채, 파채소스, 조리법 카드

분하였지만, 현대에 들어서는 배달, 포장, 밀키트[1], HMR[2](Home Meal Replacement) 등, 음식점이나 음식 조리를 전문으로 하는 업체에서 조리와 구매가 이루어지고, 이후 가정이나 음식점이 아닌 곳에서 식사를 하는 경우가 일반화되며, 음식 조리와 서비스 등을 담당하는 업체를 통해 음식을 구매하여 식사하는 행위를 외식으로 이해할 수 있다. 이제 현대적 의미의 외식의 범위는 그림 1-2와 같이 표현할 수 있다.

---

1 밀키트(Meal Kit)란, 식사(meal)라는 단어와 특정한 목적을 위해 조립해 완성할 수 있는 부품의 모음을 의미하는 키트(kit)라는 단어를 조합한 것으로, 요리에 필요한 손질된 식재료와 양념, 조리법 등을 세트로 구성해 제공하는 상품이다. 밀키트는 신선한 재료를 사용하여 외식보다는 저렴하면서 건강한 식사를 할 수 있는 새로운 식사 형태이다. 1~2인 가구가 빠르게 증가하는 현대에 요리를 위해 해야 하는 식재료의 구매, 손질, 조리 등의 활동을 줄이며, 식재료의 낭비를 막을 수 있어 인기를 끌고 있다.

2 HMR(Home Meal Replacement)은 '가정 간편식'이라고도 부르는 상품으로, 가정에서 복잡한 조리작업을 간소화한 조리가 완료된 식품이며, 데우거나 끓이기 등 간단한 조리과정을 거쳐 섭취할 수 있는 음식을 뜻한다.

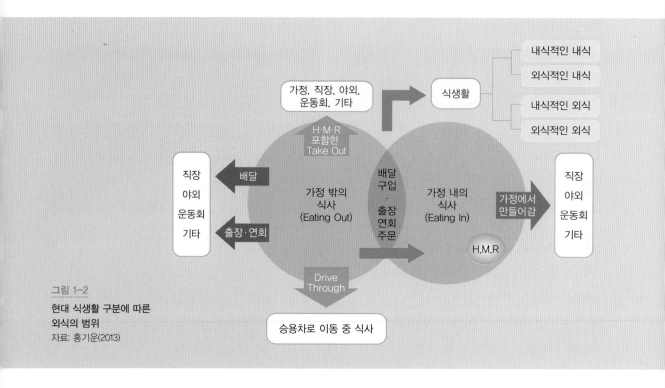

그림 1-2
현대 식생활 구분에 따른
외식의 범위
자료: 홍기운(2013)

2. 외식산업의 이해

1) 외식사업과 외식산업

일반적으로 '외식사업'과 '외식산업'을 혼동하는 경우가 종종 있다. 하지만 이 용어를 명백히 구분하는 것이 앞으로의 학습을 위한 기본적인 작업이라 할 수 있다.

(1) 외식사업

과거의 외식사업(Foodservice Business)이란, 음식을 만들어 파는 일, '음식장사', '식당' 등으로 인식되곤 했다. 즉 가정 이외의 장소에서 음식을 제공하고, 그에 대한 대가를 받는 사업을 의미했다. 현대에 들어 좀더 고도화된 **외식사업**이란,

외식활동이 이루어지도록 식사할 수 있는 장소 및 시설의 제공, 음식을 조리하는 행위, 음식을 고객에게 제공하고, 고객의 식사를 돕는 다양한 서비스 등을 통한 경제활동을 의미한다. 다시 말해 외식사업은 과거의 단순한 음식의 제공의 개념에서 음식과 함께 공감각적인 경험을 더한 공간과 서비스를 제공하는 등 복합성을 띤 사업의 형태로 발전해왔다.

(2) 외식산업

이와는 달리 외식산업 진흥법에 따르면, **외식산업**(Foodservice Industry)은 외식사업체를 포함하여 외식상품의 기획·개발·생산·유통·소비·수출·수입·가맹사업 및 이에 관련된 서비스를 행하는 산업으로 정의한다. 아울러, '외식사업'은 외식산업의 주요한 구성 요소로, 외식사업과 관련된 경제활동으로 정의하고 있다.

2) 외식산업의 업종 분류

외식산업은 다양한 기준으로 분류할 수 있으나, 여기에서는 식품위생법과 한국표준산업 분류 방식을 통해 외식산업의 하위 업종이 어떻게 구성되어 있는지 살펴보도록 하겠다.

(1) 식품위생법에 의한 분류

식품위생법에서는 음식점을 '식품접객업'으로 정의한다. 식품접객업은 다시 휴게음식점, 일반음식점, 단란주점, 유흥주점, 위탁급식, 제과점 등으로 나눠진다(표 1-1).

(2) 한국표준산업 기준에 의한 분류

통계청은 우리나라의 산업을 '한국표준산업 분류(KSIC)'로 나누고 있는데, 외식업은 숙박 및 음식점업 아래에 음식점업, 주점 및 비알코올 음료점업으로 구성돼 있다(표 1-2).

표 1-1. 식품위생법에 의한 외식산업의 분류

업종 분류	정의
휴게음식점	주로 차, 커피, 아이스크림 등을 조리 · 판매하거나 패스트푸드, 분식 등의 음식을 조리 · 판매하는 음식점으로, 음주행위가 허용되지 않음.
일반음식점	음식류를 조리 · 판매하는 음식점으로, 식사와 함께 주류 판매, 음주가 허용됨.
단란주점	주로 주류를 조리 · 판매하는 음식점으로, 손님이 노래를 부르는 행위가 허용됨.
유흥주점	주로 주류를 조리 · 판매하는 음식점으로, 유흥종사자를 두거나 유흥시설을 설치할 수 있고 손님이 노래를 부르거나 춤을 추는 행위가 허용됨.
위탁급식	집단급식소를 설치 · 운영하는 자와의 계약에 따라 그 집단급식소에서 음식류를 조리하여 제공하는 사업체.
제과점	주로 빵, 떡, 과자 등을 제조 · 판매하는 곳으로, 음주행위가 허용되지 않음.

표 1-2. 한국표준산업 분류에 의한 외식산업의 분류

대분류	중분류	소분류	설명
음식점업	한식 음식점업	한식 일반 음식점업	백반류, 죽류, 찌개류(국, 탕, 전골), 찜류 등 한식 일반 음식을 제공하는 산업활동. 죽류, 찌개류 및 찜류는 육류 또는 해산물이 주재료가 되는 경우를 포함함.
		한식 면 요리 전문점	냉면, 칼국수, 국수 등 한식 면 요리 음식을 전문적으로 제공하는 산업활동.
		한식 육류 요리 전문점	쇠고기, 돼지고기, 닭고기, 오리고기 등 육류 구이 등의 요리를 전문적으로 제공하는 산업활동.
		한식 해산물 요리 전문점	한국식 횟집, 생선 구이점 등 한식 해산물 요리를 제공하는 산업활동.
	외국식 음식점업	중식 음식점업	중국식 음식을 제공하는 산업활동.
		일식 음식점업	정통 일본식 음식을 전문적으로 제공하는 산업활동.
		서양식 음식점업	유럽 및 미국 등에서 발달한 서양식 음식을 제공하는 산업활동.
		기타 외국식 음식점업	동남아, 인도 등 기타 외국식 음식점업을 운영하는 산업활동.
	기관 구내식당업	기관 구내식당업	회사, 학교, 공공기관 등의 기관과 계약에 의하여 구내식당을 설치하고 음식을 조리하여 제공하는 산업활동.
	출장 및 이동 음식점업	출장 음식 서비스업	파티, 오찬, 연회 등의 행사시에 고객이 지정한 장소에 출장하여 주문한 음식물을 조리하여 제공하는 산업활동.
		이동 음식점업	제공하는 음식 종류에 관계없이 특정 장소에 고정된 식당을 개설하지 않은 이동식 음식점을 운영하는 산업활동(포장마차, 이동식 떡볶이, 붕어빵 판매점 등).

(계속)

표 1-2. 한국표준산업분류에 의한 외식산업의 분류(계속)

대분류	중분류	소분류	설명
음식점업	기타 간이 음식점업	제과점업	즉석식의 빵, 케이크, 생과자 등을 직접 구워서 일반 소비자에게 판매하거나 접객시설을 갖추고 구입한 빵, 케이크 등을 직접 소비할 수 있도록 제공하는 산업활동.
		피자, 햄버거, 샌드위치 및 유사 음식점업	피자, 햄버거, 샌드위치, 토스트 및 유사 음식을 직접 조리하여 일반 소비자에게 판매하는 산업활동.
		치킨 전문점	양념 치킨, 프라이드 치킨 등 치킨 전문점을 운영하는 산업활동.
		김밥 및 기타 간이 음식점업	간이 음식(대용식이나 간식, 야식 등)용으로 조리한 김밥, 만두류, 찐빵, 면류(라면, 우동 등), 떡볶이류, 튀김류, 꼬치류 등을 제공하는 음식점을 운영하는 산업활동. 포장 판매도 하지만 객석 판매가 많은 경우를 포함.
		간이 음식 포장 판매 전문점	고정된 장소에서 대용식이나 간식 등 간이 음식류를 조리하여 포장 판매하거나 일부 객석은 있으나 포장 판매 위주로 음식점을 운영하는 산업활동.
주점 및 비알코올 음료점업	주점업	일반 유흥주점업	접객시설과 함께 접객 요원을 두고 술을 판매하는 각종 형태의 유흥주점.
		무도 유흥주점업	무도시설을 갖추고 술을 판매하는 무도 유흥주점.
		생맥주 전문점	접객시설을 갖추고 대중에게 주로 생맥주를 전문적으로 판매하는 주점.
		기타 주점업	생맥주 전문점을 제외한 대폿집, 선술집 등과 같이 접객시설을 갖추고 대중에게 술을 판매하는 기타의 주점.
	비알코올 음료점업	커피 전문점	접객시설을 갖추고 볶은 원두, 가공 커피류 등을 이용하여 생산한 커피 음료를 전문적으로 제공하는 산업활동. 접객시설 없이 포장 판매를 전문적으로 하는 음료점도 포함.
		기타 비알코올 음료점업	접객시설을 갖추고 주스, 인스턴트 커피, 홍차, 생강차, 쌍화차 등을 만들어 제공하는 산업활동. 접객시설 없이 포장 판매를 전문적으로 하는 음료점도 포함.

자료: 통계청 한국표준산업분류

(3) 업종과 업태

① 업종: 업종이란 '영업의 종류'의 줄임말로, 앞에서 살펴본 대로 외식업의 업종 분류는 한식, 일식, 양식, 중식 등 큰 범위에서의 메뉴 유형을 뜻한다.

A: 뭐 먹을까?

B: 글쎄, 뭐 먹지? 한식, 양식, 중식, 일식… 뭐 먹을래?

A: 그냥 중국집 가서 짜장면이나 한 그릇 먹을까?

B: 그래, 그럼 나는 짬뽕이나 먹어야겠다.

흔히 우리가 하는 이런 대화는 업종이란 것이 무엇인지를 보여준다.

고객의 입장에서는 '무엇을 먹을 것인가?'에 대한 큰 분류 기준이며, 경영자의 입장에서는 '무엇을 판매할 것인가?'에 대한 답변이 곧 업종이라 할 수 있다.

② 업태: 가족 모임이나 접대, 데이트 등을 위해 음식점을 선택한다고 생각해보자. 이런 경우 분위기나 가격, 메뉴의 종류와 구성, 서비스의 스타일 등 앞서 살펴본 일상적인 식사를 위해 음식점을 선택하는 것보다 좀더 복잡한 기준으로 음식점을 고르게 된다. 업태란 업종의 세부적인 요소를 설명하는 요소로,

무엇을 WHAT	업종. 주력 메뉴는 무엇인가?
왜 WHY	고객은 어떤 상황과 이유로 우리 매장을 찾을 것인가?
누구에게 WHO	우리의 주요 고객은 누구인가?
언제 WHEN	운영 시간과 운영 요일은 어떻게 결정할 것인가? 브레이크 타임은 필요한가?
어디서 WHERE	상권과 입지는 어떤 기준으로 결정할 것인가?
어떻게 HOW	서비스는 어느 정도 수준으로 운영할 것인가?
얼마에 HOW MUCH	객단가와 테이블단가 등 가격대는 어느 정도로 결정할 것인가?

그림 1-3
업태를 선정하기 위한 고려사항

고객에게는 '어떻게 먹을 것인가?'에 대한 기준이며, 경영자의 입장에서는 '어떻게 판매할 것인가?'에 대한 답변이라고 할 수 있다.

업태는 국적과 주요 메뉴를 중심으로 메뉴를 분류하던 기준에서 발전하여 서비스의 스타일, 메뉴를 제공하는 상황과 형태에 따라 분류하는 기준이 된다. 외식산업이 고도화, 성숙화된 미국의 경우, 1940년대 이후 메뉴의 국적이 아닌 서비스의 스타일을 기준으로 패스트푸드, 패스트 캐주얼, 패밀리 레스토랑, 카페테리아, 캐주얼 다이닝, 파인 다이닝 등으로 업태를 분류하고 있다.

현재 우리나라의 산업분류에서는 업태가 중요한 개념으로 다뤄지지 않지만, 음식점을 창업하고자 한다면, 업태를 정교하게 설계할수록 경쟁이 치열한 외식산업에서 차별화가 가능해지고, 그만큼 창업 후 성공 확률이 높아진다고 볼 수 있다.

3) 외식산업의 연관 산업

'외식'이라는 활동이 이루어지기 위해서는 기본적으로 식사를 위한 공간, 음식 그리고 식사를 하는 사람, 총 3개의 요소가 필요하다.

외식사업은 단순히 식사를 위한 공간과 음식을 제공하는 사업 형태로 시작되었으나, 경쟁이 심화되며 다양한 종류와 품질의 음식과 고객이 원하는 방식의 서비스의 제공, 색다른 분위기의 연출 등을 통해 음식 제공으로만 창출하기 어려운 높은 부가가치를 창출하며 다양한 유형으로 다양화된다. 이에 따라 외식산업의 범위가 확장된다.

외식사업, 즉 음식점이 만들어지고, 유지되기 위해서는 식품, 주방, 부동산, 건축, 유통 등의 산업들이 자연스럽게 연관된다. 이외에도 외식산업과 관련된 산업군으로는 교육, 금융업, 도소매업, 농수축산업, 통신업, 기계제조업 등이 있다.

표 1-3. 외식산업의 주요 연관 산업

산업	역할
식품산업	식재료 및 기타 상품의 공급 • 완제품 및 반제품의 공급 • 원료 자체의 공급
주방산업	설비 및 집기의 공급과 유지보수
부동산 산업	영업장인 점포의 공급
건축산업	실내, 외 디자인의 공급
호텔, 관광, 레저산업	부수적인 서비스의 공급: 관광지, 유원지, 휴게소, 휴양지, 골프장, 스포츠센터 등
유통산업	물류시스템의 공급 농수산물 도소매유통/식재료 직거래 물류센터 및 센트럴 키친 시스템 도입

외식산업의 범위는 식음이 이루어지는 공간과 제공되는 상품(음식과 서비스의 혼합)에 따라 그림 1-4와 같이 표현할 수 있다.

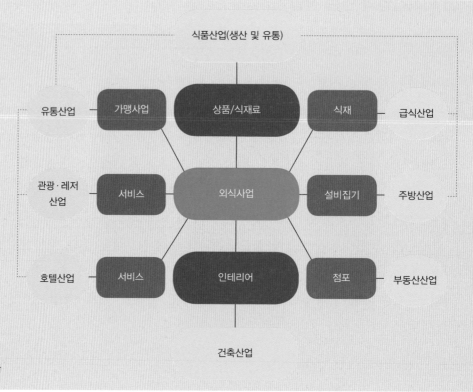

그림 1-4
외식산업의 연관 산업들

3. 한국 외식산업의 역사

1) 1980년대

우리나라의 외식산업은 일제 강점기와 한국전쟁 이후의 빈곤을 극복하고, 본격적으로 국가 발전이 가시화되기 시작한 1980년 전후로 태동했다고 볼 수 있다.

1979년 롯데그룹이 일본의 롯데리아와 합작으로 패스트푸드 브랜드 롯데리아를 소개한 것이 외식사업, 즉 영세한 음식점 일색의 한국에서 외식산업이 시작된 계기라고 보는 것이 일반적이다. 롯데리아는 당시 우리나라에서는 볼 수 없었던 셀프서비스, 파트타이머 채용, 주방설비 자동화 등을 선보였고, 국내 외식 프랜차이즈 산업의 시스템 기반을 마련하는데 큰 공헌을 했다.

그림 1-5
1988년 한국 맥도날드
1호점 오픈 기사
자료: 동아일보

1980년대에는 86 아시안게임과 88 서울올림픽 등 국제행사를 치르면서 맥도날드, 피자헛 등 다국적 외식 브랜드의 국내 진출, 놀부 보쌈 등의 한식 브랜드의 등장, 대기업의 외식사업 진출이 빠르게 진행되면서 연매출 8조 원의 대형 시장으로 성장하였고 본격적인 산업으로 그 위상을 형성해 갔다.

2) 1990년대

80년대의 경제 성장에 힘입어 90년대 초중반에는 외식산업이 본격적으로 성장한다. 패밀리 레스토랑인 T.G.I. 프라이데이스, 씨즐러, 스카이락 등이 등장했고, 80년대 후반에 등장하기 시작한 쟈뎅, 도토루 등의 커피전문점과 크라운

베이커리, 뉴욕제과 등의 제과점 브랜드 그리고 한국 토종 브랜드들이 프랜차이즈 시스템을 등에 업고 빠른 속도로 성장해 나갔다.

그러나 지나치게 양적 성장에 치우치면서 경쟁 격화, 콘셉트의 비차별화, 체계적 운영 시스템의 부재 등으로 부실업체가 속출한데다, 1997년 IMF 사태로 외식소비가 급격히 줄면서 경쟁력 있는 브랜드만이 살아남는 시기가 되었다. 동시에 IMF 사태 이후 전에 없던 명예퇴직과 극심한 취업난으로 소자본 외식창업이 대안으로 떠오르고, 치킨, 김밥, 라면 등의 분식, 도시락 업종의 창업이 각광을 받았다. 또한 1999년 스타벅스의 등장 이후 탐앤탐스, 할리스 등의 중대형 커피전문점이 인기를 끌었다.

통계청 자료에서도 1996년 52만 576개(시장규모 28조 1494억 원), 1997년 55만 526개소(30조 2299억 원)에 달하던 외식사업체수가 1998년 54만 3030개(27조 2564억 원)로 전년대비 큰폭 감소했다. 하지만 1999년에 들어서면서 56만 4686개(33조 2592억 원)로 다시금 증가한 것으로 나타났다.

3) 2000년대

2000년대 이후 경기불황을 반영한 초저가 외식 브랜드들이 대거 등장하며 시장 성장세를 이어간다. 5천원대의 치킨을 판매하는 오마이치킨, 저렴한 토스트를 판매하는 이삭토스트, 삼겹살을 1인분에 3500원에 판매하는 돈데이, 1판 가격에 2판을 제공하는 저가 피자 브랜드 피자에땅 등이 대표적인 브랜드였다.

2002년은 월드컵 특수를 겨냥한 주점 브랜드도 크게 성장했는데, 기존의 골목상권 중심의 호프 맥주점이 아닌 주류 브랜드를 등에 업은 대형 맥주 전문 음식점들이 오피스 상권, 대형 상업지구 등에 등장한다. 대표적인 브랜드로는 진로 쿠어스 맥주의 미스터 세븐, 하이트 맥주의 하이트 비어 잭과 하이트 비어 플러스가 있으며, 일본의 기린비어 페스타 등이 가세해 시장을 급성장시켰다. 여기에 쪼끼쪼끼, 와바, 비어헌터 등 다양한 종류의 세계맥주와 함께 생맥주를 취급하는 맥주전문점들까지 등장하면서 창업시장에서 생맥주 전문점이

한 축을 담당하게 됐다.

2007년 이후 미국에서 시작된 전세계적인 금융 위기가 한국에도 엄청난 영향을 끼쳤고, IMF에 버금가는 경기침체가 지속되었다. 명예퇴직자들과 베이비부머의 속출로 창업시장이 다시금 활발해졌고, 소자본 창업과 함께 자본력을 갖춘 투자형 창업자들이 동시에 대거 등장하면서 창업시장은 양극화가 더욱 부각됐다. 가장 인기있는 투자형 창업 업종은 대형 커피전문점으로, 대표주자 카페베네는 유명 연예인 모델을 내세운 공격적 마케팅과 세련된 인테리어의 대형매장, 와플과 아이스크림 등의 사이드 메뉴 등으로 무장하고 투자형 창업주를 만족시키며 성장가도를 달렸다. 할리스, 탐앤탐스, 파스쿠찌, 투썸플레이스 등 중대형 커피전문점들이 함께 경쟁했고, 같은 시기 소자본 창업의 니즈에 맞춘 이디야 등의 소형 커피전문점이 창업 시장을 선도했다.

아울러, 전반적인 경기 침체 속에서 저렴한 투자비와 안정적 운영이라는 이점을 내세운 국수전문점, 도시락전문점, 분식전문점, 죽전문점 등도 다시금 좋은 반응을 얻는다. 그러나 한 해가 멀다 하고 발발하는 식품 관련 전염병인 광우병, 조류 인플루엔자(AI), 구제역, 노로 바이러스 등으로 인한 식재료 원가 폭등과 소비 저하, 우후죽순으로 소자본 창업시장에 등장한 내실을 다지지 못한 부실한 외식 프랜차이즈 본사들로 인한 가맹점주들의 피해 등이 주요 사건으로 등장했다.

4) 2010년대 이후

2010년대 이후에는 특정 브랜드나 업종의 괄목할 만한 성장이나 쇠퇴보다는 전세계적인 사건들로 인해 외식산업 전반이 영향을 받고 있는 것으로 이해할 수 있다. 크게는 4차 산업혁명, 1인 가구 증가, SNS로 인한 외식시장의 가속, 코로나 바이러스 등이 외식업에 큰 영향을 미치고 있다.

(1) 4차 산업혁명

외식업계의 4차 산업혁명은 온 디맨드(On-Demand) 방식을 기반으로 하는 '푸드테크'로 요약할 수 있다. 고객의 수요를 예측하고 미리 상품 또는 서비스를 준비하는 것이 전통적 생산방식이었다면, 온 디맨드는 수요자의 요청에 따라 서비스와 상품 등을 공급한다. 특히 음식 배달 분야에서 활발하다. 음식점에 전화를 걸어 메뉴와 주소 등을 불러 주고 직접 돈을 건네 줘야 마무리됐던 음식 배달이 이제는 스마트폰 어플리케이션에서 클릭 몇 번으로 해결된다. 이 외에도 고객과 서비스 직원이 직접 대면하여 음식을 주문하고, 음식을 제공하던 방식에서 얼굴을 맞대지 않고, 무인 주문기(키오스크, kiosk)나 스마트폰의 주문 앱 등으로 몇 번의 버튼을 눌러 주문을 완료하고, 서빙 로봇이 테이블로 음식

그림 1-6
채선당 행복 가마솥밥 무인 주문기(키오스크)
자료: 채선당 공식 블로그

을 가져다 주는 것도 일반화되고 있다.

푸드테크와 관련된 내용은 이 책의 15장 미래의 주방에서 좀더 자세히 다루
도록 하겠다.

(2) 1인 가구 증가

1980~1990년대 핵가족화가 진행되었다면, 2010년대 이후에는 1인 가구화가
급속하게 진행되었다. 2018년 통계청에 따르면 우리나라 1인 가구는 578만
8000가구다. 전체 가구의 30%에 가까운 규모로, 이미 4인 가구 비중을 뛰어
넘었다. 즉 1인 가구는 거대 소비 집단으로 등장하였고, 외식시장에서도 소비
를 주도하고 있다. 분식집이나 편의점에서 간단하게 라면과 김밥 등으로 식사
를 때우던 과거에서 흔히 혼자 식사를 하기 어렵다고 여겨지던 고기집이나 뷔
페에서 혼밥을 하는 이들도 증가하고 있다. 음식점들은 편안하게 식사할 수
있는 1인용 테이블이나, 1인용 메뉴를 개발하는 등 이러한 변화에 대응하고
있다.

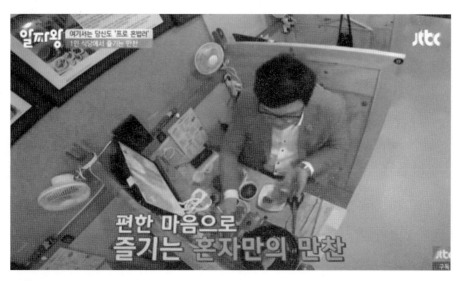

그림 1-7
1인 고기집
자료: JTBC 유튜브

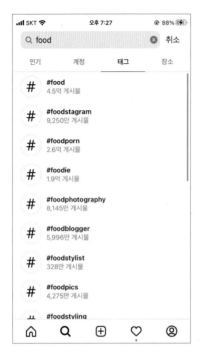

(3) SNS로 인한 외식시장의 가속

사람들은 인스타그램이나 페이스북, 블로그 등의 SNS를 통해 자신의 일상을 공유하는 것을 즐기는데, 일상의 주요한 요소 중 하나는 바로 음식이다. 인스타그램에서 특정 주제의 게시물을 올릴 때 우물 정(#)자로 알려진 기호에 해당 주제를 붙여 쓰는 이른바 '해시태그'를 사용한다. 예를 들면 맛집에 대한 게시물을 올릴 때 '#맛집'과 같은 형태로 사용한다. 이러한 해시태그는 검색을 하거나, 해당 해시태그를 클릭하여 관련된 게시물을 확인하는 데 활용된다. '음식'을 뜻하는 영단어

그림 1-8
인스타그램의 음식 관련
해시태그 사용량

인 food의 인스타그램 게시물의 양은 얼마나 될까? 2021년 3월 기준 약 4.3억 개이며, 여기에서 파생되는 다양한 해시태그의 사용량도 만만치 않다(그림 1-8).

음식점에서 주문한 음식이 나오면, 이제 사람들은 식사를 시작하기 전에 핸드폰으로 사진을 찍는다. 이렇게 찍은 사진을 SNS에서 자신이 간 맛집, 자신이 즐긴 맛있는 음식, 멋지고 예쁜 음식 사진과 영상, 자신의 평가 등으로 공유한다. 이러한 생활방식은 사진 공유가 대표적이던 SNS들에서 영상 공유로 확장되고 있다. 대표적 영상 공유 서비스인 유튜브는 이제 맛집 정보를 찾는 용도로도 널리 활용되고 있다.

이러한 SNS의 활용은 외식업체의 마케팅 방식을 바꿔 놓았을 뿐만 아니라, 외식시장의 유행을 주도하기도 한다. 사람들은 이제 맛집이나 요즘 뜨는 음식 등을 찾기 위해 검색 서비스나 SNS를 사용한다. 광고, 전단, 주변 입소문 등으로 음식점을 알리던 방법은 이제 자체 SNS 채널을 운영하고, 리뷰어를 활용하여 온라인으로 입소문을 내는 것으로 바뀐 지 오래다.

이제 사람이 북적거리는 상권의 1급지에 자리를 잡지 않아도 줄서는 음식점

이 될 수 있다. 인적이 뜸한 곳에 있는 음식점도 온라인에서 소문을 듣고 찾아
오는 이들로 문전성시를 이루기도 하며, 반면 맛집으로 알려졌다가 불만 고객
들의 리뷰로 순식간에 아무도 찾지 않는 음식점이 되기도 한다.

지방 어느 곳의 맛있어 보이는 메뉴가 SNS를 통해 인기를 얻기 시작하면, 곧
각종 매체를 통해 보도되고, 얼마 안 가 같은 메뉴를 파는 음식점이 전국 곳
곳에 등장한다. 이러한 패턴은 한국에서만 국한되지 않는다. 대만의 흑당 버블
티가 SNS를 통해 인기를 끌기 시작하면, 다른 나라에서 그 메뉴를 만나게 되
는 데는 그리 오랜 시간이 걸리지 않게 된다. 이런 방식으로 외식사업의 유행
아이템은 어느때보다 빠르게 등장하고 사라지고 있다. 그에 따른 관련 산업(해
당 메뉴를 다루는 프랜차이즈 브랜드, 관련 식자재나 식품 기계 등의 생산과 수입 유통 등)도
온라인의 흐름에 좌우되고 있다고 해도 과언이 아니다.

(4) 코로나 바이러스

2020년 전세계를 강타한 코로나 바이러스는 감염자의 비말(침방울)의 접촉에
의해 전염되는 바이러스로, 감염된 사람과의 접촉, 사람들이 밀집된 공간 등을
피하고, 자주 소독하고 환기하는 등의 예방이 필요하다. 이러한 이유로 외부
활동을 자제하고, 사람들과의 접촉을 줄이고, 집에 머무르기, 음식점과 카페,

그림 1-10
코로나 바이러스 영업 제한으로 일부 테이블만 사용하는 커피전문점

주점 등의 영업 제한 등의 권고가 일반화되며, 외식업의 매출 감소, 폐업 등의 피해는 기하급수적으로 불어났다. 중식, 치킨, 피자 등의 전통적 배달위주의 음식점들의 피해는 일반 음식점보다는 덜한 편이었는데, 이에 따라 대면 영업이 일반적이던 외식업종이 배달과 포장 영업을 도입하거나 아예 전환하는 경우가 증가하였으며, 이에 따라 배달앱과 배달대행업, 포장용기 생산 유통업 등이 활황을 맞기도 했다.

(5) 외식 브랜드의 해외진출

1980년대 연매출 8조 원의 시장이었던 외식시장의 매출 규모는 2011년에 67조, 2014년에는 외식산업과 식품산업을 합쳐 164조로 성장한다.

2010년대 이후에는 내수 시장의 성장에 한계를 느낀 브랜드들의 해외 진출이 폭발적으로 증가한다. 여기에는 2009년 정부의 한식 세계화 사업이 한몫했다. 초기에는 국내 중소기업이 중국, 미국 등 한인 타운에 점포를 내는 수준이었다면 최근 SPC, CJ, 제너시스 BBQ같은 대기업이 공격적인 마케팅 활동을 벌이며 다양한 국가에 진출하였다. 대한상공회의소에 따르면, 해외에 진출한 프랜차이즈 중 외식업이 58.3%로 가장 많았고 서비스업(24.8%), 소매업(16.9%)이 뒤를 이었다. 진출 국가는 중국(64.5%)이 가장 많았고, 미국(32.3%), 일본(10.4%) 순이었다.

특히 한류, K-POP의 인기를 등에 업고 인스타그램, 유튜브의 먹방 등으로 한국의 식문화도 함께 전세계적으로 유행하며, 한국 외식 브랜드의 해외 진출도 증가하고 있다. 한국의 인기 드라마 '별에서 온 그대'에서 치킨과 맥주를 즐기는 장면이 등장한 후 한동안 중국과 대만 등에서 치맥 열풍이 불고, 중국에서 온 여행객(요우커) 4,500명이 월미도에서 치맥 파티를 열었다는 것만 봐도 한국 문화 콘텐츠의 영향력을 알 수 있다. 하지만 준비가 부족한 해외 진출로 실패하는 브랜드도 증가하였다. 브랜드를 알리기 위한 플래그십 스토어로 막대한 비용을 들여 해외에 진출했지만 현지인의 정서와 달라 외면받고 적자만 증

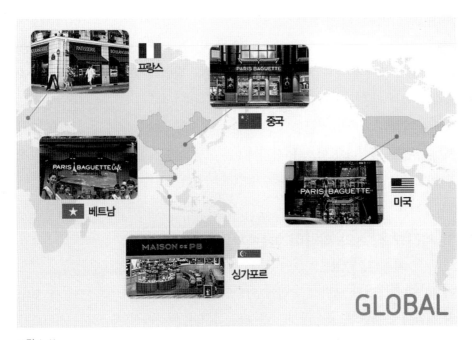

그림 1-11

해외 각지에 진출한 베이커리 브랜드 파리바게트

자료: SPC(www.spc.co.kr)

가하거나, 상표권 분쟁에서 패해 원조임에도 불구하고 현지의 카피 브랜드에 자리를 내주는 등의 일도 부지기수이다. 따라서 해외 진출에 대한 신중한 접근이 필요하다는 전문가들의 의견이 대두하고 있다.

4. 외식사업의 특징

1) 높은 입지 의존성

외식사업은 사업자가 결정해야 할 가장 중요한 의사결정이라 할 수 있다. 좋은 입지는 성공적 사업을 위한 필요조건이며, 한 번 입지를 결정하면 많은 자본이 투자되고, 입지를 변경하는 것은 더더욱 어렵다.

2) 노동집약적 사업

외식사업은 고객에 대한 서비스 의존도가 높은 산업인 동시에, 고도의 숙련을 요하는 인적 의존도가 높은 노동집약적 산업이다.

물론 기술의 발달로 간단한 조리나 주문과 서빙 등에 대해서는 기계로 대체하는 부분이 생겨나고 있으나, 아직까지는 고급 서비스 또는 특수 서비스의 경우 기계화를 할 수 있는 부분이 제한적이다(그림 1-12).

3) 시간과 장소의 제약이 높은 사업

외식사업은 생산과 소비가 동시에 이루어지는 서비스 사업으로, 시간과 장소의 제약이 존재한다. 음식의 배달은 가능하지만, 매장에서 제공하는 서비스를 배달하기는 쉽지 않다. 즉 특정 서비스는 고객이 오거나, 서비스 가능한 인력이 고객에게 가야하기 때문에, 장소의 제약이 발생한다.

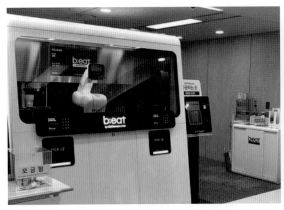

그림 1-12

바리스타를 대신하는 바리스타 로봇 'b;eat'와 로봇을 이용해 치킨을 조리하는 '롸버트 치킨'
자료: 로봇카페 b;eat 인스타그램, 원티드 로보 아르테 페이지

4) 종합 예술 사업

외식사업은 제조업인 동시에 서비스 사업이며, 인간의 기본 욕구를 다루는 복합적인 성격을 지닌다. 혹자는 이러한 특성을 가리켜 외식사업을 '종합 예술 사업'으로 부르기도 한다.

또한 고객의 참여가 기본이 되는 주문형 사업이기 때문에 고객의 기호가 강한 영향을 미친다. 고객의 취향에 맞는 서비스, 인테리어, 메뉴, 분위기, 마케팅 등의 연구와 개선은 매출로 직결된다.

5. 외식사업의 문제점

1) 경영주를 비롯한 인적자원의 전문성 부족

외식업은 식품제조, 판매, 서비스의 복합산업으로, 경영자의 경영에 관한 지식과 경험이 풍부해야 함에도 불구하고, 미흡한 점이 많아, 영세성을 벗어나기 어렵고, 폐업율이 높아지는 한 원인으로 지적되곤 한다. 또한 전문적 교육 및 훈련을 받은 종업원이 부족하고, 설령 대학 등 고등교육시설에서 전문적 교육을 받았다 하더라도, 영세한 외식사업체에서의 근무 만족도가 떨어져 이직율이 높은 것도 문제이다.

아울러, 외식 프랜차이즈 창업이 늘고 있음에도 체계적인 교육 시스템 없이 진행되는 영세한 프랜차이즈 본사 교육과 이후에도 부실한 경영지도 등도 전문성 부족을 부추기는 원인이 된다.

2) 투자비용의 배분 실패

외식사업의 성공은 입지가 큰 부분을 차지하는 것은 사실이다. 이런 이유로 많은 외식 창업자들이 투자비용의 대부분을 점포 비용에 할애하는데, 이는 이후 실패로 이어질 수 있는 의사결정이다. 투자비용은 점포 비용과 인테리어 외에도 개업 후 실제 수익이 발생하기 전까지의 운영자금과 인건비, 금융비용 등을 위해서도 일정 부분 할애되어야 안정적인 운영이 가능하다.

또한 고품질의 상품가치를 만들기 위해서는 우수한 주방의 설비와 기기가 필요한데, 먼저 이에 대한 전문지식이 부족하고, 초기 투자 비용의 대부분을 점포 비용과 인테리어 등에 할애하면서 고가이지만 좋은 품질의 주방기기를 갖추는 것에 부담을 갖는 편이다. 이로 인해 막상 운영이 활성화되면 주방의 생산성이 떨어져, 기대하는 수익을 내기 어려워지기도 한다.

3) 메뉴개발과 품질 관리에 대한 노력 부족

고객은 다양한 매체를 통해 외식 트렌드에 대한 관심과 감각이 높아지는 데 비해, 이를 반영한 메뉴의 개발이나 기존 메뉴의 개선 등에 대한 노력과 능력이 부족한 사업체가 많다. 또한 기본적인 메뉴 품질 관리를 위해 전자저울, 당도계, 염도계, 온도계, 타이머 등 표준화를 위한 기구를 적극 활용하며, 표준

레시피를 지키고, 서비스의 품질 관리를 위하여 서비스 매뉴얼 등을 갖추고, 종업원을 훈련하는 등의 노력 또한 절실히 요구된다.

요약

- 외식(外食)이란, 전통적으로는 가정 밖에서 행하는 식사를 뜻하는 말이었지만, 현대에 들어서는 음식 조리와 서비스 등을 담당하는 업체를 통해 음식을 구매하여 식사하는 행위를 외식으로 이해할 수 있다.
- 외식사업은 외식산업의 주요한 구성 요소로, 과거의 단순한 음식의 제공의 개념에서 음식과 함께 공감각인 경험을 더한 공간과 서비스를 제공하는 등 복합성을 띈 사업이다.
- 외식산업은 다양한 유형의 외식사업체 및 외식상품의 기획, 개발, 생산, 유통, 소비, 수출, 수입, 가맹사업 및 이에 관련된 서비스를 행하는 산업을 뜻한다.
- 한국의 외식사업은 1980년대에 본격적으로 시작되어 2000년대 이후 예측하기 어려운 위험요소들 속에서도 지속적으로 성장해 나가고 있다.
- 외식사업은 제조업과 서비스업의 복합적 성격을 띈 종합 예술에 가까운 사업으로, 충분한 전문성과 투자비용 등이 갖춰지지 않고는 성공이 어려운 사업이다.

연습문제

1. 현대적 의미의 식사 행위는 어떻게 분류해야 할 지 생각해보자.

2. 현대의 외식산업은 예측하기 어려운 위험을 마주하며 성장하고 있다. 이러한 시장에서 외식사업체가 성공하기 위해서는 어떤 것들이 필요할지 의견을 정리해 보자.

3. 4차 산업혁명 등 기술의 발전은 이후 외식사업을 어떻게 변화시킬 것이라고 생각하는가? 전통적인 외식사업의 특징과 문제점들을 어떻게 변화시킬지 토의해 보자.

CHAPTER 2
주방관리의 이해

2

주방관리의 이해

학습목표

- 주방의 기능과 주방의 주요 업무를 설명할 수 있다.
- 주방의 조리과정과 기능에 따른 분류를 이해한다.
- 주방관리의 개념과 주방관리의 구성 요소들을 설명할 수 있다.

1. 주방의 이해

1) 주방의 정의

주방은 가정이나 음식점이나 호텔 등에서 식재료를 손질하고, 음식을 조리하는 공간을 말한다. 또한 주방은 음식 저장과 설거지 같은 조리와 식사 전후의 연관된 작업을 하는 공간이기도 하다. 상업적 목적으로 만들어지는 주방은 보통 가정의 주방보다 규모가 크고, 주방 설비와 조리기구 등이 대량 조리에 적합한 것으로 구비되어 있다.

'주방'이라는 용어는 가정이나 호텔, 음식점 등의 상업적 공간 모두에서 통용되나, 이 책에서는 주로 음식점 주방과 관련한 내용을 다루기 때문에, 이 책에서 언급되는 '주방'이라는 용어는 따로 표기가 되지 않은 경우 음식점과 호텔 등의 상업적 시설의 주방이라는 뜻으로 사용하고자 한다.

오랜 시간 인류의 역사와 함께해 온 주방은 음식을 조리하고 보관하고 각종 그릇류를 세척하고 관리하는 공간이지만, 음식점이나 호텔 같은 상업적 시설의 주방은 좀더 구체적이고 세분화된 기능들을 하는 공간으로 정의할 수 있다. 표 2-1에서는 상업적 시설의 주방에 대한 다양한 정의를 확인할 수 있다. 다양한 주방의 정의를 토대로 한 상업적 시설의 주방이란, 조리사가 고객에게 판매하기 위한 상품인 음식을 생산(조리)하는 공간이며, 음식을 생산하고, 고객에게 판매하기 위한 부가적인 활동을 수행하는 공간으로, 각종 조리기구와 설비 등을 갖춘 작업공간을 말한다.

표 2-1. 주방의 정의

김기영 외, 2016	• 조리상품을 만들기 위한 각종 조리장비와 기구 그리고 식재료의 저장시설을 갖추어 놓고 조리사의 기능적 및 위생적인 작업수행으로 고객에게 판매할 음식을 생산하는 작업 공간
김용문 외, 2012	• 조리 상품을 만들기 위한 각종 조리기구와 장비 그리고 식재료의 저장가공시설을 갖추어 놓고 조리사의 기능성 및 위생적인 작업 능률 수행으로 고객에게 판매할 음식을 만드는 작업 공간 • 호텔 및 외식업체의 식음료 상품을 판매할 수 있도록 음식을 만들어 내는 생산공장으로 호텔 및 외식업체 주방은 고객에게 사용 가능한 식재료를 이용하여 물리적 또는 화학적인 방법으로 제조함과 동시에 판매하는 곳 • 고객에게 식용이 가능한 식재료를 이용하여 물리적(physical), 조리적(cookery), 화학적(chemical) 방법을 이용할 수 있는 시설과 기구를 갖추고 요리라는 상품을 고객에게 서비스하는 장소로, 사람의 몸에 비유하면 심장과 같은 역할을 하는 장소
김태형 외, 2010	• 요리 상품을 만들기 위한 각종 조리기구나 식자재 등을 갖추어 놓고 조리사의 기능적·위생적인 작업수행으로 고객에게 판매할 음식을 생산하는 작업공간
황춘기 외, 2010	• 고객에게 제공되는 식음료 상품을 만드는 공간이자, 식음료 상품의 질을 결정하는 공간, 외식업소에서 고객에게 제공하는 상품 중 대부분의 유형적인 상품을 생산하는 공간

자료: 김기영 외(2016) 토대로 저자 보완

2) 주방의 기능

(1) 음식점의 영업활동

음식점은 어떤 방식으로 영업하고, 매출을 올리는 것일까? 음식점의 영업활동은 제조업과 규모나 상품의 차이는 있지만, 구조상으로는 비슷한 점이 많다.

제조업은 어떤 제품을 생산할 지 품목과 수량, 가격 등을 계획하고(생산계획), 원료를 구매한 후 이를 생산한다. 생산된 제품은 포장한 후 창고에 보관하고, 다양한 판매 경로를 통해 제품을 알리고(마케팅, 프로모션), 유통하고 판매를 진행하고, 판매량과 고객의 만족도 등을 파악하며, 개선점이 있을 경우 생산과 유통 단계에 적용하며 영업 활동을 진행한다.

음식점의 생산과 판매 절차도 이와 유사하다. 먼저 어떤 메뉴를 판매할 지, 어떤 식재료를 얼마나 구매하고, 조리할 지, 판매 기간과 가격은 어떻게 할 지 등을 계획하고(메뉴계획), 식재료를 구매한 후 이를 적절하게 다듬어(전처리) 잠

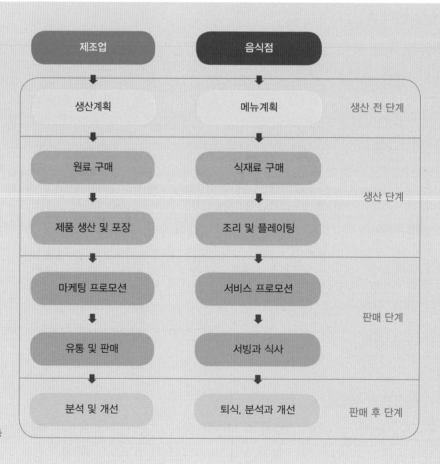

그림 2-1
제조업과 음식점의 영업활동

시 보관한 후 고객의 주문이 들어올 경우 신속하게 조리할 수 있도록 한다. 이후 고객에게 구매하고 싶은 마음이 들도록 메뉴에 대하여 여러 방법으로 프로모션(판매 촉진 활동)을 진행하며, 고객이 주문을 하면, 신속하고 정확하게 메뉴를 조리하고, 그릇에 담아(플레이팅), 서빙한다. 고객의 식사가 끝나고 계산과 퇴점이 이루어진 후에는 퇴식 작업(식기류의 정리, 테이블 정리)과 식기세척 등의 작업을 하여 판매 활동을 끝내고, 이후에는 판매량과 고객의 만족도 등을 파악하며, 개선점이 있을 경우 이를 메뉴 계획부터 판매 단계 중에 적절하게 적용하며 영업 활동을 진행한다.

이러한 제조업과 음식점의 영업활동을 정리하면 그림 2-1과 같다.

(2) 음식점의 구조

이처럼 일련의 순서로 이루어지는 음식점의 영업활동은 크게 생산활동과 판매활동 두 가지로 나눌 수 있고, 각 영업활동이 이루어지는 공간은 고객에게 보여지는지 여부에 따라 두 곳으로 나눌 수 있다.

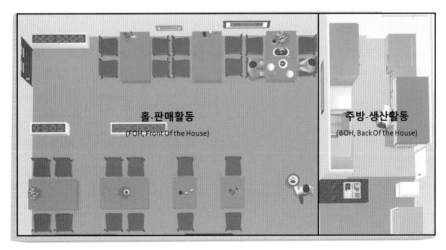

그림 2-2
음식점 공간의 구조
자료: 키친리더

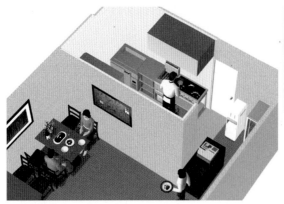

그림 2-3
음식점의 생산공간-BOH
자료: 키친리더

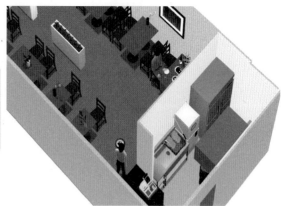

그림 2-4
음식점의 판매공간-FOH
자료: 키친리더

① BOH(Back Of the House)：BOH는 Back Of the House의 약자로 고객에게 보이지 않는, 즉 음식점의 뒷부분이며, 주방, 직원 동선, 창고, 직원 휴게실과 사무실 등을 BOH로 분류할 수 있다. 음식점에서 BOH라는 용어를 사용할 때는 주방을 뜻하는 경우가 일반적이다. 주방 공간은 고객에게 판매할 음식을 계획하고, 준비하고, 조리하는 생산시설이다.

② FOH(Front Of the House)：FOH는 Front Of the House의 약자로 음식점의 앞부분, 즉 고객에게 보이는 공간을 뜻하며, 홀 공간을 뜻한다. 홀 공간은 고객이 방문하고, 머무르며, 식사와 휴식을 취하는 공간이며, 서비스와 고객을 대상으로 하는 프로모션과 판매가 이루어지는 공간이기도 하다.

(3) 주방의 기능

고객은 다양한 이유로 음식점을 찾는다. 많은 매체와 연구에서 고객이 음식점을 찾는 이유, 맛집을 선택하는 이유 등을 조사하는데, 고객이 음식점을 찾는 가장 핵심적인 이유는 언제나 음식의 맛과 품질이다.

그림 2-5는 음식점이 '맛집'으로 평가되기 위한 기본 조건에 대하여 고객들이 응답한 결과를 그래프로 나타낸 것이다. 상자로 표시한 항목들은 음식, 메

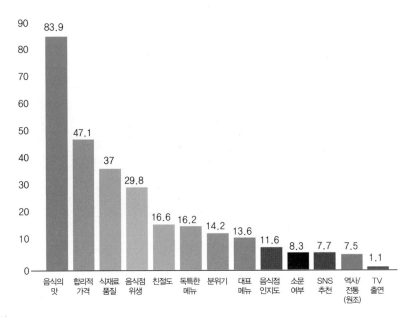

그림 2-5

고객이 '맛집'을 평가하는 기본 조건

자료: 마크로밀 엠브레인 트렌드 모니터

뉴와 직접적으로 관련된 항목들이다.

그래프에서 볼 수 있듯이 고객이 음식점을 찾는 이유의 핵심은 음식에 있고, 음식점의 주방은 고객에게 음식점을 찾는 근본적인 이유를 제공한다. 다시 말해, 주방은 고객이 음식점을 찾는 가장 큰 이유인 메뉴를 조리하고, '맛'으로 총칭되는 메뉴의 품질을 좌우하는 공간이다.

3) 주방의 업무

주방의 업무는 메뉴를 계획하는 단계에서부터 시작된다. 즉 메뉴 계획이 끝난 후 주방에 메뉴 계획이 전달되면서부터 식재료 구매와 저장, 조리의 큰 흐름에 따라 업무가 진행된다.

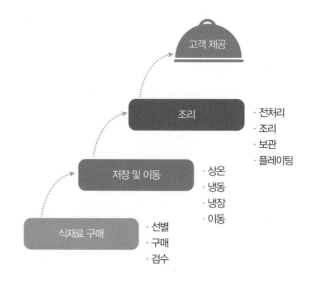

그림 2-6
주방의 업무

(1) 식재료 구매

① 구매 결정: 메뉴계획이 완료되면, 메뉴계획에 맞춰 식재료의 종류와 품질기준, 구매량 등을 결정한다.

② 구매: 거래처에 발주하거나 직접 방문하여 식재료를 구매한다.

③ 검수: 발주된 물품이 도착하면 배송된 물품의 검수 작업을 통해 원하는 품질의 품목이 정확한 수량으로 배송되었는지 등을 확인하고 수령한다.

(2) 저장

① 저장: 검수가 완료된 물품을 사용하기 전까지 식재료별 보관기준에 따라 상온, 냉동, 냉장창고 등 적절한 보관 장소에 보관한다.

② 이동: 보관하던 식재료를 주방으로 이동하는 과정으로, 오염과 파손 등에 유의해야 하는 과정이다.

(3) 조리

① 전처리: 식재료를 조리하기 전 상태로 처리하는 단계로 포장 제거, 세척, 다

듣기, 자르기, 해동 등의 과정이 포함된다.

② 조리: 식재료의 절단, 혼합, 가열, 냉각 등의 과정을 통해 고객에게 제공할 수 있는 메뉴의 형태로 만드는 과정이다.

③ 보관: 조리가 완료된 식품을 고객에게 제공하기 전 적절한 제공 온도와 품질로 유지하는 과정이다. 메뉴의 종류에 따라 조리 후 냉각하여 보관했다, 다시 가열이나 마지막 조리 절차를 진행하는 경우도 있다.

④ 플레이팅(plating): 고객에게 제공할 음식을 적절한 그릇에 담는 과정이다.

2. 주방의 분류

주방은 조리 과정의 분리 여부, 음식의 종류와 수, 업무 형태 등에 따라 분류할 수 있다.

1) 조리과정에 따른 분류

주방은 조리과정에 따라 4가지로 분류할 수 있는데, 각각의 주방의 구성은 표 2-2와 같다.

표 2-2. 조리과정에 따른 주방의 분류

전통형 주방	편의형 주방	혼합형 주방	분리형 주방
저장고 전처리 공간 세척 공간 마무리 공간	세척 공간 마무리 공간 저장고	저장고 전처리 공간 준비 공간 세척 공간 간이 저장고 마무리 공간	저장 공간 전처리 공간 세척 공간 준비 공간 간이 저장고 제과/부처 보조 주방

(1) 전통형 주방

전통형 또는 표준형 주방은 가정이나 소규모 음식점에서 흔히 볼 수 있는 주방

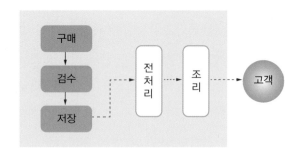

그림 2-7
전통형 주방의 조리과정

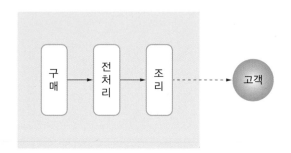

그림 2-8
편의형 주방의 조리과정

의 형태로, 비교적 메뉴의 종류가 적은 편인 음식점에서 주로 활용한다. 식재료의 구매, 준비, 조리 과정이 같은 장소에서 이루어져 적은 인원이 모든 과정을 처리하기 좋으나, 오염 공간과 비오염 공간의 분리가 어렵다는 단점이 있다.

(2) 편의형 주방

커피전문점, 바, 패스트푸드, 분식점이나 간이형 업소에서 볼 수 있는 형태로, 전처리 구역이 없고 대부분의 식재료가 완제품이나 반조리 상태로 입고된다. 편의형 주방은 조리와 마무리를 위한 주방만 있는 형태라고 할 수 있다. 편의형 주방은 위생처리, 저장, 세척시설 관리 등에 특히 유의해야 한다.

(3) 혼합형(표준 편의형) 주방

혼합형, 표준 편의형 주방이라고 불리는 이 형태는 중대형 음식점에서 볼 수 있는 형태의 주방으로, 표준형 주방과 편의형 주방을 혼합한 형태이다.

주방의 업무 과정이 한 곳에서 이루어지지만 전처리 주방과 조리 및 마무

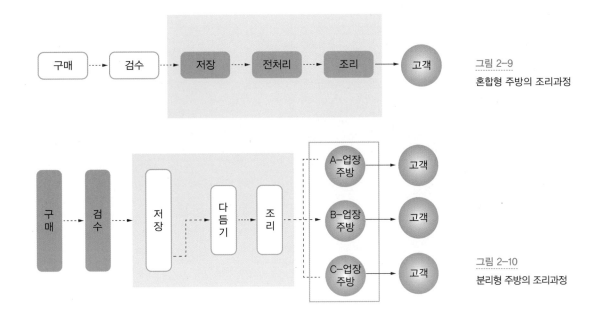

그림 2-9
혼합형 주방의 조리과정

그림 2-10
분리형 주방의 조리과정

리 주방이 한 공간 안에서 구획이 분리돼 있는 형태를 말한다. 오염 공간과 비오염 공간을 구분하고, 저장시설, 조리, 완성구역, 서비스공간 등으로 구분하는 주방으로, 구획마다 전문화된 종업원이 배치된다.

(4) 분리형 주방

분리형 주방은 전처리 주방과 조리 주방의 공간이 서로 떨어져 운영되는 형태이다. 일반적으로 서양식 조리 부문에서 서양식의 소스, 수프 및 반제품 등을 생산하여 여러 주방에 가공된 식재료를 전달하는 기능을 한다. 조리용 주방을 중심으로 여러 하위 주방이 서로 유기적 관계를 갖는 구조로, 호텔 등에서 주로 활용한다.

2) 기능에 따른 분류

앞서 음식점의 구조에서 살펴본 것처럼 음식점은 생산과 판매의 두 가지 기능으로 나눠서 볼 수 있는데, 이러한 기능에 따라 주방은 생산기능을 주로 담당하는 메인 주방(support kitchen)과 영업 주방(business kitchen)으로 나눌 수 있다. 전통적으로 호텔은 그림 2-11과 같은 방식으로 주방을 기능적으로 분류한다.

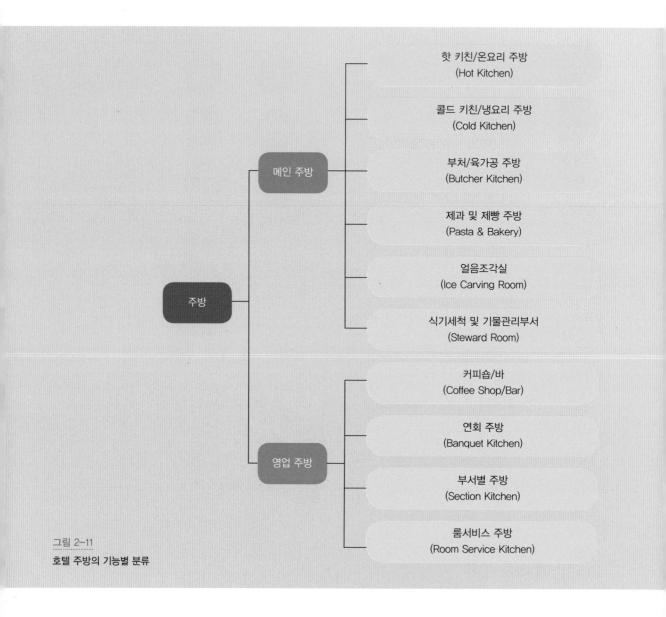

그림 2-11
호텔 주방의 기능별 분류

(1) 메인 주방

메인 주방(main kitchen)은 지원 주방(support kitchen), 센트럴 키친(central kitchen) 등의 용어로 사용되기도 한다. 메인 주방은 영업 주방에서 필요로 하는 기초 식재료나 반조리 상태의 식재를 대량으로 조리하여 지원하는 역할을 주로 한다. 또한 호텔의 메인 주방은 영업 주방에서 필요로 하는 음식의 지원 주방의 역할과 결혼식이나 케이터링 같은 행사를 함께 담당하기도 한다.

반면 프랜차이즈 음식점은 보통 반조리된 식재료를 제공받아 음식점에서 간단한 조리만 하여 제공하는 영업 주방으로 이루어져 있는 경우가 많다. 프랜차이즈 음식점에서는 식재료를 반조리 상태의 제품으로 제조하는 기업화된 또는 대형화된 주방을 센트럴 키친(CK, Central Kitchen)이라고 한다.

메인 주방은 각 영업 주방에 제공할 식재료의 종류별로 구분된 주방으로 구성된다.

① 핫 키친(Hot Kitchen): 온요리, 더운요리 주방이라고도 불리는 핫 키친에서는 식재료에 열을 가하여 음식을 조리한다. 메인 주방의 각 부서 중에서 가장 중심적 역할을 하는 곳으로, 영업 주방의 필요에 따라 육수, 수프, 소스와 모든 온요리를 조리하여 제공한다.

표 2-3. 핫 키친의 조리 방법

조리법의 종류	조리 방법
구이(Broiling)	석쇠 윗쪽에 열원이 있는 Over Heat 방식
석쇠구이(Grilling)	직화로 불향을 낼 수 있으며, 석쇠의 온도 조절이 가능한 Under Heat 방식
로스팅(Roasting)	육류나 가금류 등을 통째나 큰 덩어리를 오븐에 넣어 굽는 방법으로, 뚜껑을 덮지 않고 조리하는 방식. 오븐의 가열 방식에 따라 분류할 수 있음
굽기(Baking)	빵이나 과자, 파이 등을 오븐에 굽는 방법
소테(Sauteing)	전도열에 의한 조리방법으로, 얇은 소테 팬이나 프라이팬에 유지류를 넣고, 재료를 넣어 200℃ 고온에 살짝 볶는 방법
팬 프라이(Pan frying)	소테와 유사한 방법이나 조리 시작 때의 표면 온도는 170~220℃로 소테보다 비교적 낮고, 조리시간이 긴 편임
튀김(Deep-frying)	기름의 대류 원리를 이용하여 충분한 양의 가열된 기름에 재료를 넣어 튀기는 방법. 수분이 많은 식재료는 저온에, 생선, 육류로 갈수록 고온으로 조리함

(계속)

표 2-3. 핫 키친의 조리 방법(계속)

조리법의 종류	조리 방법
삶기(Poaching)	충분한 양의 물이나 포도주 등 액체에 재료를 넣어 전도열로 재료를 익히는 습식열 조리방법
은근히 끓이기(Simmering)	낮은 불에서 대류 현상을 유지하면서 재료가 흐트러지지 않을 정도로 약한 불에 오래 끓이며 식재료를 조리하는 방식
찜(Steaming)	끓는 물 등의 액체를 찜통에 담고, 수증기가 형성되면 찜통 내에서 수증기의 대류로 식재료를 조리하는 방식
끓이기(Boiling)	습식열을 사용하는 대표적 조리방법으로, 많은 양의 재료를 액체 속에서 익히기 위한 방법으로 사용됨
데치기(Blanching)	짧은 시간에 재빨리 재료를 익혀내기 위한 목적으로 사용되는 조리법으로, 높은 온도의 많은 물이나 기름에 재료를 넣었다 빼는 방식으로 조리함
글레이징(Glazing)	설탕이나 버터, 육즙 등을 졸여가며 재료의 표면을 윤기나게 코팅시키는 조리법
브레이징(Braising)	건식열과 습식열 두 가지 방식을 이용하는 조리법으로, 스테이크 등에서 주로 활용함. 큰 덩어리 단위 재료를 일단 높은 온도에서 구워 육즙이 빠져나가는 것을 막아준 후 스톡이나 다른 액체에 잠길 정도로 담가 푹 끓이는 방식
스튜(Stewing)	스튜도 건식열과 습식열 두 가지 방식을 이용하는 조리법으로, 브레이징보다 작은 덩어리의 재료를 높은 열로 표면에 색을 낸 후 충분한 양의 소스에 담가 조리하는 방식
뽀왈레(Poeler)	팬 속에 재료를 담고, 뚜껑을 덮은 후 오븐 속에서 온도를 조절하며 조리하는 방법

자료: 황춘기 외(2010) 바탕으로 저자 보완

② 콜드 키친(Cold Kitchen): 콜드 키친은 과일, 채소, 어육류와 가금류 등의 식재료를 이용하여 고객에게 제공되는 차가운 요리를 만들거나, 뜨겁게 조리된 요리를 냉각하여 각 영업 주방에 제공하는 역할을 한다.

콜드 키친에서 조리하는 주요한 요리로는 차가운 전채요리, 샌드위치와 차가운 소스, 차가운 수프, 샐러드와 테린(잘게 썬 고기와 지방을 도자기 냄비에 담아 오븐에 중탕으로 익힌 후 차게 식힌 애피타이저의 일종), 파테(Pâté: 파이 크러스트 안에 고기, 생선, 채소 등을 갈아 채우고 오븐에 구워 따뜻하게, 또는 차갑게 먹는 요리), 갤런틴(galantine: 닭이나 오리, 쇠고기 등을 보자기처럼 만들어 다진 고기와 빵가루, 달걀 등을 채운 후 원통형으로 만들어 찌거나 수프에 삶은 후 냉각시킨 애피타이저의 일종) 등이 있다.

콜드 키친은 모든 음식을 차갑게 제공하기 때문에 냉각과 보관 과정에서의 세균번식 등 위생관리요인이 많은 곳이며, 다른 주방에 비해 시각적 요소가 중요한 요리가 많이 조리되기 때문에, 정밀한 작업을 할 수 있도록 높은 작업대를 설치하고, 밝은 조명을 사용하는 등 면밀한 설계가 필요하다.

③ 육가공 주방(Butcher Kitchen): 육가공 주방은 푸줏간, 정육점을 뜻하는 '부처' (Butcher) 주방이라고도 부른다. 각 영업 주방에서 필요로 하는 각종 어패류와 가금류, 육류를 부위별, 형태별, 크기와 양을 조절하여 제공하며, 이를 활용하여 햄이나 소시지 같은 가공육으로 제조하여 제공하는 업무를 주로 담당한다.

어육류는 시장의 공급상황이나 가격 변동이 민감한 편이기 때문에 넉넉한 냉장, 냉동 창고가 필요하고, 숙성을 위한 숙성고 등이 함께 준비되어야 한다.

④ 제과 및 제빵 주방(Pastry & Bakery Kitchen): 제과와 제빵은 각 영업 주방에서 필요로 하는 빵과 케이크, 과자 등을 제조하여 제공하거나, 별도의 판매 공간을 갖추고 직접 판매를 하기도 한다.

제빵은 반죽 후 발효를 거쳐 고온에 빵을 굽는 공간으로, 발효기의 습도와 오븐의 열기 등으로 고온다습한 환경이 조성되기 마련이다. 반면 제과는 케이크, 과자, 페이스트리, 초콜릿 등의 디저트류를 생산하는 부서로, 온도에 민감한 무스나 크림을 활용한 데코레이션이나 초콜릿 템퍼링(tempering)과 같이 섬세한 작업이 필요하다. 따라서 제과 주방은 제빵 주방과 별도로 구분되어 콜드 키친과 같이 비교적 낮은 온도와 밝은 조도로 설계되어야 한다.

⑤ 얼음 조각실(Ice Carving Room): 대규모 호텔의 경우 얼음조각실이 따로 마련돼 있거나, 콜드 키친에서 얼음조각을 함께 담당하는 경우가 있었다. 하지만 최근에는 전문 업체에서 얼음조각을 구입하는 경우가 많아, 얼음조각실은 점차 사라져가는 추세이다.

⑥ 기물관리부서(Steward Room): 기물관리부서는 주방의 시설과 주방 환경의 청결을 유지하고, 각종 기물을 세척하고, 준비하는 부서이다. 기물관리부서는 음식물의 퇴식과 식기세척 작업이 지속적으로 이루어지기 때문에 위생관리와 습

도 관리, 식기세척기의 소음을 줄일 수 있는 소음관리, 바닥에 흐르는 물로 안전사고가 발생하지 않도록 하는 배수설비관리 등이 필요하다.

(2) 영업 주방

영업 주방(Business Kitchen)은 메인 주방에서 제공받은 완제품, 반제품과 영업 주방에서 자체 구매한 식재료를 사용해 고객의 요청에 따라 음식을 조리하여 판매하는 공간이다. 따라서 영업 주방은 메인 주방과 긴밀한 협력관계를 유지해야 한다. 영업 주방은 생산과 소비가 동시에 이루어지는 특성이 있어 주문 후 신속하게 조리하여 제공할 수 있도록 효율적 동선 설계가 중요하다. 또한 고객의 시선에 노출되는 공간의 특성상 정돈돼 보이는 공간 디자인도 중요하다. 영업 주방의 대표적인 예로는 커피숍/바, 연회 주방, 각 업장별 주방과 룸서비스 주방 등이 있다.

① 커피숍/바(Coffee Shop/Bar): 커피숍이나 바는 보통 커피나 차, 주스나 칵테일, 주류를 간단한 음식과 함께 제공한다. 특히 커피숍에서는 간단한 식사 메뉴를 함께 판매하는 경우가 종종 있어 기본적 조리 시설을 갖추는 경우가 많다.

② 연회 주방(Banquet Kitchen): 연회 주방은 메인 키친이나 업장별 주방의 지원을 받아 연회 행사의 내용과 메뉴에 맞춰 음식을 제공하는 주방이다. 연회 주방은 온요리를 직접 만들 수 있는 주방설비를 갖추는 것이 일반적이나, 냉요리와 제과 및 제빵류는 메인 주방의 지원이 반드시 있어야 한다.

③ 부서별 주방(Section Kitchen): 5성급의 호텔은 3개 이상의 음식점과 룸서비스, 연회장 등을 구비해야 한다. 이처럼 호텔의 음식점 수는 해당 호텔의 등급을 산정하는 기준이 되기도 한다. 따라서 호텔에는 다양한 음식점을 부대시설로 갖추고 있다. 각 부서별 주방은 주요 메뉴에 따라 구분하는데 한식당, 프랑스, 이탈리안, 중식, 일식, 라운지 칵테일바 등으로 나누는 것이 일반적이다.

④ 룸서비스 주방(Room Service Kitchen)： 룸서비스는 호텔 객실에 투숙중인 고객의 요청에 의해 조리된 음식을 객실로 제공하는 서비스로, 우리나라의 호텔 등급 결정 기준에 의하면 4성급부터는 룸서비스를 제공하게끔 되어 있다. 룸서비스 주방은 독립된 주방으로 분리돼 있는 경우도 있지만, 메인 주방이나 커피숍 주방 등에서 룸서비스 주방의 역할도 하는 경우도 많다.

3. 주방관리의 이해

1) 주방관리의 정의

좁은 의미의 주방관리는 음식을 조리하기 위한 주방설계, 주방시설, 주방기기, 주방기물 등을 체계적으로 관리하는 것을 의미하며, 넓은 의미에서는 음식점의 목표를 달성하기 위해 인사관리, 메뉴관리, 원가관리, 위생 및 안전관리 그리고 식재료의 구매, 검수, 저장, 출고, 재고 등 구매관리가 포함된 총체적인 관리활동을 말한다.

2) 주방관리의 구성 요소

쉽게 말해 주방관리란 제한된 공간, 한정된 인원, 한정된 비용 등을 효과적으로 활용해 음식 조리와 관련한 다양한 업무를 하여 음식점의 이익을 극대화하는 것이다. 그렇다면 주방관리의 세부적인 요소에는 어떤 것들이 있는지 살펴보도록 하자.

(1) 인적자원관리
주방의 인적자원관리란 주방 조직이 필요로 하는 인력을 채용하고, 유지 및 개발하며, 이를 활용하는 활동이다. 다시 말해 주방의 인적자원관리는 유능한 인력을 확보하고, 이들의 능력을 최대한 개발시키고, 직무 만족도를 향상시켜 장기적으로 근속하게 유도하여 안정적 주방 운영을 꾀하고, 음식점의 발전에 이바지하도록 하는 활동이다.

(2) 메뉴관리

메뉴는 고객이 음식점을 찾는 근본적인 이유이며, 음식점의 핵심적인 상품이다. 메뉴관리는 메뉴 계획과 개발, 메뉴 평가, 식재료 관리, 조리, 메뉴 제공, 메뉴분석, 신메뉴 개발의 일련의 과정으로 이루어진다. 메뉴관리는 음식점이 운영되는 동안 지속적으로 해야 하는 주방의 핵심 업무이다.

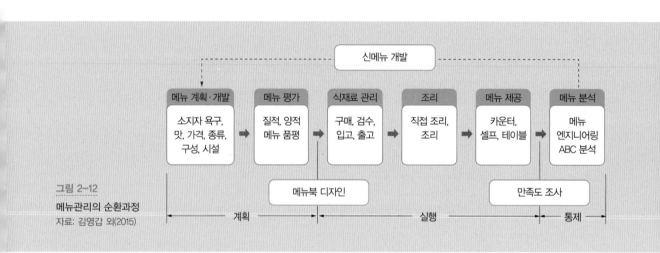

그림 2-12
메뉴관리의 순환과정
자료: 김영갑 외(2015)

(3) 위생관리

주방의 위생관리란 품질 좋은 식재료를 식품 위생상의 문제가 발생하지 않도록 깨끗하게 취급하고 조리하여 판매할 수 있도록 주방의 시설과 기물, 식재료, 주방 근무자 등을 관리하는 활동을 말한다.

(4) 시설배치관리

주방의 시설은 한정된 공간 안에서 다양한 조리 관련 업무를 효율적으로 할 수 있게 도와주는 기기류를 뜻한다. 주방 시설은 비교적 고가의 장비들로, 한 번 설치하면 이동하거나 시설을 교체하는 것이 어렵다. 따라서 주방공간기획(조닝)과 시설을 배치하는 작업은 주방의 전체적 운영 시스템을 면밀하게 기획한 후에 운영 편의성과 효율성, 관련 법규의 적합성 등을 고려하여 진행해야 한다.

(5) 주방장비 및 기물관리

주방 시설과 기물은 고객에게 만족할 만한 수준의 음식을 제공하며, 근무자들의 작업 편의성을 높여주는 것으로 선정하고, 관리해야 한다. 주방에서 사용하는 장비와 기물 등은 여러 사람들이 공동으로 사용하며, 많은 공간을 차지하기 때문에 구입 과정부터 활용도와 적합성, 편의성 등을 고려하여 신중하게 선정하여야 하고, 투자비용의 절감을 위하여 활용과 유지 관리를 철저히 해야한다.

(6) 에너지 관리

주방에서 주로 활용되는 에너지는 전기와 가스, 수도이다. 조리와 관련한 기술이 발달할수록 인력으로 하던 일들을 기기의 힘을 빌리게 된다. 이는 전기, 가스, 수도 등의 에너지 의존도가 높아진다는 뜻인데, 에너지 의존도가 높아지면 운영비가 증가할 수 있다. 따라서 기기류를 구매할 때는 단순히 구매비용만이 아니라, 유지관리 시 에너지 효율이 높은 장비를 선정해야 한다. 또한 근무자들을 대상으로 하는 에너지 절약과 안전사고 예방을 위한 교육과 정기점검, 유지보수 등이 필요하다.

(7) 주방환경관리

주방환경을 구성하는 요소로는 온습도, 조도, 냄새와 소음 등이 있다. 이를 효과적으로 관리하기 위한 급/배기 시스템과 조명, 공조 시스템 및 기타 관리 요소들이 발생하게 된다. 주방환경은 근무자들의 업무 효율성이나 직무 만족도, 사고 발생률 등과 밀접한 관계를 갖기 때문에 항상 쾌적하고 안전하게 관리되도록 해야 한다.

(8) 구매 및 재고관리

주방의 구매관리는 적절한 물품을 적절한 분량과 최소한의 비용으로 적절한 시기에 구매하는 활동을 의미한다. 특히 식재료의 선정과 구매는 계절과 물가, 환율 등의 영향을 많이 받고, 입고 후에 사용할 수 있는 기간이 짧은 것들이 많기 때문에 면밀한 관리가 필요하다.

또한 주방의 재고관리는 구매한 물품을 건조창고, 냉장·냉동창고 등의 적절한 공간에 적정량으로 보관하고, 사용할 때까지 높은 품질을 유지하여 잘못된 보관으로 폐기되어 낭비되는 물품이 없게 하는 활동을 의미한다.

(9) 안전관리

주방의 안전관리는 사고의 원인이 될 수 있는 위험한 시설물에 안전장치를 설치하고, 유지보수를 진행하고, 근무자들을 대상으로 안전교육을 진행해 사고를 예방하고, 피해를 최소화하기 위한 활동이다.

4. 한국 주방의 역사

많은 주방관리 서적은 해외 주방의 역사에 많은 분량을 할애하고 있는데, 정작 우리나라의 주방의 역사에 대하여 체계적으로 정리된 서적은 찾기 어려운 것이 사실이다.

그러한 이유로 이 책에서는 한국 주방의 역사 위주로 살펴보고자 한다. 원시시대부터 현대에 이르기까지 해외 주방의 역사에 대하여 살펴보기 원하는 독자에게는 《주방관리론(2018)》을 찾아볼 것을 권한다.

1) 한국 전통 주방의 역사

불을 발견하기 전 인류는 단순 수렵과 채집활동을 통해 얻어진 식량을 날것으로 섭취하였을 것이라 추측된다. 특히 이 당시에는 경작의 개념이 없고, 식량을 구할 수 있는 곳을 따라 이동하며 생활하였기 때문에 조리나 식량의 저장을 위한 공간의 개념은 없었을 것으로 보인다.

이후 불을 발견한 인류는 불을 사용하여 식품을 익혀 먹는 방식을 사용하게 됐다. 또한 내일을 예측할 수 없는 수렵과 채집 대신 한 곳에 정착하여 경작을 하며 안정적으로 식량을 확보하게 된다. 자연히 인류는 조리와 남은 식량을 저장하는 방식을 익혀 가기 시작했을 것으로 추측하는데, 조리와 저장을 위한 공간인 주방의 개념이 이때 시작됐을 것으로 본다.

(1) 선사시대

한국의 주방의 기원은 신석기시대 유적에서 찾아볼 수 있다. 신석기시대의 움집 유적에는 중앙에 취사와 난방을 위한 화덕이 위치하고 있었던 것으로 추측된다. 이 화덕을 중심으로 주변에 땅을 파서 곡식 등을 보관하고, 꺼내어 불에 익혀 먹었던 것으로 보인다.

그림 2-13
암사동 신석기시대 움집의 복원 모형
자료: 강병기 on wikipedia.org

청동기시대부터 거주와 취사구역이 분리됐다. 청동기시대의 유적지인 부여 송국리 유적에서는 집 세 채를 단위로 소형 창고를 공유하고, 창고 주변에서 공동 취사와 식사를 함께 했을 것으로 추측되는 흔적이 있다.

철기시대에는 농사를 짓기 시작하면서 반 움집 형태가 등장해, 실내공간이 분리되기 시작하였고, 실외에 저장공간이 만들어지면서 주방공간이 확장됐다.

(2) 삼국시대

삼국시대부터 주거 생활의 기본 기능이 난방과 취사로 이어지게 되면서 부엌 공간의 구조는 일정한 형태를 갖춰 가게 됐다. 지역에 따라 다르긴 했지만, 보통 취사를 위해 부뚜막이 설치되었고, 지역에 따라 화덕을 활용해 실내 조명과 난방, 취사를 동시에 해결하기도 했다. 고구려의 부뚜막은 아궁이와 솥을 거는 구멍 그리고 굴뚝으로 구성되어 보통 주택의 주방에서 설치됐으나, 한강변 고구려 군대의 진영에서 철제 부뚜막이 출토되었던 것으로 보아 전쟁 시 야외에서 휴대하며 사용하였던 것으로 추정된다.

부뚜막이 있는 주방공간은 통일신라시대까지 이어져 왔다. 주방은 집 외부

그림 2-14
고구려 안악 3호분 벽화의 부뚜막과 주방의 전경
자료: 조혜영(2013).

에 불을 때고 조리를 하는 공간으로 분리되고, 식사나 생활은 실내에서 하였다. 주방은 조리를 위한 설비와 각종 기구, 식기 등을 수납하는 공간이 되었다. 고려시대에는 취사와 난방을 동시에 해결할 수 있는 부뚜막이 온돌 시설과 연결되면서 한국 전통 주방의 초기 형태가 만들어졌다.

(3) 조선시대

조선시대 전통 주방은 부뚜막 시설을 중심으로 하는 내부공간과 우물과 장독대 등이 있는 외부공간으로 구성되었고, 부속 시설로 가구와 항아리를 이용한 저장공간이 있었다. 이러한 전통 주방은 조리와 저장, 난방의 기능을 함께 하였다.

조선시대의 주방은 주택 내에 있었기 때문에 주택 건축 양식의 영향을 받았다. 한국은 사계절이 뚜렷하고 해안과 내륙의 기후가 달라, 각 지역별로 집의 구조가 달랐고, 이 때문에 주방의 위치와 구조도 조금씩 달랐다.

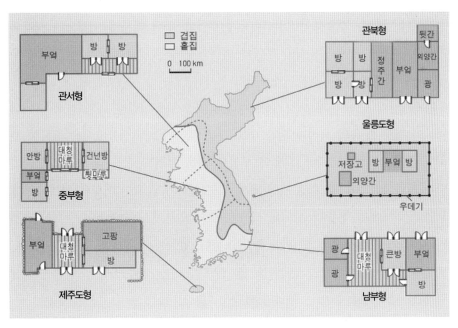

그림 2-15
기후에 따른 한국의 가옥 구조와 주방의 위치

(4) 근현대

한국의 근대화는 일제의 식민지화와 동시에 진행되었다. 주택과 주방의 구조도 이때 함께 변화하기 시작했다.

일본인들은 서울 주요 위치를 일본인 거주지로 탈바꿈시키며 1930년대 충정로의 유림아파트를 시작으로 서구의 주거 형식을 반영한 아파트와 서양식, 일본식의 가옥을 지어 일본인과 외국인에게 공급하였다. 이러한 아파트의 부엌은 난방 시설과 급배수 시설이 갖춰진 형태로 화장실과 함께 배치됐던 것으로 알려져 있다.

집을 빼앗기거나, 지방에서 일거리를 찾아 올라온 조선인들에게는 조선의 가옥을 변형한 형태의 집단 주택을 지어 공급했다. 조선인 집단 주택은 작은 마루와 주방, 방으로 구성되어 전통식 조선시대 가옥의 구조는 유지하였지만 실내 구성이 마루 중심으로 돼 있어 일본식 주거의 영향이 보인다. 이러한 구조에서 부엌의 온돌 방과 연결된 구조로 난방과 취사를 겸했던 부뚜막 설비를 갖추었을 것으로 추정되며, 전통 방식의 난방 구조에 의해 부엌의 바닥은 주거 공간보다 낮았을 것으로 보인다. 이렇게 부엌이. 주택 내부에 배치되기 시작하면서 넓은 규모였던 전통적인 부엌의 면적과 기능은 축소되었다. 장독대와 우물, 마당과 텃밭 같은 공간은 축소되거나 사라졌다.

일제강점기 또 하나의 도시 주거 형태는 개량 한옥이었다. 개량 한옥은 기와 지붕의 전통 가옥의 시설과 위생 면에 근대적인 기술과 생활방식을 접목한 도시형 주거 양식이다. 개량 한옥의 부엌은 전통 부엌 구성을 유지하면서 앞마당과 뒷마당을 하나로 합쳤고, 마당에 수도 설비와 급배수 시설을 설치하였다. 부엌의 내부에는 부뚜막 이외에 석유 난로와 일본에서 수입했던 풍로를 취사와 난방 기구로 사용할 수 있도록 개조했다. 앞마당은 부엌의 외부 공간으로 활용되면서 실질적으로는 김장이나 장 담그기 같은 작업 공간이자, 전통 식생활 문화를 유지할 수 있는 부엌의 역할을 이어갔다.

2) 음식점의 발전

한반도에서 음식점이 등장한 것은 명확하게 기록으로 남아있지 않지만 신라시대 기록에 김유신(金庾信)이 천관(天官)의 술집에 드나들었다는 것이 있는 것으로 보아, 삼국시대에 음식점의 기능을 하는 곳이 존재했을 것으로 보인다.

(1) 주막

전통적이며 대중적 음식점은 주막이었다. 주막은 여행객과 상인, 과거시험을 보러 가는 사람 등 다양한 이들이 머무는 숙박업소였으며, 잠시 허기를 면하고 쉬어 갈 수 있는 음식점이기도 했다. 주막은 행인이 다니는 길에 아궁이를 설치하여 그 위에 솥을 걸고 음식을 하여 평상과 뒷방 손님에게 제공하던 일종의 종합 숙식 업소였다.

주막은 관영(官營) 주막이었던 역(驛), 민과 관이 함께 운영하던 원(院) 등이 있었는데, 역은 국경지대 등에 위치해 공무를 위해 이동하던 관리와 사신들이

그림 2-16
김홍도, '주막'. 국립중앙박물관 소장

머무는 곳이었다. 민관이 같이 운영하는 주막이었던 원은 조치원, 사리원, 이태원, 장호원 등의 지명으로 그 흔적이 남아 있다.

주막에서 제공하는 술은 막걸리가 일반적이었다. 주막에서 술 한 사발을 주문하면 안주 한 점을 함께 제공하였다. 마른안주로는 육포·어포 등이 있었고, 진안주로는 삶은 돼지고기와 너비아니, 빈대떡, 떡산적, 생선구이 등이 있었다. 주막에서 파는 독특한 음식으로는 양지머리로 끓인 장국밥과 소뼈와 우거지, 선지 등을 넣은 해장국 등이 있었다.

주막의 주방은 주인방이나 마루 옆에 위치하여 주인이 앉은 자리에서 술이나 국을 뜰 수 있게 되어 있다. 주방에는 술과 솥을 두 개 놓아 한 솥에는 국을 끓이고, 다른 솥에는 물을 끓여 얼어붙은 술을 뜨거운 물로 데운 양푼으로 깨 술잔에 담을 수 있게 되어 있었다.

(2) 각종 음식점과 주점

조선 후기에는 화폐 경제와 상업의 발전으로 시장의 발달과 함께 주막, 노천 음식점들이 번성해 갔다. 이 시기에는 장국밥, 비빔밥, 국수처럼 조리와 식사가 간편한 음식이 판매되기 시작했고 장국밥, 육개장, 해장국 전문점으로 발전하기도 했다.

그리고 기방(妓房)이나 행상인의 상품을 중개하고 숙식을 제공하는 객주집이나 여각에서도 술이나 음식을 제공하였다.

조선 말기에는 가난한 사람들이 이용하는 노상주점과 선술집 등이 등장했는데, 노상주점에서는 막걸리를 걸러낸 술지게미를 다시 우려낸 모주(母酒)와 비지찌개 등을 팔았다. 선술집은 서서 술을 들이켜고 안주 한 점 집어먹는 가벼운 술집이었다.

(3) 요정(料亭)의 등장

조선 왕조가 몰락하며 궁중에서 요리를 담당하던 숙수와, 관리들이 주로 이용하던 기방집의 기생들이 거리로 나오게 되었다. 1909년 당시의 궁중음식 관계

책임자였던 안순환이 이들을 모아 명월관이라는 고급요정을 열었고, 명월관을 시작으로 장춘관, 식도원, 국일관, 고려관, 태서관 등 유명한 요정들이 서울에 생겼다. 요정에서는 기생의 춤·노래와 더불어 궁중음식을 일반에게 내놓게 되었고, 이는 궁중요리, 조리법 등이 대중들에게 알려지게 되는 계기가 되었다. 하지만 이후 요정은 일본인과 친일파들의 모임 장소로 활용되며 일본 기생이 일본 음식을 제공하고 춤과 노래를 선보이는 왜색 짙은 공간으로 바뀌었다.

(4) 서양식 식당의 등장

고종황제가 궁중의 한 방에 갇혀 독살을 염려하여 식음을 전폐할 때에 러시아 공사의 처제 손탁이 직접 서양식 요리를 만들어 고종에게 바쳤다. 이후 고종은 서양식을 좋아하게 되었고, 손탁에게 호텔을 지어주어 서양식이 상류층에 크게 보급되었다. 고종은 궁중의 서양식 책임자로 영국 유학생이었던 윤기익을 앉히고, 서양식에 필요한 집기와 서양요리책 등을 구비하였을 뿐만 아니라 프랑스에서 일류 요리사를 초빙하였다.

1920년에는 조선호텔이 세워지고 그 무렵 YMCA 그릴과 일본인이 경영하던 청목당(靑木堂)이라는 서양식 식당도 생겨났다.

(5) 현대적 음식점의 시작

현대적 주방시설은 전기, 가스, 수도 공급과 하수 처리 시설 등의 기반시설이 확립되어야 적용이 가능하다. 이러한 기반시설이 대중에게 자리잡게 된 것은 1960, 70년대부터였다. 한국에 현대화, 전문화된 음식점들이 등장한 것은 일제 강점기와 한국전쟁 이후의 빈곤을 극복하고, 선진국으로 도약을 시작한 1980년 전후로 볼 수 있다.

롯데리아, 맥도날드, 피자헛 등 일본과 미국의 글로벌 외식 브랜드가 한국에 소개되면서 이들이 도입한 것은 브랜드나 새로운 메뉴만이 아니었다. 과학적인 음식점 운영 시스템과 선진화된 주방기기, 인체공학과 생산 효율성을 높이기 위한 다양한 연구와 검증을 거친 주방 설계 노하우 등이 이 시기 글로벌 외식 브랜드를 통해 한국에 도입되기 시작했다.

3) 결론

외식산업은 도시화의 결과로 나타나는 산업이다. 먹을거리를 자급자족하는 농촌 사회에서는 음식을 상품화하고, 사업화 한다는 것이 어려울 수밖에 없다. 그에 비해 모든 것을 소비에 의존하는 도시에서는 식사를 집이 아닌 밖에서 해결하는 것이 자연스러워지고, 외식산업이 발전하는 계기가 된다.

우리가 모두 알다시피 한국은 일제 강점기를 35년이나 겪었고, 이후 한국 전쟁으로 국가 대부분의 인프라가 무너진 상황을 극복하고, 급속한 도시화를 거쳐 선진국 대열에 든 것이 그리 오래 지나지 않았다. 한국의 외식산업, 음식점과 그에서 파생되는 산업군 또한 아직 미숙한 단계이며, 앞으로 발전의 가능성이 무궁무진하다고 볼 수 있다.

앞으로 이 책을 통하여 우리는 주방관리의 다양한 요소들을 심도 있게 살펴보며, 향후 한국 외식산업의 발전을 꿈꿔보는 시간을 가져보려 한다.

- 주방은 조리사가 기능적, 위생적 작업의 수행을 통해 고객에게 판매할 상품인 음식을 조리하고, 저장하는 공간으로, 각종 조리기구와 설비 등을 갖춘 작업공간을 뜻한다.
- 주방은 조리구역의 구성에 따라 전통형, 편의형, 혼합형, 분리형 주방으로 나뉘며, 주방의 기능에 따라 메인주방과 영업주방으로 나눌 수 있다.
- 주방관리란 제한된 공간, 한정된 인원, 한정된 비용 등을 효과적으로 활용해 음식 조리와 관련한 다양한 업무를 하여 음식점의 이익을 극대화하는 것이다. 주방관리는 인적자원관리, 메뉴관리, 위생관리, 시설배치관리, 에너지 관리, 주방 환경관리, 구매 및 재고관리, 안전관리 등의 업무로 세분화된다.

1. '주방의 분류' 내용을 복습한 후 현재 내가 근무중인 음식점의 주방은 앞에서 살펴본 조리과정에 따른 주방 분류 방법 중 어떤 주방에 속하는 지 생각해 보자.

2. 주방관리의 다양한 요소 중에서 현재 근무중인 음식점 주방에서 잘 관리되고 있는 것과 그렇지 않은 요소를 찾아보고, 어떤 이유 때문에 잘 관리되지 않는지 토의해보자.

3. 인류의 역사 속에서 주방은 어떻게 발전해 왔는지 찾아보고, 정리해보자.

CHAPTER 3
주방공간 분석

3

주방공간 분석

학습목표

- 식재료의 흐름에 따른 주방의 각 구역의 구성을 이해한다.
- 주방의 각 구역의 업무와 그 특성을 이해한다.

1. 주방공간 분석의 이해

1) 주방의 기능

음식점에서는 다양한 기능들이 한 공간에서 이루어진다. 주방이 가지고 있는 기능들은 다음과 같다(김용문 외, 2012).

- 식재료의 입고 및 검수 장소
- 각종 식재료의 온습도별 보관장소
- 메뉴의 조리 및 포장관련 부자재 보관 장소
- 식재료의 전처리 장소
- 각종 조리를 위한 열처리 장소

- 조리 작업의 장소
- 메뉴 플레이팅 장소
- 식기류와 커트러리 등의 세척 및 보관장소
- 각종 주방기기와 기물의 세척 및 보관장소
- 음식물쓰레기 등의 폐기 및 보관장소
- 관리 사무실과 회의실
- 직원용 탈의실, 락커, 샤워, 화장실 등의 복리후생용 공간
- 주방 내외에 필요한 동선 및 이동 통로
- 화기 장치, 보일러, 및 기타 시설에 필요한 기계실과 주방기기 수납공간

이러한 공간은 식재료가 주방에 들어와서 조리가 되어 나가는 순서, 즉 '식재료의 흐름'에 따라 효율적인 작업이 가능하도록 공간을 붙이거나, 따로 떼어 구성한다. 그렇다면 식재료의 흐름이란 어떤 것인지 살펴보도록 하자.

2) 식재료의 흐름

식재료의 흐름이란, 식재료를 구입할 때부터 준비와 조리를 거쳐 고객에게 제공될 때까지 식재료가 이동하는 경로를 뜻한다. 좀더 큰 의미에서 보자면, 식재료의 흐름은 음식점에서 식재료 공급 거래처에 식재료를 주문한 후 식재료가 도착하는 순간부터 시작되며, 고객에게 음식이 제공된 후 퇴식을 거쳐 쓰레기로 폐기되는 과정을 뜻한다.

이러한 식재료의 흐름을 그림으로 나타내면 그림 3-1과 같이 표현할 수 있다. 그림에서 볼 수 있듯이 식재료는 일련의 순서를 따라 이동하게 되며, 주방에

그림 3-1
식재료의 흐름

서의 업무 순서와 공간의 구성도 식재료의 흐름을 따라가게 된다. 즉 주방공간은 크게 검수, 저장, 전처리(준비), 조리, 식기세척 공간으로 구성된다.

그렇다면, 각각의 업무는 어떤 업무이며, 해당 공간은 이런 업무를 수행하기 위하여 어떻게 구성되어야 하는지 알아보자.

2. 식재료 흐름에 따른 주방공간

식재료의 흐름에 따라서 주방공간은 검수 구역, 저장 구역, 조리 구역, 식기세척 구역 등으로 나눌 수 있으며, 주방과 홀을 이어주는 서비스 구역 등이 있다. 또한 식재료의 흐름과는 관계가 없지만, 원활한 운영을 위하여 필요한 공간으로 사무실, 직원의 복리후생을 위한 휴게실과 화장실 등의 공간이 있다.

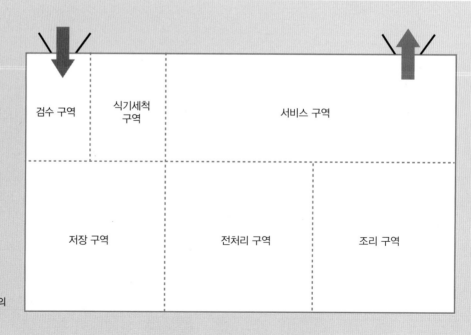

그림 3-2
**주방공간의 구역 구성의
예**

1) 검수 구역

(1) 검수 구역의 업무

검수란 배송된 식재료가 주문한 요건(품질, 선도 위생, 수량, 규격 등)에 맞게 배송되었는지, 불량품이나 변질된 물품은 없는지 등을 확인하여 수령 여부를 결정하고 적절한 조치를 취하는 것을 의미한다.

이 단계는 품질이 떨어지거나, 변질 가능성이 있는 등 문제가 있는 식재료가 주방에 들어오는 것을 막고, 좋은 품질의 식재료 및 기타 부자재 등이 입고되어, 좋은 품질의 음식으로 고객에게 제공될 수 있도록 하는 기초적이며 매우 중요한 단계이다.

검수는 다음과 같은 절차로 이루어진다.

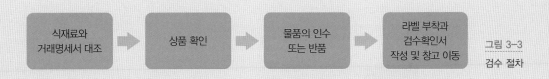

그림 3-3
검수 절차

① 식재료와 거래명세서 대조 : 배송된 물품과 주문한 내용이 일치하는지 확인한다. 거래명세서는 납품업자가 보낸 물품의 종류와 수량, 가격 등의 정보를 기록한 문서로, 청구서의 역할을 한다. 거래명세서 상의 항목과 배송된 식재료가 일치하는지 확인한다.

② 식재료와 발주서, 거래명세서 대조 및 상품 확인 : 수량, 중량, 품질, 온도를 확인한다. 식재료가 배송되면 발주 담당자가 납품업자와 함께 발주 내역과 거래명세서를 대조하고, 수량, 중량, 품질과 배송 온도 등이 적합한지 등을 확인한다. 세부적인 검수 사항은 다음과 같다.

- 기본사항 확인 : 품목, 수량, 중량 등을 확인한다. 중량 확인 시에는 상자, 얼음 등을 제외한 무게를 잰다.
- 포장상태 확인 : 포장이 손상되거나, 이물질이 들어갔을 가능성은 없는지 등을 육안으로 조사한다.
- 식재료별 특성에 따른 확인사항 점검: 농축수산물의 원산지, 공산품의 제조업체명, 제조년월일, 유통기한 등을 확인한다.
- 품질상태 검사 : 신선도, 건조도, 색, 냄새 등에 이상이 없는지 확인한다. 매장에서 주로 사용하는 식재료의 입고 검수 기준을 제작하여 확인하는 것이 좋다.
- 온도점검
  - 배송차량의 온도는 적절한가? (냉장 < 10℃, 냉동 < -18℃)
  - 배송된 식재료가 지정된 온도 기준에 맞춰 배송됐는가? (냉장 육류, 어류, 전

식품명	육우 등심(불고기용, 냉장/냉동)		
관 능	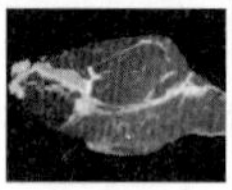	육색	부도1의 육색기준 No. 2~6 해당
		지방색	부도2의 지방색기준 No. 1~6 해당 지방색 유백색, 선명하고 윤기 있는 것
		냄새	이취 또는 부패취가 나지 않아야 함
		조직감	수분이 알맞게 침출, 탄력성 좋고 결이 곱고 섬세, 고기 광택 좋고, 지방질 좋음
표시사항	보관온도		냉장보관(0~10℃)
	보존기간		냉장(1~2일), 냉동(제조일로부터 3~4개월)
	제품명, 축산물의 유형, 영업허가번호, 원료명 및 함량, 유통기한, 보관방법, 제조원 및 판매원, 포장재질, 등급판정에 대한 표시여부 확인		
	등급판정		1^{++}, 1^{+}, 1, 2, 3등급으로 구분
	육색 기준(부도1)		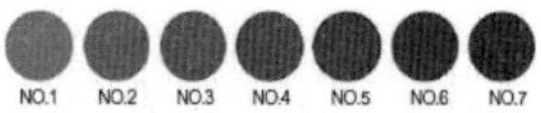 NO.1 NO.2 NO.3 NO.4 NO.5 NO.6 NO.7
	지방색 기준(부도2)		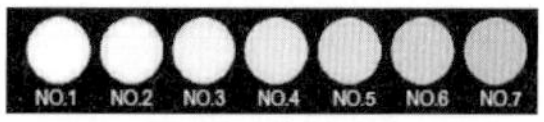 NO.1 NO.2 NO.3 NO.4 NO.5 NO.6 NO.7
반품대상	• 육색, 지방색, 조직감, 냄새 기준에 부합하지 않는 경우 • 농양, 방혈불량, 오염, 근육제거, 이물질(응고혈, 비닐) 등 결점 심한 경우 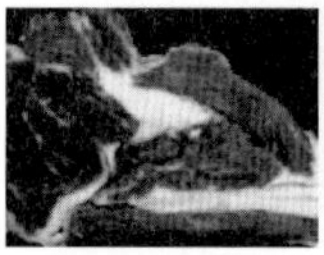 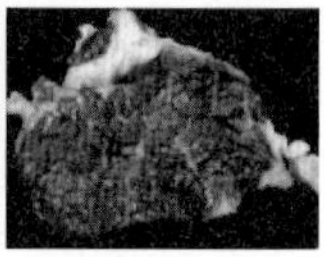		

그림 3-4
식재료 입고 검수 기준의 예
자료: 식품의약품안전처(2015)

처리 채소류 등 < 5℃, 기타 냉장식품 < 10℃, 냉동식품 < -15℃)

– 냉동식품의 경우 포장상자에 녹았던 흔적은 없는가?

매장에서 다루는 메뉴와 식재료에 따라 각각의 검수 기준이 다를 수 있다. 항상 좋은 품질의 식재료를 받기 위하여 그림 3-4와 같이 식재료별 검수 규격서를 작성하여, 검수를 담당하는 직원이 이를 숙지하도록 하면 좋다.

③ 물품의 인수 또는 반품: 모든 물품을 확인한 후 문제가 없는 물품은 입고를 결정하고, 문제가 있을 경우에는 반품처리 한다. 만일 위생상 큰 문제가 아니고, 대체품을 받을 여유가 없다고 판단될 때는 가격을 낮추는 방향으로 협상할 수도 있다.

④ 라벨 부착과 검수확인서 작성 및 창고 이동: 검수가 끝난 식재료는 온도의 변화에 의해 변질되지 않도록 즉시 전처리하거나 지정된 창고(냉장, 냉동, 상온)로 이동하여 외부 포장(박스)를 제거한 후 보관한다. 특히 외부 포장은 식재료가 유통되는 과정에서 오염

그림 3-5
입고된 식재료를 검수
하는 검수 담당자
자료: 주방뱅크

물질에 노출될 가능성이 높으므로, 외부포장은 제거한다.

입고되는 물품에는 라벨을 부착한다. 라벨 부착은 식중독 등 식품위생의 문제가 생길 경우 해당 식재료를 통제하는 데 활용할 수 있다. 특히 육류 입고 시에는 반드시 부착해야 한다. 만일 라벨을 작성하고, 부착하는 것이 어려울 경우라면, 최소한 입고 날짜 등을 표기하여 먼저 입고된 물품을 먼저 사용할 수 있도록 해야 한다(선입선출).

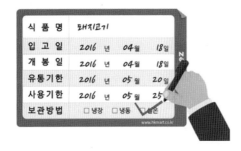

식자재 검수일지

일시	제품명	생산지·제조원	유통기한	검수결과	비고(원산지)
월일	햄	진주햄	2012.05.31까지	양 호	
	도라지	신탄진동 또는 희덕농협	생산자 : 홍길동	양 호	
	돼지	000 정육점 홈프러스		양 호	국내산,미국산
	농산물	생산지역및경작자 성명 및전화번호등			

그림 3-6

입고 라벨 기록의 예시

자료: HK마트

그림 3-7

식재료 검수 확인서 예시

자료: 대전 대덕구 청소위생팀(2013)

라벨 부착 후에는 검수 담당자가 검수작업에 대한 확인서를 작성한다.

(2) 검수 구역의 구성

① 검수 구역의 위치: 음식점으로 배송된 모든 식재료는 검수 후에 창고에 보관하거나, 바로 주방으로 이동하기도 한다. 또한 중소규모의 외식업체에서는 식재료 검수 담당자는 보통 조리의 총 책임을 맡는 주방장이기 때문에, 검수 구역은 배송 차량의 진입로와 가까워 운반이 편리한 곳이면서 창고 및 주방과 가까운 곳에 배치되는 것이 좋다. 또한 검수 구역은 만일의 분실 또는 도난 사고를 방지하기 위하여 외부인의 눈에 잘 띄지 않는 곳으로, 종사원의 출입구와는 구분하여 설치하는 것이 좋다.

② 검수 구역의 설비: 검수 구역은 바닥이나 벽이 손상되거나, 오염되기 쉽기 때문에, 청소하기 쉬운 타일이나 페인트 재질로 마감돼 있는 것이 좋다. 검수 구역의 조명은 육안으로 물품의 상태를 확인할 수 있어야 하기 때문에 너무 어두워서는 안 된다. 식약처에서는 HACCP[1] 기준으로 검수 구역의 밝기를 최소

---

1 HACCP은 위해요소분석(Hazard Analysis)과 중요관리점(Critical Control Point)의 영문 약자로서 '해썹' 또는 '식품안전관리인증기준'으로 부른다. HACCP은 식품의 원료 및 제조공정에서 생물학적, 화학적, 물리적 위해요소들이 존재할 수 있는 상황을 과학적으로 분석하고 사전에 위해요소의 잔존, 오염될 수 있는 원인들을 차단하여 소비자에게 안전하고 위생적인 식품을 공급하기 위한 시스템이며, 위해 방지를 위한 사전 예방적 식품안전관리체계이다(식품의약품안전처, 2015).

그림 3-8
검수 구역의 밝기
자료: 주방뱅크

540룩스[2] 이상으로 확보를 권장한다.

③ 검수 구역의 기기와 물품: 검수 시에는 입고된 물품을 바닥에 둘 경우 오염 가능성이 있으므로 상자나 바구니를 올려놓을 수 있는 팔레트나 물품을 위해 올려 둘 작업대와 중량을 잴 수 있는 저울, 식품의 내부 온도를 재는 탐침형 온도계와 일회용 위생장갑, 볼펜과 사무용 칼이나 가위, 풀, 가위 등 검수 업무에 필요한 물품들을 보관할 수 있는 간단한 선반이나 테이블이 있으면 좋다.

또한 검수 구역의 특성상 외부의 오염물질이 쉽게 유입될 수 있어 오염물질을 일차적 차단할 수 있는 발판 소독기와 에어커튼 등을 설치하고, 청소도구와 청소도구 세척 설비 등을 마련해 청결을 유지하는 것이 좋다. 검수가 완료된 물품을 창고로 이동하기 위한 운반차를 구비하면 좋다.

---

2 룩스(lux)란, 빛의 양을 측정하는 기준으로, 촛불 1개의 불빛이 1m 떨어진 1m²의 면적에 골고루 비추는 빛의 양을 뜻한다. 보통 주택의 공부방이나 주방은 500~1,000룩스, 상점의 진열대가 1,000~3,000룩스 정도가 적당하며, 맑은 대낮의 태양빛은 약 10만 룩스이다.

2) 저장 구역

(1) 저장관리의 원칙

저장은 검수 후 입고되는 식재료를 조리하여 고객에게 제공할 때까지 처음에 입고된 최적의 상태 그대로 보존하고, 관리하는 작업을 의미한다. 저장 구역에서는 다음의 다섯 가지의 원칙을 지켜야 한다.

① 저장위치 표식의 원칙: 모든 물품은 근무자가 쉽게 위치를 확인할 수 있도록 저장하여 필요시 신속하게 찾아 사용할 수 있어야 한다.

② 분류저장의 원칙: 모든 물품은 성질, 용도, 기능 등에 따라 분류 기준을 수립하고, 그 기준에 따라 분류하여 저장함으로 입고와 출고가 편리하도록 해야 한다.

③ 품질보존의 원칙: 식재료를 보관할 때 입고 시의 품질을 사용하기 직전까지 유지하는 것은 매우 중요한 과제이다. 식재료는 특히 저장온도(냉장, 냉동, 상온 구분)와 적정 습도를 고려해야 하고, 한 장소에 다양한 식재료를 보관할 때는 냄새의 방출성이나 흡수성으로 품질에 영향을 받지 않도록 해야 한다.

④ 선입선출의 원칙(first-in-first-out, FIFO): 식재료는 저장 기간이 짧은 것이 많다. 따라서 먼저 들어온 식재료를 먼저 사용하여야 나중에 변질로 폐기되는 것을 막을 수 있다. 따라서 먼저 들어온 식재료를 먼저 사용할 수 있도록 저장 시에는 뒤에 들어온 물품을 현재 보관중인 물품의 뒤쪽에 보관하고, 선반의 앞에 서서 볼 때 유통기한이 짧은 것부터 라벨이 보이도록 보관하여야 한다.

⑤ 공간활용의 원칙: 저장공간은 식재료의 양과 부피에 따라 공간의 크기를 결정해야 하고, 저장공간 이외에도 식재료의 운반을 위한 이동공간이 고려되어야 한다. 특히 재료를 운반하기 위한 수레 등을 활용하는 공간일 경우에는 더욱 고려해야 할 사항이다.

(2) 저장 구역의 업무

① 입고: 검수작업을 끝낸 후에는 각 물품별로 적절한 보관 창고에 보관하는데, 이를 입고(入庫: 창고에 들임)라 한다.

주방에 입고되는 물품은 식재료와 비식품류로 나눌 수 있다.

식재료는 취급의 특성에 따라 야채나 유제품 등의 냉장 식재료, 냉동야채나 냉동 해산물 등의 냉동 식재료, 각종 조미료나 건면 등 상온 보관 식재료 등으로 나눌 수 있다. 또한 비식품류는 식재료를 다루고, 조리하는 데 필요한 일회용품 등의 소모품, 여분의 기기와 기물, 세정용품 등으로 나눌 수 있다. 물품별로 보관해야 하는 장소의 기준은 각 물품의 상세 표기 부분을 참고하는 것이 좋다. 특히 개봉 전에는 상온 보관이지만, 개봉 후에 냉장보관을 하는 등 보관방식이 바뀌는 것들이 있으니, 보관방법을 이미 알고 있던 품목들도 다시 확인해 보는 것이 좋다.

물품의 특성에 따라 저장하는 공간이 달라지게 되는데, 냉장과 냉동 식재료는 각각 냉장고나 냉동고로, 상온 보관 식재료와 비식품류는 일반 창고에 보관한다. 보관 시에는 선입선출 원칙을 지켜, 먼저 입고된 물품을 먼저 사용할 수 있도록, 새로 들어온 물품은 뒤쪽으로 기존에 보관돼 있던 물품을 앞쪽으로 배치한다.

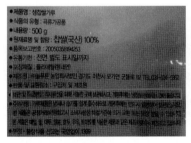
상온보관

냉장보관

냉동보관

그림 3-9
식품의 다양한 보관방법

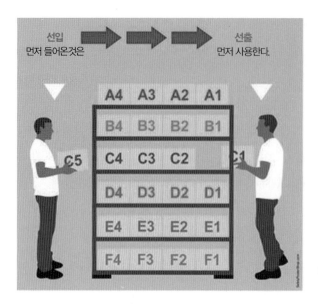

그림 3-10
선입선출의 이해

② 재고관리 : 저장 구역에서는 일일, 주간, 월간단위로 재고 현황을 파악하고, 동시에 유통기한과 품질 점검을 해야 한다.

주방의 재고는 곧 돈이다. 단, 보관기간이 매우 짧은 돈이라 할 수 있다. 특히 식재료는 일반 물품에 비하여 보관 기간이 짧은 편이며, 이 기간을 넘길 경우, 품질이 급격하게 떨어지거나, 유통기한을 넘겨 버려야 한다. 따라서 주방 관리자는 식재료가 입고된 시점의 품질이 유지가 되는 동안에 사용할 수 있도록 발주량에 주의를 기울이는 동시에, 현재 창고에 보관중인 재고량은 적정한지, 유통기한을 넘기거나, 품질이 떨어지지 않는지 수시로 확인하여야 한다.

많은 음식점에서 자주 하는 실수 중 하나는 물품이 입고될 때 선입선출 원칙을 지키지 않고 창고에 보관하는 것이다. 이럴 경우, 먼저 입고된 물품의 신선도가 떨어지고 있는 상황인데, 나중에 들어온 물품을 먼저 사용하여 창고나 냉장고 등을 정리하다 부패되거나, 유통기한이 지난 식재료를 발견하기도 한다.

이러한 실수를 막기 위하여 입고되는 물품의 목록과 수량을 기록할 수 있는 체크리스트를 각 창고에 비치하고, 모든 직원이 이를 사용하도록 교육하는 것이 중요하다.

③ 창고 관리: 창고 안에 보관된 물품들은 최적의 상태를 가능한 오래 유지할 수 있게 하기 위해 온도와 습도를 유지하고, 쥐, 벌레 등의 침입이 없도록 관리해야 한다.

각 창고의 온도와 습도는 아래의 기준을 유지해야 한다.

- 상온 저장: 온도 15~21℃, 습도 50~60%
- 냉장 저장: 5℃ 이하(상하기 쉬운 재료 3℃ 전후 유지)
- 냉동 저장: -18℃ 이하

냉장고와 냉동고는 온도조절장치가 내장돼 있지만, 냉장고와 냉동고를 자주 여닫는 경우에 내부 온도가 올라갈 수 있다. 또한 아날로그 방식은 근무자의 부주의로 냉장고 스위치가 꺼지거나, 온도 설정이 바뀌어 있을 수 있다. 또한 출근해서 확인해 봤을 때 냉장고가 작동되고 있어도 전날 밤에 정전이 됐다가 다시 전기가 들어오는 경우가 발생할 수도 있는데, 이럴 경우 냉장고 온도가 제대로 유지되지 않을 수 있다. 이처럼 많은 경우의 수가 있기 때문에, 주방 관리자는 표 3-1의 기록지와 같은 문서를 활용하여 냉장고와 냉동고의 온도를 점검하는 것을 일일 업무로 수행하는 것이 좋다.

아날로그 방식 컨트롤러   디지털 방식 컨트롤러

그림 3-11
냉장고 온도조절장치의 종류
자료: 주방뱅크

표 3-1. 냉장·냉동고 온도관리 기록지

요일 (일자)	확인시간	온도(℃)			청결도 확인	덮개 확인	분리 보관 여부	점검자 성명
		식품저장고		보존식용				
		냉장고	냉동고					
월 (/)	am:							
	pm:							
화 (/)	am:							
	pm:							
수 (/)	am:							
	pm:							
목 (/)	am:							
	pm:							
금 (/)	am:							
	pm:							
토 (/)	am:							
	pm:							
관리기준	– 냉장실 5℃ 이하, 냉동실 −18℃ 이하 – 냉장·냉동고가 2개 이상일 경우 각각 냉장고에 대해 작성							
관리방법	– 냉장·냉동고의 온도 측정 – 빈도: 1식 제공시 2회/일 측정(출근후, 퇴근전), 2식 제공시 3회/일 측정(매전 조리 시 　작전, 퇴근전)							
개선조치	– 냉장·냉동고 온도 조정							

냉장고는 온도가 유지되지 않을 경우 식재료의 변질이나 부패가 진행될 수 있으므로 개폐를 신속하게 하고, 개폐 횟수를 줄이도록 교육해야 하며, 냉장고 내부에 온도계를 설치하고, 일 2회 이상 정기적으로 적정 온도가 유지되고 있는지 점검해야 한다. 냉장고는 주 1회 성에제거 및 정기적 청소로 위생적으로 관리하며 식재료의 점검도 함께 겸하는 것이 좋다.

일반창고에는 쌀과 같은 곡물이나 밀가루, 전분, 면류 등의 곡물의 가공품도 흔히 보관하는데, 쥐나 벌레의 표적이 되기 쉽다. 따라서 정기적으로 재고를 점검하고, 창고를 청소하며 쥐나 벌레의 배설물이나 알 등의 흔적 등이 있지 않은지도 함께 점검하고, 이를 방지할 수 있도록 시설을 갖춰야 한다. 만일 이미 쥐나 벌레가 서식하고 있을 경우, 창고와 주방의 위생에 더욱 신경을 쓰고, 적절한 약제를 사용하여 쥐나 벌레를 구제해야 한다.

(3) 저장 구역의 면적과 위치

① 저장 구역의 면적: 저장 구역의 면적은 기본적인 음식점의 규모와 콘셉트, 주요한 메뉴의 종류, 냉장/냉동이 필요한 식재료, 일반 창고에 보관이 필요한 식재료와 기타 비식재료의 종류와 양에 따라 달라진다. 또한 식재료 공급 업체에서의 배송 빈도 등도 영향을 준다.

예를 들어 패스트푸드 음식점이나 대학교 카페테리아 등은 점심시간 1식에 수백 명 분의 식사를 제공하기도 하며, 냉동 감자튀김이나 냉동 돈까스, 냉동 야채 등의 식재료를 다량으로 자주 사용한다. 이럴 경우 신선식품을 보관하는 냉장고보다는 냉동고의 비율을 늘린다. 반면 고급 음식점은 냉동 식재료를 사용하더라도 적은 종류의 식재료를 낮은 빈도로 사용할 것이다. 이런 경우에는 냉동고에 비해 냉장고의 비율이 높아진다.

또한 앞서 2장에서 살펴본 커피전문점, 바, 패스트푸드, 분식점 등에서 볼 수 있는 편의형 주방의 경우, 전처리 구역이 없고 대부분의 식재료가 완제품이나 반조리 상태로 입고된다. 편의형 주방은 완제품이나 반조리 상태의 식재료를 보관하기 위한 냉장/냉동고(이하 냉장고) 시설이 충분한 것이 운영에 유리하다.

같은 규모의 음식점이라도 매일 1~2회로 식재료 배송이 이루어지는 서울의 중심 상권에서 영업을 할 때와 1주일에 1~2회 배송이 이루어지는 지방의 소도시에서 영업을 할 때 필요한 저장 구역의 면적은 다르기 마련이다.

식재료의 저장과 식재료의 신선도는 반비례하기 마련인데, 최근 콜드체인 시스템[3]을 활용하여 신선한 식재료를 높은 빈도로 배송해주는 식재료 배송 기업

---

3 콜드체인시스템(cold chain system)이란, 전 유통과정을 제품의 선도 유지에 적합한 온도로 관리하는 체계로, 청과물, 수산물, 육류, 달걀, 유제품 등을 생산에서부터 소비자에 이르기까지 지속적으로 적절한 온도를 유지시켜 생산 직후의 품질상태 그대로 공급되도록 하는 유통 체계를 말한다.

들의 증가로 한 번에 대량의 식재료를 구비하지 않아도 된다. 뿐만 아니라 경영자는 고객에게 서비스할 공간을 최대한 많이 확보하여 수익성을 강화하려는 경향이 높아, 이를 반영하여 음식점의 저장 구역이 축소되는 경향이 있다.

② **저장 구역의 위치**: 저장 구역은 식재료의 흐름상 검수가 완료된 물품을 보관하는 기능이며, 주방에서 필요로 하는 물품을 신속하게 조달할 수 있는 곳에 위치해야 한다. 따라서 검수 구역과 조리 구역 사이에 위치하는 것이 일반적이다.

저장 구역은 일반 창고와 냉장고로 나눌 수 있는데, 냉장고는 주변의 온도가 높으면, 문을 여닫을 때 주변의 열기가 유입돼 냉장고 내부의 온도도 올라가게 된다. 따라서 냉장고는 가능하면 화구와 멀리 배치하는 것이 좋다.

일반 창고에는 앞서 살펴본 대로 곡물이나 곡물 가공품 등이 많이 보관되는데, 이러한 식재료는 강한 빛과 높은 온도에 노출이 되면 향미와 식감이 떨어

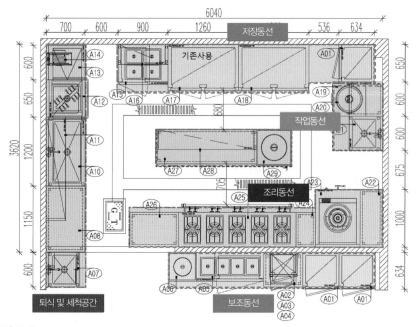

그림 3-12
한식 전문점 주방의 구역 구분
자료: 키친리더

지고, 높은 습도에 노출되면 곰팡이가 생길 수 있다. 그러므로 일반 창고는 건조하고 온도가 높지 않은 곳으로 하고, 햇빛이 닿지 않으면서, 통풍이 좋은 위치를 선택한다.

(4) 일반 창고의 구성

① 창고의 기본 조건: 일반 창고는 냉장이나 냉동이 필요하지 않은 대부분의 식재료와 기물, 매장 운영에 필요한 각종 부자재 등을 보관하는 곳이다.

일반 창고는 직사광선을 피하고, 환기가 잘 되어야 하며, 적당한 온도(15~25℃)와 습도(50~60%)를 유지해야 한다. 이를 관리할 수 있도록 창고 안에는 잘 보이는 곳에 온습도계를 설치한다.

② 창고의 설비: 물품을 보관하는 선반은 공기가 순환되고, 벌레 등으로부터 보호하고, 청소를 위해 바닥과 벽으로부터 15cm 이상의 공간을 띄워 설치한다.

일반적으로 사용하는 선반은 와이어 선반과 스테인리스 선반이 있는데, 와이어 선반은 가격이 저렴하고 통기성이 좋다는 장점이 있지만, 무거운 물품을 올려 두기에는 상판이 약하다. 영업용으로 나오는 많은 액체 식재료나 세제 등은 보통 20kg 내외로 유통되기 때문에, 와이어 선반보다는 스테인리스 선반에 보관하는 것이 더 안정적이다.

모든 식재료는 선반에 올리되, 부피가 크거나 무거운 대용량의 액체 식재료의 경우 선반에 보관하기 어려우므로 바닥에 직접 닿지 않도록 팔레트 위에 올려야 한다.

또한, 창고에는 높은 곳의 물품을 꺼내거나, 보관할 때 사용할 수 있는 사다리나 간이 발판과 물품 운반카 등을 비치하여 물품을 보관하거나, 이동할 때 편리하게 사용할 수 있도록 한다.

적절한 환풍은 창고의 온도가 너무 높이 올라가지 않게 하여 식재료의 맛과 향이 변질되지 않도록 도와주며, 공기중의 습도를 유지하는 데도 도움을 주어, 곰팡이가 생기는 것을 막아준다.

그림 3-13
스테인리스 선반과 와이어 선반
자료: 주방뱅크

그림 3-14
사다리 대용 스텝스툴과
물품 운반차
자료: 주방뱅크

VS

그림 3-15
외관상 유사한
대용량 식재료와 세정용품

일반 창고에는 곡물, 건어물, 조미료, 뿌리채소류 등 상온 보존이 가능한 식품과 각종 소모품, 기기와 기물, 세정용품 등의 비식품을 보관할 공간이 필요하다. 그런데 식품과 비식품을 한 곳에 저장하였을 때 식품이 세제 등에 의해 오염될 수 있다. 예를 들어, 액체로 되어 있는 대용량의 세정제품은 간장이나 식초 등의 대용량 액체 식재료와 혼동될 수 있기 때문에, 반드시 분리하여 보관해야 한다.

(5) 냉장/냉동 창고의 구성

냉장 저장은 0~5℃의 온도에 보관해야 하는 어육류, 육가공품과 유제품, 상온에서 보관할 경우 품질이 저하되는 채소류 등을 냉장고에 보관하는 방법이다. 냉동 저장은 -18℃ 이하의 저온 상태에서 장기간 저장을 요구하는 식품들인 냉동 어육류와 소스, 반조리된 상태의 냉동식품 등을 냉동고에 보관하는 방법이다.

① 워크인 냉장고: 냉장/냉동 식재료는 냉장고와 냉동고에 보관하는 것이 일반적이다. 하지만 음식점의 규모가 큰 경우나 호텔, 대형 급식시설 등에서는 냉장/냉동 창고를 설치하는데, 이를 '걸어 들어갈 수 있는' 냉장고/냉동고'라는 뜻으로 '워크인(walk-in) 냉장고/냉동고'로 부른다.

② 조리 후 냉각 저장: 입고된 식재료 중 냉장이나 냉동이 필요한 물품과 더불어, 주방에서는 반조리 또는 완전조리 후 일시적으로 냉장/냉동 상태로 보관하였다가 주문 시 조리를 마쳐 제공하는 식품들이 있는데, 이 또한 냉장고에 보관하게 된다.

그림 3-16
워크인 냉장고

그림 3-17
워크인 냉장고 내부

이때 냉장고나 냉동고는 가열된 음식을 식히기 위한 용도로 사용해서는 안 된다. 냉장고는 찬 음식을 차게 유지하기 위한 기능으로 설계된 것이다. 더욱이 완전히 식지 않은 음식이 냉장고에 들어올 경우, 내부 온도가 높아져, 냉각 효율이 떨어지고, 보관중이었던 음식에 세균이 성장할 가능성이 높아진다. 따라서 냉장고에 보관할 음식은 완전히 식힌 후에 보관해야 한다.

③ 냉장고 단별 음식 보관: 일부 병원균(질병의 원인이 되는 세균)은 공기를 통해서도 전염이 가능하기 때문에 냉기가 순환되는 냉장고 안에서도 음식물이 오염될 수 있다.

생고기나 해산물 등은 바로 먹는 식품과 별도의 냉장고를 사용하는 것이 바람직하나, 저장 공간이 여의치 않을 경우에는 조리되지 않은 식재료의 부산물이 바로 먹을 수 있는 식품을 오염시키지 않도록 뚜껑을 닫거나, 비닐 등으로 포장한 후 층을 구분하여 보관해야 한다.

3) 전처리 구역

조리구역은 그 기능에 따라 전처리와 냉요리, 온요리 구역으로 나눌 수 있다.

(1) 전처리 구역의 이해

전처리는 입고 및 저장된 식재료를 조리에 적합하게 씻고, 해동하고(냉동제품의 경우), 다듬고(절단, 슬라이스, 다지기 등), 섞는 등의 작업을 의미하여, 전처리 구역은 사전조리 구역 또는 다듬기 구역 등으로 불리기도 한다.

육류와 어패류, 야채 등의 불필요한 부분을 제거하는 1차 처리를 행하는 곳으로, 식사 제공 규모가 클수록 전처리 업무가 지원되어야 본 조리가 신속하고 효과적으로 진행될 수 있어, 분리하여 배치해야 한다. 다만, 전처리된 식재료를 구매하는 경우, 전처리구역 없이 본 조리구역에서 간단한 전처리 업무를 겸하기도 한다.

(2) 전처리 구역의 위치

전처리는 입고와 보관 그리고 조리 사이에 이루어지는 업무이기 때문에 전처리 구역은 저장공간과 조리구역의 사이에 위치하는 것이 합리적이다.

(3) 전처리 구역의 설비

전처리 구역은 식재료의 세척을 위해 물이 빈번하게 사용되기 때문에 급배수 시설이 구비되고, 바닥 기울기를 일정하게 유지하여 한쪽으로 물이 고이지 않도록 시공해야 하며, 미끄럼 방지용 타일 등의 시공이 필요하다.

전처리 과정은 크게는 세척, 다듬기, 자르기의 3단계로 이뤄진다. 전처리 구역은 이 단계에 맞춰 진행하며 작업자가 이동하기 편리하도록 구성되는 것이

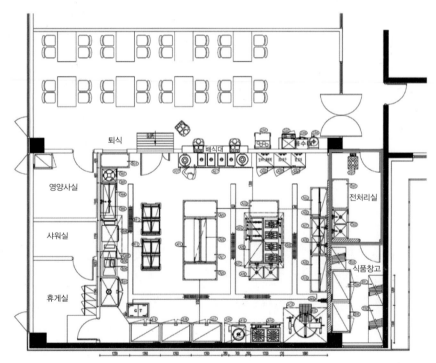

그림 3-18
구내식당 주방의 전처리 구역
자료: 키친리더

좋고, 교차오염[4]을 예방하기 위하여 각 식재료를 구분하여 준비할 수 있도록 공간을 분리한다. 따라서 전처리 공간은 비교적 넓게 배분할 수 있으면 좋다. 또한 사용이 끝난 조리기구는 작업자가 이동하는 동선을 막지 않도록 조리기구를 보관할 수 있는 공간을 확보해 놓아야 한다.

전처리 구역은 해당 음식점의 업종과 주 메뉴의 구성에 따라 구성이 매우 다양해진다.

싱크대가 있는 작업대만 갖춰 놓는 곳이 있는가 하면 스테이크처럼 정량 제공이 필요한 메뉴를 다루는 곳에서는 식재료의 무게와 부피를 측정하는 용도의 별도 공간과 기기를 갖춰야 하는 곳도 있다.

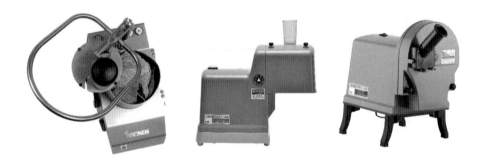

그림 3-19
전처리 구역의 기기의 예-양배추 절단기, 파절기, 고추 절단기
자료: 주방뱅크

일반적으로 전처리 구역은 식재료를 세척할 수 있는 수전이 달린 싱크대와 작업대, 전처리용 기구 저장용 선반, 믹서, 푸드 프로세서, 다지기와 선반, 쓰레기 처리 장치 등이 설치된다. 전처리 구역의 역할에 따라 국솥이나 오븐 등이 설치될 수도 있다. 또한 전처리가 완료된 식재료를 담을 바트 등의 보관용기, 바트와 전처리된 식재료의 정보를 기록할 라벨과 필기구 등을 보관할 선반 등을 함께 설치한다.

---

4 교차오염이란 식재료, 기구, 물 등에 오염되어 있던 균들이 오염되지 않은 식재료, 기구, 종사자와의 접촉 또는 작업과정에서 혼입되어 오염되지 않은 식재료까지 오염시키는 것을 말한다.

4) 냉요리 구역

냉요리 구역은 샐러드, 샌드위치, 디저트, 차가운 애피타이저 등의 가열하지 않는 음식을 준비하고 서비스하는 공간이다. 호텔이나 뷔페 등의 대형 주방에서는 냉요리 구역과 온요리 구역을 엄격하게 분리하지만, 일반적인 음식점에서는 혼합형으로 사용한다.

냉요리 구역은 시각적 아름다움을 보여주는 메뉴의 조리가 많은 곳이기 때문에, 정밀한 작업이 가능한 높이의 싱크대가 구비된 작업대와 조명의 구비가 중요하다.

정밀한 작업을 위한 작업대는 팔꿈치 높이보다 10~20cm 높은 작업대를 활용하여 눈높이에 가깝게 작업할 수 있도록 한다. 산업안전보건법은 정밀작업을 위한 작업공간의 밝기를 300룩스(Lux), 초정밀작업에는 750룩스를 유지하도록 권고하고 있다.

그림 3-20
냉요리 구역
자료: 주방뱅크

또한 냉요리 구역에서 만들어지는 요리는 완성 즉시 제공되지 않고, 보관되었다가 나가는 경우가 흔하기 때문에, 완성된 요리를 보관할 수 있는 냉장고와 홀 서버가 완성된 요리를 가져가기 전 대기하는 공간이 함께 준비되어야 한다.

5) 온요리 구역

(1) 온요리 구역의 이해

온요리 구역은 가열 조리하는 대부분의 요리가 만들어지는 곳이다. 온요리 구역은 음식 조리 과정의 가장 마지막 단계에 속하는 구역이며, 조리 후 바로 고객에게 제공되는 요리들이 주를 이뤄, '최종조리 구역'이라고도 부른다.

온요리 구역은 조리가 완료된 후 메뉴의 품질이 떨어지기 전에 신속하게 고객에게 제공되어야 하기 때문에 만일 이 구역의 배치와 설비 선정 등이 잘못 이루어질 경우 메뉴 완성도와 생산 효율성이 떨어져 결과적으로 고객 만족도에 좋지 않은 영향을 줄 수 있다. 따라서 온요리 구역은 조리기구의 선정과 배치, 제공되는 식기의 온도, 플레이팅과 장식, 서버가 메뉴를 가져가기 직전까지 대기하는 작업대의 온도 유지 등에 이르기까지 세심하게 검토하고 결정해야 한다. 비단 고급 음식점뿐만 아니라 패스트푸드 전문점과 같은 음식점의 경우에도 신속하게 대량의 메뉴 조리와 제공이 요구되기 때문에, 온요리 구역의 설계는 주방 설계의 핵심이라고 해도 과언이 아니다.

온요리 구역은 음식점의 콘셉트에 따라 메뉴가 결정되고, 그 메뉴의 종류, 예상 수요에 따라 조리 기구의 종류, 용량 등이 결정된다.

(2) 온요리 구역의 설비

온요리 구역은 화기를 사용하는 경우가 일반적이기 때문에 불에 타지 않고, 쉽게 오염되지 않는 내장재를 사용하는 것이 필수이다. 또한 급배기 시설의 투자가 필요하다. 특히 공조 설비는 조리 중 조리기구의 냉각이나 완성된 메뉴의 온도가 떨어지지 않으면서 적절하게 공기의 조화가 이루어지도록 설계해야 한다.

그림 3-21
온요리 구역
자료: 주방뱅크

특히 적정수준의 실내 온도가 유지되는 것도 매우 중요하다. 실내 온도의 유지는 조리인원의 업무 효율이나 만족도와 직결되는 문제이며, 메뉴의 품질과도 연관되기 때문이다. 만일 내부 온도가 너무 높아 떨어지지 않을 경우, 조리를 위하여 실온에 내놓은 식재료의 신선도가 떨어지고, 심한 경우 사용하지 못할 만큼 품질이 떨어질 수도 있다.

6) 서비스 구역

(1) 서비스 구역의 이해

서비스 구역은 완성된 메뉴를 고객에게 제공하고, 고객이 만족스러운 식사를 할 수 있도록 돕는 각종 집기와 물품을 갖추고 있는 공간이다. 이 공간은 주방과 홀을 이어주는 역할을 한다.

서비스 구역을 잘 설계할 경우 다음과 같은 장점이 있다(Birchfield et al., 2003).

- 서비스 속도 향상-고객 만족과 회전율 향상에 도움을 줌
- 서비스 직원 인건비 절감
- 서비스 직원이 고객에게 좀더 집중할 수 있음
- 주방의 혼잡도 감소

(2) 서비스 구역의 위치와 비치 품목

서비스 구역은 홀에 위치하지만, 서비스 구역은 조리가 완성되고 고객에게 제공되기 전, 주방의 마지막 구역으로 볼 수 있다. 셀프서비스로 운영되는 푸드코트나 커피전문점, 패스트푸드점 같은 경우, 서비스 구역은 고객이 직접 이용할 수 있는 추가 반찬이나 음료, 식기와 커트러리, 냅킨, 각종 조미료 등을 비치한다.

그림 3-22
떡볶이 뷔페 '두끼'의 서비스 구역

7) 식기세척 구역

(1) 식기세척 구역의 이해

식기세척 구역은 고객이 식사를 마친 후 남은 음식을 정리하고, 기물과 식기를 세척하여 건조하여 기물의 필요에 따라 각 주방에 전달하는 업무가 이루어지는 공간이다.

식기세척 구역을 설계할 때는 다음과 같은 사항들을 고려해야 한다.

- 음식점의 콘셉트 : 파인다이닝과 퀵서비스 레스토랑에서 사용하는 기물은 사용하는 가짓수와 재질 등에서 큰 차이가 있다. 같은 파스타를 주 메뉴로 하는 음식점이라 하더라도 와인을 주로 판매하느냐, 맥주나 탄산음료를 판매하느냐에 따라 다루는 잔의 종류가 달라지고, 그에 따라 세척 방법에 큰 차이가 발생한다. 필요에 따라 주방용 기물과 유리나 도자기류, 은식기류 등의 기물별 세척 구역과 기능을 구분할 수 있다면 이상적이다. 또한 세척 후 바로 사용하지 않거나, 사용 빈도가 낮은 기물의 경우 보관할 수 있는 창고 공간도 필요하다.

- 음식점의 규모 : 매장의 규모는 식기 세척 설비에 직접적으로 영향을 준다. 특히 일일 입점 고객 수 뿐만 아니라 1회 최대 입점 고객 수와 회전율도 주의 깊게 고려해야만 운영중에 기물이 부족해지는 일을 방지할 수 있다.

(2) 식기세척 구역의 위치

식기세척 구역은 주방 바깥, 홀로 나갔던 음식과 식기가 들어오는 곳으로, 오염을 피하기 위하여 조리동선과 최대한 분리되도록 배치해야 한다. 또한 식기세척 구역은 다소 소음이 발생할 수 있기 때문에 고객 동선과는 완전히 구분되어 있는 것이 좋다.

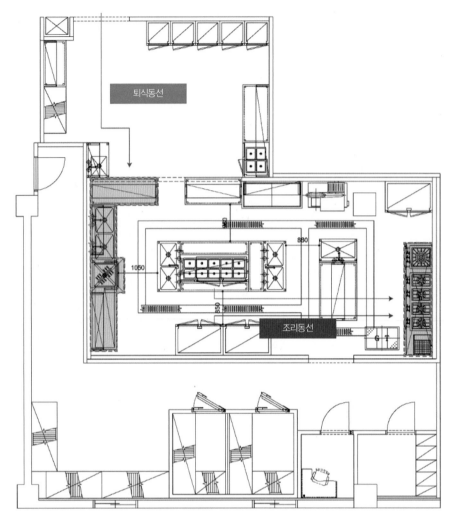

그림 3-23
식기세척 구역과 조리동선의 구분
자료: 키친리더

(3) 식기세척 구역의 설비

식기세척 구역에는 퇴식 전후 작업을 위한 작업대와 애벌세척을 위한 싱크대, 식기세척기와 잔반처리를 위한 음식물 처리기, 건조대와 세척이 완료된 기물을 이동할 운반차 등이 배치되어야 한다.

또한 식기세척 구역과는 별도로 쓰레기통을 세척할 구역은 쓰레기 하치장 근처에 배치되어야 한다.

식기세척 구역은 주방의 모든 구역 중 물을 가장 많이 사용하는 공간으로 상하수도 시설과 급배수 시설이 매우 중요하고, 바닥이 미끄러워 사고가 날 수 있기 때문에 미끄럼방지 타일 시공 등이 필요하다. 또한 여분의 식기세척용 세제의 보관 공간도 구비하면 편리하다.

8) 기타 구역

주방의 기타 구역은 사무실과 휴게실, 탈의실과 직원 화장실 등으로 구성된다. 이러한 기타 구역들은 설계 시에 주방과 홀의 면적의 확보 때문에 포기하기 쉬운 공간이지만, 업무의 효율을 높여줄 수 있는 공간이므로 가능하면 분리하여 설치하는 것이 좋다.

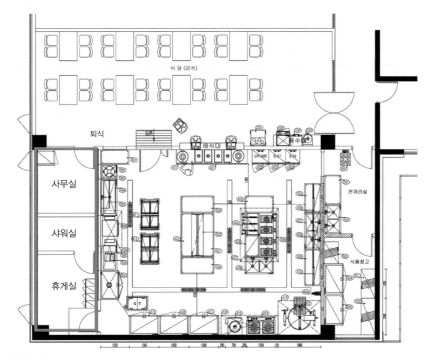

그림 3-24
구내식당 기타 구역의 배치
자료: 키친리더

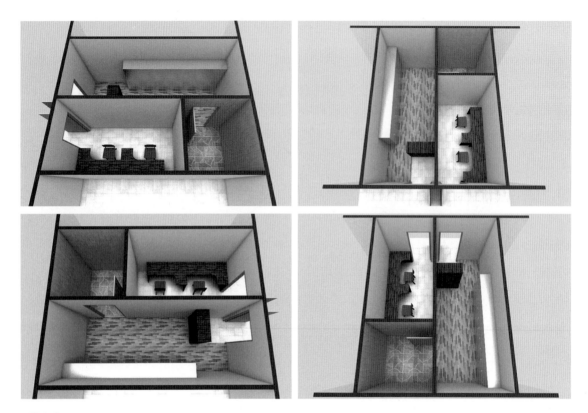

그림 3-25
주방 내 사무실 배치의 예
자료: 키친리더

(1) 사무실

사무실에서는 식재료 관리와 발주, 메뉴 계획, 인원 관리와 일정관리, 회의 등의 주방에서 필요한 사무를 진행한다. 따라서 사무를 볼 수 있는 컴퓨터와 프린터, 직원 간 커뮤니케이션을 위한 게시판과 일정을 확인할 수 있는 보드 등을 구비한다. 사무실의 위치는 주방에서 이루어지는 일을 볼 수 있도록 가까운 곳에 위치시키는 것이 좋다.

(2) 복리후생 구역

주방의 복리후생 구역은 휴게실, 탈의실, 화장실 등이 있다. 만일 음식점의 전체 평수가 100평이라고 할 때, 홀과 주방, 직원 복리후생 구역의 배분은 홀 70

: 주방 28 : 복리후생 구역 2로 배분하면 적당하다고 할 수 있다.

① 휴게실: 휴게실은 직원들이 편히 쉴 수 있는 의자와 테이블 등을 갖춰 놓는다. 휴게실에는 음식점 업무의 특성상 교대근무를 하며 정보전달 등이 대면으로 이루어지지 못할 때를 대비하여 전달사항 등을 부착하는 게시판을 비치하는 것도 효과적이다. 중소형 음식점의 경우 공간의 한계상 사무실과 휴게실 등을 한 공간에서 겸하는 경우가 일반적이다.

주방의 근무자들은 근무시간의 대부분을 서서 일하며, 높은 온도와 습도 속에서 근무하는 경우가 많아 피로도가 높아진다. 따라서 휴식시간에 편안히 쉴 수 있는 휴게공간이 필요하다. 최근 직원들의 복리후생에 대한 관심이 날로 높아지고 있으며, 조금이라도 좋은 조건의 일자리를 찾아 쉽게 이동하는 현상이 일반화되고 있어 양질의 안정적인 노동력을 확보하는 것이 갈수록 어려워지고 있는 상황에서는 복리후생 공간에 대한 투자가 더욱 중요해진다.

② 탈의실과 화장실: 탈의실은 주방 근무자의 수에 비례하여 로커를 구비해야

그림 3-26
직원 사워시설과 탈의실
자료: 주방뱅크

한다. 여분의 유니폼을 탈의실에 구비해 놓으면 항상 청결한 유니폼을 입고 근무할 수 있어 위생적이며, 직원의 이미지 관리에도 도움을 준다. 주방과 멀지 않은 곳에 직원전용 화장실을 갖춰 놓으면 업무 능률 향상과 주방 위생을 유지하는 데에도 도움이 되며, 직원 전용 화장실에는 샤워시설을 구비하는 것이 좋다.

- 주방의 공간은 식재료의 흐름에 따라 구성된다. 식재료의 흐름이란, 식재료를 구입할 때부터 준비와 조리를 거쳐 고객에게 제공될 때까지 식재료가 이동하는 경로를 뜻한다. 주방의 모든 업무와 공간의 구성도 식재료의 흐름을 따라가게 된다.
- 주방 공간은 크게 검수, 저장, 전처리, 조리, 서비스, 식기세척 구역으로 구성되며, 사무실과 직원 복리후생을 위한 공간이 추가될 수 있다.
- 검수 구역은 배송된 식재료가 주문한 요건에 맞게 배송되었는지 확인하고, 입고 여부를 결정하는 공간이다.
- 저장 구역은 식재료와 각종 물품을 보관 방법과 저장관리의 원칙에 따라 보관하는 공간으로, 냉장고와 냉동고, 쾌적한 저장 환경을 유지하기 위한 환기 설비 등이 갖춰져야 한다.
- 전처리 구역은 식재료를 조리에 적합하게 씻고, 다듬는 작업 등을 수행하는 공간으로 세척을 위한 설비와 각종 식품 기계 등을 비치한다.
- 조리 구역은 냉요리 구역과 온요리 구역으로 나뉘는데, 각각의 조리 특성에 따라 설비와 기기를 갖춰야 한다.
- 서비스 구역은 조리가 완성되고, 고객에게 제공되기 전, 주방의 마지막 구역이며, 주방과 고객을 연결하는 공간이기도 하다.
- 식기세척 구역은 고객이 식사를 마친 후 남은 음식을 정리하고, 기물과 식기를 세척하여 건조하여 기물의 필요에 따라 각 주방에 전달하는 업무가 이루어지는 공간이다.
- 주방의 기타 구역은 사무실과 휴게실, 탈의실과 직원 화장실 등으로 구성되며, 음식점 전반의 운영 효율을 높이는 데 도움을 준다.

1. 내가 근무하고 있거나, 자주 가는 음식점의 주방 공간이 식재료의 흐름에 따라 잘 설계돼 있는지 검토해 보고, 이를 개선하기 위한 부분은 어떤 것들이 있는지 정리해 보자.

2. 저장관리의 원칙을 나의 언어로 정리해 보고, 각종 매체를 통해 저장관리가 소홀하여 적발되는 음식점의 사례들을 찾아보자.

3. 내가 근무하고 있거나, 자주 가는 음식점을 선정하여 제한된 음식점의 공간을 효과적으로 활용하기 위하여 본 장에서 학습한 각 구역의 면적은 각각 몇 %로 배분하는 것이 좋을지 생각해보자.

CHAPTER 4
주방 설계 이해

4

주방 설계 이해

학습목표

- 주방 설계의 개념을 이해하고 주방 설계가 필요한 이유에 대하여 설명할 수 있다.
- 음식점 창업 절차와 주방 설계의 절차를 이해하고 설명할 수 있다.
- 주방 설계 시 고려해야 하는 사항은 어떤 것들이 있는지 이해하고, 각각의 개념들을 설명할 수 있다.
- 동선 설계 작업에 대하여 이해하고 동선 설계의 주요 개념들을 설명할 수 있다.
- 작업공간의 개념과 주방 설계에서의 적용 요소를 이해한다.

1. 주방 설계의 이해

1) 주방 설계의 정의

주방 설계란 주방의 효율성을 향상시키기 위하여 식재료 반입부터 조리, 고객에게 제공하는 모든 과정을 계획하고 설계하는 활동을 의미한다. 이러한 활동을 통해 경영자와 주방 관리자는 인건비 절감과 생산성 향상, 직원 근무 만족도 향상 등의 업무 효율성 향상과 안전성 확보 등을 기대할 수 있다.

2) 주방 설계의 중요성

주방은 식재료를 준비하고, 메뉴를 조리하고, 접시에 세팅하여 웨이터/웨이트리스에게 전달하는 업무를 진행하며, 고객이 식사를 마친 식기와 조리에 사용된 기물을 세척하고, 음식쓰레기를 처리하며, 다양한 식재료와 조리도구와 기물 등을 보관하는 복합적인 공간이다. 우리 몸의 심장이 온몸 구석구석에 혈액을 통해 산소를 공급하듯 주방은 음식점 구석구석에 생기를 불어넣는 음식점의 심장과 같다.

음식점 주방은 많은 인원이 동시에 투입되거나, 교대로 투입되기도 한다. 특히 음식점 주방은 점심시간이나 저녁시간 등 특정한 시간에 주요한 업무가 집중되는 특성이 있다. 따라서 이러한 음식점 주방은 항상 잘 정리되어 있고, 일정한 기준에 따라 설계되고, 관리되어, 누가, 언제 투입되더라도 동일한 업무 효율성이 보장되어야 하고, 동일한 품질의 메뉴가 조리될 수 있어야 한다.

잘 설계된 주방은 식재료 비용과 인건비 절감, 회전율 증가 등으로 음식점의 운영비 절감을 기대할 수 있으며, 직원의 업무 효율성 증가로 인한 만족도 증가, 조리 중 사고와 식재료 변질로 인한 피해 등 다양한 위험 방지 등의 효과가 있다.

2. 음식점 창업의 절차

여성이 임신을 하고, 아기의 존재를 확인하게 되는 가장 중요한 사건은 바로 초음파 검사를 통해 아기의 심장 소리를 듣는 것이다. 심장은 생명체가 커가는 원동력이 된다. 이처럼 음식점의 심장인 주방의 탄생도 음식점 창업 절차에서 핵심적인 업무이다.

주방의 탄생은 음식점 창업 절차의 초반에 주방의 설계와 시공, 주방 기기의 설치 등으로 이뤄진다. 따라서 주방의 설계와 시공 등에 대하여 살펴보기 전

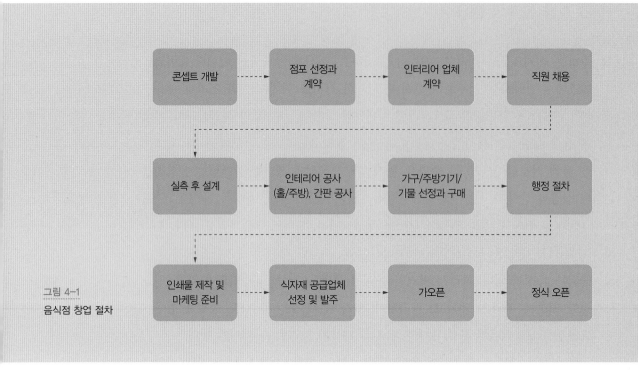

그림 4-1
음식점 창업 절차

에 음식점 창업의 절차를 먼저 살펴보도록 하자.

1) 콘셉트 개발

음식점의 콘셉트[1]는 브랜드, 상권과 입지, 규모와 좌석의 수, 메뉴의 유형과 수, 식사시간과 회전율, 이용목적과 이용상황, 서비스 형태, 판매방법, 가격, 목표시장, 목표고객, 분위기와 테마, 영업일수와 시간, 부가수익 창출 방안 등 다른 음식점과 구분되는 이 음식점만이 갖는 특성들의 조합이라 할 수 있다. 각각의 콘셉트 구성 요소들은 음식점의 업종과 업태, 물리적 환경과 영업환경, 투자 규모 등에 영향을 준다.

---

1 '콘셉트'는 '컨셉', '컨셉트' 등으로 표기되기도 하는데, concept의 올바른 국어 표기법은 '콘셉트'이다.

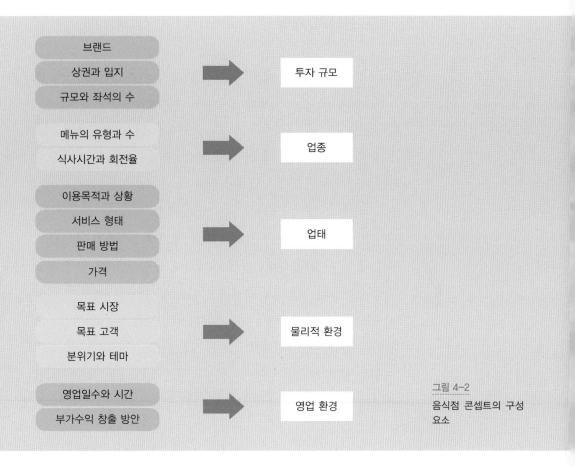

브랜드		
상권과 입지	➡	투자 규모
규모와 좌석의 수		
메뉴의 유형과 수	➡	업종
식사시간과 회전율		
이용목적과 상황		
서비스 형태	➡	업태
판매 방법		
가격		
목표 시장		
목표 고객	➡	물리적 환경
분위기와 테마		
영업일수와 시간	➡	영업 환경
부가수익 창출 방안		

그림 4-2
음식점 콘셉트의 구성
요소

창업자는 이러한 콘셉트에 대한 구상을 마치고, 인테리어 업체에게 전달할 수 있도록 내용을 정리한다. 콘셉트가 구체화된 후에는 전체 창업 예상 비용을 정리한다. 창업 예상 비용에는 다음과 같은 항목이 포함된다.

- 점포 확보(구매 또는 임대)
- 인테리어 공사, 주방공사
- 전기, 배관, 공조 등 설비공사
- 주방기기 및 각종 기기류, 가구
- 대출 이자 비용
- 계획 및 시공 과정에서 발생하는 전문가 컨설팅 및 기타 비용

2) 점포 선정과 계약

콘셉트가 결정되면 해당 콘셉트를 가장 잘 드러낼 수 있으면서, 목표로 하는 수익을 확보할 수 있는 점포를 선정하여 계약한다.

　점포를 선정할 때 고려해야 할 요소는 매우 많지만, 다음에 제시하는 요소들은 창업이나 운영 자체에 큰 영향을 줄 수 있는 항목들로, 후보 점포들을 검토하는 과정에서 반드시 확인해야 한다.

① 수도관 위치는 실내에 위치해, 겨울에 동파가 발생하지 않는가?
② 수압이 너무 강해 식재료가 손상되거나, 수압이 너무 약해 물을 사용하는 각종 기기류의 성능에도 문제가 생길 가능성은 없는가?
③ 하수도관의 크기가 너무 작아 역류하거나, 겨울에 동파 위험은 없는가?
④ 정화조 용량은 충분한가?
⑤ 누수는 발생하지 않는가?
⑥ 창고와 직원 휴게실, 사무실 등을 위한 충분한 공간을 확보할 수 있는가?

3) 인테리어 업체 계약

인테리어 업체를 선정할 때는 2~3개 이상의 업체에서 견적서를 받아 보고 선정하는 것이 좋다. 부실공사로 인해 추가 공사비가 더 많이 들어갈 수도 있기 때문에 무조건 싸거나, 빠른 일정의 견적을 선택하는 것이 아니라, 업체가 기존에 시공한 매장을 방문해, 공사의 완성도와 이후 하자보수에 대한 사항까지 기존 시공한 매장의 담당자를 통해 확인하는 것이 좋다.

　인테리어 업체 계약 시에는 다음과 같은 세부 업무들을 진행한다.

(1) 초기 설계
초기 설계는 해당 음식점의 입구와 동선, 홀 공간과 주방 공간의 주요 구성요

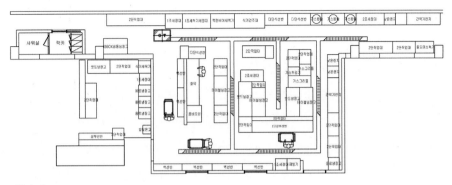

그림 4-3
주방의 초기 설계도
자료: 키친리더

소와 배치를 대략적으로 확인하기 위하여 작업한다.

초기 설계도는 매장의 외관, 전기, 수도, 가스, 냉난방과 환기 시스템 등을 위주로 작성하고, 창업자는 주방과 홀의 각 구역의 필요한 설비와 물리적 환경 등 구상했던 콘셉트를 인테리어 업체에게 전달하여 서로 상충되거나 적용이 어려운 부분들은 없는지, 비용과 실현 가능성 등을 검토하고, 본격적 설계와 공사에 착수한다.

또한 아무리 좋은 디자인과 설계라 하더라도 시공에 제약이 있거나, 건물주가 건물 외부의 시설물 설치를 반대하는 경우가 있으므로, 공사 전 시공에 문제가 발생하지 않을 지를 확인하고 계약 및 공사에 들어가야 한다.

(2) 세부사항의 명시

인테리어 공사 계약 체결 시 업체는 대부분 계약서에 총 금액, 부가세, 공사기간, 계약금, 중도금, 잔금일자 및 조건 등의 내용만을 기록하고 있는데, 계약서는 가능하면 상세하게 기록하여 향후 문제가 생겼을 때 분쟁 없이 빠르게 의사결정이 이루어지게 하는 것이 좋다. 실제 공사에 반드시 필요하지만 계약 내역에 포함되지 않는 내용이나, 계약자가 따로 준비해야 하는 내용이 있는지 꼼꼼하게 확인해야 하는데, 철거, 칸막이 공사, 전기 승압, 설비, 급배기 등의 공사 등이 여기에 속한다.

또한 계약서에는 특약사항을 마련하여 공사 지연시의 책임소재[2], 사고시의 책임소재, 하자보증기간, 하자 사항의 발생 시 대처방법, 계약해지 조건 등을 명확하게 한 후 계약하는 것이 유리하다.

공공기관이나 대기업의 공사는 규모가 크고, 여러 업체들이 작업하는 경우가 많은데, 이럴 경우 세부적인 업무들까지 담당자별로 명시하여 추후 하자가 발생했을 때 신속하게 대처할 수 있게 한다. 표 4-1에서는 공사 범위 및 책임의 범위와 업무상의 상호관계 등을 표기하는 방법을 확인할 수 있다. 공사의 규모는 몇 배 작지만 이런 내용은 음식점 공사에도 적용해 볼 만하다.

표 4-1. 주방 부분별 공사 범위 및 공사 상호 관계 표시

내 용	주방업체	설비업체	전기업체	건축업체	비 고
주방기구 제작 및 수입공급	○				
후드 설치	○	△			협의사항
덕트 설치 및 연결		○			
1차측 주방기구까지의 전기배관공사	△		○		협의사항
2차측 주방기구와의 전기 연결공사	○		△		협의사항
천정 마감		△		○	
1차측 급,배수 공사		○			
2차측 급수 수도 가랑 연결 및 배수구 연결	△	○			협의사항
스팀 연결	△	○			협의사항
가스 연결 공사		○			
기 타					협의사항

※ ○−주 담당 업체, △−필요시 주관공사 업체 측에 협조해야 할 업체(공사의무는 없음)
자료: 인천광역시도시개발공사(2009)

(3) 계약 시 검토 자료

계약 시에는 각종 도면자료를 함께 요청하는 것이 좋은데, 필요한 도면자료는

---

2 공사 지연 시에는 천재지변 또는 불가항력의 경우를 제외하고는 거의가 시공업자 책임으로 한다. 개점일자 지연으로 인한 건물임대료, 인건비부담, 대외 신용도 등 막대한 지장을 초래하므로 이 조항을 명확히 한다. 예를 들면 공사지연 1일마다 전공사비의 몇%를 지급한다는 내용을 계약서에 명확히 삽입하여 둔다.

평면도, 상세 도면, 입면도, 단면도, 전기배선도, 주방 도면, 창호 도면, 급배기 도면, 수도 도면, 가스 도면 및 주방 세부 도면, 가구 도면, 등기구 표시 등이다.

4) 직원 채용

점포 계약과 인테리어 업체와 계약 후 공사 일정이 확정되면 채용 인원의 직급과 인원 수, 급여 등에 대한 계획을 세우고, 해당 점포 위치와 점포 콘셉트 등을 안내하며 채용 공고를 작성하여 채용 사이트에 올린다. 공사가 진행되는 동안 면접을 진행하여 매니저와 주방장은 최소 1개월 전, 직원/아르바이트는 1주일 전에는 채용을 완료하는 것이 이상적이다.

5) 인테리어 공사 및 간판공사

설계가 확정된 후에는 주방공사를 포함한 인테리어 공사와 간판공사 등을 진행한다. 인테리어 공사는 보통 중소규모 식당은 20~40일, 대형 점포는 60일 ~90일 정도가 소요된다.

6) 가구/주방기기/기물 선정과 구매

음식점 창업의 절차는 시간의 흐름에 따라 진행되는 것이 아니라, 동시에 진행되는 것들이 많다. 가구, 주방기기, 기물 구매 단계도 그 중 하나인데, 창업자는 가구, 주방기기, 기물 등을 확정하고 구매하는데, 이러한 요소들은 공사가 진행되는 동안 또는 그 직후 현장에 입고되어야 하므로, 콘셉트 개발과 설계 시에 어느 정도 확정을 짓는 것이 좋다.

7) 행정절차

공사가 진행되는 동안 창업자는 다음과 같은 각종 행정절차를 진행한다.

표 4-2. 창업 시 행정절차

행정절차	내용
위생교육 수료	휴게음식점, 일반음식점 등 영업의 형태에 따라 위생교육 장소가 나뉨.
건강진단결과서 발급	각 지역별 보건소에서 실시.
영업신고증 발급	해당지역의 시청/군청/구청(보건소) 위생과에서 발급.
사업자등록증 발급과 확정일자 신청	해당지역 관할 세무서에서 발급, 주류판매 신고 포함. 사업자등록증 발급 후에는 우선변제권 확보를 위해 확정일자 신청.
담당 세무사 선정	
통장 개설	신용카드대금 입금전용 통장과 수시 입출금용 통장으로 구분하여 개설.
전화, 인터넷, 보험 신청	전화번호 결정, 인터넷 사용 신청, 화재보험 및 식중독 보험 가입.
포스시스템 설치 및 VAN사 결정	포스전문업체 선정, 신용카드 단말기 설치, 설치 전 라인 공사. 신용카드 결제대행사(VAN사) 결정, 신용카드 사용 신청.

8) 인쇄물 제작 및 마케팅 준비

공사가 진행되는 동안 홈페이지, 블로그, SNS 등을 개설하고, 유니폼, 음식점 홍보물, 포장용 패키지와 냅킨 등 디자인과 인쇄가 필요한 작업들을 진행한다.

9) 식자재 공급업체 선정과 발주

공사가 진행되는 동안 식자재 공급업체도 선정하는데, 식자재 품질과 가격, 발주와 입고 기간 등을 고려하여 결정한다. 이후 오픈 일정에 따라 초도 물량을 발주하여 입고시킨다.

10) 가오픈과 정식 오픈

공사 완료를 앞두고 오픈 일정을 확정하는데, 가능하면 가오픈(Pre Open)과 정식 오픈(Grand Open)으로 나누어 진행하는 것이 좋다.

가오픈 기간에는 정식 운영시간 중 일부 시간만 운영하며 채용한 직원들을 대상으로 메뉴 조리와 서비스 교육 등을 진행하고, 주변 고객들에게도 음식점 오픈에 대하여 홍보할 기회를 확보한다. 이후에 정식 오픈을 하여, 완성도 높은 메뉴와 서비스로 개점 초기부터 고객들의 만족도를 높이는 것이 좋다.

3. 주방 설계의 절차

이번에는 음식점 창업 절차 중에서 핵심적인 업무인 주방 설계 작업은 어떤 순서로 이루어지는지 살펴보자.

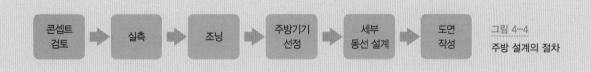

콘셉트 검토 ➡ 실측 ➡ 조닝 ➡ 주방기기 선정 ➡ 세부 동선 설계 ➡ 도면 작성

그림 4-4
주방 설계의 절차

1) 콘셉트 검토

주방 설계 시 단순히 업종이나 다루게 될 메뉴만을 검토할 경우, 실제 운영을 하면서 메뉴 변경이나 서비스 스타일의 변경 등에 대처하기 어려워진다. 따라서 음식점의 콘셉트의 다양한 요소들을 검토하는 것이 좋다.

주방 설계에서 콘셉트의 구성요소는 다음과 같은 관점에서 고려하며 작업한다.

- 주방과 창고공간으로 할애할 면적은 어떻게 되는가?

- 판매할 주요 메뉴의 종류와 수는 어떻게 구성되는가?
- 주 사용 식재료는 무엇이며, 식재료의 세척과 준비, 보관, 메뉴 조리방법과 그에 따른 조리기구는 어떤 용량으로 필요한가?
- 아침, 점심, 저녁 등 시간에 따라 제공되는 음식의 종류나 서비스에 특이사항이 있는가?
- 향후 추가될 메뉴는 어떤 것이 있으며, 그에 따른 여유공간 확보는 가능한가?
- 주방에 근무하는 인원은 몇 명이나 되는가?
- 매장의 회전율에 따라 생산성 향상을 위해 주방시설을 보완할 수 있는가?
- 예상되는 시간 단위 메뉴별 최대 주문량과 희망 생산량은 어느 정도이며, 구매를 고려하는 주방기기들의 생산능력은 그에 합당한가?
- 작업동선과 식재료 이동, 배식, 퇴식 동선 등은 효과적으로 구성할 수 있는가?
- 고객에게 제공되는 메뉴는 메인주방, 보조주방, 바 테이블, 고객 테이블 중 어느 위치에서 완성되는가? 조리가 완료되는 위치의 설비 고려사항으로는 어떤 것들이 있는가?
- 테이크아웃이나 배달 등의 수요는 어느 정도로 예상되며, 그에 따른 포장기기, 포장용 부자재 등의 수납공간은 어떻게 배치할 것인가?
- 미리 만들어 놓는 제품이 있다면 그에 따른 설비나 설계상 고려사항은 없는가?

2) 실측과 조닝

점포 설계를 위해서는 점포 현장을 방문해 현장의 실제 측량을 진행하는데, 이를 줄여 '실측'이라고 한다. 실측 후에는 조닝(Zoning), 즉 구역 설정을 하는데, 필요한 공간을 판단하고, 공간별 규모를 추정하며, 관련 법규나 규정을 고려하면서 공간을 배치해 보는 것을 말한다. 조닝은 주방에서의 준비와 조리,

음식 제공, 퇴식 후 세척 등의 반복적 업무의 효율성을 높이기 위해 매우 중요한 작업이다.

주방의 조닝은 우선 점포 안에서 주방을 어디에 위치시킬 것인지에 대한 결정 후에 진행된다.

(1) 주방 위치의 결정

일반적으로는 주방의 위치가 어느 정도 결정된 점포를 계약하는 경우가 많지만, 새로 공사를 진행하는 경우 주방 위치 선정 시에 다음과 같은 내용을 고려하여 결정한다.

- 식자재 반입과 주방 오물의 반출이 편리한 곳
- 환기, 연기 배출 등 설비가 가능한 곳
- 채광, 통풍, 온도, 습도 등 청결한 환경의 조성과 관리가 가능한 곳
- 식재료의 이동, 배식이 편리한 곳
- 법적인 문제(소방법, 급수, 하수구, 위생법규 등)에 적합한 곳
- 트렌치, 그리스트랩 공사가 가능한 곳

(2) 주방 면적의 결정

주방의 면적은 조리를 위한 기기와 제공하는 메뉴의 종류와 수, 유형 등에 따라 다양해지기 마련이다. 한 번 설계 후 시공이 되면 손쉽게 바꿀 수 없는 것이 주방이다 보니 주방의 면적을 결정하는 것은 주방 설계에서 매우 중요한 의사결정이라 할 수 있다.

① 일반적 주방 비율: 주방이 점포 전체면적에 대하여 어느 정도의 면적이 필요한가에 관한 정설은 없으나, 우리나라는 전체 매장 면적 대비 25~35%로 결정하는데, 미국이나 일본은 패밀리 레스토랑 45~50%, 주점이나 바 18~25%, 커피전문점 15~18%, 패스트푸드점 20~25% 정도로 한다.

② 좁은 주방의 문제: 주방의 면적을 설계할 때 흔히 하는 실수로는 좌석을 많이 확보하기 위해 주방 면적을 과도하게 축소하는 것이다. 특히 음식점 임차료와 인건비, 재료비 등의 부담이 커지면서 음식점의 수익성이 낮아지는 추세이기 때문에, 이를 조금이라도 보완하고자 좌석 수를 무리하게 늘리는 것이다.

좁은 주방은 한 번에 처리할 수 있는 메뉴의 수에 한계를 가져오고, 동선이 겹치거나 복잡하게 설계될 가능성이 많아 결과적으로 고객의 불만으로 이어질 수 있다. 또한 좁은 주방은 장시간 주방에서 근무하는 직원들에게도 스트레스나 위험요인을 더 많이 내포하고 있다는 점을 고려했을 때도 적절한 면적의 주방의 설계가 중요하다.

③ 넓은 주방의 문제: 최근에는 좌석 수보다 주방의 생산성 향상이 수익 창출에 기여하는 바가 더 크다는 의견들이 나오고 있다. 이를 체득한 오너 셰프가 운영하는 음식점이 증가하면서 홀보다 주방에 많은 면적을 할애하는 경우도 증가한다. 홀 면적을 줄이면서 주방의 면적을 크게 설계하는 경우도 종종 있다. 그러나 주방의 크기를 너무 크게 만들면 작업 동선이 너무 길어져 주방에서 근무하는 직원들의 피로도가 가속화될 수 있으며, 이 또한 비효율적인 작업 공간으로 설계되어 고객의 불만족으로 이어질 수 있다.

④ 최적의 주방과 홀의 면적 비율: 홀 면적과 주방 면적은 양면성을 고려하여 결정해야 한다. 표 4-3은 업종별 평방미터(㎡)당 인원 기준과 회전율을 감안한 주방과 홀 면적의 비율을 제시하고 있다.

표 4-3. 업종별 주방의 면적비율 산정 예시

업종	인/m²	좌석회전율	주방 면적(%)	식당 면적(%)
고급음식점	0.50	5~6	35~45	55~65
중국식 음식점	0.53	5~6	25~35	65~75
일본식 음식점	0.50	4~5	25~35	65~75
스테이크하우스	0.55	2~5	20~30	70~80
호프집	0.58	1.5~3	15~20	80~85
이태리 식당	0.53	2~3	25~30	70~75
일반 대중식당	0.8	2~3	15~20	80~85

자료: 김기영 외(2016)

(3) 주방 조닝 작업의 절차

조닝 작업은 3장에서 살펴본 식재료의 흐름에 따라 구획을 나누는 작업으로 다음과 같이 이루어진다.

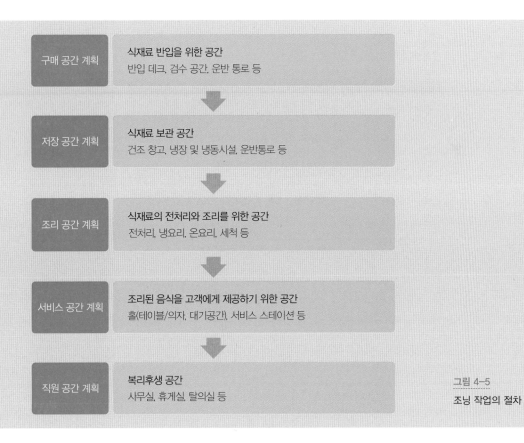

구매 공간 계획	식재료 반입을 위한 공간 반입 데크, 검수 공간, 운반 통로 등
저장 공간 계획	식재료 보관 공간 건조 창고, 냉장 및 냉동시설, 운반통로 등
조리 공간 계획	식재료의 전처리와 조리를 위한 공간 전처리, 냉요리, 온요리, 세척 등
서비스 공간 계획	조리된 음식을 고객에게 제공하기 위한 공간 홀(테이블/의자, 대기공간), 서비스 스테이션 등
직원 공간 계획	복리후생 공간 사무실, 휴게실, 탈의실 등

그림 4-5
조닝 작업의 절차

① 구매 공간 계획: 구매 공간은 식재료 반입을 위한 공간으로, 입고용 출입구, 검수공간, 운반통로 등이 포함된다. 구매 공간은 입고된 물품을 검수하는 공간으로, 운반차량의 진입이 용이한 곳이어야 하며, 저장 공간과 가까운 거리에 설정해야 한다.

② 저장 공간 계획: 저장 공간은 식재료 보관을 위한 건조 창고, 냉장 및 냉동시설, 운반통로 등으로 구성된다. 저장 공간은 조리 공간과의 거리를 고려하여 청결성을 유지할 수 있어야 한다. 또한 저장 공간은 보관되는 물품의 품질 유지를 위하여 통풍이 잘되면서 직사광선을 피할 수 있는 곳이 적당하다.

③ 조리 공간 계획: 조리 공간은 식재료의 전처리와 조리를 위한 공간으로 전처리, 냉요리, 온요리, 세척 등의 공간으로 나눠진다.

표 4-4. 조리 공간의 특성에 따른 고려사항

구역	고려사항
전처리 공간	전처리 공간은 저장 공간과의 왕래가 많으므로, 가까운 곳에 설치하는 것이 효율적이다. 이 공간은 물의 사용이 많아 급수와 배수가 원활해야 한다.
냉요리 공간	냉요리 공간은 음식을 일정시간 신선하게 유지할 수 있으면서도 보관이 용이한 냉장·냉동실이 준비되어야 하는 공간이다. 냉요리는 정밀한 작업이 많아, 작업대의 배치와 높이 설정이 중요하다.
온요리 공간	가열기기를 사용해 조리하는 곳으로 온도유지가 지장 없이 이루어지며, 환기시설을 잘 갖출 수 있는 공간이어야 한다. 천장까지 열이 퍼지기 때문에, 열기에 변화가 없고, 불에 잘 타지 않는 재질로 마감되어야 한다.
식기세척 공간	식기세척은 많은 물이 사용되므로 상하수도 시설이 잘 갖추어져야 하고 잔반처리를 할 수 있는 공간 확보가 중요하다.

④ 서비스 공간 계획: 서비스 공간은 조리된 음식을 고객에게 제공하기 위한 공간으로, 고객이 머무는 테이블/의자, 대기 공간과 서비스를 원활하게 할 수 있는 서비스 스테이션 등의 공간으로 구성된다.

⑤ 직원 공간 계획

• 복리후생 공간 : 주방 근무자는 종일 서서 덥고 습도가 높은 환경에서 많은 위험요소에 주의하며 작업하기 때문에 육체적·정신적 피로감이 상당하다. 따라서 이들이 충분히 쉴 수 있는 휴게 공간과 샤워실 등이 개인 사물을 보관할 수 있는 라커와 함께 구성되는 것이 좋다. 라커룸은 근무자의 수에 비례해서 구성해야 한다.
• 사무실 : 음식점 운영 및 주방 운영에 필요한 사무 작업은 주방과 홀의 복잡하고 시끄러운 환경과 분리시켜 놓으면 업무 효율이 올라간다.

주방 조닝이 완료되면, 실측하여 제작한 평면도에 대략적인 공간 배치 계획을 그리고, 구역을 확정한다.

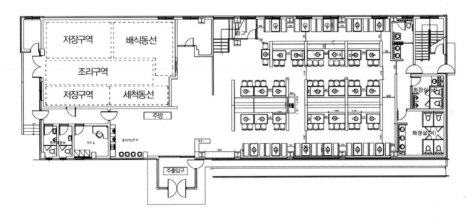

그림 4-6
대략적인 구역 배치 계획
자료: 키친리더

3) 주방기기 선정

각 구역의 배치가 결정되면, 구역별로 필요한 기기의 종류와 개수 등을 결정한다. 주방기기 선정 시에는 기기의 크기, 급배수와 가스, 전기 등의 필요 설비의 용량, 배치 시 확보해야 하는 여유공간, 설치 시 주의해야 할 부분을 고려하고, 작업 공간의 면적을 계산하여 기기별로 필요 면적을 확정한다.

표 4-5. 주방 기기 품목표(일부)

순번	품목	규격			수량	급배수			전기			가스	NO.
		가로	세로	높이		냉수	온수	배수	단상	전압	전력	용량	
1	떡갈비화덕	2410	660	800	1							확인	1
2	오븐받침대	860	780	730	1								2
3	콤비오븐(CMP61G)	847	771	782	1	15		50	1	220	0.4	1.08	3
4	2단작업대	900	700	800	1								4
5	테이블냉장고	1500	700	800	1				1	220	0.5		5
6	상부선반/찬장	1500	300	780	1								6
7	2단작업대	900	700	800	1								7
8	상부선반/찬장	900	300	780	1								8
9	2단작업대	1200	600	800	1								9
10	2조세정대	1200	600	800	1	15	15	50					10

자료: 키친리더

이때는 건물 내의 평면도 상에서 기둥이나 돌출된 부분을 확인하고, 전선과 가스공급 등도 함께 고려하여야 실제 기기를 배치할 때 문제가 발생하지 않는다.

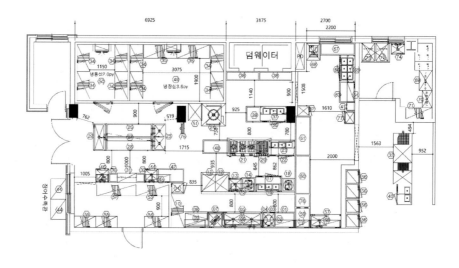

그림 4-7

평면도 확대

자료: 키친리더

4) 세부 동선 설계

소요 면적이 결정된 후에는 평면도에 기기를 배치해 보면서, 기기의 종류와 크기, 위치 등과 동선을 확정한다.

이때 실제 작업할 작업자 수를 고려하여 동선에 문제가 없는지, 기기가 평면도에 나타난 것처럼 제 위치에 들어가는 데 문제가 없는지, 기둥 같이 움직일 수 없는 요소가 주방 동선이나 기기 설치에 방해가 되지는 않는지, 천정의 높이가 환기 시스템을 설치하기에 적합한지 등을 검토한다.

동선 설계에 대한 자세한 내용은 '4장 5. 동선 설계' 부분을 참조하기 바란다.

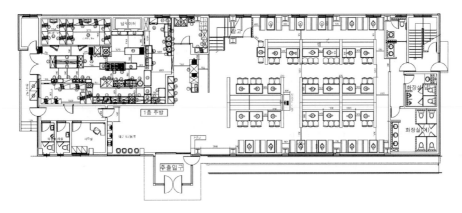

그림 4-8
세부적 주방 배치 계획이
완료된 도면
자료: 키친리더

5) 도면 작성

공간 계획과 시설배치 계획이 완료되면 각 구역의 근무자의 수와 작업 영역, 시설의 작동과 활용을 위한 소요 공간 등이 적절한 지를 최종적으로 검토하고, 도면을 확정한다. 이때 세부 평면도와 전기, 배관, 급배수, 공조시설 등의 설비계획서 도면을 함께 작성한다.

설비계획서는 각 설비의 연결위치마다 부과되는 전기 용량과 전기, 배관, 배수, 공조시설 등 각 기기의 배치상 효율을 저하시키는 요소는 없는지 등을 파악한 후 전기 및 기계 설비를 연결하기 위해 작성하는 연결도면이라 할 수 있다.

설비계획서를 작성하기 전에 확인할 내용은 전기 용량이 큰 전열기기들이 배치되는 곳은 어디이며, 전기 공사 시 단상, 삼상으로 시공해야 하는 곳은 어디인지, 배기후드가 찬 공기를 뿜어내서 조리에 어려움이 있거나 겨울에 주방 근무자들이 어려움을 겪지는 않을지, 식기세척기에 온수 공급의 문제는 없는지, 배수는 잘 될지 등 다양하다.

시설 배치는 한 번 결정되면 변경하기 어렵기 때문에 가능하면 평면도와 함께 입면도, 3D도면 등을 통해 신중한 도면 검토를 진행하는 것을 추천한다.

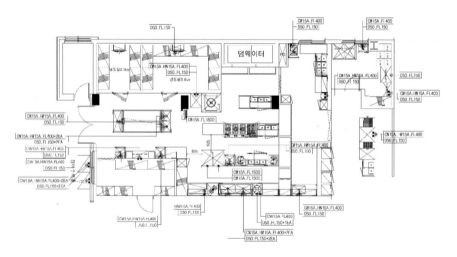

그림 4-9
설비계획서의 예(1)-기기 리스트 및 급배수 표기
기기 리스트와 기기의 개수, 주방 도면 상 배치되어야 할 위치, 필요한 급배수량 등을 표기한다.
자료: 키친리더

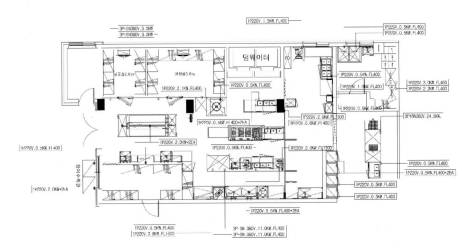

그림 4-10

설비계획서의 예(2)-전기 설계

기기별 필요 전력, 함께 연결되거나 함께 배치되어야 하는 기기 등을 표기한다.

자료: 키친리더

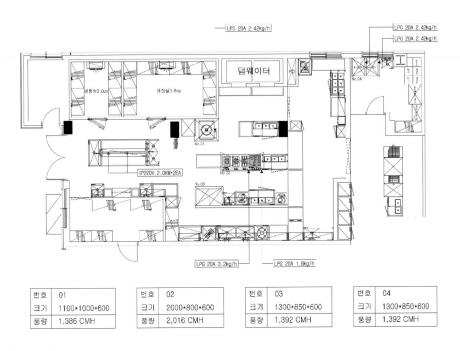

번호	01	번호	02	번호	03	번호	04
크기	1100*1000*600	크기	2000*800*600	크기	1300*850*600	크기	1300*850*600
풍량	1,386 CMH	풍량	2,016 CMH	풍량	1,392 CMH	풍량	1,392 CMH

그림 4-11

설비계획서의 예(3)-가스 및 후드 연결계획

자료: 키친리더

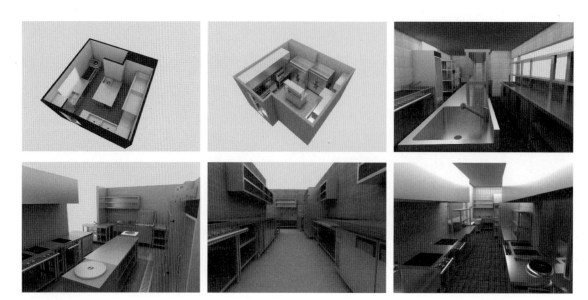

그림 4-12
3D도면의 예
자료: 키친리더

6) 시공 문서 작성과 설계 검토

이 단계에서는 도면과 사양서, 계약조건 등을 작성한다. 문서 작성이 끝나면, 다음과 같은 내용들을 검토하고, 설계를 완료해야 한다.

- 관련 설비와의 관계나 배치
- 설비 및 기기의 용량과 에너지 소비량
- 수도 및 배관공사
- 급배기 공사
- 전기 배선 공사
- 전기 스위치의 위치와 높이
- 후드의 높이와 각종 기기의 크기
- 선반의 위치와 높이
- 배식구의 높이와 위치
- 창문과 기기의 높이와 위치

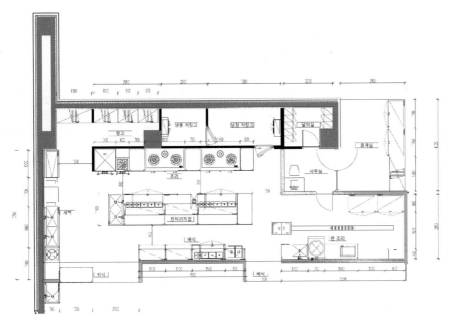

그림 4-13

중국 음식점 주방 도면

자료: 키친리더

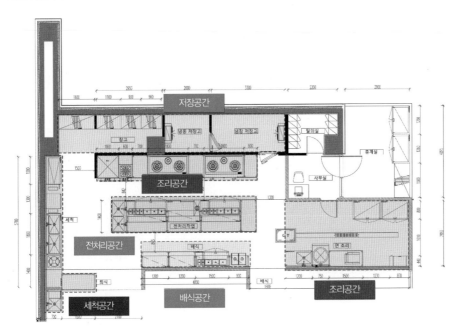

그림 4-14

중국 음식점 주방 구역과 동선

각 구획의 기능과 동선이 표기돼 있다.

자료: 키친리더

순번	구분	품목	규격			수량
			가로	세로	높이	
		세척공간				
A1	세척	2단작업대	1,200	700	850	1
A2	세척	잔반처리작업대/우타공	1,400	700	850	1
A3	세척	이중잔반운반차	φ580		600	1
A4	세척	2조세척기세정대/우걸림	1,800	700	850	1
A5	세척	식기세척기(렉컨베이어)	1,300	700	1,400	1
A6	세척	식기건조대/좌걸림	1,200	700	850	1
A7	세척	다단식선반	1,600	600	1,800	1
		창고				
B1	저장	다단식선반	1,100	600	1,800	1
B2	저장	다단식선반	900	600	1,800	2
		조리공간				
C1	조리	가스찜기(오븐식)	800	800	1,700	1
C2	조리	가스1구낮은렌지	600	600	450	1
C3	조리	2단작업대	700	1,000	850	2
C4	조리	가스2구중화렌지	1,800	1,000	850	2
C5	조리	2단작업대	600	1,000	850	1
C6	세정	2조세정대	1,400	700	850	1
C7	조리	밧드테이블냉장고	1,800	700	850	2
C8	조리	디쉬워머	1,500	700	850	1
C9	조리	상부선반	1,800	500	770	2
C10	조리	상부선반	1,500	500	770	2
C11	조리	2단작업대	1,400	700	850	1
C12	조리	2단작업대	1,800	700	850	1
C13	조리	2단작업대	1,500	700	850	1
C14	조리	상부선반	1,200	500	770	2
C15	조리	2단작업대	1,200	700	850	2
C16	조리	밧드테이블냉장고	1,500	700	850	1
C17	조리	상부선반	900	500	770	1
C18	조리	짜장워머기	900	700	850	1
		면 조리공간				
D1	조리	1조세정대/우날	1,200	700	850	1
D2	조리	가스면렌지	750	950	1,550	1
D3	조리	2단작업대	1,500	700	850	1
D4	조리	제면기	450	600	350	1
D5	조리	반죽기	870	440	925	1

그림 4-15

중국 음식점 주방 기기 리스트

자료: 키친리더

4. 주방 설계 시 고려사항

주방은 복합적 기능을 하는 곳으로, 주방을 설계할 때는 시설 규모에 따라 배치나 공간 구분을 다르게 할 수는 있으나 크기와 상관없이 기본적으로 지켜야 하는 원칙이 있다. 이를 주방설계의 5가지 원칙으로 정리할 수 있다.

이번에는 이 다섯 가지의 원칙을 중심으로 하여 주방 설계 시 고려해야 할 요소들을 알아보자.

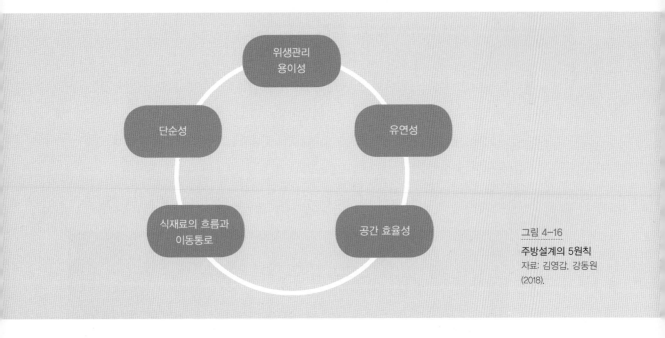

그림 4-16
주방설계의 5원칙
자료: 김영갑, 강동원
(2018).

1) 위생관리 용이성

(1) 주방의 환경 이해

주방공간은 고객에게 제공하는 음식을 조리하는 공간이며, 이 과정에서 생기는 음식 쓰레기와 고객이 식사하고 남은 잔반이 들어오는 공간이기도 하다.

주방에서는 높은 온도와 습도에 다양한 식재료가 노출될 수 있고, 반조리된 식품을 보관했다 사용하거나, 식재료에 따라 장기간 보존하기도 한다. 주방공간의 이런 복잡한 역할과 환경을 고려했을 때 주방공간을 설계하고, 관리할 때 가장 중요하게 생각해야 할 요소는 위생관리가 편리한가 하는 것이다. 식품위생법에서는 급수와 조명, 환기, 배기 및 배수, 채광, 바닥, 벽면 처리에 대한 기준들을 제시하고 있으며, 주방 근무자들이 청결을 유지할 수 있도록 가이드라인을 제시하고 있다. 설계시에는 이 기준을 준수하여 주방 설계를 해야 한다.

(2) 주방 기자재와 마감재 선택 기준

주방에서의 편리한 위생관리를 위해서는 기자재나 마감재 등을 선택할 때 몇 가지 기준들을 알고 있으면 좋다.

첫째, 발수성이 있어 음식물이 묻어도 스며들지 않고, 세척이 편리해야 한다. 주방의 마감재는 얼룩이 스며들지 않고 청소가 용이하며 미끄러움이 적은 무광 타일을 사용하면 좋다.

둘째, 주방 내에서 빈번하게 쓰레기가 발생하는 곳에는 적합한 쓰레기통을 준비하는 것이 좋다.

셋째, 바닥은 늘 청결하게 관리되지 않을 경우 세균이나 곰팡이, 해충의 위

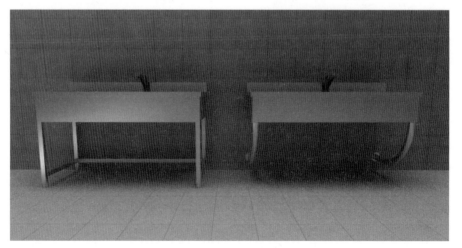

그림 4-17
바닥고정식 싱크와 벽면고정식 싱크
바닥고정식 싱크보다 벽면고정식 싱크를 사용하면 주방의 위생관리가 더욱 편리하다.
자료: 키친리더

험이 발생하기 쉽기 때문에, 바닥 접점이 적은 기자재를 선택하면 빗자루나 걸레 등을 사용한 청소가 편리하다. 작업대 바닥을 청소하기 쉽도록 이동식 선반이나 작업대를 사용하고, 가능하면 바닥에 고정하는 기기보다는 벽면에 고정하는 형태의 기기를 선택하여 먼지가 쌓이거나, 해충이나 쥐 등을 방지할 수 있도록 청소가 용이하게 하는 것이 좋다.

2) 유연성

주방시설은 한 번 설계하고 배치하면 쉽게 바꾸기 어렵다. 그러나 레스토랑에서는 메뉴를 변경하거나 새로운 메뉴를 추가 또는 삭제하고 조리방법을 변경하는 일 또는 노후나 파손으로 시설을 교체해야 하는 상황이 생기기도 한다. 따라서 이때 시설을 변경하거나 추가 또는 철거하는 일이 편리하도록 설계해야 한다. 또한 전기, 가스, 수도의 용량과 배관, 배선, 후드와 덕트의 위치 등을 결정할 때도 이러한 유연성을 고려하여야 한다.

3) 공간 효율성

주방공간은 한정된 공간 안에서 다양한 업무를 처리해야 한다. 또한 음식점은 특정 시간에 주문이 집중될 때도 주문이 접수된 메뉴를 신속하고 정확하게 처리해야 하는 공간이다. 따라서 주방공간은 동선을 최적화하여 시간과 공간을 낭비하지 않고, 단순한 동선으로 업무를 처리할 수 있도록 설계해야 한다.

또한 주방 내 공간은 저장 공간, 준비공간, 조리공간, 식기세척 공간, 직원 탈의실 및 서비스 주방 등의 공간 등으로 구성되어야 하는데, 각 공간별 기능과 연결되는 공간과의 관계를 고려하여 생산 효율과 직원 효율을 극대화할 수 있는 방안을 모색해야 한다.

주방공간을 구성하는 공간은 작업활동 공간, 작업활동 통로, 이동 통로의 세 가지로 구분할 수 있다.

- 작업활동 공간 : 조리사에 의해 조리작업이 실제로 수행되는 장소로서 실질적 작업을 하는 공간이다. 장비의 공간과 작업을 위한 식재료의 보관을 위한 공간도 포함되어야 한다.
- 작업활동 통로 : 작업하기 위해 조리사들이 서 있거나, 접근하는 장소로서 작업 공간으로부터 가장 직접적으로 접근하기 용이하도록 해 주는 공간이다.
- 이동통로 : 운반 장비나 손수레 및 조리사가 신속하고 안전하게 통과할 수 있도록 설계해야 한다. 이동통로는 가능하면 직선으로 만들어 거리를 단축하도록 한다. 그리고 식재료 이동 혹은 완성된 메뉴의 이동을 위해 필요하며, 장비나 쓰레기 등의 이동에도 필요하다. 특히 쓰레기 등의 오염물질 이동 통로는 교차오염 예방을 위해 식재료나 완성된 메뉴가 이동하는 통로와 구별하여 사용한다.

4) 식재료의 흐름과 이동 통로

주방에 입고된 식재료는 저장 – 세척 – 전처리 – 조리 – 폐기 등 일련의 흐름에 따라 이동한다. 좀더 구체적으로 살펴보면, 레스토랑에서의 흐름에는 다음과 같은 요소들이 있다.

- 주방의 특정 구역에서 다른 구역으로의 흐름
- 식기세척이 완료된 기물의 흐름
- 주방 입구에서 조리 구역으로의 식재료의 흐름
- 단체급식 식당 입구에서 서비스 구역을 지나 식기 반납 창구로 가는 고객의 흐름
- 레스토랑 입구에서 테이블에 착석한 후 식사하는 고객의 흐름과 고객의 동선에 따른 직원의 흐름

주방설계 시에는 이러한 큰 흐름에 따라 공간을 순차적으로 배치하여 직원의 이동 동선에 따라 자연스럽게 놓이도록 하는 것이 좋다. 설계 시 식재료와 음식, 고객과 기물, 쓰레기 등의 흐름을 각기 다른 색상으로 표시하면 좀더 편리한 설계가 가능해진다.

이러한 흐름에 따라 공간을 배치할 경우 교차오염 등으로 발생할 수 있는 식중독 문제를 예방할 수 있다는 것도 장점이다.

5) 단순성

주방에서의 모든 업무는 신속함이 요구된다.

고객의 주문과 동시에 이루어지는 조리업무는 물론이고, 식재료를 입고·검수하고 이를 세척·전처리 하는 과정 등도 식재료의 신선도를 유지할 수 있도록 신속하게 이루어져야 한다. 따라서 대부분의 업무가 단순하게 처리되도록 동선과 업무를 위한 기기류가 배치되어야 한다.

그림 4-18
단순성을 갖춘 주방기기의 배열
자료: 키친리더

6) 근무자의 업무 효율성

주방 설계의 또 하나의 고려사항은 주방 근무자의 업무효율과 근무의욕이다. 많은 연구에서 효율적이며 쾌적하게 설계된 주방 시설은 근무자의 직무 만족도, 업무 생산성을 높이고, 사고 위험은 낮춘다고 말한다. 주방 설계는 주방 근무자의 생산성은 올리고, 피로도는 낮추고, 안전성은 높이는 방향으로 진행되어야 한다.

주방 근무자는 높은 온도와 습도, 미세먼지와 유증기, 큰 소음에 장시간 노출돼 있으며, 물과 기름 등으로 미끄러운 바닥, 물이 잘 빠지도록 경사를 준 바닥에 장시간 서서 밀려들어오는 주문을 정확히 처리해야 한다. 그야말로 극한 직업이다. 작업자는 이런 작업 환경에서 자연스럽게 스트레스와 피로도가 상승하고, 업무능률은 떨어지고, 직무 만족도 또한 떨어질 수밖에 없다. 주방 근무자의 직무 만족도는 장기 근속 및 업무능력의 향상과 직접적으로 연관돼 있다.

7) 공간 배분의 문제

제한된 공간을 주방과 홀, 기타 공간으로 적절하게 배분하는 것은 매우 중요하면서도 어려운 문제이다.

좁은 주방은 사용할 수 있는 기기의 개수나 용량이 적을 수밖에 없어, 한 번에 처리할 수 있는 메뉴의 수의 한계를 가져오고, 장시간 주방에서 근무하는 직원들에게도 스트레스나 위험요인을 더 많이 내포하고 있다. 반면 주방의 크기를 너무 크게 만들면, 작업 동선이 너무 길어질 수 있다.

또한 홀의 면적은 주방의 면적과 반비례하기 때문에, 주방의 크기가 작아지면, 홀은 커지고, 주방의 크기가 커지면 홀은 줄어들 수밖에 없다. 홀이 커지면, 고객을 많이 확보할 수 있지만 그만큼 홀 직원의 수와 효율적 테이블 배치, 서비스 프로세스의 설계가 중요해진다.

각 공간을 적절하게 구성하고, 적당한 수의 인원을 배치하지 않으면, 직원들의 피로가 빠르게 상승할 수 있다. 따라서 이러한 양면성을 고려하여 최적의 주방과 홀의 면적을 결정할 수 있어야 한다.

일반적으로 주방의 면적은 전체 면적의 15~35%까지 차지하였지만, 최근에는 효과적인 동선과 공간 효율성이 향상된 기기의 개발로 주방 면적을 10%

〈기존〉

업종	총 면적(평)	홀 면적(평)	주방 면적(평)
양식당		70~75	25~30
일식당		65~75	25~35
한식당	100	80~85	15~20
중식당		65~75	25~35
퓨전호프		70~75	15~20

〈최근〉

업종	총 면적(평)	홀 면적(%)	주방 면적(%)
양식당			
일식당			
한식당	100	약 10% 증가	약 10% 감소
중식당			
퓨전호프			

그림 4-19
주방과 홀 면적 비율의 변화

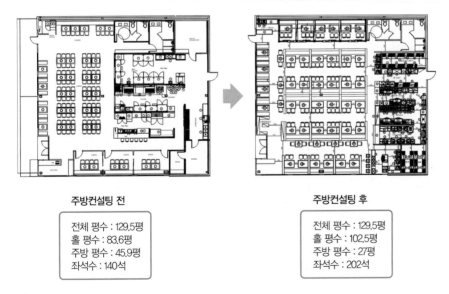

주방컨설팅 전

전체 평수 : 129.5평
홀 평수 : 83.6평
주방 평수 : 45.9평
좌석수 : 140석

주방컨설팅 후

전체 평수 : 129.5평
홀 평수 : 102.5평
주방 평수 : 27평
좌석수 : 202석

그림 4-20
주방 컨설팅을 통한 A고기 전문점 홀과 주방 면적 변화
자료: 키친리더

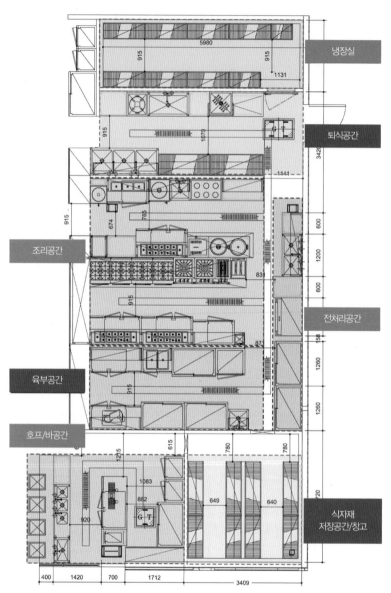

냉장실

퇴식공간

조리공간

전처리공간

육부공간

호프/바공간

식자재
저장공간/창고

그림 4-21
A고기전문점의 주방 배치
자료: 키친리더

정도 줄이고, 홀 면적을 그만큼 확장할 수 있게 되었다. 그림 4-20, 4-21에서
는 한 고기 전문점의 주방 설계 변경을 통해, 주방의 면적은 줄이면서도 공간
효율성과 생산성은 높이고, 홀의 면적과 테이블 수는 늘리면서도 더 쾌적한 고

객 공간으로 변경한 것을 볼 수 있다.

또한 총 면적의 2% 정도 일부 공간을 직원용 샤워실과 휴게실, 사무공간 등의 편의시설로 할애할 경우, 업무 피로도가 높은 직원들이 재충전할 수 있고, 집중해 사무를 볼 수 있어, 생산성이 향상되는 효과를 기대할 수 있다.

8) 주방 면적에 따른 설계 변화

주방은 대부분의 작업이 식재료의 흐름에 따라 진행되기 때문에, 업종이 다르더라도 동선과 사용하는 기기 등에 유사한 부분이 존재한다. 반면, 같은 업종이더라도 주방 면적에 따라 입고하는 기기의 종류와 용량이 달라지고, 생산량이 달라지기 때문에, 사용하는 전기와 가스 등의 용량, 배수 용량 등도 달라지게 된다. 특히 호랑이처럼 큰 동물과 고양이처럼 작은 동물 모두 비슷한 신체구조로 돼 있는 것처럼, 작은 주방에도 큰 주방이 가진 기능들 대부분이 있어야 한다. 다시 말해 작은 주방은 큰 주방의 축소판이라고 할 수 있다.

이러한 설계의 고려는, 하나의 콘셉트로 다양한 점포 환경에 매장을 입점시키는 프랜차이즈에서 매우 중요한 부분이다. 이런 경우, 주방의 기본 설계도와 기본 기기 목록 등을 보유한 상태에서, 점포의 면적과 기대 매출 등을 감안하여 설계와 기기 사양에 변화를 준다. 이렇게 주방 설계와 시공 등에서 통일성을 주어야 표준화된 점포 관리가 가능해지기 때문이다.

5. 동선 설계

1) 동선의 이해

3장에서 우리는 식재료의 흐름에 대해서 살펴본 바 있다. 그 흐름을 따라 음식점 안에서는 다음과 같은 흐름들이 생겨난다.

- 주방의 특정 구역에서 다른 구역으로의 흐름
- 식기세척이 완료된 기물의 흐름
- 주방 입구에서 조리 구역으로의 식재료의 흐름
- 급식시설 입구에서 서비스 구역을 지나 식기 반납 창구로 가는 고객의 흐름
- 음식점 입구에서 테이블에 착석한 후 식사하는 고객의 흐름과 고객의 동선에 따른 직원의 흐름

이러한 흐름을 우리는 '동선(動線)'이라고 칭한다.

2) 동선의 설계 기준

동선 설계는 식재료 접근 편의성과 타 구역과의 관계 그리고 주방의 면적 등의 세 가지 항목을 염두에 두고 결정한다.

(1) 식재료에 접근하기 편리한가?

식재료의 흐름에 따라 기기류를 배치하면 시간과 인건비를 절감할 수 있다. 특히 작업 공간의 배치가 일직선형이나 L자형일 경우에 식재료 흐름에 따른 배치는 매우 중요하다.

(2) 다른 구역과 잘 연결되는가?

주방의 업무는 식재료의 흐름에 따라 일련의 과정으로 진행된다. 따라서 한 구역의 배치는 다른 구역과 연계되도록 설계해야 한다.

(3) 주방의 면적은 어느 정도로 결정할 것인가?

주방의 면적은 음식점의 콘셉트나 운영 형태 등에 따라 달라지나, 보통은 동시에 근무하는 조리사의 수와 조리사 1인이 근무할 수 있는 공간의 범위를 뜻하는 최대 작업 영역에 기준하여 면적을 설정하여야 한다. 기본적으로 신속한 조리가 생명인 주방에서는 한 걸음 걸을 때마다 1초가 늘어난다고 생각하고 설

계를 해야 한다(one step, one second). 좁은 공간일수록 전문 주방 설계 업체의 도움을 받아 여러 방법의 배치를 검토하고 최적의 주방의 면적과 배치 방법을 찾아내는 것이 효과적이다.

(4) 동선 설계의 일반적 원칙

이 외에도 일반적으로 고려되는 동선 설계의 원칙은 다음과 같다.

- 주방기기 배치는 1) 근무자의 동선이 짧아야 하고, 2) 동선이 겹치거나 충돌이 발생하지 않아야 하며, 3) 작업 집중도와 사용 빈도가 많은 조리기기를 고려하는 순서로 배치해야 한다. 제한된 공간 때문에 부득이하게 동선이 겹치게 설계해야 할 때는 전진운동에 지장이 적은 동선부터 배치한 후, 다른 동선을 배치한다.
- 주방기기 배치는 기본적으로 관련 설비(조명, 환기, 배수, 냉온수의 급수 등)의 위치를 고려해야 한다.
- 주 조리 공간은 음식재료와 음식쓰레기의 출입이 편리한 장소로 선택해야 한다.
- 냉장고를 배치할 때에는 열을 사용하는 기기 근처에 배치하면 서로 간의 효율이 떨어지므로, 이를 고려하여 멀리 떨어뜨리는 것이 좋다.
- 주 조리 공간 안에서 냉요리 구역과 온요리 구역은 에너지 효율을 고려하여 분리시키는 것이 좋다.
- 주 조리 공간과 검수 공간 사이에는 교차오염을 방지하도록 가능하면 칸막이를 설치하여야 한다.
- 기기와 기기의 높이와 깊이는 가능하면 요철이 생기지 않도록 배치한다.
- 각 공간을 배치할 때는 이동통로를 확보해야 한다.

3) 배식동선과 퇴식동선

다양한 동선들 중 주방 설계에서 중요한 동선은 배식동선과 퇴식동선이다. 배

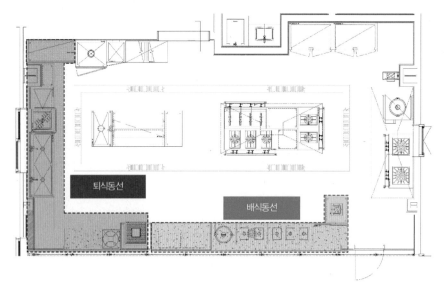

그림 4-22
배식동선과 퇴식동선 구분 사례
자료: 키친리더

식동선은 조리된 음식이 고객에게 제공되기 위해 이동되는 동선을 의미하고, 퇴식동선은 고객이 식사를 마친 후의 기물이 식기세척 구역으로 이동하고, 남은 음식물이 폐기되는 동선을 의미한다.

이 두 동선은 속성이 완전히 정반대이기 때문에, 만일 이 동선이 충돌이 생길 경우 근무자끼리의 충돌로 사고가 나거나, 음식을 다시 만들어야 하거나, 교차오염 등의 위험이 발생할 수 있다. 따라서 가능하면 배식동선과 퇴식동선은 구분해주는 것이 좋다.

4) 다양한 동선 구조

주방의 업무가 효율적으로 이루어지기 위해서는 설계 단계부터 주방의 위치와 규모, 각 기기의 배치 등에 대한 고려가 이뤄져야 한다. 주방 근무자의 업무 중 10~20%는 주방 내에서의 이동에 사용되기 때문에, 주방이 너무 좁아 작업이 불편한 것도 문제지만, 너무 넓어도 문제가 된다. 주방의 통로는 한 사람이 움직일 경우 600mm의 폭이 필요하지만, 여러 사람이 함께 움직일 경우 최소 900mm 이상의 폭이 되어야 한다(김기영 외, 2016).

주방 설계의 개념이 생겨난 후 많은 이들이 제한된 공간 안에서 효율적으로 생산할 수 있는 구조를 연구해 왔는데, 그렇게 정리된 동선들은 다음과 같다. 이러한 동선 구조를 파악해 두면 다양한 주방 환경에서 최적의 동선을 설계할 수 있다.

(1) 일직선형(1줄형) 구조

1줄형 구조로도 불리는 일직 선형 구조(linear arrangement)는 가장 간단한 구조의 주방 형태이다. 최소한의 주방 규모에서 사용하는 배치 방식으로, 작업 공간이 좁을 때 가장 단순한 동선을 유지할 수 있으나, 공간이 길어질수록 동선도 함께 길어져 소수의 근무자가 근무할 경우 비효율적인 구조가 될 수 있다.

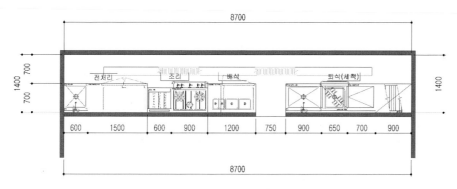

그림 4-23
일직선형(1줄형) 도면의 예
자료: 키친리더

(2) 병렬형(2줄형) 구조

병렬형 구조는 복도식 구조, 2줄형 주방이라고도 부른다. 서로 마주보는 두 벽면에 작업대를 배치한 모양으로 좁은 공간에서 높은 효율을 올릴 수 있는 배치방법이다. 병렬형은 양쪽 벽면을 전부 수납공간으로 사용할 수 있어 편리하나, 두 작업대의 간격이 지나치게 넓어지면 오히려 움직임이 많아져 효율이 낮아질 수 있으므로, 800mm 정도의 적당한 간격을 두도록 한다. 단, 2인 이상 근무 시에는 900mm 이상의 간격을 확보한다.

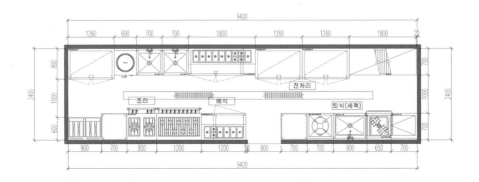

그림 4-24

병렬형(2줄형) 구조의 주방 배치

자료: 키친리더

(3) ㄷ자형(3줄형) 구조

ㄷ자형 구조는 U자형 구조라고도 칭하며, 3줄형 주방이라고도 부른다(그림 4-25). 병렬형 구조보다 넓은 공간에서 활용하기 좋은 배치방법이다. 병렬형 구조와 비슷하나, 주방 모퉁이에 있는 공간을 살려 작업대나 선반을 놓아 죽는 공간을 최소화하여 수납공간을 확보할 수 있는 장점이 있다.

다만 기기들을 꺾이는 곳에 배치하기 어려우므로, 선반을 배치하거나, 회전식 선반으로 공간 효율을 극대화하는 방법을 사용할 수 있다. 보통 1~2명 정도의 작업자가 근무하는 공간에서 유용하게 사용할 수 있다.

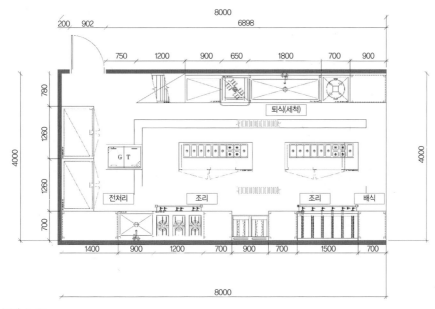

그림 4-25
ㄷ자형(3줄형) 구조의 주방 배치
자료: 키친리더

(4) ㄱ자형(2줄형) 구조

ㄱ자형 구조는 ㄷ자형 구조와 유사하나 한쪽 작업대가 없는 구조로, 병렬형 구조보다 넓은 공간에서 활용하기 좋은 배치방법이다. 주방 형태에 따라 ㄴ자형, 따라 알파벳 L자형 구조(그림 4-26)로도 부를 수 있다. 이 구조는 직선형 배치를 변형시킨 것으로, 꺾이는 코너를 이용 해 벽면을 보고 주방기기를 배치하는 방식이다. 일직선형 구조에 비해 동선을 절약할 수 있고, 주방 전체를 관리하는 것이 용이한 구조이다.

그림 4-27에서는 앞서 살펴본 병렬형(2줄형) 구조의 주방과 ㄱ자형 주방의 형태를 혼합하여, 해당 주방 구조에서 효율성을 극대화한 예를 확인할 수 있다.

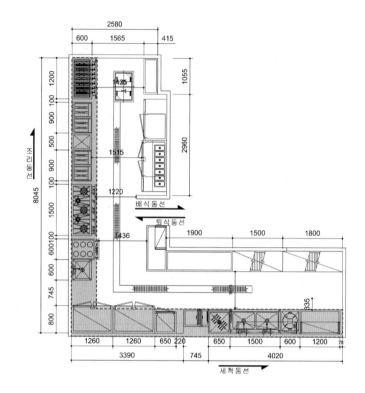

그림 4-26

ㄴ자형 주방의 예
자료: 키친리더

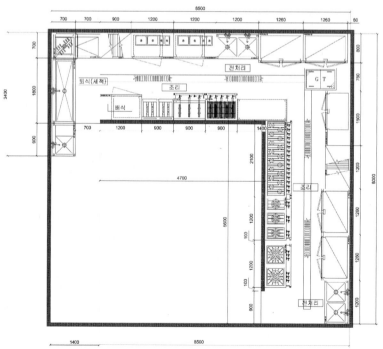

그림 4-27

ㄱ자형 주방의 예-ㄱ자형
주방의 2줄형 응용 구조
자료: 키친리더

(5) ㅁ자형(4줄형) 구조

ㅁ자형 구조는 4줄형 주방이라고도 부른다(그림 4-28). 이 주방 배치 또한 대규모 주방에 적합한 배치방법으로 각 작업에 해당하는 동선에 겹침이 없어 구조적으로 가장 이상적이고 효율적인 주방구조이다.

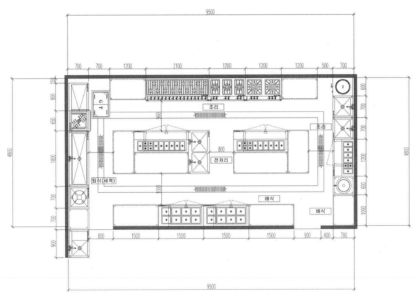

그림 4-28
ㅁ자형(4줄형) 구조의 주방 배치
자료: 키친리더

6. 작업 공간의 설계

작업 공간은 각종 작업을 수행하기 위해 사용하는 작업대, 기기 및 기구 등이 놓인 장소로서 작업이 지속적으로 이루어지는 공간을 말한다. 작업 공간에는 양쪽 팔이 수평 및 수직 방향으로 도달하는 직접적인 작업 공간과 통로, 각종 물품과 기기 운반에 필요한 간접적인 공간도 포함된다.

　작업 공간은 한정된 주방 공간을 최대로 활용하면서도 다양한 신체 조건을 가진 근무자들이 안전하고 효과적으로 근무할 수 있게끔 주방을 설계하기 위해 알아야 하는 매우 중요한 개념이다.

1) 작업 영역

작업자가 정상적으로 작업을 할 수 있는 영역으로 한쪽 팔을 자연스럽게 수직으로 늘어뜨리고 한쪽 팔만 가지고 편하게 뻗어 업무를 할 수 있는 구역을 정상 작업 영역이라고 한다. 정상 작업 영역은 작업자가 가장 신속하게 작업할 수 있고 작업에 방해를 받지 않고 작업할 수 있는 최소한의 공간이며 자기만의 공간이라고 할 수 있다.

최대 작업 영역이란, 작업자가 한 위치에 서서 작업할 수 있는 영역으로 양팔을 곧게 펴서 업무를 수행할 수 있는 영역을 말한다. 최대 작업 영역은 기능적인 인체지수와 관련이 있으며 주방에서 작업할 때 한 사람에게 필요한 공간이다. 최대 작업 영역은 한 사람의 작업 공간 기준이며 최대 작업 영역이 확보돼야 작업자끼리 서로 방해받지 않고 작업할 수 있는 공간이라 할 수 있다.

조리사 한 사람의 표준 작업 공간은 1.39m²이며, 작업대 규격은 키 170cm의 남자 조리사를 기준으로 넓이는 1,820mm, 높이는 860mm가 이상적이다.

그림 4-29
수평과 수직의 정상 작업 영역과 최대 작업 영역
자료: 안전보건공단(2012)

2) 작업대의 높이

주방에서 대부분의 업무는 장시간 동안 서서 하는 것들이다.

인체는 아무런 동작을 하지 않더라도 서 있는 상태를 유지할 때 몸을 똑바로 유지하기 위해 근육에 힘을 주게 되고, 긴장된 근육은 혈액 공급을 감소시켜 피로감을 느끼게 된다. 이로 인해 장시간 서서 근무하는 작업자는 하지정맥류, 부종, 목과 어깨의 경직, 요통 등의 근육 피로, 무릎 관절염 등이 발생할 수 있다. 따라서 주방에서의 작업환경의 개선은 주방 근무자의 근무 만족도와 장기 근속에 큰 영향을 미치게 되는 중요한 요소이다.

작업에 필요한 작업대의 높이는 작업자가 서서 작업할 때 작업대 위에 팔을 올려놓고 자연스러운 자세로 팔꿈치보다 5~10cm 정도 낮은 것을 기본으로 한다. 여기에서 작업의 종류에 따라 높이를 조정한다.

이상적인 작업대 높이를 구하는 공식은 (작업자의 신장(mm)×0.5)+50cm이다. 여기에 음식 조각이나 데코레이션 등의 정밀작업인 경우 팔꿈치 높이보다 10~20cm 높게 제작하여 눈높이에 가깝게 섬세한 작업이 가능하도록 설계하고, 채소류의 절단이나 보통의 조리 등 가벼운 작업은 팔꿈치 높이보다 10cm

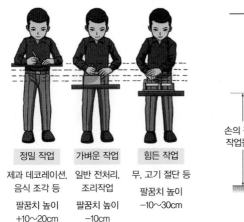
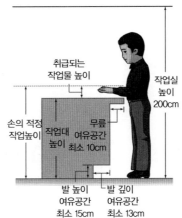

그림 4-30
서서 일하는 작업의 권장 작업대 높이
자료: 안전보건공단(2012)

낮은 기본 높이로 설계하며, 고기 등의 절단작업처럼 큰 힘을 요구하는 작업이나 무거운 물체를 다루는 작업을 할 때는 체중을 이용할 수 있도록 팔꿈치 높이보다 10~30cm 낮게 제작한다.

시중에 나와있는 작업대는 일반적 조리작업대이며 권장 높이를 반영하여 제작되고 있다. 이 외의 작업대는 주문제작 할 수 있다.

그림 4-31에는 일반 작업대와 캐비닛 작업대를 확인할 수 있는데, 캐비닛은 물이나 이물질을 방지하고, 식자재나 보관한 기구 등이 떨어지지 않도록 최소

일반 작업대–높이 80cm

높은 작업대–높이 85cm 이상
(체형 및 용도에 맞게 제작 가능)
정밀 작업에 적합하게 높게 설계

검수 작업대–높이 75cm
무거운 상자를 올려놓고 검수할 수 있도록
일반 작업대보다 낮게 설계

캐비닛 작업대–높이 80cm

싱크대–높이 85cm, 싱크볼 깊이 40~45cm
부피가 있는 기물과 기기 부속 등을 세척할
수 있도록 깊이를 주어 설계

생선 싱크대–높이 95cm,
싱크볼 깊이 22~24cm
섬세한 작업을 위해 높이는 높게, 전면부 상
판은 낮게 하여 싱크 안에 도마를 놓고 작업
하기 편리하게 설계

그림 4-31
작업대 용도별 높이와 설계의 주안점
자료: 주방뱅크

3면(문을 달 경우 4면)을 막은 보관함의 기능을 할 수 있는 데 비해, 일반 작업대는 4면이 개방된 구조이다. 작업대는 파이프가 다리 역할을 하고, 여기에 미세조정을 위한 조정발을 끼워 높이를 조정한다. 반면, 캐비닛은 다리 대신 3면을 막는 스테인리스 판에 보강판을 부착해 다리 대용으로 사용하며, 높이 조절을 위한 조정발을 몸체에 부착한다.

3) 저장 공간의 높이

저장 공간은 높이에 따라 보관하는 물품의 종류를 달리 해야 하는데, 싱크나 화구 주변에는 위로 갈수록 가벼우면서 자주 사용하지 않는 물품을, 아래로 갈수록 무거우면서 자주 사용하지 않는 물품을 보관한다. 기본 작업 영역에는 자주 사용하는 식재료와 도구, 기물류 등을 보관하는 것이 작업도 신속하게 진행할 수 있고, 부피나 무게로 인한 손목 부담도 덜하다.

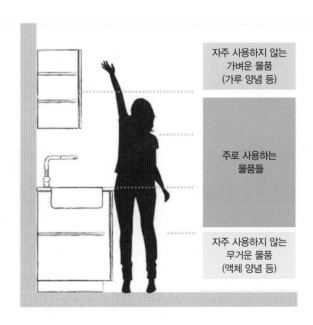

자주 사용하지 않는
가벼운 물품
(가루 양념 등)

주로 사용하는
물품들

자주 사용하지 않는
무거운 물품
(액체 양념 등)

그림 4-32
높이별 적절한 저장 물품

4) 적절한 통로 공간

통로는 식재료와 사람이 이동하는 이어진 공간이며, 기기와 기기를 연결하는 공간이기도 하다. 통로의 주된 기능은 식재료와 사람의 통행이기 때문에 통행을 방해할 수 있는 장애물이 없어야 하고, 기기의 문 등 돌출된 부분이 통로를 침범할 수 있는 경우에는 돌출부분의 크기를 고려하여 통로의 넓이를 설계해야 한다.

통로는 주방의 전체적인 크기와 근무자의 작업 효율성에 지대한 영향을 주는 요소로 적절한 크기로 설계되어야 한다. 통로가 너무 넓으면 근무자의 이동거리가 길어지면서 빨리 피로해지고, 반대로 통로가 너무 좁으면 조리작업이 불편하고, 충돌이나 부상 등의 위험이 있게 된다. 한국산업안전보건공단(2012)은 대량의 조리에서 불편함이 없도록 급식시설의 통로 기준을 1.2m 이상의 폭

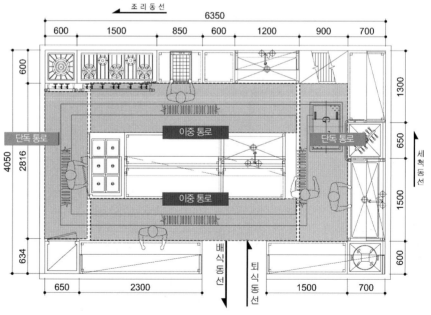

그림 4-33
단독 통로와 이중 통로
자료: 키친리더

으로 지정하고 있다.

통로는 단일 기기와 통로로 이루어진 단독 통로와 양쪽의 기기와 통로로 이루어진 이중 통로로 나눌 수 있다. 여기서 돌출된 부분이 없는 기기란, 싱크나 선반, 미닫이문으로 된 냉장고 등의 기기를 의미하며, 돌출 기기란 냉장고나 반죽기 등 돌출부분이 있는 기기를 의미한다. 표 4-6에서는 다양한 작업 구역의 적절한 통로의 너비를 확인할 수 있다.

표 4-6. 유형별 통로의 필요 너비

작업 구역	통로 너비(m)
돌출된 부분이 없는 기기와 단독 통로	0.76~0.91
돌출된 부분이 없는 기기와 이중 통로	1.1~1.4
돌출 기기와 단독 통로	1.1~1.4
돌출 기기와 이중 통로	1.4~1.8
통행량이 적은 통로	0.9~1.2
통행량이 많은 통로	1.2~1.8

자료: Birchfield 외(2004)

5) 작업 표면의 시공, 높이, 배열

주방의 작업은 연속된 작업으로 이루어지는 경우가 대부분이기 때문에 대부분의 작업이 연속선상에서 이루어질 수 있도록 유사한 높이로 맞춰 시공하고, 같은 동선에서 처리할 수 있는 장치들을 한 곳에 배열하는 것이 좋다.

예를 들어 샌드위치를 만드는 곳이라면, 야채를 씻고 물기를 뺄 수 있는 싱크대, 빵을 구울 수 있는 토스터, 소스와 각종 속재료를 준비하고, 저장할 수 있는 용기와 냉장고, 작업이 이루어지는 도마와 칼, 버터 나이프, 완성된 샌드위치를 담을 접시와 접시가 보관되는 공간, 샌드위치를 서버가 가져갈 수 있는 공간, 조리 과정에서 나오는 쓰레기를 버릴 수 있는 쓰레기통 등이 필요하다.

작업 표면은 앞에서 살펴본 작업대의 높이의 연장선상에서 논의가 필요하다. 예를 들어, 작업대의 높이를 작업자에게 가장 적합하게 설계했다 하더라도, 높이가 높은 냄비나 두꺼운 도마를 작업대에 올려놓고 사용하거나, 크기가 큰 생선이나 덩어리 고기 등을 손질하는 일이 잦다면 작업자의 피로도가 증가하게 된다. 반대로 작업자의 키가 큰 데 비해 작업대가 너무 낮다면 마찬가지로 피로도가 증가한다. 따라서 그림 4-34와 같이 보조작업대를 설치하거나, 발받침 등을 사용해 높이를 맞춰주는 것이 필요하다.

또한 주방에는 배기후드나 선반 등 작업자의 머리 윗부분에 설치되는 기기들도 많은데, 화구 위에서 배기후드 밑까지의 공간은 작업자의 시야가 확보되는 구획 안에 있어야 하며, 조리사의 위생모 착용을 감안하여 후드 높이는 1,960mm 정도가 적당하다(김기영, 2016).

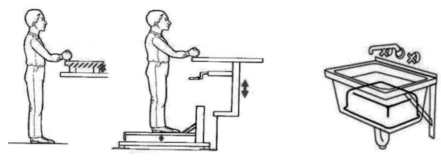

그림 4-34
작업대의 높이를 조절하는 방법
자료: 한국산업안전보건공단(2012)

- 주방의 업무는 식재료의 흐름에 따라 검수-저장-전처리-조리-서비스-식기세척 등의 업무가 일련의 절차로 진행된다. 주방의 구조는 이러한 식재료의 흐름에 따라 구역을 배분하여 효율적으로 업무가 진행되도록 설계해야 한다.
- 주방 설계는 음식점 창업 절차에서 핵심적인 역할을 하는데, 주방 설계는 콘셉트 검토-조닝-기기 선정과 배치-세부 동선 설계-도면 작성 등의 순서로 진행된다.
- 주방 동선은 배식과 퇴식 동선을 분리하고 식재료의 흐름에 따라 전후 작업 공간과 면밀하게 연결되도록 설계해야 한다.
- 주방의 동선 구조는 일직선형, 병렬형, ㄴ자형, ㄷ자형, ㅁ자형 구조 등이 있으며, 주방의 위치나 형태에 따라 다양한 구조로 설계한다.
- 작업공간은 근무자의 효율적이고 안전한 근무환경을 위하여 설계적으로 적용해야 하는 개념으로, 작업영역, 통로공간, 작업 표면의 높이 등에 대한 것들을 잘 이해하고 적용해야 한다.

1. 다음의 논문 중 한두 개의 논문을 선택해 읽고 주방 설계가 주방 근무자에게 어떤 영향을 끼치는지 정리해보자.

    박정하. (2020). 호텔 조리사들이 지각하는 주방의 물리적환경, 자기효능감, 생산성 간의 인과 관계 연구. 관광연구저널, *34*(7), 183–196.

    이동욱, 이행순, & 이수범. (2008). 호텔주방 공조환경과 레이아웃이 주방작업환경만족, 조직후원인식 및 직무만족에 미치는 영향. 호텔경영학연구, *17*(1), 89–105.

    정영자, 유주연, & 이석만. (2013). 호텔 주방환경이 조리종사원의 직무만족과 직무성과에 미치는 영향. 관광연구저널, *27*(5), 351–363.

    정진우. (2007). 주방설비가 조리 종사원의 직무 스트레스에 미치는 영향에 관한 연구. *Culinary Science & Hospitality Research*, *13*(3), 263–277.

2. 구글 이미지 검색 등을 통해 각각의 주방 동선의 구조를 잘 보여주는 사진들을 찾아서 정리해보고, 주방 동선 구조의 장단점을 함께 정리해보자.

3. 현재 음식점에서 근무중이라면, 주방의 공간은 식재료의 흐름에 맞게 계획되었고, 동선은 효과적으로 설계되었는지 분석해보고, 만일 그렇지 않다면 어떤 개선이 필요할지 찾아보자.

CHAPTER 5
주방설비 이해

5

주방설비 이해

학습목표

- 주방설비의 개념을 설명할 수 있다.
- 주방설비의 각 구성요소와 설계의 고려사항 등을 이해한다.

1. 주방설비의 이해

주방설비(設備)는 주방에서 업무를 할 수 있도록 돕는 설비류를 말한다. 벽과 바닥, 급수와 배수를 위한 상하수도, 가스 배관과 전기 배선, 조명과 환기, 온도조절 등의 공기조화(공조) 시설 등이 주방설비에 속한다.

많은 이들이 주방설비와 기기, 기물 등의 개념을 명확하게 이해하지 못한 채 용어를 사용한다. 이는 단순한 의사소통의 문제 뿐만이 아니라, 주방 설계와 공사에서 혼란을 줄 수 있기 때문에 명확하게 구분할 수 있어야 한다. 주방기기(機器)는 음식 조리와 보관 및 기타 주방의 업무를 위해 사용하는 각종 기계를 뜻하며, 주방기물(器物)은 음식을 담고, 조리할 때 사용하는 조리도구와 각종 소도구 등을 뜻한다.

2. 벽·바닥·천장 설계

주방은 높은 열과 습기, 기름기와 먼지 등으로 오염되기 쉬운 공간이다. 또한 화재의 위험이 있기 때문에 주방에 사용하는 마감재는 기본적으로 열에 강해 변형이 없고, 불에 타지 않는 재질이어야 한다. 또한 수분을 흡수하지 않으며, 기름기나 먼지를 닦아내기 편리한 위생적인 재질을 사용해야 한다.

1) 벽

주방의 벽면은 조리 중에 기름이나 각종 음식물이 튀는 경우가 많으므로, 이물질이 흡수되지 않고, 잘 닦이는 재질로 시공해야 한다.

벽의 색상은 조명을 멀리 퍼지게 하고 더러움이 잘 확인될 수 있는 밝은 색상을 선택하되, 근무자의 피로감을 줄여줄 수 있는 색상을 선택한다. 일반적으로는 오염과 수분에 강한 도자기 재질의 유광 타일을 사용한다. 만일 전체 면적을 타일로 마감하기 어려울 경우, 바닥에서 최소 1.5m 높이까지는 타일 시공을 한다. 벽과 바닥의 경계면인 모서리 부분은 청소하기 쉽도록 둥글게 처리한다.

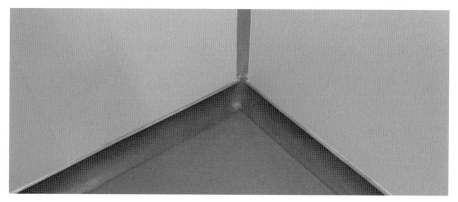

그림 5-1
둥글게 처리한 바닥과 벽면의 경계
자료: 태평건설 블로그

음식점에서는 페인트로 벽 마감을 하기도 하는데, 홀에서는 사용이 가능하지만, 습기가 많고 온도가 높은 주방에서는 유해물질이 방출되거나 페인트가 벗겨져 음식을 오염시킬 수도 있기 때문에 사용하지 않는 것이 좋다.

2) 바닥

주방은 다량의 물을 다루는 공간으로, 바닥은 원활한 배수가 이루어지고, 미끄러움으로 인한 부상을 방지하며, 위생적으로 관리할 수 있도록 청소가 쉽도록 시공하는 것이 핵심이다.

주방의 바닥에는 항상 물기와 기름기가 있고, 음식물이 떨어지는 일이 많기 때문에, 청소가 쉬워야 한다. 바닥재는 수분을 흡수하지 않고, 청결 유지가 쉬운 재질이어야 한다. 또한 균열이나 틈새가 생겨 세균과 해충이 서식할 우려가 있는 것은 사용해서는 안 된다.

도자기 재질의 타일은 수분을 흡수하지 않고, 비교적 저렴한 가격으로 시공이 가능하기 때문에 가장 많이 사용하는 바닥재이나, 최적의 마감재는 아니다. 타일은 물기가 많은 곳에서 미끄러워 안전사고 발생 위험이 높고, 타일과 타일 사이를 메운 줄눈은 무거운 장비 등의 이동으로 깨지는 경우가 다반사이다. 이렇게 흠이 생기면 음식물 찌꺼기 등이 그 사이로 들어가 세균 번식 가능성이

| 주방 시공 전 | 피처플로어링 시공 후 |

그림 5-2
이음매 없는 바닥재 교체 사례
자료: 피처플로어링

높아 위생적으로 관리하기 어렵다. 최근에는 이런 위험요소를 원천적으로 차단하기 위하여 공사 기간은 타일보다 조금 더 소요되지만 에폭시나 기타 혼합재제 등을 사용하여 이음매 없이 바닥재를 시공하는 사례가 늘고 있다(그림 5-2).

바닥에는 배수구와 하수 시설 등이 설치되어야 하며, 물이 특정한 곳에 고이지 않도록 수평을 맞춰서 시공하되, 배수구 방향으로 완만한 경사를 이뤄야 한다. 만일 경사도가 높으면 주방 근무자는 하루종일 등산을 하는 것과 같은 상황에서 근무를 해야 한다. 자연히 피로도가 가중될 수밖에 없다. 따라서 바닥은 배수를 고려하더라도 1/100 정도의 완만한 경사로 시공해야 한다.

주방 바닥은 비교적 무거운 기기들이 배치되기 때문에, 견고한 콘크리트나 테라조(시멘트와 작은 대리석 조각 등을 섞은 소재) 등을 기반으로 시공한다. 여기에 근무자가 장시간 서서 근무하는 공간에는 발목이나 관절 부담을 줄일 수 있는 탄성이 있으며, 미끄러움을 방지할 수 있는 고무매트 등을 놓는 것을 고려할 수 있다.

3) 천장

주방 천장은 바닥으로부터 2.5~3m 정도로 하여 열기가 근무자의 작업범위를 벗어나 윗쪽으로 모이게끔 설계하는 것이 좋다. 이렇게 할 경우 화재나 LNG 가스누출 등의 사고가 발생했을 때에도 사고로 인한 피해를 줄일 수 있다.

천장의 마감 재질은 습기에 강하고, 불에 타기 어려운 성질을 가지고 있으며, 소음을 흡수할 수 있는 재질이나 구조로 된 것을 사용하여야 한다. 보통은 타일이나 노출 콘크리트 등을 사용한다.

최근에는 경비 절감이나 인테리어 콘셉트의 일부분으로 천장의 후드나 배관 등을 노출시키기도 한다. 이럴 경우 천장 청소 상태에 따라 쌓여있던 먼지나 이물질이 조리 중 음식물로 들어갈 수 있으므로 이를 고려한 청소 및 운영 계획을 세우고 실행해야 한다.

마감재의 색상은 더러움을 확인하고, 청소하기 쉬운 밝은 색상으로 선택하는 것이 좋다. 또한 주방은 습기와 찬 공기, 더운 공기가 교차되는 공간으로 결로가 생길 경우 곰팡이가 발생할 수 있으므로 결로방지용으로 단열재 시공을 해야 한다.

3. 급배수 시설 설계

1) 급수 설비

급수 설비는 식용에 적합한 물을 적절한 압력으로 필요한 만큼 공급하는 시설을 뜻한다. 주방에 공급되는 물은 수돗물 또는 '먹는물 관리법 제5조'의 규정에 의한 먹는 물의 수질기준에 적합한 지하수 등을 공급할 수 있는 시설을 갖추어야 한다. 수도 공급이 어려운 지역에서는 수질검사가 완료된 지하수를 사용하기도 한다. 지하수를 사용하는 경우, 수원(水原)은 화장실, 폐기물처리시설, 동물 사육장이나 기타 지하수가 오염될 우려가 있는 장소로부터 영향을 받지 않는 곳이어야 한다.

음식점 주방의 수압은 너무 낮으면 작업 효율이 낮아지고, 너무 높으면 식재료 손상의 위험이 있다. 따라서 적절한 수압 관리도 필요하다. 일반적인 수도의 수압은 0.3kg/m^2, 수압 세미기나 샤워실의 수압은 0.7kg/m^2, 기타 0.5kg/m^2 이상으로 설계한다.

급수 방식은 수도 직결식, 압력탱크식, 펌프 직송식, 고가탱크식 등을 사용하는데, 수압의 안정성을 위하여 고가탱크식을 주로 사용하고, 수압이 부족할 때는 가압펌프를 사용하여 수압을 올려 주기도 한다.

배관 자재는 주철, 구리, 플라스틱, 스테인리스 등이 사용되는데, 과거에는 주철을 많이 사용하였지만, 노후되면서 녹이 슬고, 누수가 발생할 수 있어 최근에는 주철에 아연 도금을 한 아연도금이나 구리(동), 스테인리스를 주로 사용한다.

2) 온수 설비(급탕 설비)

주방에서는 식기세척과 기타 세척에 온수 사용량이 많다. 따라서 온수를 공급하는 시설을 뜻하는 급탕(給湯) 설비도 매우 중요한 요소가 된다.

음식점의 온수 설비는 주방의 크기, 온수 사용량에 따라 물탱크와 온수 공급 시설을 갖춰야 한다. 온수 사용량은 음식점의 크기와 영업시간(1일 1식, 2식 등 제공 식수에 따라 온수 사용량은 크게 달라진다), 주방의 구조나 메뉴 등에 따라 달라지며, 사용하는 식기세척기의 용량과 구조 등에 따라서도 달라진다.

온수 온도는 사용 목적에 따라 달라지는데, 주방에 공급되는 온수는 기름기가 있는 기물 세척과 위생관리를 위하여 80℃ 정도, 화장실이나 샤워실 등에는 40~50℃가 적당하다.

(1) 순간 온수기(즉시 탕비기)

일반적으로 음식점에서는 순간 온수기를 사용하여 온수를 공급받게 된다. 순간 온수기는 가스나 전기 등을 열원으로 하여, 작동하는 순간 코일 모양의 배관이 가열되어, 배관을 지나가는 물을 빠른 속도로 데워준다.

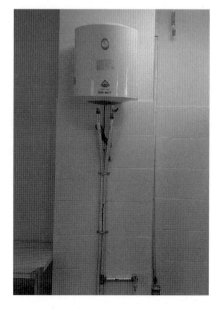

순간 온수기는 물탱크가 필요 없어 일반적인 음식점 주방에서 널리 사용하며, 온수 사용량이 많은데, 순간 온수기의 온수 제공량이 부족할 경우, 순간 온수기가 내장된 식기세척기를 사용하면 안정적인 온수 사용이 가능해진다.

그림 5-3
주방에 설치된
순간온수기
자료: 주방뱅크

순간 온수기는 설치와 유지비용이 저렴하고 내구성이 뛰어나고 위생적인 데다 기능이 다양해 경제성과 편의성을 모두 만족시킬 수 있다. 다만 전기 증설이 필요한 경우가 있고, 가스 순간 온수기를 사용할 경우 일산화탄소 중독을 방지하기 위해 밀폐된 공간에서의 사용을 피하고, 충분한 산소가 공급되도록 하는 등 주의를 기울여야 한다.

(2) 저탕식 온수 설비(저탕식 탕비기)

학교나 호텔, 공장 등 특정 시간에 다량의 온수를 필요로 하는 대형 시설, 또는 대형 음식점 등에서는 항상 일정량의 온수를 저장하고 있는 저탕식 온수 공급 시설을 사용한다. 저탕식 온수 공급 시설의 경우, 가열된 온수가 배관을 통해 공급되면, 사용 지점에서 찬물과 혼합되어 적절한 온도의 온수를 사용할 수 있다.

순간 온수기는 70℃ 이상의 온수를 안정적으로 공급받기 어렵지만, 저탕식 온수 설비는 고온의 온수를 안정적으로 공급받을 수 있다는 장점이 있다. 다만, 상시 온수를 생산하고, 저장해야 하기 때문에 물탱크와 배관 등의 설비에 들어가는 비용과 온수 생산에 들어가는 에너지 비용이 높다는 단점이 있다.

3) 배수 설비

배수설비는 사용한 물을 배수구를 통하여 하수구로 버리는 시설을 뜻한다.

주방에서 발생하는 오수(汚水, 오염된 물)는 일상생활에서 발생하는 오수 중에서도 오염도가 높은 편에 속한다. 음식물과 기름류가 함께 들어가는 경우가 많으며, 특히 음식점 주방에서는 온수 사용이 많아 30~35℃의 온도로 배출되어 악취도 쉽게 발생하게 된다. 따라서 주방 설계 시에는 급수설비와 함께 배수 설계도 함께 진행한다.

주방 배수에서는 트렌치와 그리스트랩이 중요한 역할을 한다.

(1) 트렌치

① 트렌치의 이해: 트렌치(trench)는 길에 파여있는 도랑을 뜻하는 영단어로, 주방설비에서는 오수를 배출하기 위하여 만든 배수로를 뜻한다. 트렌치가 없는 주방은 물 사용량보다 배수량이 현저히 적기 때문에 바닥에 물이 고여있게 되고, 이는 세균번식과 안전사고의 원인이 된다. 따라서 주방 바닥은 물이 신속하게 빠져나갈 수 있도록 트렌치 시공이 필수적이다. 트렌치는 기성 제품과 주문제작 제품이 있고, 트렌치보다 배수구가 넓은 그레이팅도 트렌치의 일종으로 볼 수 있다.

표 5-1. 트렌치의 종류

기성 트렌치	주문제작 트렌치	그레이팅
좁은 식당 주방에서 널리 쓰이며, 보통 100cm, 150cm, 200cm 제품이 있음	넓은 식당 주방에서 널리 쓰이고, 원하는 모양으로 제작하여 사용할 수 있음	상부의 넓은 배수구로 배수가 원활하여 실험실, 화학공장 등 부식을 방지하는 장소 및 위생을 요구하는 식당 주방에 널리 쓰임

자료: 주방뱅크

② 트렌치의 설계와 설치: 트렌치는 주방의 물 사용량과 설치 위치 등을 고려하여 설계한다. 트렌치의 재질은 보행과 이동량에 의한 하중 등을 감안하여 알맞은 두께의 스테인리스 스틸을 선택한다(예: 하중이 가벼울 경우 1.5T~2T, 보행량이 많아 하중이 무거울 경우 3T 등).

트렌치는 바닥을 긴 홈 모양으로 파 배수로를 만들고, 트렌치를 위치시키고, 하수관과 연결하여 물이 빠져나가도록 설치한다. 트렌치 커버는 음식물 찌꺼기가 하수구로 흘러가지 않도록 1차적으로 걸러주는 필터 역할과 안전망 역할로 사용한다.

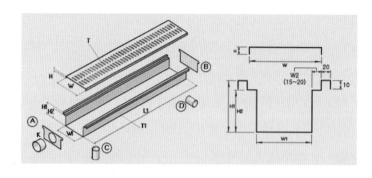

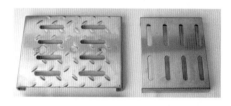

그림 5-4

트렌치의 설계도와 완성된 트렌치, 트렌치 커버

자료: 키친리더

그림 5-5

트렌치가 시공된 주방

자료: 키친리더

(2) 그리스트랩

① 그리스트랩의 이해: 주방에서 배출되는 오수에는 많은 기름기가 섞여 있는데, 기름은 물보다 가벼워 물위로 얇고 넓은 막으로 퍼져 산소교환을 방해한다. 이 때문에 1리터의 기름이 100만 리터의 물을 오염시킬 수 있다. 또한 기름은 배수관 안에서 굳어지면서 배관을 막는 원인이 되기도 한다. 따라서 오수 중에서 기름기를 최대한 걷어내는 것은 주방관리나 환경에도 반드시 필요한 일이다.

음식점 주방에서는 오수의 기름기를 걸어 내기 위하여 그리스트랩이라는 장치를 사용하는데, 그리스트랩은 기름기를 뜻하는 grease와 덫, 함정을 뜻하는 trap의 합성어로 기름기를 제거하는 장치를 말한다.

그리스트랩은 물과 기름의 비중 차이를 이용하여 유지 성분을 걸러내는데, 그리스트랩에 오수가 들어오면, 첫번째 칸의 거름망에서 큰 음식물 등을 걸러내고, 두번째 칸에서 물의 속도를 조절하고, 물과 기름의 비중차를 이용하여

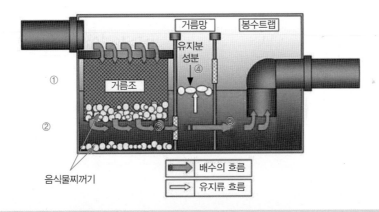

① 거름장치로 흘러온 하수는 거름조에 의해 음식물 찌꺼기로 분리됨.
② 거름조를 하수의 타공 구멍보다 작은 찌꺼기는 거름조 아래로 쌓임.
③ 이곳을 통과한 하수는 거름망에 의해 하수와 기름성분만 통과(음식물은 더 나가지 못함)
④ 이때 통과한 하수와 그 속에 녹아있던 기름성분은 응고되어 상승하고, 수면 위에 떠올라 쌓임. 수면 위에 쌓인 기름덩어리는 별도의 뜰채를 사용하여 제거 가능.
⑤ 수면 아래로 서서히 유입된 하수는 기름과 음식물찌꺼기로 차단되면서 배출됨.

그림 5-6
그리스트랩의 원리
자료: 주방뱅크

상부에 기름이 모이게 한다. 세번째 칸에서는 기름이 걸러진 오수가 배수관으로 흘러나가며, 세번째 칸의 트랩이 배수관으로부터 역류할 수 있는 악취와 유해가스를 차단하고, 일정한 수위를 유지해준다.

② 그리스트랩의 종류: 그리스트랩은 바닥 공사 시에 매립 설치하는 것이 일반적이지만, 그리스트랩이 설치되지 않은 주방에서는 바닥공사 없이 싱크대 하부에 설치하여 사용할 수 있는 싱크형 그리스트랩도 있다. 싱크형 그리스트랩

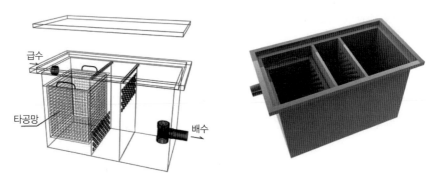

그림 5-7
그리스트랩의 설계도와 완성된 그리스트랩
자료: 키친리더

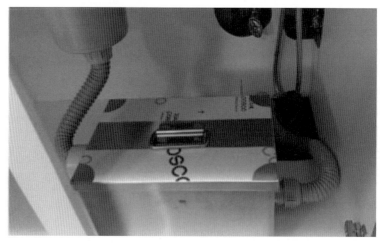

그림 5-8
싱크대 하부에 설치한 소형 그리스트랩

은 일반적인 매립형 그리스트랩과 동일한 기능을 하지만, 가볍고, 크기가 작아 싱크대 안에 설치할 수 있다. 또한 매립형 그리스트랩보다 청소가 쉽고, 설치와 유지비용이 저렴한 것이 장점이다.

4) 급배수 시설의 설계

그림 5-9는 보쌈 전문점 주방의 급수 설비와 함께 배수 용량을 함께 설계한 도면이다. 그림 5-10은 해당 주방에 트렌치와 그리스트랩의 위치를 어떻게 설계하였는지 볼 수 있는 도면이다.

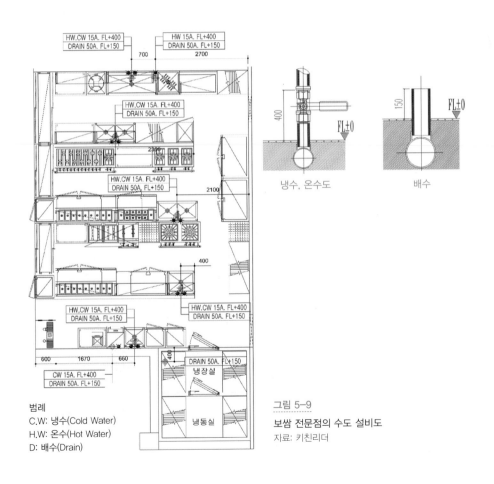

범례
C.W: 냉수(Cold Water)
H.W: 온수(Hot Water)
D: 배수(Drain)

그림 5-9
보쌈 전문점의 수도 설비도
자료: 키친리더

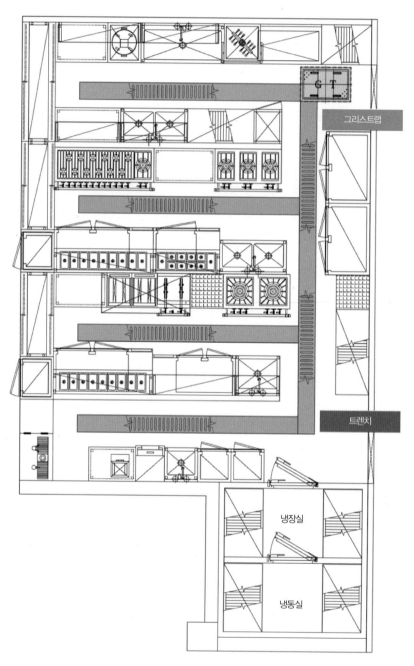

그림 5-10
그리스트랩과 트렌치 설치 도면
자료: 키친리더

4. 에너지원 설계

1) 전기 설계

전기는 주방에서 가스와 더불어 가장 중요한 에너지원이다. 전기는 주방기기뿐만 아니라 조명, 급배기 시스템 등 음식점 전반의 기기류의 작동을 위해 반드시 필요하다.

전기의 기본 단위는 와트(watt)로, 주방에서 주로 사용하는 기기들은 천 단위의 와트를 기본으로 사용하기 때문에, 킬로와트(kW, kWh)로 표기한다.

우리나라에서 사용하는 전압은 보통 220볼트(V)이며, 일반적으로는 단상(1상) 전압을 사용하지만, 전기오븐 등의 높은 열을 필요로 하는 전기 조리기기는 삼상(3상) 등의 특정 전압을 사용한다.

(1) 전기 증설

전기 용량이 부족할 경우에는 반드시 전기증설 공사를 진행해야 한다.

사용할 기기류의 소비전력 정보를 확인해 예상 사용량을 계산한 후 기존 계약용량보다 사용량이 높을 것으로 예상될 경우, 한전에 전기증설 신청을 하고, 전기 공사 업체를 선정하여 공사를 진행해야 한다.

신축 건물에는 보통 3~5kW(킬로와트)가 들어가 있는데, 신축 건물의 경우에도 다른 입주자가 전기를 많이 사용할 경우 전기 용량이 부족할 수 있다. 최악의 상황에는 전기 용량이 부족해 조리가 불가능하거나, 한여름에 에어컨 작동이 안돼서 고객들이 문을 열고 들어왔다 나가는 일도 생길 수 있다. 따라서 설계 시에 음식점 운영에 필요한 전기 용량을 확인하고 필요한 경우 전기 증설 신청을 해야 한다.

(2) 배전반과 분전반

주방 내 전기설계를 위해서는 전기를 사용하는 기기 전체에 대한 것은 물론,

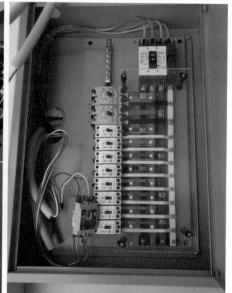

배전반   분전반

그림 5-11
배전반과 분전반
자료: 키친리더

배전반과 분전반의 위치와 높이 등을 고려하여 평면계획을 작성해야 한다.

배전반은 건물 등으로 공급된 전기를 여러 곳에 나눠주는 역할을 하는 장치로 전류, 전압, 전력 등을 점검하거나 발전기, 변압기 등을 보호하기 위한 스위치, 계기, 표시등 등을 모아둔 장치이다.

분전반은 매장에 공급된 전기를 주방 전기기기, 조명, 공조시설, 각종 전기기기들에 분배해주는 장치로, 각 전자기기들의 입장에서는 가장 근원에 있는 스위치의 역할을 하며, 부하가 많이 걸리면 전원을 차단하는 기능이 있다.

2) 가스 설계

전기도 마찬가지이지만 가스 배관 설계도 효율적인 공간 활용을 위해 가스 사용 기기들의 배치가 확정된 후에 진행해야 한다.

5. 공조 시설

공조 시설이란 '공기 조화 시설'의 줄임말로 해당 공간의 온도와 습도, 기류와 공기의 질을 관리하는 기기 설비를 의미한다. 공조 시설에는 급/배기 시스템, 온/습도 관리를 위한 에어컨, 공기의 질 관리를 위한 공기청정기 등이 속한다.

1) 급/배기 시스템

음식점의 급/배기 시스템은 불을 사용하는 조리기구의 연소를 위한 산소의 공급, 실내 온도 조절, 환기, 식품의 품질 유지 등에 영향을 주는 매우 중요한 시스템이다.

만일 급/배기 시스템이 잘못 설계될 경우 다양한 문제들이 발생하게 된다.

급/배기 시스템이 잘못 설계될 경우 에어컨의 효율이 떨어지고, 후드가 연기나 냄새를 충분히 흡입하지 못하게 되면서 공기의 질이 저하되고, 너무 덥거나 추운 주방 환경을 조성할 수 있다. 최악의 상황에는 신선한 공기의 공급은 적은 상황에서 가스기기 등을 사용하여 연소로 지속적으로 산소가 부족해지면서 일산화탄소 중독증세를 유발할 수도 있다.

많은 음식점에서는 급기에 대한 고려 없이 배기 설비만 갖춰 놓는데, 이럴

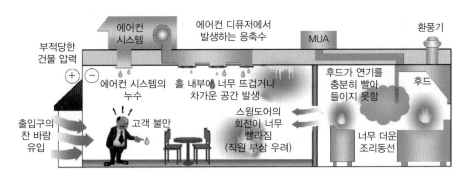

그림 5-12
공조 시스템의 잘못된 설계로 발생하는 문제들
자료: 김영갑, 강동원(2018).

때 음식점이나 주방 내부의 압력이 낮아져 출입문을 여닫는 데 문제가 발생하거나, 오히려 배기가 잘 안되고, 산소부족으로 주방 근무자의 두통을 초래하기도 한다. 적정 수준의 외부 공기가 유입되면 배기 시설이 더 원활하게 작동하여 주변의 뜨거운 열기나 유독 가스 등을 빠른 속도로 외부로 배출해 쾌적한 주방 환경을 유지하는데 도움이 된다.

급/배기 시스템과 관련한 설비로는 배기후드, 덕트, 환풍기, 송풍기, 집진기 등이 대표적이다.

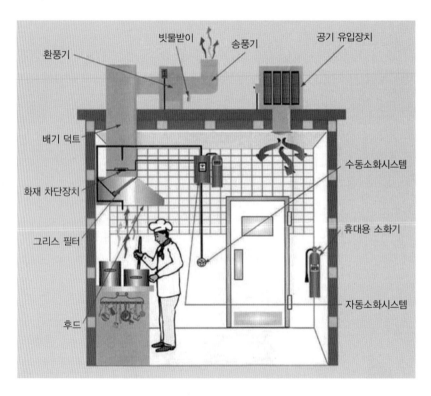

그림 5-13
급배기 시스템의 구조와 구성 요소
자료: 김영갑, 강동원(2018).

(1) 배기후드

① 배기후드의 이해: 배기후드는 조리기기에서 나오는 열기와 수증기, 기름기, 배기가스를 모으는 역할을 해준다. 배기후드 안에는 필터를 설치하는데, 배기가스가 후드를 통해 배기되는 과정 중에서 미세한 기름기를 포집하는 역할을 한다.

필터는 튀김기나 볶음 등과 같이 기름을 취급해야 하는 곳에서는 기름기가 상부 덕트로 유입돼 덕트 변형이나 화재가 발생할 수 있는 가능성을 줄여준다. 이와 유사한 기능으로, 고기구이를 위한 로스터 위에 연기와 냄새를 흡입하는 후드에 설치하는 필터도 있는데, 이를 설치할 경우, 유증기가 맺혀 기름 방울로 떨어지는 것을 방지해 주어 편리하다(그림 5-17).

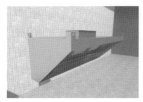

기형 배기후드 　　　　　　　　　　　　　　　　　　　　　　 삿갓형 배기후드

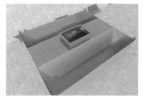

이중사각급배기후드 　　　　　　　　　　　　　　　　 이중사각배기후드

그림 5-14
다양한 배기후드
자료: 키친리더

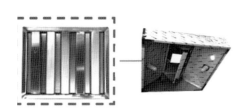

그림 5-15
스테인리스 소재 후드 필터와 후드 필터의 원리
자료: 키친리더

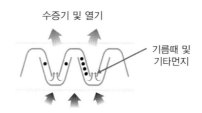

수증기 및 열기

기름때 및 기타먼지

열기 및 미세먼지, 기름, 수증기 유입 부분

그림 5-16

설치가 완료된 후드와 필터

자료: 키친리더

그림 5-17

직화구이 로스터 후드용 기름방지 필터

자료: ㈜한빛이엔에스

이 외에도 추가로 화재감지장치를 후드와 덕트의 연결부위에 설치하면 화재 위험을 더욱 줄일 수 있다.

(2) 덕트

덕트는 후드에서 모아진 연기와 수증기 등을 옥외로 배출시키는 통로이다. 덕트는 주방에서 외부로 시공되는 길이와 복잡도에 따라 시공 비용이 달라진다.

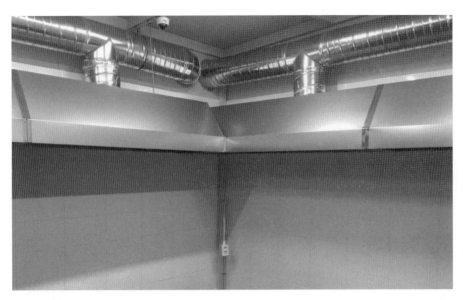

그림 5-18
후드와 연결 설치된 덕트
자료: 키친리더

그림 5-19
가연성 덕트 관련 뉴스 보도
자료: YTN뉴스 유튜브

신축 건물의 경우, 덕트를 건물 옥상까지 설치하지 않고, 내부의 배기관에 연결할 수 있도록 되어있는 곳들이 있으므로, 이런 경우 덕트 설치 비용을 절감할 수 있다.

종종 설치 비용을 줄이기 위해 배관 자재를 난연성(불에 잘 타지 않는 성질) 재질이 아닌 가연성(불에 탈 수 있는 성질) 재질로 하는 경우가 있는데, 이럴 경우 주방은 물론 음식점과 건물 등의 대형 화재로 번질 수 있어, 비용이 들더라도 반드시 난연성 재질의 자재를 선택하도록 한다.

(3) 환풍기와 송풍기

주방의 환기를 돕기 위한 기기로 환풍기와 송풍기가 있다. 환풍기는 기름기를
제외한 냄새와 연기를 밖으로 배출시키는 기능을 하는데, 환풍기에 기름기와
먼지가 쌓일 경우, 제 역할을 하지 못할 뿐 아니라, 오히려 화재의 원인이 될 수
도 있다. 따라서 환풍기도 정기적인 청소로 기름기와 먼지가 쌓이지 않게 해야
한다.

덕트의 길이가 길거나 꺾이는 부분 등이 있는 경우, 배기후드에서 모아진 연
기나 수증기, 열기 등이 바깥으로 나가지 못하고, 정체되기도 한다. 송풍기는
배기 필요성이 큰 곳에서 주로 설치하는데, 덕트의 공기가 바깥으로 원활하게
배출되도록 덕트와 연결하여 설치한다.

주방에서 사용하는 송풍기는 시로코팬이 일반적인데, 시로코팬은 덕트의 축
심과 송풍기의 회전축이 일치해, 덕트 사이에 삽입할 수 있는 콤팩트형 송풍기

플라스틱 환풍기

매입형 유압환풍기

고압 환기팬

고압 자동팬

소형 시로코팬

고정압 시로코팬

그림 5-20
환풍기와 시로코팬
자료: 키친리더

그림 5-21
주방 내부에 설치된 환풍기
자료: 키친리더

그림 5-22
건물 외부로 설치된 시로코팬
자료: 키친리더

로, 연기를 흡입하는 모터팬을 부르는 말이다. 시로코팬은 일반 급/배기, 송풍, 냉방 공조용 등 사용범위가 넓은데, 소음이 적고, 환풍기보다 많은 양의 공기 순환이 가능해 대형 주방이나 공장에서 사용한다.

(4) 집진기

집진기는 주방이나 각종 산업현장에서 발생하는 배기가스를 정화하는 장치이다.

배기가 이루어지는 덕트 사이에 배치하여 조리 시에 발생하는 연기와 악취, 미세먼지 등을 집중적으로 포집하여, 연기와 악취 등이 외부로 나가는 것을 막아주는 기기이다.

육류를 조리할 때 나오는 연기에는 아세트알데히드, 일산화탄소, 발암물질로 알려진 포름알데히드, 중금속 등 인체에 해로운 물질과 함께 미세먼지도 들어 있다. 이러한 연기는 잠시 머물며 식사를 하는 고객들보다는 장시간 근무하는 경영자나 종업원들의 건강을 위협할 수 있으므로, 충분한 배기 시설과 집진

시설 등이 필요하다.

또한 튀김이나 생선구이 등을 주로 조리하는 주방이나, 홀에서 직접 고기를 굽는 숯불구이 전문점이나 각종 고깃집 등에서는 연기나 냄새로 인한 주변의 민원이 생기기 쉬운데, 집진기를 설치하면 이런 문제를 해소할 수 있다.

① 집진기의 원리: 집진기는 배기가스에 포함된 오염물의 종류, 크기, 특성에 따라 서로 다른 집진원리를 적용하는데, 조리 과정에서 발생하는 가스는 코로나 방전 원리를 이용한 전기 집진기를 사용한다.

후드를 통해 모아진 연기는 데미스터 필터와 이오나이저 콜렉터 필터를 순서 대로 거친다. 데미스터 필터는 일반 가정의 가스레인지 후드의 금속 망 필터와 동일한 형태이다. 여기서 1차적으로 큰 입자, 그을음, 유증기를 제거된 연기는 이오나이저와 콜렉터 필터를 거치며 정화된다.

필터에 전기가 흐르면, 코로나 방전의 원리에 의해 이오나이저 필터에서 음극을 발생시켜, 연기 입자가 음극을 띄게 한다. 콜렉터 필터는 얇은 집진판들이 촘촘하게 배열되어 있는데, 여기에 양극을 띄게 하여 이전단계에서 발생한 음극화된 연기입자를 달라붙어 최종적으로 정화된 공기만 배출된다.

매장의 규모와 배기 시스템을 고려하여 집진기 용량을 결정하며, 최적의 조건으로 공조 설계를 할 경우, 최고 98%까지 연기가 제거된다.

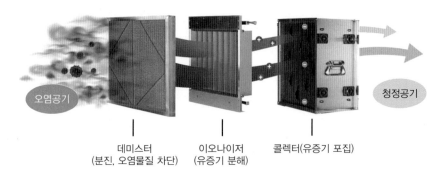

오염공기　　　　　　　　　　　　　　　　　　　　　청정공기

데미스터
(분진, 오염물질 차단)　　이오나이저
(유증기 분해)　　콜렉터(유증기 포집)

그림 5-23
집진기의 원리
자료: ㈜한빛이엔에스

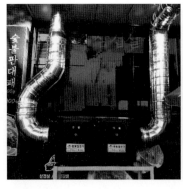

그림 5-24

집진기의 설치

자료: ㈜한빛이엔에스

② 집진기의 관리: 집진기는 배기후드의 필터와 마찬가지로 사용 기간이 늘어날수록 집진판에 먼지와 유증기가 쌓이기 때문에, 최소 2주에 한 번 주기적인 청소가 꼭 필요하다. 집진기 필터는 반영구적으로 사용할 수 있지만, 만일 청소가 원활하지 않을 경우 집진 효율이 저하되고 필터가 손상될 수 있다.

청소방법은 다음과 같다. 중성세제+물 용액에 필터들을 담가 기름때를 불린 후 흐르는 물에 헹궈 오염물질을 씻어낸다. 세척한 필터는 충분히 건조 후 다시 장착해 사용하면 된다.

(5) 급기 설비

급/배기 시스템은 공간에 들어오는 공기의 양과 나가는 공기의 양을 조절하며 공기의 질을 쾌적하게 유지하는 시스템을 설계하는 것이다. 배기 시설은 공기를 바깥으로 내보내는 것이기 때문에 그에 맞게 외부의 신선한 공기를 실내로 들어오게 하는 급기 시설을 함께 갖춰야 한다. 주방에 급기가 잘 되지 않으면 다른 부분에서 설계가 잘 되었어도 후드의 성능이 제대로 발휘되지 못한다.

이론적으로는 주방에 충분한 양의 공기를 받아들일 수 있는 창문 등이 있을 경우에는 자연환기가 가능하지만, 실상 주방 공간을 효율적으로 사용하기 위해 창문을 막고 그 앞에 기기 등을 배치하는 경우가 많고, 설령 창문이 있다

하더라도 외부에서 유입되는 벌레나 먼지 등을 막기 위해 창문을 닫는 것이 더 유리한 경우가 많다.

배기후드 배기 전용 후드와 동시 급배기형 후드가 있는데, 원활한 급배기를 위하여 동시 급배기형 후드를 설치하면 앞서 언급했던 문제들을 방지할 수 있다. 또한 대형 주방이라면 주방 내부에 급기 라인을 따로 설치하는 것도 방법이다.

(6) 급/배기 시스템의 설계

급/배기 시스템은 충분한 양의 신선한 공기가 실내로 유입되게 하고, 조리작업을 통해 먼지와 유증기, 열기 등이 섞인 공기를 외부로 배출되게 하여, 공기의 양과 질을 적절하게 유지하는 것이 핵심이다.

급/배기 시스템 설계 시 중앙집중식으로 시스템을 설계할 경우 사용하지 않는 주방시설 부분의 환기기기도 작동해 불필요한 전기 소모가 발생할 수 있고, 소음도 발생한다. 따라서 각 열원별로 시스템을 설치하는 것이 효과적이다.

쾌적한 음식점의 급/배기 시스템의 설계를 위해서는 다음과 같은 내용을 고려해야 한다.

- 발생되는 연기량과 열량에 맞는 배기 덕트와 송풍기의 설치
- 발생되는 연기를 희석하여 배기를 돕는 급기 덕트와 송풍기의 설치
- 유입되는 공기량에 적정한 용량의 냉난방기의 설치

(7) 급/배기 시스템의 관리

급/배기 시스템이 잘 설계 및 설치되었다면, 그 이후에는 정기적으로 청소와 정기적인 점검을 통한 기능 유지를 하는 것이 중요하다. 주방은 수증기와 유증기로 인한 기름과 가루류, 먼지 등이 뒤섞여 공조 설비 곳곳에 누적되기 쉽다. 만일 청소를 소홀히 하거나, 오랫동안 청소를 하지 않을 경우, 주방의 공기 질이 저하되는 것은 물론, 누적된 기름때로 화재가 발생하기도 한다.

따라서 배기후드 필터, 덕트 등 기름기가 쌓이기 쉬운 기기나 설비는 정기적

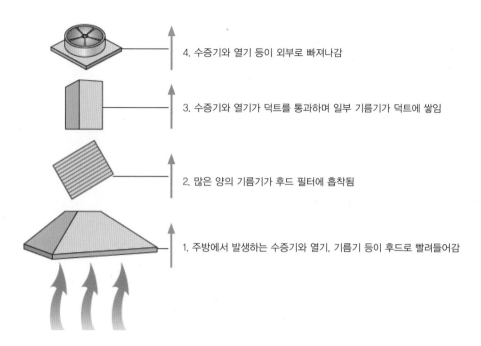

4. 수증기와 열기 등이 외부로 빠져나감

3. 수증기와 열기가 덕트를 통과하며 일부 기름기가 덕트에 쌓임

2. 많은 양의 기름기가 후드 필터에 흡착됨

1. 주방에서 발생하는 수증기와 열기, 기름기 등이 후드로 빨려들어감

그림 5-25
급/배기 설비에 기름때가 누적되는 과정

청소 전　　　　　　　　　　　　　　청소 후

그림 5-26
후드 필터 청소 전과 후
자료: 키친리더

인 청소가 필요한데, 가장 청소 빈도가 높은 것은 후드 필터이고, 덕트는 음식
점의 주요 메뉴나 조리 빈도, 규모 등에 따라 다르지만 최소 6개월에서 1년에
한 번씩 내부 청소를 하는 것이 바람직하다.

그림 5-27
후드 청소
자료: e clean 유튜브

만일 영업 중 주방 배기 시스템에서 다음과 같은 상황이 발생하면 시설을 점검하고, 전문업체에 청소를 요청하는 것이 좋다.

- 배기가 예전처럼 되지 않는다.
- 조리 시 화덕이나 팬, 냄비 위로 기름이 떨어진다.
- 소음과 진동이 커진다.
- 천정에 기름이 배어 나온다.

후드와 덕트 청소는 사용하는 연료와 주로 조리하는 음식의 종류에 따라 달라지는데, 표 5-2의 내용을 참조하기 바란다.

또한 아무리 청소를 잘 해도 기름을 많이 사용하는 주방에서는 사람의 손이 닿지 않는 곳에 기름기가 쌓이기 마련이기 때문에, 업종에 따라 차이는 있겠지만 7~10년 정도 사용한 덕트는 교체하는 것이 안전하다.

표 5-2. 미국화재방지협회의 후드 및 덕트 청소 주기 가이드라인

주기	관리요소
1개월에 1회	나무, 숯 등 고체연료를 사용하는 스토브나 차브로일러를 사용하는 주방, 24시간 운영되는 음식점
2개월에 1회	일반적인 햄버거 전문점이나 패스트푸드 전문점
3개월에 1회	일반적인 음식점, 직원식당, 호텔이나 병원 주방
6개월에 1회	피자 음식점, 요양병원, 소규모 스낵바, 오븐 후드
1년에 1회	스팀 주전자, 식기세척기, 수프 보온통 등 기름기 발생이 없는 기기 위의 후드

2) 온도와 습도 관리

(1) 온도 관리

온도와 습도는 매장과 주방에서 머무는 모든 사람들이 쾌적함을 느낄 수 있는 수준으로 관리해야 한다. 보통 온습도는 냉난방이 가능한 에어컨으로 관리하는 경우가 많지만, 공기 순환을 보완해준다면 땀이 빠르게 증발하여 에어컨의 효율을 극대화하면서 더욱 쾌적한 공간을 만들 수 있다.

특히 식기세척 구역과 온요리 구역은 쾌적한 환경을 유지하기 어려운 곳이다. 식기세척 구역은 식기세척기에서 나오는 뜨거운 수증기로 근무자들은 불쾌감을 느낄 수 있고, 식기는 잘 건조되지 않는 두 가지 문제가 생긴다. 또한 온요리 구역은 브로일러, 오븐, 레인지 등 열을 뿜어내는 다양한 기기들과 냉장고의 라디에이터 등에서 나오는 열기로 근무자들은 연일 불쾌한 환경에서 근무하기 쉽다. 따라서 주방의 배기시설을 설계할 때는 이러한 점을 고려하여 설계해야 한다.

계절별로 이상적 주방의 온도는 표 5-3과 같다.

표 5-3. 계절별 이상적 주방의 온도

겨울철	18~21℃
여름철	20~23℃
습도	40~60%

자료: 김태형 외(2010)

(2) 습도 관리

보통 음식점에서는 에어컨으로 온도와 습도를 조절해 왔으나, 최근 사용되는 에어컨은 제습기능보다는 냉각기능에 초점이 맞춰져 있어 별도의 제습장치가 필요한 상황이 되어가고 있다.

주방은 조리과정과 식기세척 과정에서 발생하는 열과 높은 습기에 노출되어 있는 공간이다. 고온다습한 주방 환경은 근무자의 불쾌감을 유발하고 능률을 저하시킬 뿐만 아니라, 식품을 쉽게 부패하게 만들고, 공기 질을 떨어뜨리며, 병원균의 원인이 되는 곰팡이를 형성하기도 한다.

또한 제과나 제빵 등 습도 조절이 중요한 주방에서는 균일한 품질의 제품을 생산하기 어렵게 만들기도 한다.

주방의 적절한 작업 온도는 동절기 18℃~21℃, 하절기 20℃~22℃이며, 습도는 상대습도 40~50% 정도이다. 온도와 습도 관리 또한 공조시설의 바른 설계와 시공이 가장 중요하나, 만일 공조시스템의 즉각적인 개선이 어렵다면 산업용 제습기를 사용해서라도 습도관리를 하는 것이 필요하다. 습도가 관리되면 온도가 비교적 높더라도 쾌적하다고 느끼기 때문이다.

3) 공기의 질 관리

주방의 공기 질에 절대적인 영향을 끼치는 것은 앞에서 살펴본 공조시설이지만, 그 외에도 사용하는 연료나 조리 방법, 메뉴 등에 따라 달라질 수 있다. 특히 밀가루 등의 가루류를 사용하는 곳에서는 그렇지 않은 주방보다 공기의 질이 떨어지기 쉽다. 또한 건물이 오래된 경우에는 곰팡이나 라돈[1] 등에 노출될 가능성이 있고, 시공에 사용된 페인트나 시공자재에 따라 건강에 해로운 물질

---

1 라돈(radon) 토양에서 자연적으로 발생하는 방사성 기체로, 호흡을 통해 사람의 폐에 들어와 방사선을 방출, 폐암을 일으키는 물질로 보고돼 있다. 세계보건기구(WHO)에서는 라돈으로 인한 전세계 폐암 발생율이 3~14%라고 보고 있으며, 이로 인해 라돈을 1급 발암물질로 규정하고 있다. 기준치의 5배(740Bq/㎥)에 이르는 라돈에 노출되면 비흡연자라도 1000명당 36명꼴로 폐암에 걸린다는 보고가 있다.

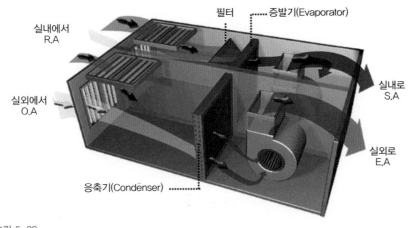

실내에서
R.A

실외에서
O.A

필터

증발기(Evaporator)

실내로
S.A

실외로
E.A

응축기(Condenser)

그림 5-28
공기정화기능을 포함한 공조 시스템의 예
자료: 유천공조엔지니어링

이 방출되는 경우도 있다.

주방의 공기 질을 개선하기 위해서는 공기청정기를 설치하고, 공기질 개선을 위하여 공조시스템 전문가와 상의하는 것도 좋다.

자연환기가 불가능한 구조일 경우 공조 시스템 설계 시 급기가 충분히 될 수 있도록 설계하여야 한다.

6. 조명 설계

조명은 음식을 조리하고, 서비스하는 등 주방에서의 작업에 필수적인 요소이다.

조명은 생산성과 메뉴의 품질에 영향을 주는 요소들 중 하나이다. 주방의 조명이 너무 어두운 경우, 라벨이나 주문서를 잘못 읽거나 메뉴의 완성도를 파악하기 어려운 경우가 발생할 수 있고, 너무 밝을 경우에는 근무자들이 쉽게 피로해지고 전기요금이 증가하는 요인이 되기도 한다. 아울러 조명의 밝기와 색상에 따라 근무자들이 음식의 색상을 잘못 인식할 수도 있다. 따라서 공간과 작업 용도에 적절한 밝기와 색상의 조명을 선택하는 등의 조명을 설계하는 것은 매우 중요한 일이다.

1) 주방의 구역별 조도

주방의 각 구역별로 필요한 조도는 표 5-4와 같다.

표 5-4. 주방 구역별 조도

장소	조도(Lux)
물품 하역장	215~323
검수 구역	540 이상
물품 보관 창고	328~430
주방	500~700
정밀작업	750
사무실	646~969
탈의실 및 휴게실	328~538

자료: 김영갑, 강동원(2018).

2) 주방의 조명 선택

주방에서는 물이나 가스로부터 안전하고(방수, 방폭), 유지보수가 간편하며 발열이 적고, 식재료의 색상을 바르게 확인할 수 있는 색온도의 조명을 사용해야 한다.

주방에서 사용할 수 있는 조명은 발열이 심하지 않고, 만일의 사고로 전구가 깨져 조리중인 식품이나 기구, 근무자에게 떨어지지 않도록 깨지지 않는 재질의 전구나, 깨지더라도 파편이 떨어지는 것을 방지하는 보호 커버가 설치된 조명(예: 비산방지 형광등)이나 조명기구를 사용하여야 한다.

최근에는 발열과 전력소모가 적고 수명이 긴 LED 조명을 사용하는 일이 많은데, LED는 빛의 직진성이 강해 눈의 피로감이 크다. 따라서 LED 조명의 빛

비산방지 보호관을 씌운 형광등

보호 커버가 있는 조명

광량을 조절할 수 있는 조광기 겸 스위치

그림 5-29
주방에 적합한 조명기기

을 부드럽게 산란시켜 주는 커버나 빛의 양을 조절할 수 있는 조광기(디머)를 사용하거나, 간접조명의 형태로 설치해야 한다.

또한 조명을 선택할 때는 자연채광의 유무, 벽, 바닥, 천장 등의 마감 소재와 색상 등을 고려하여 조명의 수와 등기구의 크기, 전구의 수 등을 선택해야 한다. 외부 창문을 통해 자연채광을 확보할 수 있다고 단정짓는 것이 아니라, 시간에 따라 광량이 얼마나 달라지는지 등을 함께 검토해야 한다.

빛은 반사되는 성질이 있기 때문에 벽, 천장, 바닥, 작업대 등의 표면에서 반사된다. 보통 주방은 더러움을 확인하기 쉽고, 빛의 양을 극대화하기 위하여 흰색이나 흰색에 가까운 밝은 색으로 마감하는데, 반사율은 70% 정도를 목표로 하는 것이 좋다. 또한 마감 소재에 따라 빛을 흡수하거나, 반사하는 양이 달라지는 것도 이해해야 한다. 반사율이 높은 유광 세라믹 소재의 타일로 마감처리가 돼 있을 때와 일반 페인트나 무광 타일로 마감돼 있을 때의 반사율이 달라지기 마련이다.

7. 주방의 위치에 따른 설계 시 고려사항

음식점의 구조나 콘셉트에 따라 주방의 위치는 지하, 지상, 최상층으로 나눠서 생각해 볼 수 있다. 그리고 이런 구분에 따라 주방 설계와 시공에서 고려할 부분들이 발생하게 된다. 각 위치별로 고려해야 할 사항은 표 5-5를 참조하기 바란다.

표 5-5. 주방의 위치에 따른 시공의 고려사항

고려사항	지하	지상	건물 최상층
천장의 높이설정	자유롭게 설정하기 어려움	일반적으로는 자유로운 설정이 어려우나, 별개의 건물일 경우는 자유로움	완전히 자유로움
주방의 형태	돌출되지 않는 한 상층 평면에 지배됨	별개의 건물로 분리되거나, 돌출돼 있으면 자유로움	하층 평면 형태에 완전히 종속됨
자연 환기	거의 불가능하여, 기계적으로 환기시킬 수 있는 설비가 필요함	양쪽이 열리는 문이 있어야 충분한 환기 가능	매우 양호함
해충 관리	어려움	어려움	편리함
습도 관리	매우 어려움	편리함	매우 편리함
내부 온도	매우 더움	더움	다소 덥고, 지붕의 단열이 필요함
배기	냄새는 상층부로 올라가는 성질이 있는데, 지하는 자연환기가 어려워 배기시설 반드시 필요	일반적으로 불리하나, 별개의 건물로 지어진 경우에는 비교적 편리함	냄새가 상층부로 올라가 환기가 잘 된다면 매우 유리함
식품 검수 및 저장	엘리베이터가 없으면 매우 불리함	특별한 설비가 필요 없어 편리함	엘리베이터가 없으면 작업이 매우 어려움
음식 서빙	덤웨이터나 엘리베이터 필요	홀과 주방이 분리된 건물이 아니면 편리함	덤웨이터나 엘리베이터 필요
바닥 방수	매우 중요	편리함	매우 중요
배관공사	다소 어려움	편리함	다소 어려움
투자비	막대한 설비 투자가 요구됨	보통	다소 투자를 해야 작업환경 개선이 가능
변화에 대한 적응성	동선 변형이나 증축 등에 불리함	편리함	하층 면적의 영향을 받으므로 증축 어렵고, 동선 변형은 일부 가능하나, 너무 무거운 기기 배치는 어려울 수 있음

자료: 김영갑, 강동원(2018).

- 주방설비는 주방에서 업무를 할 수 있도록 돕는 설비류를 말한다. 벽과 바닥, 급수와 배수를 위한 상하수도, 가스 배관과 전기 배선, 조명과 공조시설 등이 주방설비에 속한다.
- 주방은 높은 열과 습기, 기름기와 먼지 등으로 오염되기 쉬운 공간이며, 화재의 위험이 있기 때문에 주방에 사용하는 마감재는 열에 강하고, 수분을 흡수하지 않으며, 청소가 용이한 재질을 사용해야 한다.
- 주방의 급배수 시설은 물을 공급하고, 사용한 물을 배출하는 시설로 급수와 온수, 배수 시설로 나눠진다. 주방에서는 안전하고 효율적인 관리를 위해 특히 배수 시설의 투자가 중요하다.
- 주방의 에너지로는 전기와 가스가 있는데, 인덕션과 같은 전기시설이 증가하면서 전기설비의 유지 관리가 중요해지고 있다.
- 공조시설은 주방의 온도와 공기질, 습도의 유지 관리와도 밀접한 관련을 갖고 있어, 초기에 잘 설계되는 것이 매우 중요하다. 이후에는 정기적 청소와 정기적인 점검을 통한 기능 유지를 하는 것이 중요하다.
- 주방의 조명은 생산성에 영향을 주는 또 하나의 요소이다. 주방의 조명을 선택할 때는 조도와 발열, 자연채광 등을 함께 고려해야 한다.

1. 본 장에서 학습한 주방설비의 각 구성요소를 정리해 보고, 뉴스나 문서 등을 통해 각각의 주방설비 요소들이 제대로 설계되지 않아 생긴 사고들을 찾아보자.

2. 본 장에서 학습한 급/배기 시스템의 잘못된 설계로 생기는 문제들을 다시 읽어보고, 음식점을 방문했을 때 공조 시스템이 잘 설계되지 않아 불편을 겪었던 경험에 대해 토의해보자.

CHAPTER 6
주방 에너지 관리

6

주방 에너지 관리

학습목표

- 주방 에너지의 종류와 특성, 장단점을 이해하고, 설명할 수 있다.
- 하이라이트와 인덕션의 차이를 이해하고, 설명할 수 있다.
- 가스기기와 인덕션기기의 장단점을 이해하고, 설명할 수 있다.
- 주방의 효율적인 에너지 관리를 위한 방법을 이해한다.

1. 주방 에너지의 이해

우리는 지금까지 주방의 구조와 기본적 설계, 주방의 터전이 되는 주방설비에 대하여 살펴보았다. 실제적인 주방 설계에 대하여 배우기에 앞서, 이번 장에서는 주방을 움직이는 다양한 연료, 에너지 등에 대해 살펴보고자 한다.

오랜 시간동안 조리에서 핵심적인 열원으로 사용되며 주방을 움직여왔던 가스가 서서히 전기에 자리를 내어주고 물러나고 있기 때문인데, 이번 장에서는 왜 이러한 일이 일어나는지, 좀더 구체적으로는 인덕션이 왜 주방의 새로운 열원으로 각광받고 있는지 등에 대하여 알아보도록 하자.

1) 화석연료

먼저 우리가 사용하는 대부분의 에너지의 시작은 화석연료라고 볼 수 있다.

화석연료란 인간이 사용하는 연료 중 생물(유기체[1])이 활동하고 남긴 유기물 화석으로 여겨지는 것들을 연료로 사용하는 것을 뜻한다.

대표적 화석연료로는 나무 등의 화석으로 만들어진 석탄, 지질시대의 동식물과 미생물 등으로 만들어진 석유, 석유가 매장된 곳에 함께 생성된 천연가스 등이 있다.

연료는 산소와 반응해 높은 열과 빛을 내며 탄다. 그리고 이 과정에서 산소 공급량에 따라 이산화탄소나 일산화탄소와 물(수증기) 등을 배출하게 되는데, 이를 '연소'라 부르고, 산소가 충분히 공급되어 이산화탄소가 배출되는 연소 과정을 '완전 연소', 산소가 충분히 공급되지 못해 일산화탄소가 배출되는 연소 과정을 '불완전 연소'라 한다.

화석연료는 인류의 역사, 음식 조리의 역사와 함께 해 왔다고 해도 과언이 아니다. 석탄과 석유 등은 조리와 난방을 위한 중요한 에너지로 인식돼 왔으며, 천연가스 채굴과 가공, 유통 등이 발전한 후 가스는 음식점에 없어서는 안 될 에너지로 자리잡았다.

(1) 화석연료의 종류

현대에는 석탄이나 석유 등을 그대로 사용하는 경우는 흔하지 않고, 가공 과정을 거친 연료로 사용한다. 음식점에서 사용하는 화석연료로는 석탄(무연탄)을 가공해 만든 연탄, 가스 등이 있는데, 가스는 다시 천연가스, 석유와 천연가스를 가공해 만드는 부탄, 액화석유가스 등으로 나눌 수 있다.

---

1 유기(有機)란, '생명체', '생물에서 유래한'이라는 뜻이다. 즉 유기체란, 생명체를 뜻하고, 유기물이란, 생명체에 의해 만들어지는 물질을 뜻한다. 화학적으로 유기물이란, '유기 화합물'의 줄임말로, 유기물은 탄소(C) 성분을 지니는 탄소 화합물이라는 공통점을 갖는다. 따라서 유기물로 만들어진 화석연료는 불에 타며 산소와 결합해 이산화탄소 또는 일산화탄소 등을 배출한다.

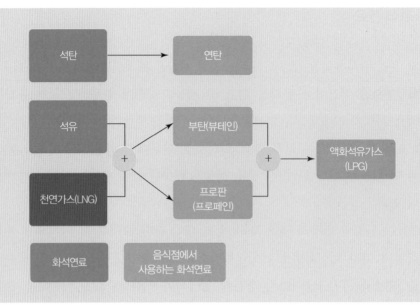

그림 6-1

화석연료의 종류와 음식
점에서 사용하는 화석연
료의 종류

① **연탄**: 연탄은 석탄 중에서도 우리나라에서 많이 나는 무연탄을 가루로 만
들어, 점토와 섞어 원통형으로 만든 연료이다. 연탄과 유사한 연료로 '번개탄'
을 들기도 하는데, 엄밀한 의미에서 번개탄은 마른 톱밥과 숯가루 등을 섞어
만든 일종의 숯이라 할 수 있다.

연탄은 석유에 비해 저렴해 가정 난방용으로 널리 사용되었다. 하지만 연탄

그림 6-2

공기 중 일산화탄소
농도에 따른 인체의
유해성

가스 중독, 즉 일산화탄소 중독으로 인한 인명사고가 잦아, 석유나 가스 보일러로 바뀌면서 서서히 난방용으로는 자취를 감췄다.

일산화탄소는 연소 시 산소 공급이 부족하면 불완전연소로 발생하는 무색무취의 기체로, 흡입 시 두통, 피로, 구토 등을 유발하고, 심각한 경우 중추신경계 손상이나 사망에까지 이를 수 있다.

이제 연탄은 연탄구이 전문점 등의 연료 정도로 명맥을 유지하고 있다. 하지만, 연탄구이 전문점 또한 일산화탄소 중독에서 자유로울 수 없다.

그림 6-4에서는 장소별 일산화탄소 측정 결과, 숯과 연탄 등의 연료를 사용하

그림 6-3
연탄과 연탄구이

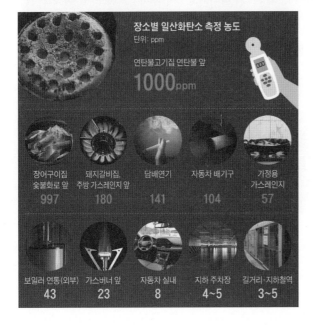

그림 6-4
장소별 일산화탄소 농도

는 음식점의 일산화탄소 농도가 가장 높은 것을 보여준다. 따라서 이러한 연탄 구이를 음식점 콘셉트로 설정하는 경우, 급배기 설비에 많은 투자가 필요하다.

② 가스: 가스는 주방에서 조리를 위해 사용해 온 전통적인 열원이다. 현재 주방에서 사용하는 가스는 LPG(액화석유가스, 프로판 가스), LNG(액화천연가스, 도시가스)가 일반적이며, 고기 구이기, 휴대용 가스레인지 같은 조리기구에는 휴대가 가능한 부탄가스도 사용한다.

가스에 대해서는 뒤에서 전기와 함께 깊이 다루도록 하겠다.

(2) 기타 유기 연료

화석연료는 아니지만, 유기물을 연료로 사용하는 형태인 숯과 알코올 또한 음식점에서 중요한 연료 중 하나로, 간단히 살펴보도록 하겠다.

① 숯: 숯은 나무 등의 유기물을 완전히 태우지 않은, 즉 불완전 연소시킨 탄소 덩어리로, 숯에 불을 붙여 연료로 사용하면 순수한 탄소 덩어리와 산소가 만나면서 완전 연소가 되는데, 일반 화석연료를 사용하는 것보다 더 뜨거운

숯불구이용 로스터
(숯 전용, 가스/숯 겸용 등이 있음)

가스 숯불 그릴러(가스로 불을 붙인 후 숯으로 조리,
직화구이나 초벌구이 용도로 사용함)

그림 6–5
음식점에서 숯을 사용하는 조리기구
자료: 주방뱅크

열을 낸다는 장점이 있다. 또한 음식을 조리하는 용도로 사용될 때 숯 특유의 풍미가 음식에 배어들기 때문에, 각종 고기는 물론, 장어, 곱창 등 특유의 불쾌한 냄새를 가진 식재료를 조리하면 이를 가려줄 수 있어 각광받는다.

숯을 제조할 때 나무의 질에 따라 연한 나무는 숯을 만드는 동안 완전히 연소되어 재가 되어 버리기 때문에 보통 참나무 같은 단단한 나무로 숯을 만든다. 숯은 재료와 제조 방법에 따라 분류하는데, 음식점에서는 조리용으로 적합한 재료로 만들어진 숯만을 사용해야 한다.

표 6-1. 숯의 종류와 특성

분류	명칭	재료	특징	조리 적합 여부
목탄(참숯)	비장탄	참나무, 신갈나무(물갈나무) 등의 단단한 나무	20여일간 1,400도까지 끌어올려 탄화과정을 거쳐, 화력이 좋고, 다량의 원적외선 방출로 최상급 숯으로 침	매우 적합
	백탄		4~7일간 1,000~1,200도의 열로 탄화시킨 후 급속 냉각을 통해 하얀 재가 덮인 숯. 오랜 시간 연소되어 재사용 가능하며 연기가 적음.	매우 적합
	흑탄		600~900도의 열로 탄화시킨 후 아궁이를 막고, 서서히 식힌 숯. 탄소 함유량이 낮아 불이 잘 붙지만, 연소 시 형태가 으스러지며 단시간 연소되어 재사용이 어려움.	매우 적합
성형탄(특정 재료를 숯 모양으로 제조)	열탄	나무 톱밥	단단한 나무와 연한 나무의 톱밥으로 만든 숯으로, 열과 압력으로 숯 모양으로 성형함. 필요에 따라 성형을 위해 첨가제를 사용하기도 함. 참숯보다 저렴하여 가장 널리 사용됨. 탄소 함유량이 매우 높아 불 붙이기가 어려움.	적합
	불탄 (착화탄, 번개탄 등)	숯가루, 폐목, 톱밥, 발화제 등	숯가루, 폐 목재나 톱밥, 발화제 등을 혼합해 만드는 숯으로, 숯이나 연탄 등에 불을 붙이는 용도로 사용함.	부적합

② 알코올: 알코올은 불에 타는 성질을 가진 투명한 액체 형태의 유기 화합물이다. 알코올은 천연 가스의 메탄[2]에서 얻는 공업용 메탄올과 발효를 통해 얻는 식품용 에탄올 등으로 나뉜다.

---

2 메탄(Methane)은 독일식 발음으로, 2000년대 이후 교육이나 학문 분야에서 영어식 발음인 '메테인'으로 표기하고 있다. 하지만 일상생활에서는 아직 '메탄'이라는 표기가 더 널리 활용되고 있어, 본 책에서도 '메탄'으로 표기한다. 같은 이유로 부탄(Butane, 뷰테인), 프로판(Propane, 프로페인) 등의 가스 종류도 일상적 표기를 따라 표기한다.

테이블 에탄올 난로

고체 알코올 연료

고체연료를 사용한 화로에 구워먹는 메뉴인 규카츠

그림 6-6
음식점에서의 알코올 활용

메탄올은 자동차 휘발유 대체 연료나 로켓 연료로 사용되기도 하며, 자동차 부동액, 산업용 원료로 활용한다. 메탄올은 독성이 강해 10ml만 섭취해도 시신경이 파괴되어 실명할 수 있고, 30ml를 섭취할 경우 사망할 수도 있다.

에탄올은 식품 발효과정의 부산물로, 식용이 가능하기 때문에, 술의 원료나 소독약 등으로 활용한다.

음식점에서는 음식점의 분위기를 고조시키기 위한 보조 조명으로 알코올 램프나 난로를 사용하기도 하며, 고체 형태로 만들어진 알코올, 일명 고체연료를 사용하여 고객에게 제공되는 음식의 보온이나, 규카츠 등의 고기를 조금씩 익혀 먹는 등 단시간의 가열조리 등에 활용하기도 한다.

(3) 가스의 종류

주방에서 사용하는 가스는 석유 등의 화석연료와 함께 매장된 천연가스와 석유 정유의 부산물인 액화석유가스, 천연가스나 석유 가공 과정에서 나오는 부탄가스 등이다.

① 천연가스(LNG) : 우리가 사용하는 천연가스의 정식 명칭은 액화천연가스(Liquefied Natural Gas, LNG)이다. 기체 상태로 매장돼 있는 천연가스는 유통이 어렵기 때문에, 이를 채굴한 후 영하 162℃로 냉각시켜 액체로 만든다. 이렇

게 가공한 가스는 기체상태에 비해 부피가 1/600으로 줄어, 저장과 운송이 편리하다는 장점이 있다.

천연가스의 주 성분은 메탄가스이며, 에탄과 프로판 등도 혼합되어 있어, 가공을 통해 공업용 알코올인 메탄올이나 프로판가스 등을 분리해 개별 유통하기도 한다.

천연가스는 제조 공장에서 공급관을 통해 지역 곳곳의 가정과 영업장 등으로 공급한다. 가스 배관은 건물 외부에 잘 보이도록 설치하여 수시로 점검할 수 있도록 하며, 화재 위험을 줄이기 위해 전기 배관과 떨어지게 설치한다.

그림 6-7
건물 외부에 설치된 도시가스 배관
자료: 주방뱅크

천연가스는 설치비용이 높지만, 공급되는 가스 자체는 비교적 저렴하며, LPG에 비해 열 효율이 10%가량 높다(60~65%). 공기보다 가벼운 성질이 있어 가스 누출 감지기를 천장에 설치한다.

가스 누출 시에는 폭발 위험이 있기 때문에, 누출된 가스를 환기시키기 위해 절대로 환풍기나 선풍기 등의 전기 기기를 사용해서는 안 되며, 가스기기를 잠그고 창문과 출입문 등을 열고 환기시켜야 한다. 특히 공기보다 가벼운 성질이 있기 때문에, 상부에 창문이 있는 경우 좀더 효과적으로 환기가 가능하다.

② 액화석유가스(LPG): 천연가스가 땅 속에 기체 형태로 매장돼 있는 가스를 액체화한 것이라면, 액화석유가스(Liquefied Petroleum Gas, LPG)는 석유를 정유할 때 생기는 부산물로, 석유 속에 녹아있는 프로판 가스와 천연가스 속의 부탄가스를 추출하여, 이를 혼합한 가스이다. LPG를 프로판 가스로 이해하는 경우도 있지만, 정확하게는 프로판 가스와 부탄가스를 혼합한 가스의 부피를 1/250으로 줄여 액체화한 것이다.

그림 6-8
건물 외부에 설치된
LPG 가스 용기
자료: 주방뱅크

액화석유가스는 특수 용기에 넣어 공급하는데, 도시가스 배관을 설치하기 어려운 곳에서 사용하거나, LPG 차량용 연료로 사용한다. LNG에 비해 열효율이 10% 정도 낮다(55~65%).

LPG는 공기보다 1.5-2배가량 무거워, 가스 누출 감지기를 낮은 곳에 설치한다. LNG가 공기보다 가벼워, 가스가 누출되더라도 빠르게 공기중으로 흩어져 사고의 위험이 적은 반면, LPG는 누출된 공간에 모여 있어 사고 위험이 높아짐으로 주의해야 한다.

LPG 누출 시에도 LNG와 마찬가지로, 전기기기를 사용해서는 안 되며, 가스기기를 잠그고, 창문과 출입문 등을 열고, 바닥 쪽에 깔린 가스가 바깥으로 배출되도록 빗자루 등을 사용해 쓸듯이 하여 환기한다.

③ 부탄가스: 부탄가스는 석유 및 천연가스의 성분 중 하나로, 석유 정제 과정에서 생산된다. 부탄가스는 상온에서 쉽게 액화되는 성질이 있어, 보관 및 유통이 편리해, 작은 금속 용기에 담아 유통하며, 휴대용 가스레인지(부루스타[3])나 가스 토치, 일회용 라이터 등의 연료로 널리 활용된다.

부탄가스와 휴대용 가스레인지의 개발은 고기구이 전문점이나 찌개나 탕 전문점 등 테이블에서 음식을 조리해가며 먹는 메뉴를 다루는 음식점의 설비 비용을 대폭 줄여줄 수 있다는 장점이 있다. 홀 전체에 가스 배관이나 전기 배선을 하지 않아, 설치 비용이 저렴하고, 필요에 따라 테이블이나 동선을 변경

---

3 부루스타는 일본계 한국 기업이었던 '한국후지카공업'에서 국내 최초로 출시한 휴대용 가스버너의 상표이다.

휴대용 가스레인지

부탄가스 테이블

가스 토치

그림 6-9
음식점에서의 부탄가스 활용

할 수 있고, 관리비용도 저렴하다는 장점이 있다.

하지만 부탄가스를 사용할 경우, 사용자의 부주의로 폭발 사고가 발생할 수 있다는 점을 유의해야 한다. 부탄가스 폭발 사고는 보통 가스레인지보다 큰 용기를 사용하여 용기가 과열될 때, 그 열이 부탄가스 용기에 전도되며 폭발로 이어진다. 따라서 부탄가스를 사용할 때는 휴대용 가스레인지 버너보다 큰 냄비나 후라이팬 등을 사용해서는 안 된다.

(4) 가스의 장단점

① 가스의 장점: 가스는 단위당 가격이 저렴한 편이며, 전통적으로 사용되어온 열원으로 근무자들에게 사용이 익숙하고, 가스기기들의 가격 또한 저렴한 것이 장점이다. 또한 불에 닿으면 녹을 수 있는 플라스틱이나 실리콘, 일반 유리 등의 조리도구를 제외하고는 사용하는 조리도구에 큰 제한이 없다는 것도 장점이다.

② 가스의 단점: 가스는 대표적 화석연료로, 화석연료에는 이산화탄소와 각종 산화물이 섞여 있어, 대기중에 방출돼 다양한 문제를 발생시키는데, 대표적인 문제로는 산성비, 미세먼지, 호흡기 질환, 지구 온난화 등이 있다.

완전 연소시에는 물(수증기)과 이산화탄소로 배출되어 인체에 해가 없지만, 산소 공급이 부족해 불완전 연소가 될 경우 일산화탄소가 발생하여, 심각한 경우 일산화탄소 중독[4]으로 이어져 다양한 질병의 원인이 되기도 하며, 사망에 이를 수도 있다.

또한 불완전 연소 시에는 열이 충분히 올라오지 않아 조리 시간과 연료 소비량이 증가하는 등의 문제도 동반된다.

가스 사용 시 가스불이 빨갛게 변하는 것을 볼 수 있는데, 산소 공급이 잘 되지 않아 불완전 연소가 되고 있다는 것을 의미하므로, 이때는 환기를 시켜 충분히 산소를 공급해 주어야 한다.

이 외에도 가스기기는 가스폭발 사고나 불꽃으로 인한 화상, 주방 온도 상승으로 인한 추가적인 냉방설비의 필요, 주방 온도 상승으로 인한 냉장 및 냉동설비의 효율 저하 등의 문제들도 함께 발생하며, 가스나 숯 등의 화석연료를 사용하여 조리 시 배출되는 배기가스 중에는 미세입자를 비롯한 다양한 오염물질이 배출되고 있으며, 특히 육류의 조리과정에서 나오는 미세입자는 도심에

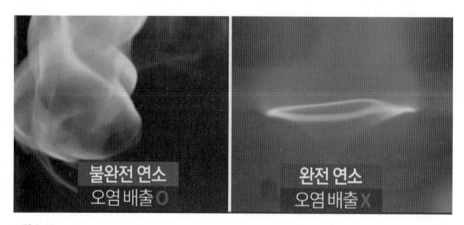

그림 6-10
완전 연소와 불완전 연소

---

4 일산화탄소 중독은 일산화탄소의 특성에 기인하는데, 일산화탄소는 우리 몸에 들어온 산소를 온 몸으로 운반하는 혈액 속 헤모글로빈과 결합한다. 일산화탄소는 산소보다 헤모글로빈과의 결합력이 200배 이상 높아, 일산화탄소를 흡입하면, 산소 대신 일산화탄소가 온 몸에 공급되며 산소결핍 증상이 나타나고, 이로 인해 폐, 뇌 등 산소를 필요로 하는 주요 장기에 심각한 후유증을 가져온다.

급성 저산소증	두통, 신경과민, 피로, 주의 산만, 정신 혼란, 의식 혼탁, 호흡중추 마비, 사망
지속적 저산소증	• 아동 및 청소년 아토피, 자폐증, 언어장애, 정서불안, 집중력 결핍 등 • 성인 졸음, 부종, 운동능력 저하, 체중감소, 근골격계 약화, 장기 기능 약화, 기억력 감퇴, 뇌졸중, 심장병, 동맥경화, 고혈압, 암, 치매 등

그림 6-11
일산화탄소 흡입 시의 증상

서는 많은 양의 오염물질을 배출하는 요인 중 하나이다.

이러한 이유로, 가스기기를 사용하는 곳에서는 충분한 환기가 필수이므로 후드, 덕트 등의 급배기 시설, 냉방 시설의 투자가 많이 필요하다.

2) 전기

전기는 주방에서 가스와 더불어 가장 중요한 에너지원이다. 전기는 주방기기뿐만 아니라 조명, 급배기 시스템 등 음식점 전반의 기기류의 작동을 위한 핵심적인 에너지라 할 수 있다.

주방은 덥고, 습도가 높은 환경으로 근무자들의 근무 만족도가 낮은 곳이다. 이러한 환경은 가스 조리기기의 원인이 가장 크다.

주방에서 주로 사용하는 가스 조리기기는 미세먼지 발생, 가스폭발 사고나 화상, 조리실 온도 상승으로 인한 추가적인 냉방설비의 필요, 냉장 및 냉동설비의 효율 저하 등의 문제들을 동반한다.

이러한 문제들을 근본적으로 개선하기 위해 전기 조리기기로 전환하는 업체들이 늘고 있다. 특히 쇼핑몰이나 백화점 등의 식당가에서는 안전하고 쾌적한 실내 환경을 위해 가스 대신 하이라이트/인덕션 제품을 사용하도록 지정하는

전기 어묵 조리기

전기 튀김기

전기 어묵 조리기

전기 그리들(팬)

그림 6-12
전기 주방기기
자료: 주방뱅크

곳이 증가하고 있다. 가스 대신 전기기기로 대체하면서 이를 '전기주방화'라고
표현하기도 한다.

선진국에서는 정부 차원에서 화석연료를 주 에너지원으로 사용하는 조리기
기 대신 친환경적인 전기를 주 에너지원으로 사용하도록 독려하고, 음식점 등
에 보조금을 지급하기도 하면서, 탄소 발생을 줄이고, 외식 서비스 산업과 유
통업 등에 활기를 불어넣고자 노력하고 있다.

열원으로 사용이 가능한 전기기기는 하이라이트 레인지와 인덕션 레인지가
있으며, 하이라이트는 초기 전기주방의 형태에서 많이 활용하였으며, 현재는
하이라이트와 가스기기의 단점을 보완한 인덕션이 주를 이루고 있다.

(1) 하이라이트

하이라이트는 내부 열선이 상판을 데워 뜨거워진 상판에 그릇을 올려 가열하는 방식의 전기레인지이다.

하이라이트와 인덕션은 외관상 비슷해 보이지만, 하이라이트는 열이 나오는 부분이 빨갛게 빛이 나오도록 디자인된 것들이 대부분이라 구분이 가능하다.

하이라이트의 경우, 용기의 제한 없이 가열조리용 용기는 모두 사용할 수 있지만, 인덕션은 IH방식의 가열이 가능한 용기만 사용할 수 있다. 대신 하이라이트는 용기의 하단부에 열이 집중되어 쉽게 눌어붙고, 잘 저어주며 조리해야 하는 대신, 인덕션은 용기 전체에 열이 고르게 전달되면서 빠르고 고른 품질의 음식 조리가 가능하다는 차이가 있다.

또한 조리가 끝난 후 인덕션이 상판에 올라간 그릇만 데워주기 때문에 상판은 열기가 없는 대신 하이라이트는 상판이 뜨거워 가스레인지와 비슷하게 화상 위험이 있다.

불꽃이 없기 때문에 화재 위험이 낮고, 심미적인 부분도 고려한 디자인이 많아, 가정용이나 고객이 직접 조리하며 먹는 메뉴(샤브샤브, 훠궈 등)를 판매하는 음식점에서 주로 사용해왔으며, 최근에는 하이라이트 대신 조리 효율이 좋은 인덕션으로 대체하는 경우가 증가하고 있다.

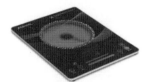

가스레인지	**하이라이트 레인지**	**인덕션**
• 화재와 유해가스 위험	• 낮은 조리효율	• 높은 조리효율 • 위험성 적음

그림 6-13
레인지의 변천사

(2) 인덕션

① 인덕션의 원리 : 인덕션(induction)의 사전적인 뜻은 '유도'이다. 즉 인덕션 레인지는 그릇과 그 내용물에 직접적으로 열을 가하는 방식이 아니라, 기기에서 발생하는 자기장이 맞닿아 있는 전기 유도물질로 만들어진 용기와 반응해 용기만 가열하는 유도가열(induction heating, 줄여서 IH) 방식이다.

전기 유도물질이란 쉽게 말해 전기가 통하는 금속류를 가리키는 말로, 보통 스테인리스나 법랑, 철 등 자성을 띄는 금속이 인덕션에서 쓸 수 있는 소재이다.

인덕션은 상판이 아닌 그릇에만 열을 전달하기 때문에, 주변에는 열이 없어 그림 6-15와 같이 열에 민감한 초콜릿이 있어도 인덕션 전용 용기에서만 녹고, 상판에서는 녹지 않는 성질을 보여준다.

② 인덕션의 기술의 발전 : 앞서 살펴본 선진국의 친환경 주방으로의 전환에는 인덕션 기술의 발전이 큰 기여를 하고 있다. 인덕션은 가스레인지에 비해 실내 공기 오염을 줄일 수 있고, 기기 자체에서 열이 발생하지 않기 때문에, 더운 여

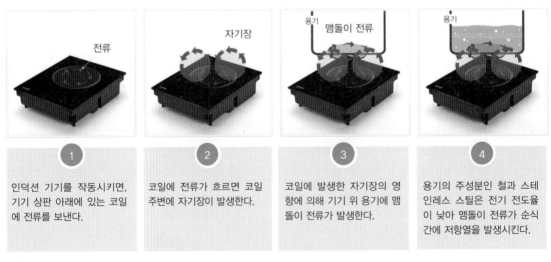

①	②	③	④
인덕션 기기를 작동시키면, 기기 상판 아래에 있는 코일에 전류를 보낸다.	코일에 전류가 흐르면 코일 주변에 자기장이 발생한다.	코일에 발생한 자기장의 영향에 의해 기기 위 용기에 맴돌이 전류가 발생한다.	용기의 주성분인 철과 스테인레스 스틸은 전기 전도율이 낮아 맴돌이 전류가 순식간에 저항열을 발생시킨다.

그림 6-14
인덕션의 원리
자료: 주방뱅크

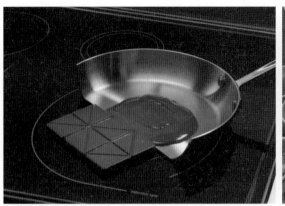

그림 6-15
인덕션의 성질
자료: The Spoon

그림 6-16
인덕션을 사용하는 샤브샤브 전문점 미면정
자료: 주방뱅크

인덕션렌지　　1인 샤브테이블용 인덕션　　뷔페 보온전용 인덕션　　인덕션 압력솥

인덕션 면렌지　　인덕션 낮은렌지　　인덕션 3구렌지　　인덕션 회전식 국솥

그림 6-17
영업용 인덕션 기기의 발전
자료: 주방뱅크

름엔 주방 온도 상승을 막아 쾌적한 작업환경을 만들 수 있으며, 상판이 가열
되지 않기 때문에 열로 인한 화상 등의 사고위험이 적다.

또한 인덕션 기술이 날로 발전하며 음식점 등 대량 조리를 필요로 하는 곳

그림 6-18
인덕션 설치 사례
자료: 키친리더

에서 사용할 수 있을 정도로 효율이 좋아지고, 생산 업체들도 증가하고 있어, 새롭게 창업하는 음식점은 물론, 기존 음식점들도 기존의 가스기기를 인덕션으로 교체하는 경우도 늘어나고 있다.

③ 인덕션의 장점 : 인덕션의 장점은 5C로 정리할 수 있는데, 즉 Cool(저발열), Clean(청결), Control(품질관리), Cost(비용절감), Compact(공간활용)이다.

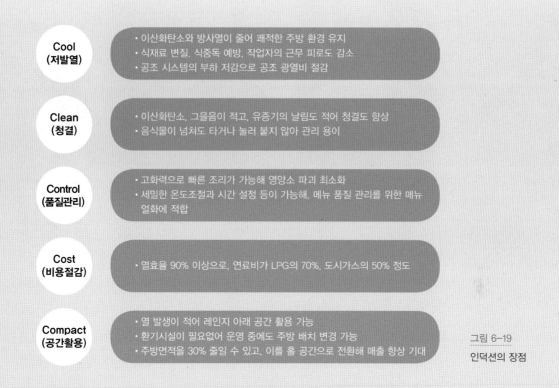

Cool (저발열)	• 이산화탄소와 방사열이 줄어 쾌적한 주방 환경 유지 • 식재료 변질, 식중독 예방, 작업자의 근무 피로도 감소 • 공조 시스템의 부하 저감으로 공조 광열비 절감
Clean (청결)	• 이산화탄소, 그을음이 적고, 유증기의 날림도 적어 청결도 향상 • 음식물이 넘쳐도 타거나 눌러 붙지 않아 관리 용이
Control (품질관리)	• 고화력으로 빠른 조리가 가능해 영양소 파괴 최소화 • 세밀한 온도조절과 시간 설정 등이 가능해, 메뉴 품질 관리를 위한 메뉴 얼화에 적합
Cost (비용절감)	• 열효율 90% 이상으로, 연료비가 LPG의 70%, 도시가스의 50% 정도
Compact (공간활용)	• 열 발생이 적어 레인지 아래 공간 활용 가능 • 환기시설이 필요없어 운영 중에도 주방 배치 변경 가능 • 주방면적을 30% 줄일 수 있고, 이를 홀 공간으로 전환해 매출 향상 기대

그림 6–19
인덕션의 장점

이러한 장점 때문에 많은 음식점들이 가스 조리기기 대신 인덕션 조리기기를 선택하는데, 특히 환기가 어려운 지하에 위치한 음식점이나, 테이크아웃이나 배달 위주의 소규모 음식점, 출장부페 등의 경우 인덕션이 유리하다.

④ 인덕션의 단점: 인덕션은 정전시에 조리가 불가하다는 것이 가장 큰 단점이다. 그래서 전기 주방으로 전환하는 외국의 대형 음식점 등에서는 응급시를 위한 발전 시설 등을 함께 설치하기도 한다.

인덕션은 전기가 통하는 금속류로 된 용기만 사용할 수 있다는 점도 불편한 점으로 여겨진다. 동, 알루미늄, 도자기나 유리, 100% 스테인리스, 직화용 냄비, 구이용 석쇠 등은 사용할 수 없다. 사용 가능한 용기는 스테인리스, 철에 세라믹을 입힌 법랑, 철 등 자성을 띠는 소재로 된 용기 또는 몸체는 사용이 불가

그림 6-20
인덕션 레인지로 세팅한 출장 부페

그림 6-21
인덕션 인덕터의 사용
자료: 주방뱅크

능한 재질이지만, 특수 재료를 용기 바닥에 부착해 인덕션에서 사용할 수 있도록 제작된 용기이다. 즉 자석이 붙는 용기는 사용할 수 있으며, 용기 구입 시 '인덕션 용'이라는 표기를 확인하여 구매해야 한다.

만일 가스레인지를 사용하던 주방에서 인덕션 설비로 교체를 한다면 어떻게 될까? 인덕션 조리기기들 뿐만 아니라, 인덕션 레인지에 조리가 가능한 조리기구들로 전면 교체해야 할까?

조리기구 전면 교체에 대한 대안으로 인덕션 인덕터를 사용하면, 인덕션에 사용이 불가능한 조리기구들도 사용이 가능하다. 인덕션 인덕터란, 인덕션 방식의 가열이 가능한 재질의 금속판으로, 인덕션 상판 위에 올린 후, 인덕션 사용이 불가능한 냄비나 팬 등을 올리면, 인덕터가 해당 조리도구에 열을 전달해주는 역할을 한다.

하지만 인덕션 인덕터는 인덕션 사용이 불가능한 용기를 위한 보완적 수단인 점도 인지해야 한다. 인덕션 인덕터는 인덕션 상부의 인덕터 표면에 열을 가하는, 즉 인덕션을 핫플레이트처럼 사용하게 해 주는 것이므로, 가스레인지나 하이라이트 레인지를 사용하는 것과 비슷하게 용기의 하부에 열이 가해진다. 따라서 인덕션 전용 용기를 사용할 때와 가열이나 조리 속도, 조리 품질이 다를 수밖에 없고, 인덕터 표면이 가열되어 화상의 위험도 있다는 점을 고려해야 한다.

⑤ 인덕션과 가스 비교: 가스기기는 오랫동안 사용돼 온 만큼 기기 비용이 비교적 저렴하고, 다루는 데 익숙하다는 장점이 있다. 하지만 인덕션 기기가 영업용 주방기기로 사용될 만큼 기술 발전이 이뤄지는 동안 가스기기의 많은 단점들을 발견하고, 보완해 왔다. 여기에서는 인덕션과 가스기기의 장단점을 비교하며 인덕션 기기로의 세대교체는 이제 선택이 아닌 필수임을 이해하게 될 것이다.

표 6-2. 인덕션 레인지와 가스레인지 비교

인덕션 레인지	비교 항목	가스레인지
IH 자기유도가열에 의해 그릇만 뜨거워짐.	가열방식	가스에 전기불꽃 점화를 일으켜 가열식으로 조리함. (직접가열방식)
열효율 90% 이상	열 효율	열효율 40%
폐열이 없는 고효율로, 연료비 절감(LPG가스 대비 최대 70%, LNG대비 최대 50% 절약 효과).	연료비	폐열로 열효율이 낮아 연료비가 상승함.
단계별로 자동제어장치가 부착되어 미세온도 조정이 가능하며, 고화력으로 빠르고 맛있게 조리됨. 조리 방법의 매뉴얼화, 일정한 맛의 유지가 가능해짐.	조리시간	느린 가열 속도와 세밀한 온도조절이 어려워 숙련된 조리사가 육안으로 확인하며 가스 밸브로 화력을 조절해야 함. 맛을 일정하게 유지하고 매뉴얼화 하기 어려움.
조리시간이 빠르고, 와류전류가 음식 재료를 직접 가열함으로 영양소 파괴 없이 최상의 맛과 품질을 구현.	조리 품질	조리시간이 길어 영양소 파괴가 발생하며, 화력조절이 어려워 음식이 용기 바닥에 눌러붙고 타는 현상이 발생.
유해가스 배출이 없어 건강한 주방 환경을 조성할 수 있음. 안전장치로 화재 위험을 최소화할 수 있음. 불꽃이 없어 화상의 위험도 적음.	안전성	누출되는 가스와 불완전 연소로 발생하는 일산화탄소 등은 일산화탄소 중독 등으로 이어질 수 있음. 불꽃이 노출되어 있어, 화재나 화상 등의 사고로 이어질 수 있음.
인덕션 레인지 위 용기만 가열하기 때문에 열이 분산되지 않고, 폐열이 발생하지 않아, 주방 온도를 10도 이상 낮출 수 있어 쾌적한 주방 환경을 조성할 수 있음. 냉방 및 급배기 시설 비용 절감 가능.	주방 온도	가스레인지 주변으로 열이 분산되어 주방의 온도 상승의 주범이 됨. 높은 온도로 근무자들의 업무 효율 및 근무의욕 저하. 냉방 및 급배기 시설 비용 증가.
쉬움	청소	어려움
이산화탄소 배출이 30% 이상 감소하는 쾌적한 저탄소 주방으로 HACCP 주방에 이상적. 주방 온도를 상승시키지 않기 때문에 식중독균 등 위해 요소를 최소화할 수 있음.	HACCP 시설 적합성	연소로 폐가스, 그을음 발생으로 HACCP 관리 어려움.
저소음, 후드 마력 50% 감소.	소음	배기후드 소음 및 가스 분출 소음 발생.

(계속)

표 **6-2.** 인덕션 레인지와 가스레인지 비교(계속)

인덕션 레인지	비교 항목	가스레인지
기존 전기 설비 이용. 승압 공사가 선별적으로 요구됨. 폐열 및 유해가스의 배출이 없음으로 별도의 냉방장치와 배기장치가 불필요.	부대시설	후드, 덕트 설치가 필수. LPG의 경우 가스용기 구매가 필수. 고용량 냉방장치 등 공조 설비 필수.
변색, 부식현상의 발생이 전무함으로 반영구적.	기기 내구성	유해 가스로 인한 변색 및 부식으로 내용 연수가 5년 미만.
설치가 쉽고, 주방에서 위치 이동 시 기존 전기 공급선을 이용하여 비용 발생 없음.	설치 및 이동	배관 공사 등 설치가 어렵고, 이동 시 재시공 등으로 비용 발생.

3) 물과 스팀

(1) 물

단수가 된 음식점을 본 적이 있는가? 주방에 깨끗한 물이 공급되지 않는 순간, 모든 것은 멈출 수밖에 없다. 물이 없다면 조리는 물론, 쌀 한 톨, 숟가락 하나 씻을 수도 없을 뿐더러, 한 명의 손님도 받을 수 없게 된다. 그만큼 물은 음식점의 핵심적 에너지 중 하나이다.

5장에서 급수 설비와 온수 설비 등에 대하여 이미 살펴보았으나, 다시 한번 간단하게 정리하자면, 음식점에서 사용하는 물은 수질검사가 완료된 식용에 적합한 물이어야 하며, 적절한 압력으로 충분한 양으로 공급되어야 한다. 물이 공급되는 압력을 뜻하는 수압은 너무 낮으면 작업 효율이 낮아지고, 너무 높으면 식재료 손상의 위험이 있다. 또한 물이 충분히 공급되지 않으면, 수압이 낮아 작업 효율이 떨어지고, 물을 사용하는 각종 기기류를 사용하기도 어려워진다.

(2) 급탕 설비

주방에서는 식기세척과 기타 세척에 온수 사용량이 많다. 음식점의 온수 설비는 주방의 크기, 온수 사용량에 따라 물탱크와 온수 공급 시설을 갖춰야 한다.

소규모 점포에서는 작은 공간에 설치할 수 있는 가스 또는 전기 순간 온수기를 주로 사용하는데, 순간 온수기의 경우, 한 번에 사용할 수 있는 온수 사용량이 한정되기 때문에, 설치 전에 온수 사용량을 면밀히 고려하여 적절한 용량의 순간 온수기를 선정하여야 한다. 특히 식기세척기 등의 기기는 다량의 온수를 사용하는 주요한 기기로, 순간 온수기의 용량이 부족할 것으로

그림 6-22
순간 온수기가 내장된
식기 세척기
자료: 주방뱅크

예상될 경우, 식기세척기 내에 온수기가 내장된 것을 선택하면 순간 온수기의 온수 생산량을 보완할 수 있다.

(3) 스팀

물이 100℃로 끓을 때 수증기로 바뀌는 것을 스팀(steam)이라 부르며, 주방에서는 조리를 위한 에너지원으로 사용한다.

스팀은 평상시 압력(1기압)에서 100℃를 유지하고, 높은 압력이 주어지면 120℃까지 올라가기도 한다. 즉 짧은 시간에 높은 열을 식재료에 효과적으로 전달할 수 있기 때문에, 영양소의 파괴나 식감의 변화를 최소화하면서 신속하게 조리할 수 있다는 장점이 있다.

떡/대게 찜기

스팀 회전식 국솥

스팀 컨벡션 오븐

그림 6-23
스팀 사용 조리기기
자료: 주방뱅크

주방에서 스팀을 활용하는 방법으로는 찜기(스티머)와 콤비 오븐(콤비 스티머), 스팀 회전식 국솥 등이 있다.

2. 주방의 에너지 관리

음식점에서 사용하는 에너지의 대부분은 음식을 다루는 데 사용된다. 열을 내는 조리기기 대부분이 전기나 가스로 작동되는 것들이며, 이러한 에너지 소비가 많은 조리기기는 음식점 영업 시작부터 마감시간까지 하루 종일 켜져 있는 경우가 다반사이다. 게다가 주방에서는 열을 내는 조리기기와 음식을 차갑고 신선하게 보관하는 냉장고와 냉동고, 쾌적한 공간을 위한 냉방기 등이 한 공간에 있기 마련이다.

이런 이유로 주방은 에너지 소비가 많을 수밖에 없고, 과열이나 누전, 부주의로 사고의 위험도 높다. 에너지 소비나 사고의 가능성이 높다는 것은 사실 피할 수 없는 부분이다. 하지만 조금만 신경을 쓴다면, 우리는 좀더 안전하고, 효율적으로 에너지를 관리할 수 있다.

1) 가스

(1) 가스 에너지 절약

조리도구는 뚜껑이 있어 에너지를 잘 보존할 수 있는 것을 선택하는 것이 좋다. 특히 압력솥이나 스팀 국솥처럼 밀폐되고 단열성이 좋은 조리기기는 에너지 보존에 유리하다. 조리도구나 기기에 따라 예열이 필요한 경우가 있는데, 기기의 성능이 좋아 예열 시간은 우리가 생각하는 것보다 짧은 경우가 많다. 따라서 오랜 예열로 에너지나 시간을 낭비하거나, 주방의 온도를 불필요하게 높이는 일이 없도록 하자.

또한 소량씩 여러 번 조리를 하면 에너지 소비가 크고, 인력도 많이 필요해

여러 모로 효율성이 떨어진다. 국이나 수프, 찜 등의 요리는 한 번에 대량으로 조리한 후 소량씩 데워 나가도록 한다. 식재료나 요리의 특성에 따라 적용할 수 있는 한계가 있지만, 가능한 낮은 온도에서 요리하는 것은 에너지 소비를 낮추는 방법이다.

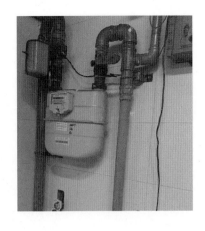

주방에 설치된 가스 계량기
자료: 주방뱅크

(2) 가스 화재 예방

가스로 인한 화재는 가스 레인지 등 불꽃이 있는 가스기기를 사용하거나, 중화요리처럼 순간적으로 강한 불이 솟구치는 조리를 할 때, 불꽃이 식재료나 기타 가연성 물질에 옮겨 붙으며 생기는 경우가 일반적이며, 가스 누출로 폭발 등이 일어나는 경우가 있다.

가스 화재 발생을 막기 위해서는 다음과 같은 부분을 주의하여 가스기기를 사용해야 한다.

- 화구 주변에 종이, 기름 등의 가연성 물질을 쌓아 두지 않는다.
- 가스불 위에 요리를 올려놓고, 장시간 방치하지 않는다.
- 가스 누설로 인한 화재 예방을 위해 호스와 연소기 등의 이음매 부근에서 가스가 새지 않는지 비눗물이나 점검액 등으로 수시로 점검해야 한다.
- 주방 내에서는 절대 금연하고, 지정된 흡연구역에서만 흡연하도록 교육한다.
- 겨울에서 봄으로 넘어가는 2~3월 전후로는 얼었던 땅이 녹아 지반 침하 때문에 땅속의 배관이 손상될 우려가 있다. 따라서 건물이나 주방으로 연결된 배관 상태를 반드시 점검해야 한다.
- 플람베(Flambé)를 하거나, 중화요리 등에서는 강한 불이 순간적으로 솟구치는 경우가 많은데, 이때 배기후드 필터나 덕트에 기름기나 먼지가 많이 쌓여있는 경우 화재로 이어질 수 있으므로, 필터와 덕트는 정기적으로 청소해야 한다.

- 식용유 화재 발생시 진화를 위해 물을 뿌리면 물이 기화되면서 유증기를 폭발적으로 확산시킬 수 있기 때문에 절대로 물을 사용해서는 안 되며, 가연성 요리재료와 식용 기름으로 인한 화재 전용 소화기인 K급 소화기[5]를 사용해야 한다. 특히 잦은 주방 화재로 인명 및 재산 피해가 증가하며 소방청에서는 2017년 법 개정으로 음식점의 주방에는 K급 소화기를 1개 이상 의무적으로 설치하도록 하였으므로, 음식점 경영자와 주방 관리자는 이를 숙지하고 K급 소화기를 반드시 비치해야 한다.

그림 6-25
기름 등의 화재에 사용되는 K급 소화기
자료: 주방뱅크

- 조리기구 상부에 화재 진압 시스템을 설치하면 조리 중 화재로 인한 피해를 최소화할 수 있다.

2) 전기 절약

① 냉장고: 냉장고는 냉기가 내부를 순환하며 내용물을 차갑게 만들어주는 기기로, 냉기가 순환할 수 있는 공간이 있어야 냉각 효율이 높아 절약 효과가 있다. 냉장고 내부를 10% 채울 때마다 전력 소비량이 3.6% 증가하는 것으로 나타난 연구가 있었던 것을 감안하여, 냉장고 내부는 60% 정도만 채우는 것이 이상적이다.

또한 냉장고는 뜨겁게 조리된 음식을 냉각시키기 위한 용도로 사용하는 기기가 아니므로, 조리된 음식은 완전히 식힌 후 냉장 보관하여야 내부 온도가

---

5 K급 소화기: 식용유는 발화온도가 288℃~385℃로 한번 불이 붙으면 일반 분말 소화기 약제로 식용유 표면의 화염을 제거하여도 기름의 온도가 발화점 이상으로 가열된 상태이기 때문에 다시 불이 붙는다. 따라서 식용유로 인한 화재에는 전용 소화기인 K급 소화기를 사용하여야 한다. K급 소화기는 식용유 온도를 약 30℃ 내리는 냉각 효과와 함께, 중탄산나트륨(NaHCO3)이 불이 붙은 액체의 표면에 금속비누를 만들고, 이 비누가 거품을 생성하여 산소를 차단하는 질식 효과로 효과적으로 불을 끄는 원리이다.

올라가 내부의 음식이 변질되는 것을 방지할 수 있고, 올라간 내부의 온도를 떨어뜨리기 위하여 냉장고가 무리하게 작동되는 것을 막을 수 있다.

냉장고는 차가운 공기가 골고루 퍼져야 하기 때문에 보관하는 음식 사이에 간격을 두고 보관해야 하고, 냉동고는 냉동된 음식이 자신의 냉기를 옆에 맞닿은 다른 음식에 전해주기 때문에 빈틈없이 가득 채우는 것이 효율적이다.

냉장고는 문을 여는 횟수가 많아질수록 바깥의 뜨거운 공기가 안으로 유입되어 전력 소비량이 증가한다. 따라서 냉장고는 필요한 물품을 꺼낼 것을 미리 결정한 후 신속하게 꺼내고, 자주 여닫지 않는 것이 에너지 절약에 유리하다.

또한 냉장고는 주변 온도에 따라 에너지 효율이 달라지기 때문에 냉장고의 뒷면은 벽면과 10cm 이상, 옆면은 벽면과 30cm 이상 떨어지게 설치하고, 조리기기와 떨어지도록 배치하는 게 좋다. 그리고 정기적인 성에 제거와 외부 먼지 청소는 냉장고의 효율을 높이고, 화재 등의 사고를 방지하는 방법이다.

② 전열기기: 전기 오븐은 일정 공간을 뜨거운 열로 채우는 것이기 때문에 사용할 때 공간을 최대한으로 이용해야 경제적으로 사용할 수 있다. 조리 시에는 열전도율이 높은 조리기기를 사용하고 홀에서 고객이 직접 가져가도록 셀프서비스 코너를 만드는 경우에는 열 보존성이 좋은 유리나 세라믹 용기를 배치하는 것도 좋다.

③ 순간 온수기: 순간 온수기의 경우(가스 순간 온수기도 포함), 온수기에서 데워진 물이 공급관을 통해 온수 사용 지점으로 이동하며 온도가 떨어지므로, 온수기와 온수 사용 지점은 열 손실을 막기 위해 가깝게 배치하는 것이 좋다.

또한 식기 세척의 마지막 단계에서는 80℃ 가량의 온도가 적당하지만, 손을 씻거나, 기타 용도의 온수는 40℃ 정도면 적당하다. 따라서 온수 사용 목적에 따라 온수기의 온도 설정을 조정하면 에너지 낭비를 줄일 수 있다.

④ 전기 화재 예방: 전기로 인한 화재는 용량에 맞지 않는 전선이나 콘센트 등

을 사용하는 데서 빈번하게 발생한다.

콘센트와 멀티탭 등을 사용할 때는 문어발 배선 등으로 많은 전기기구를 사용하게 되면 과전류로 인해 과열로 화재가 발생할 수 있다. 또한 비닐로 감싼 전선을 제한 용량보다 높게 사용할 경우에도 화재 위험이 크다.

전기 화재 예방을 위해서는 다음과 같은 부분에 유의해야 한다. 다음의 내용을 지키는 것만으로도 전기화재 90%는 예방이 가능하다.

- 문어발식 콘센트 사용은 하지 않는다. 특히 전열기기 등을 한 곳에 무리하게 꽂아서 사용해서는 안 된다.
- 스위치, 콘센트, 전기기구 부근에 가연성 물질을 두지 않는다.
- 전열기기용 전선은 충분한 용량으로 사용한다.
- 불법시설의 금지 및 임의 시설공사시 안전시공에 유의한다.
- 누전차단기 주기적인 점검 및 노후시설 교체

3) 물 절약

물 절약을 위해서는 일반적인 수도꼭지보다 발로 밟는 페달 등을 활용하는 것이 효과적이다. 또한 화장실 등에서는 움직임을 감지하고 작동하는 센서가 장착된 수도꼭지를 활용하는 것이 물 절약과 위생관리 측면에서 도움이 된다.

그림 6-26
페달식 수전을 적용한 손 세정대
자료: 주방뱅크

- 주방의 핵심적 에너지로는 가스와 전기가 있다. 가스는 LNG와 LPG로 나뉘는데, 현대에는 LNG가 주로 사용된다. 가스는 비용이 저렴하고, 사용하는 조리기구의 제한이 없다는 장점이 있지만, 화재나 가스 누출로 인한 폭발 등의 대형 사고의 위험, 일산화탄소와 미세먼지 등의 흡입으로 인한 조리 작업자의 건강 악화 등의 단점이 있다. 가스의 단점을 보완한 전기기기가 대안으로 떠올랐는데, 인덕션은 불 없는 쾌적하고 안전한 주방 환경을 조성하는 데 크게 이바지하고 있다.

- 인덕션은 전자기 유도로 상판 위의 용기를 가열하는 방식으로, 용기 외부에 열이 발생하지 않아 쾌적하고, 불꽃이 없어 화재나 화상 등의 사고에서 자유롭다. 인덕션의 장점은 5C로 정리할 수 있는데, 즉 Cool(저발열), Clean(청결), Control(품질관리), Cost(비용절감), Compact(공간활용)이다.

- 주방은 에너지 소비가 많고, 과열이나 누전, 부주의로 사고의 위험도 높다. 이를 위해 관리 요령을 알아두고, 실행하는 것이 중요하다. 에너지 절약을 위해 조리도구는 열보존율이 높은 것을 선택하고, 조리 시에도 다양한 에너지 절약 요령을 잘 알아두어야 한다. 특히 냉장고는 전기 소비가 많은 기기 중 하나로, 냉장고는 냉기가 순환할 수 있는 충분한 공간을 주고, 냉동고는 음식물끼리 냉기를 전달할 수 있도록 가득 채우는 것이 효과적이다.

- 주방은 가스나 전기로 인한 화재 가능성이 높기 때문에, 화재 예방을 위한 가스와 전기 사용 방법을 숙지하고, 사용해야 한다.

1. 가스 사용으로 인한 음식점 주방의 사고 관련 뉴스들을 세 가지 이상 찾아보고, 가스기기의 위험성에 대하여 알아보자.

2. 음식점 주방에 사용되는 인덕션 기기는 어떤 것들이 있는지 주방기기 쇼핑몰에서 찾아보자.

CHAPTER 7
주방 설계 사례

7

주방 설계 사례

학습목표

- 주방 도면의 정의와 종류, 도면 읽는 법을 설명할 수 있다.
- 업종별 주방의 특성을 이해하고, 그에 따른 주방 설계에 대하여 이해한다.
- 면적별로 주방의 설계와 입고되는 품목은 어떻게 달라지는지 이해한다.
- 기존 음식점 주방의 개선 방법에 대하여 이해한다.

1. 주방 도면의 이해

이번 장에서는 다양한 업종과 환경에서 설계된 주방 설계 도면을 살펴볼 것이다. 따라서 먼저 도면에 대한 기본적인 이해를 가지고 시작하는 것이 도움이 되리라 믿는다. 먼저 도면의 정의와 종류 등에 대해 먼저 살펴보도록 하자.

1) 도면의 정의

도면은 건축과 인테리어 공사 전반에서 일반적으로 사용되는 용어로, 작업의 내용에 따라 부지의 기초공사, 작업, 구조적 시스템, 구획으로 나뉘는 각 공간과 설비 시스템, 기기, 마감재 외 세부적인 사항들을 포함한 신규 또는 개보수 시설에 대한 시공 방법 등을 표기한 문서들을 모두 가리킨다.

2) 도면의 종류

우리는 이 책에서 주로 주방에 대한 도면을 다루지만, 인테리어 공사에서 어떤 도면을 사용하는지 먼저 살펴보면, 향후 현장에서의 이해가 빠를 것이다. 그래서 먼저 도면의 종류에 대해 살펴보도록 하자.

(1) 배치도
배치도는 부지 위에 주 건물과 부속 건물 및 부대 시설물을 배치한 도면으로, 건물 위치, 간격, 방향, 경계선, 축척 등을 표시한다.

(2) 평면도
평면도는 건물을 약 1~1.5m 높이에서 수평으로 자르고 내려다본 모습을 나타낸 도면이다. 일반적으로 가장 많이 접하는 도면으로 평면도에는 기둥, 벽, 창, 출입구, 방의 명칭과 크기, 가구 및 설비, 치수, 마감 재료 등을 표시한다. 2층 이상의 건축물은 각 층마다 별도의 평면도를 작성해야 한다. 동선의 흐름을 읽기 위해 사용한다.

(3) 입면도
구조물을 정면 또는 측면에서 바라본 상태의 도면으로, 통상적으로 평면도와 같은 축척을 사용하며 구조물의 외관을 나타낸 도면이다. 출입구, 창의 위치를 알 수 있다. 구조물의 전체 높이, 건물 바닥 마감선과 창문의 위치, 창문의 모양 및 개폐 방법 등이 나타난다. 동서남북의 네 방향에서 그린다. 구조물 전체의 외관을 완전하게 표현하려면 4면의 입면도가 필요하다.

(4) 단면도
구조물을 수직으로 자른 상태로 옆에서 바라본 도면으로, 기초와 대지의 높이, 각 층의 바닥 높이, 처마 높이, 지붕 물매(지붕면의 경사정도)의 주요 재료 등

배치도

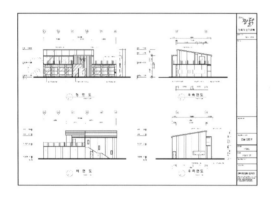

평면도

입면도

단면도

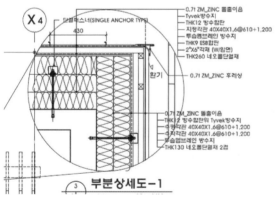

부분상세도

투시도

그림 7-1

도면의 종류

자료: 지디엠디자인, 위브 더파크, 휴먼 씨앤디, 아토즈 하우징

이 표시된다.

(5) 상세도

상세도는 공사를 하기 쉽게 각 부분을 확대하여 자세히 그린 도면으로, 재료
와 모양의 치수표시, 패턴, 장식품 등에 대해 상세한 설명을 함께 표기한다.

(6) 투시도

투시도는 건축물이 완성되었을 때의 모양을 공간을 직접 바라보는 것 같이 입
체적으로 나타내는 도면으로, 건물의 동선과 구조를 검토하며 수정할 때 사용
한다.

3) 주방 도면의 종류(1)-입체도에 따른 분류

전통적으로 주방 설계에서는 캐드(CAD) 프로그램을 활용한 평면도를 가장 많
이 활용한다.

캐드는 Computer Aided Design의 약자로, 컴퓨터를 통한 설계와 디자인을
통칭하는 말이지만, 오토데스크 사(社)의 오토캐드라는 설계 프로그램이 널리
사용되며 오토캐드 프로그램이 곧 캐드 자체인 것처럼 여겨지게 됐다.

건축과 인테리어에서는 '도면'하면 평면에 그려진 2D 도면을 떠올려 왔다. 복
잡한 기호로 구성된 2D 도면의 경우, 도면 작업이 익숙하지 않은 창업자에게
는 도면을 보고, 실제 주방의 모습을 구상하는 데 어려움이 있기 마련이다.

하지만 이제는 설계 프로그램의 발전으로 3D로 만들어진 도면을 함께 활용할
수 있게 되었는데, 창업자는 전문적인 기호들로 표시된 평면도 대신 자신이 의뢰
한 음식점의 실제 공간에 만들어진 주방을 직관적으로 확인할 수 있게 되었다.

3D 도면은 오토캐드 3D, 라이노, 3D맥스 등의 프로그램으로 제작되고 있
다. 3D 도면은 2D 평면도처럼 고정된 시점에서 도면을 보는 것이 아니라, 다양
한 시점에서 도면을 확대, 축소하며 마치 현장에 설치된 주방을 직접 보는 것

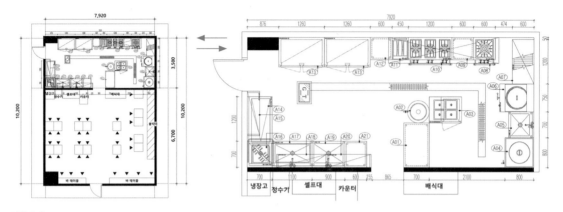

그림 7-2

M국수 전문점의 2D 전체 평면도와 주방 확대 평면도

자료: 키친리더

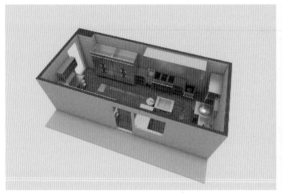

그림 7-3

M국수 전문점 주방의 3D 평면도

자료: 키친리더

처럼 확인할 수 있어, 도면에 익숙하지 않은 비전문가도 빠르게 이해할 수 있다는 것이 장점이다.

4) 주방 도면의 종류(2)–전달 요소에 따른 분류

(1) 전체 평면도

음식점 공사에서 주로 사용하는 평면도는 공간의 전체적 모습을 볼 수 있는 전체 평면도가 가장 기본이 되는데, 작업 편의성을 위하여 홀 평면도, 주방 평면도로 분리하여 사용하는 경우가 많다.

① 전체 평면도

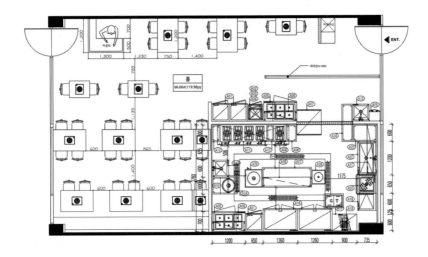

그림 7-4
동태찜 전문점 전체 평면도
자료: 키친리더

② 주방 확대 평면도

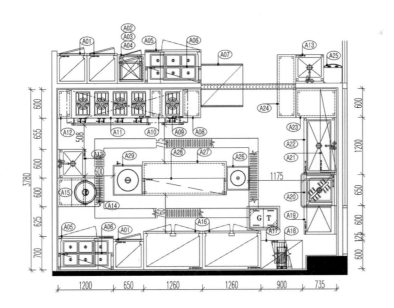

그림 7-5
동태찜 전문점 주방 확대
평면도
자료: 키친리더

(2) 설비도

설비도는 설비 종류의 용량, 위치, 배관 경로 등을 표현하는 도면으로, 전기설비, 냉난방 설비, 급배수 설비(급수인 수도설비도, 배수인 그리스트랩, 트렌치 설비도 등으로 분리), 후드 설비도 등으로 분류한다.

설비도는 주방 공사에서 특히 중요한데, 주방 배치가 결정된 후 현장 공사팀에게 각 설비 종류별 설비도가 전달되지 않을 경우, 계획한 주방 배치 계획을 실현하지 못할 수도 있기 때문이다. 설비도가 전달되지 않을 경우, 공사 담당자가 임의로 공사를 진행할 수 있는데, 급배수 공사나 가스, 전기 등의 주방 설비는 한 번 작업을 시작하면 변경하기 어려워, 최악의 상황에는 기존 주방 설계를 포기하고, 임의로 작업된 설비 위치에 맞춰 기기를 배치해 효율성이 매우 떨어진 주방을 만들 수도 있다.

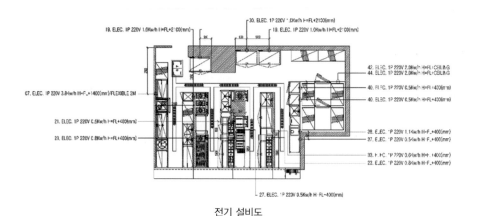

전기 설비도

수도 설비도

그림 7-6
설비도의 종류(계속)
자료: 키친리더

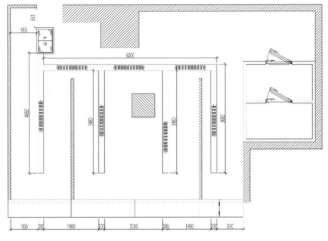

트렌치 설비도

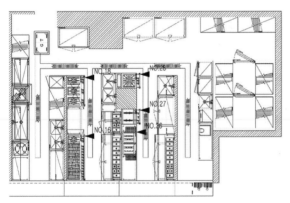

NO.16 가스 우열간택기렌지
LPG : 47,600 Kcal/hr

NO.18 가스 3구렌지
LPG : 28,100 Kcal/hr

NO.26 가스 튀김기
LPG : 27,520 Kcal/hr

NO.27 가스 그리들
LPG : 6,600 Kcal/hr

NO.28 가스 낮은렌지1구
LPG : 19,500 Kcal/hr

가스 설비도

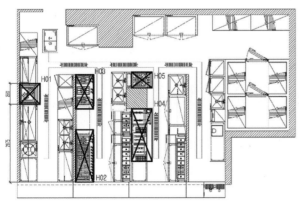

No. -01 세척기후드
DIMENSION : 800 * 800 * 800
DUCT SIZE : ∅250
Q : 806   (㎥/hr)

No. -02 배기후드/유지앙/등
DIMENSION : 2,000 * 700 * 800
DUCT SIZE : ∅340
Q : 1,764   (㎥/hr)

No. -03 배기후드/유지앙/등
DIMENSION : 1,300 * 700 * 800
DUCT SIZE : ∅300
Q : 1,147   (㎥/hr)

No. -04 배기후드/유지앙/등
DIMENSION : 2,000 * 800 * 800
DUCT SIZE : ∅360
Q : 2,015   (㎥/hr)

No. -05 배기후드/유지앙/등
DIMENSION : 800 * 800 * 800
DUCT SIZE : ∅230
Q : 605   (㎥/hr)

후드 설비도

그림 7-6

설비도의 종류
자료: 키친리더

5) 도면 보는 법

(1) 척도와 축척

척도란 어떤 대상의 크기를 측정하는 길이의 단위를 뜻한다. 쉽게 말해 실제 크기를 지도나 도면에 표시하기 위하여 일정한 비율로 줄이거나, 확대하는 단위를 뜻한다.

건축 및 인테리어에서 실제 건물이나 공간의 실제 면적을 제한된 지면에 표기해야 하기 때문에, 실제 크기를 축소해서 도면 작업을 하게 된다. 이를 '척도를 축소한다'라고 하여 '축척'이라 부른다. 축척은 실제 크기를 1로 보았을 때 줄이는 비율을 숫자로 표기한다. 즉 실제 크기를 절반(1/2)으로 줄이면 1 : 2로, 1/5로 축소하면 1 : 5로 표시하는 방식이다.

축척은 도면의 용도에 따라 표 7-1과 같은 비율로 사용한다.

표 **7-1.** 척도의 종류와 용도

척도	용도
1/1, 1/2, 1/5, 1/10	부분상세도
1/5, 1/10, 1/20, 1/30	부분상세도, 단면상세도
1/50, 1/100, 1/200, 1/300	평면, 입면도 등 일반도와 기초평면도 등 구조설비도
1/500, 1/600, 1/1000, 1/1200	배치도

(2) 도면의 기호 이해

도면은 설계자가 음식점 시공을 요청한 고객의 요청을 반영하여, 시공을 담당하는 이들에게 설계자의 의도를 알기 쉽게 전달하기 위한 용도로 만든 일종의 그림으로 된 작업 지시서이다. 그래서 도면은 설계자와 작업을 진행하는 담당자 사이에 약속된 기호로 표현된다.

몇 개의 예시를 여기에 첨부하였고, 이 외에도 각종 도면의 기호는 부록으로 첨부하였으므로, 해당 내용을 참고하기 바란다.

전기 도면 기호와 전기설비 일반사항의 표기

* ⊙ = 1P 220V 전원 도면기호

* ⊚ = 3P+N 380V 전원 도면기호

* ⊛ = 1P 220V 예비전원 도면기호

전기설비도 주기 내용

00.　ELEC.　1P 220V　0.4Kw/h　H=FL+400(mm)　방수콘센트 마감

(기기번호) (전기) (전원종류) (전원용량) (전원 설치높이) (전원 마감방법)

** FL = 바닥 최종 마감선 기준

** CL = 천장 최종 마감선 기준

** 3P, 4W 전원은 NEUTRAL과 접지를 포함하여 시공한다.

** S = 예비전원 1P 220V 0.75Kw FL+1200(mm)

** 1P 110V/220V

** 3P, 4W 220V/380V　　　　ELB(4POINT) 정션박스 처리 요망.

** 바닥 타입 전기 콘센트 립세터를 체결 후 콘센트 부착.

** 후드등 전원, 실내등과 연결(전기 설비 시공)

** 기기LIST와 설비도의 SPEC.이 상이할 경우 설비도의 SPEC.이 우선한다.

** 수입기기의 경우 설비도의 VOLTAGE 또는 PHASE가 수입시 변경될 경우가 있으므로 현장최종 연결시 전기설비의 협조로 해결한다.

급배수 도면 기호 표기

* ◯ = 냉수(Cold Water) 도면기호

* ● = 온수(Hot Water) 도면기호

* ◎ = 배수 DRAIN 도면기호

급배수 설비도 주기 내용

00.　CW,HW　15A　H=FL+400(mm) / 볼벨브 마감

(기기번호) (온수냉수 구분) (배관관경) (배관 설치높이) (배관 마감방법)

　　DRAIN　50A　H=FL+50(mm)

　　(배수 구분) (배관관경) (배관 설치높이)

수도설비 일반사항의 표기

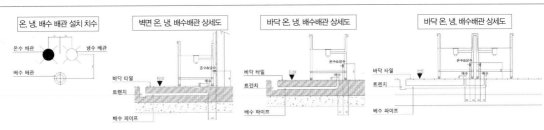

가스 도면 기호의 표기

* ▶ = 가스배관과 주방기기의 연결부위 위치 도면기호

가스 설비도 주기 내용

00.　LNG　20A　10,000kcal/hr

(기기번호) (가스종류) (배관관경) (가스기기의 열량표시)

트렌치 도면 기호의 표기

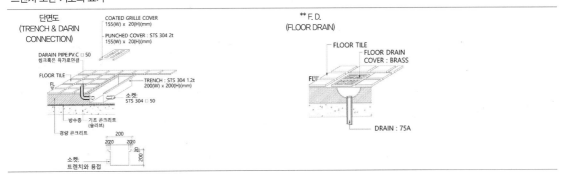

그림 7-7

각종 도면의 기호의 예

자료: 키친리더

① **전기 설비도**: 그림 7-8은 전기 설비도이다. 해당 도면에는 전기 설비가 필요한 각각의 위치마다 작은 상자 안에 '1P.220V.1.5KW.FL400' 등으로 표기돼 있는 것을 볼 수 있다.

우리가 사용하는 대부분의 전기기기는 단상(1상) 전기를 사용하도록 돼 있지만, 전기 소모가 많은 상업용 오븐 등에서는 삼상(3상) 전기를 사용한다. 단상의 경우 1P, 삼상의 경우 3P라고 표기한다. 기본적으로 전압은 220V로 통용되지만, 3상을 사용할 때는 380V로 표기한다. 다음으로는 해당 위치에 필요한 전력량을 KW단위로 표기하고, 이 전기 콘센트가 어느 위치에 들어가는지 표시한다. FL은 Floor Level의 준말로 바닥을, CL은 Ceiling Level의 준말로 천장을 뜻하고, 해당 위치에서 몇 mm 떨어진 곳에 위치해야 한다는 것을 표기한다. 또한 방수가 필요한 경우 WP(Water Proof, 방수의 준말)로 표기한다.

즉 '1P.220V.1.5KW.FL400'이라는 표기는 '단상 220V의 전압으로 1.5KW의 전력을 사용할 수 있는, 바닥에서 400mm 떨어진 위치에 전기 콘센트가 필요하다'라는 뜻이 된다.

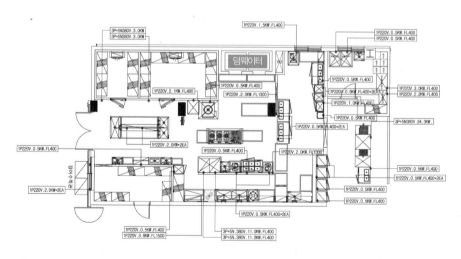

그림 7-8
전기 설비도의 예
자료: 키친리더

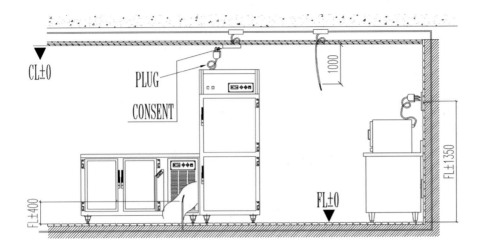

그림 7-9

전기나 수도 등의 설치 위치를 보여주는 입면도

자료: 키친리더

② 수도 설비도: 그림 7-10은 수도 설비도이다. 해당 도면에는 수도 설비가 필요한 각각의 위치마다 작은 상자 안에 'CW15A.HW15A.FL400*2EA' 등으로 표기돼 있는 것을 볼 수 있다.

급수는 냉수와 온수가 있기 때문에, 냉수가 필요한 경우 CW(Cold Water), 온

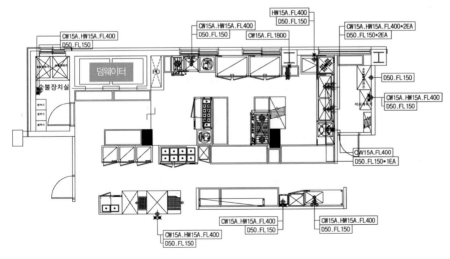

그림 7-10

수도 설비도의 예

수가 필요한 경우 HW(Hot Water)로 표기한다. 숫자+A는 필요한 배관의 크기를 뜻한다. 예를 들어 온수 15mm 배관이 필요한 경우 HW15A로 표기한다. 전기설비도에서와 마찬가지로 바닥이나 천장에서 얼마나 떨어진 위치에 급수시설이 필요하다는 뜻에서 FL(Floor Level) 또는 CL(Ceiling Level)을 표기하고, 1개 이상의 급수시설이 필요한 경우 *2ea으로 표기한다.

즉 'CW15A.HW15A.FL400*2EA'이라는 표기는 '15mm의 냉수 배관, 15mm의 온수 배관으로 연결한 급수 시설이 바닥에서 400mm 떨어진 곳에 두 개 필요하다'라는 뜻이 된다.

배수의 경우, 배수를 뜻하는 영단어인 drain에서 앞 글자를 따와, D로 표기하고, 필요한 배수량을 기록한다. 마찬가지로 바닥 위치에서 얼마나 떨어져 있어야 하는 지를 표기한다. 배수는 'D50.FL150' 등으로 표기할 수 있다.

2. 업종별 주방 설계

기본적으로 주방은 식재료의 흐름에 따른 기본적인 공간 요소와 동선은 유사하다. 하지만 업종에 따라 여러 고려 사항들이 존재하며, 이를 반영해야 효율적인 주방의 운영이 가능해진다. 예를 들어 다루는 식재료나, 주로 사용하는 조리 방법은 어떠한지, 음식이 제공되는 방식은 어떠한지 등 주방 설계에는 많은 고려사항들이 존재한다. 또한 한상차림으로 나가는 백반 전문점과 코스 요리로 나가는 한정식 전문점은 각각 사용하는 기기나 조리가 진행되는 순서도 다르다. 표 7-2에서는 업종에 따라 주방은 어떤 특성을 갖는지 정리해 두었다.

다음 단원인 '3. 업종별 주방 설계의 실제'에서는 각 업종과 업태별 주방 설계와 실제 현장 적용 사례를 살펴보자.

표 7-2. 업종별 주방의 특성

	한식	서양식	일식	중식
고려사항	재료 중심, 맛을 중시	가열법 중심, 향을 중시	소재 중심, 색과 형태 중시	조미 중심, 맛 중시
주 사용 유지류	식물유	동물유	식물유	동식물유
조미	담백함, 본래의 맛 추구	소스 중심	담백함, 본래의 맛 추구	맛내기, 강한 향신료 즐겨 사용
조리 형태	끓이기, 굽기, 볶기	삶기, 굽기(팬/오븐), 볶기	날 것, 본래의 맛	삶기, 튀기기
주재료	계절별 재료, 쌀 및 곡류	고기와 생채소	계절별 재료	건조물, 보존재료
주 조리기구	솥	오븐, 팬	칼	웍(wok)
불의 세기	중간	중~강	중간	강
서빙 형태	동시	코스	동시/코스	동시/코스
특별 주방	찬류 및 장류 저장공간	이탈리안-피자용 오픈키친 및 오븐	회나 초밥용 수족관과 오픈 주방	딤섬 바

출처: 김태형 외(2010)

3. 업종별 주방 설계의 실제

이번에는 업종별로 실제 주방 설계와 기기가 어떻게 구성되는지 살펴보려 한
다. 업종은 현재 우리나라에서 가장 많이 운영되고 있는 업종의 순서를 기준으
로 한식-주점-커피전문점-분식-치킨-중식 순으로 구성하였다.

표 7-3. 국내 외식업 업종 구성비

순위	업종	구성비(%)
1	한식	44.2
2	기타 주점업	11.3
3	커피 전문점	9.3
4	김밥 및 기타 간이 음식점업	6.1
5	치킨전문점	5.2
6	중식	3.5
7	제과점	2.7

(계속)

순위	업종	구성비(%)
8	피자 · 햄버거 · 샌드위치 및 유사 음식점업	2.7
9	기타 비알콜 음료점업	2.4
10	일식	1.9
11	서양식	1.8
12	기관 구내식당업	1.6
13	생맥주 전문점	1.1
14	간이 음식 포장 판매 전문점	1.0
15	기타 외국식	0.6

자료: 통계청(2021)

1) 한식-주방 15평 갈비 전문점

(1) 기본사항

① 업종과 업태: 한식 갈비 전문점

② 전체 면적: 90.12평

③ 주방 면적: 15평

④ 설계 포인트

1. 조리 및 배식공간, 퇴식공간의 동선을 확실하게 분리시켜 작업자들에게 편리함을 주었다.

2. 신선한 고기보관을 위해 충분한 저장공간을 마련해 주었다.

3. 보조주방의 공간 확보로 밥 보온고, 1조 세정대, 인덕션 돌솥기계 등 필요로 한 기기들을 설치하였다.

(2) 도면

① 주방 도면

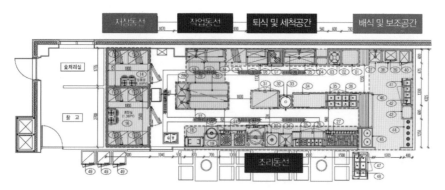

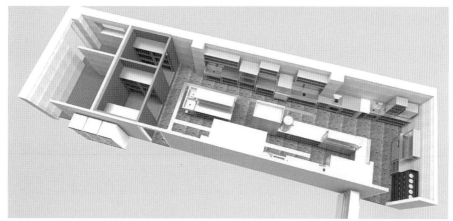

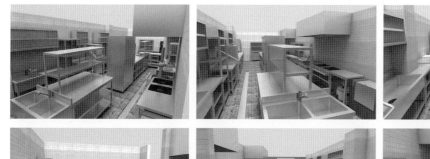

그림 7-11

갈비 전문점 주방 도면

자료: 키친리더

(3) 입고 기기 목록

① 용도에 따른 기기 분류

- 배식기기 : 2단 작업대, 바트 테이블 냉장고, 토핑 테이블 냉장고, 양오픈 캐비닛 작업대
- 퇴식기기 : 잔반 처리대, 잔반통, 2단 작업대, 1조 세척기 세정대, 식기 세척기, 식기 건조대, 1조 세정대
- 저장기기 : 바트 테이블 냉장고, 토핑 테이블 냉장고, 사리 냉각기, 슬러시아, 육수냉장고, 음료냉장고
- 작업기기 : 2단 작업대, 바트 테이블 냉장고, 토핑 테이블 냉장고, 양오픈 캐비닛 작업대
- 조리기기 : 가스 우열 간택기 레인지, 냉면기계세트, 가스 2구 낮은 레인지, 가스 밥솥

② 입고 기기 리스트

순번	품목	규격			수량
		가로	세로	높이	
1	2단 작업대	800	700	850	1
2	잔반 처리대	600	700	850	1
3	잔반통	Ø490		590	1
4	보조 작업대	560	350	850	1
5	1조 세척기 세정대	1500	700	850	1
6	벽 선반	1400	350	550	1
7	식기 세척기	DOOR TYPE			1
8	식기 건조대	1100	700	850	1
9	벽 선반	900	350	550	1
10	다단식 선반	1200	600	1800	1
11	2단 작업대	1200	600	850	1
12	1조 세정대	900	600	850	1
13	벽 선반	1700	350	550	1
14	냉동저장고	1800	1575	2600	1
15	다단식 선반	900	600	1800	2
16	냉장저장고	1800	2500	2600	1
17	다단식 선반	900	600	1800	4
18	반죽기	500	620	910	1
19	2단 작업대	600	600	850	1

(계속)

순번	품목	규격			수량
		가로	세로	높이	
20	가스 밥솥	55인용			1
21	가스 2구 낮은 레인지	1200	600	450	1
22	냉면기계세트	850	850	1600	1
23	사리 냉각기	630	630	940	1
24	1조 세정대	600	600	850	1
25	바트 테이블 냉장고/뒷줄	1500	700	850	1
26	상부 선반	1500	350	770	1
27	가스 좌열 간텍기 레인지	1500	600	850	1
28	2조 세정대	1200	600	850	1
29	중앙 작업대	1800	600	850	2
30	상부 선반	1800	500	770	1
31	45 BOX고기숙성고	1260	800	1900	1
32	2단 작업대	600	600	850	1
33	슬러시아	Ø600		1060	1
34	양오픈 캐비닛 작업대	1500	700	850	1
35	바트 테이블 냉장고	1500	700	850	1
36	상부 선반	1500	350	770	1
37	1조 세정대	600	600	850	1
38	2단 작업대	1200	600	850	1
39	컵소독기	120인용			1
40	밥 보온고	100인용			1
41	바트 테이블 냉장고	1200	500	850	1
42	상부 선반	1200	300	770	1
43	2단 작업대	850	500	850	1
44	인덕션15구 돌솥기계	1250	400	1400	1
45	육수냉장고	850	500	940	1
46	2단 작업대	1800	500	850	1
47	바트 테이블 냉장고/셀프코너	1200	700	850	1
48	상부 선반/셀프코너	1200	350	770	1
49	음료냉장고	BY OTHER			3

2) 한식-주방 4.76평 편백찜 전문점

(1) 기본사항

① 업종과 업태 : 한식 편백찜 전문점

② 좌석수/테이블 수 : 총 54석, 2인-3EA, 4인-12EA

③ 주방 면적 : 4.76평

④ 설계 포인트

1. 메인주방과 보조주방 분리로 작업자의 동선이 겹치지 않도록 하였다.

2. 육절기를 사용하여 고기 두께를 일정하게 자를 수 있도록 하였다.

(2) 도면

① 전체 도면

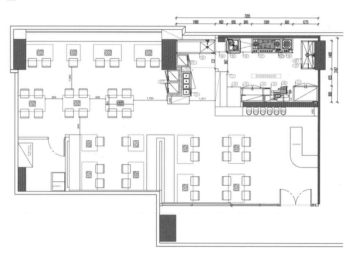

그림 7-12

편백찜 전문점 전체 도면

자료: 키친리더

② 주방 도면

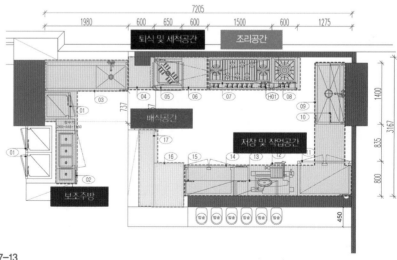

그림 7-13

편백찜 전문점 주방 도면(계속)

자료: 키친리더

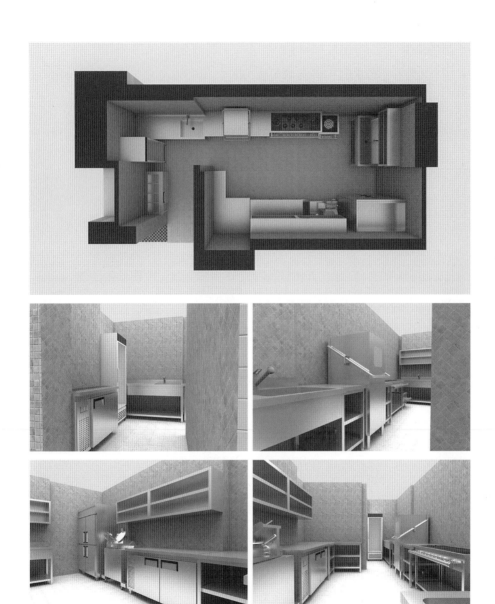

그림 7-13
편백찜 전문점 주방 도면
자료: 키친리더

(3) 입고 기기 목록

① 용도에 따른 기기 분류

• 배식기기 : 바트 테이블 냉장고, 2단 작업대, 테이블 냉장고, 배식 작업대

- 퇴식기기 : 2단 작업대, 1조세정 작업대, 1조 세정대, 식기 세척기
- 저장기기 : 음료냉장고, 바트 테이블 냉장고, 45 BOX 냉동냉장고, 테이블 냉장고
- 작업기기 : 바트 테이블 냉장고, 2단 작업대, 테이블 냉장고, 배식 작업대
- 조리기기 : 가스 양열 간텍기 레인지, 가스 1구 낮은 레인지

② 입고 기기 리스트

순 번	품 목	규 격			수 량
		가 로	세 로	높 이	
1	음료냉장고	BY OTHER			3
2	바트 테이블 냉장고	1200	500	850	1
3	1조 세정대/좌날	1980	700	850	1
4	2단 작업대/제작	600	700	850	1
5	식기 세척기	DOOR TYPE			1
6	2단 작업대	600	700	850	1
7	가스 양열 간텍기 레인지	1500	600	850	1
8	가스 1구 낮은 레인지	600	600	450	1
9	1조 세정대	1400	700	850	1
10	벽 선반	1400	350	550	1
11	45 BOX 냉동냉장고	1260	800	1900	1
12	육절기	975	720	1400	1
13	벽 선반	1000	350	550	1
14	테이블 냉장고	1500	700	850	1
15	벽 선반	1200	350	550	1
16	2단 작업대	700	1000	850	1
17	배식 작업대	1750	350	850	1

3) 한식-직화구이 도시락 배달 전문점

(1) 기본사항

① 업종과 업태 : 한식 직화구이 도시락 배달 전문점

② 주방 면적 : 8.78평

③ 설계 포인트

1. 포장과 배달을 함께 하는 곳으로, 손님들이 보이지 않는 곳을 창고 구획을 지정하여 부피가 큰 포장용기 등을 보관할 수 있도록 하였다.
2. 조리기기 뒤쪽으로 밧드 테이블 냉장고를 배치하여 조리 후 토핑 시간을 단축할 수 있도록 하고, 바로 뒤쪽으로 또 하나의 밧드 테이블 냉장고를 놓아 편리하게 서비스 디쉬를 챙기도록 하였다.
3. 전처리 공간을 충분히 주어 작업을 하는 데에 어려움이 없도록 하였다.

(2) 도면

① 주방 도면

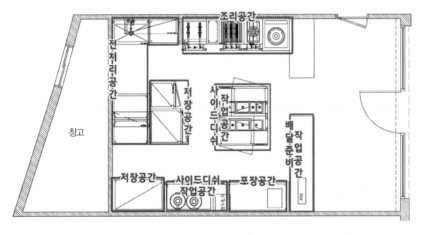

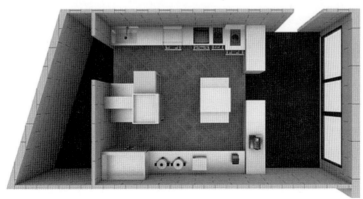

그림 7-14
직화구이 도시락 배달 전문점 주방 도면(계속)
자료: 키친리더

그림 7-14
직화구이 도시락 배달 전문점 주방 도면
자료: 키친리더

(3) 입고 기기 목록

① 입고 기기 리스트

순 번	품 목	규 격			수 량
		가 로	세 로	높 이	
1	가스 직화레인지	650	750	850	1
2	가스1구레인지	450	600	850	1
3	가스 그릴러	600	600	850	1
4	보조 작업대	300	600	850	1
5	가스 그리들	600	600	850	1
6	2단 작업대	780	600	850	1
7	벽선반	1,300	350	550	1
8	1조 세정대	900	600	850	1
9	중앙 작업대	900	600	850	1
10	상부선반	900	350	770	1
11	음료 냉장고	By other			1
12	밧드냉장고 / 뒷줄밧드	1,200	700	850	2
13	상부선반	1,200	350	770	2
14	30BOX 숙성고	850	800	1,900	1
15	중앙 작업대	900	600	850	1
16	½냉동.냉장고	1,260	800	1,900	1
17	테이블 냉장고	1,800	700	850	1
18	전기밥솥(30인용)	Ø377		373	1
19	전기밥솥(30인용)	Ø377		373	1
20	전자레인지	455	255	310	2
21	2단 작업대	1,500	700	850	1
22	포장씰링기	354	452	410	1

4) 주점-주방 7.82평 퓨전 요리주점

(1) 기본사항

① 업종과 업태 : 퓨전 요리주점

② 주방 면적 : 7.82평

③ 설계 포인트

  1. 주점 특성상 많은 종류의 음식이 조리되기 때문에 화구 수를 넉넉히 확보
하였다.

  2. 레인지 위로 까치 선반을 설치하여 조리 시 필요한 소스 및 양념을 보관
할 수 있도록 하였다.

  3. 배식라인쪽 상부 선반 위쪽에 잉여공간을 1단 벽선반을 설치하여 활용하
였다.

  4. 냉동재료가 많기 때문에 올 냉동고가 많이 배치되었다.

  5. 주류냉장고를 최대한 활용하여 총 주방설비 비용을 절감하였다.

  6. 세정대를 곳곳에 설치하여 주방을 위생적이고 청결하게 사용할 수 있도록
하였다.

(2) 도면

① 주방 도면

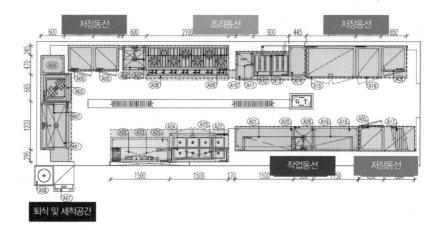

그림 7-15

퓨전 요리주점 주방 도
면(계속)

자료 : 키친리더

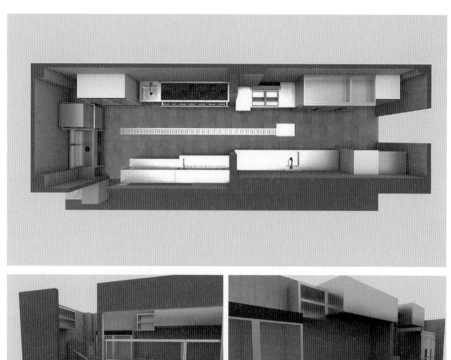

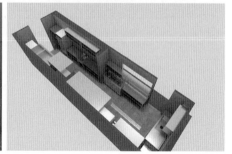

그림 7-15
퓨전 요리주점 주방 도면
자료: 키친리더

(3) 입고 기기 목록

① 용도에 따른 기기 분류

- 배식기기 : 2단 작업대, 바트 테이블 냉장고, 2단 상부 선반, 1단 상부 선반

- 퇴식기기 : 1조 세척기 세정대, 식기 세척기, 2단 작업대
- 저장기기 : 45 BOX 올 냉동고, 25 BOX 올 냉동고, 음료 쇼케이스, 바트 테이블 냉장고, 음료 쇼케이스, 제빙기, 육수냉장고
- 작업기기 : 2단 작업대, 1조 세정대, 1단 작업대, 바트 테이블 냉장고
- 조리기기 : 가스 7구 레인지, 가스 튀김기

② 입고 기기 리스트

순번	품목	규격			수량
		가로	세로	높이	
A01	1조 세척기 세정대/우걸이/제작	1200	720	850	1
A02	2단 벽 선반	1150	350	550	1
A03	식기 세척기	DOOR TYPE			1
A04	2단 작업대	470	600	850	1
A05	음료 쇼케이스	BY OTHER			4
A06	1조 세정대/내경확장	600	600	850	1
A07	2단 벽선반	570	350	550	1
A08	가스 레인지	2100	600	850	1
A09	까치 선반	2100	250	250	1
A10	2단 작업대	450	700	850	1
A11	3단 선반	450	350	900	1
A12	가스 튀김기	900	600	1000	1
A13	까치 선반	600	250	250	1
A14	2단 작업대	추후 제작			1
A15	45 BOX 올 냉동고	1260	800	1900	1
A16	25 BOX 올 냉동고	627	800	1900	1
A17	다단식 선반	800	600	1800	1
A18	2단 작업대	1150	600	850	1
A19	2단 벽선반	1500	350	550	1
A20	2단 작업대	1500	600	850	1
A21	2단 상부 선반	1300	350	770	1
A22	바트 테이블 냉장고	1500	700	850	1
A23	1단 벽선반	1500	350	400	1
A24	2단 상부 선반/제작	1500	450	770	1
A25	2단 작업대	1500	600	850	1
A26	1단 상부 선반/제작POS우측	1500	450	770	1
A27	제빙기/50kg	520	630	880	1
A28	육수냉장고	500	500	890	1
A29	1조 세정대/내경확장	500	600	850	1

5) 커피전문점-주방 12.42평 브런치 카페

(1) 기본사항

① 업종과 업태: 커피전문점 브런치 카페

② 좌석수/테이블 수: 총 168석, 2인-35EA, 4인-29EA

③ 전체 면적: 98.04평

④ 주방 면적: 12.42평

⑤ 설계 포인트

   1. 우도의 대형 브런치 카페로, 덤웨이터를 이용하여 윗층으로 조리된 식품을 옮기는데 편리함을 주었다.

   2. COFFEE & BAR를 주방과 분리시켜 동선의 꼬임을 방지하였다.

   3. 냉장, 냉동 저장고를 지어 저장공간을 충분히 확보하였다.

(2) 도면

① 전체 도면

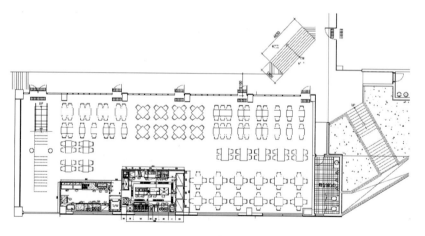

그림 7-16

브런치카페 전체 도면

자료: 키친리더

② 주방 도면

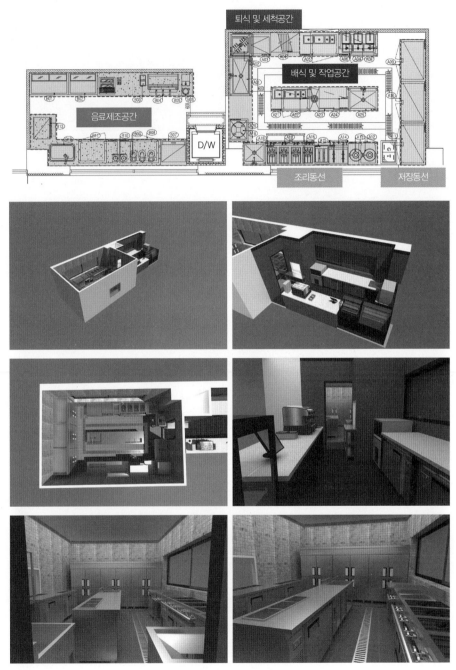

그림 7-17
브런치 카페 주방 도면(계속)
자료: 키친리더

그림 7-17
브런치 카페 주방 도면
자료: 키친리더

(3) 입고 기기 목록

① 용도에 따른 기기 분류

- 배식기기 : 2단작업대, 밧드 테이블 냉장고/뒷줄, 밧드 테이블 냉장고/앞줄, 테이블 냉장고, 테이블 냉동고

- 퇴식기기 : 1조 세척기 세정대, 식기 세척기, 식기 건조대, 잔반 처리대

- 저장기기 : 45BOX올냉장고, 45BOX냉동냉장고, 45BOX 올 냉동고, 테이블 냉장고, 테이블 냉동고

- 작업기기 : 2단 작업대, 테이블 냉장고, 밧드 테이블 냉장고, 테이블 냉동고

- 조리기기 : 파니니 그릴, 가스그 리들, 가스 튀김기, 가스 4구레인지

② 입고 기기 리스트

순 번	품 목	규 격			수 량
		가 로	세 로	높 이	
A01	1조 세척기 세정대	1200	700	850	1
A02	식기 세척기		DOOR TYPE		1
A03	식기 건조대	600	700	850	1
A04	다단식선반	900	600	1800	1
A05	밧드 테이블 냉장고(뒷줄)	1200	700	850	1
A06	밧드 테이블 냉장고(앞줄)	1200	700	850	1
A07	상부 1단 선반	1200	500	200	1

(계속)

순 번	품 목	규 격			수 량
		가 로	세 로	높 이	
A08	파니니 그릴	260	320	220	3
A09	45BOX 올 냉장고	1260	800	1900	1
A10	45BOX 냉동 냉장고	1260	800	1900	1
A11	45BOX 올 냉동고	1260	800	1900	1
A12	테이블 냉동고	900	700	850	1
A13	전기밥솥(30인용)	Ø377		373	2
A14	가스 그리들	600	600	850	1
A15	가스 튀김기	450	600	1000	1
A16	낮은 서랍식 냉장고	1500	700	600	1
A17	가스 4구레인지	1500	600	250	1
A18	1조 세정대	700	700	850	1
A19	잔반 처리대	600	700	850	1
A20	잔반통	Ø480		590	1
A21	밧드 테이블 냉장고(뒷줄)	1200	700	850	1
A22	상부 선반	1200	350	550	1
A23	디쉬워머	1200	700	850	1
A24	상부 선반	1200	350	550	1
A25	1조 세정대	900	700	850	1
B01	제과 쇼케이스	1200	650	1200	1
B02	제과 쇼케이스	900	650	1200	1
B03	너크박스	325	175	200	1
B04	커피머신 3구	950	528	537	1
B05	핫워터 디스펜서	245	345	565	1
B06	스몰씽크	240	210	210	1
B07	제빙기	100Kg			1
B08	테이블 냉장고	1200	700	800	1
B09	커피그라인더	195	360	570	3
B10	블렌더 믹서기	224	249	457	2
B11	테이블 냉장고	1200	700	800	1
B12	씽크볼	870	480	205	1
B13	컨벡션 오븐기	600	600	590	1

6) 분식-주방 3.77평 떡볶이 전문점

(1) 기본사항

① 업종과 업태: 분식 떡볶이 배달 전문점

② 주방 면적: 3.77평

③ 설계 포인트

1. 'ㅁ'자형 주방으로 중앙에 작업대를 두어 동선을 분리하였다.

2. 작은 홀이 있지만, 배달이 주를 이루기 때문에 세척기를 삭제하고 세정대를 배치하였다.

3. 각종 재료의 토핑을 위해 토핑테이블 냉장고를 배치하였다.

(2) 도면

① 주방 도면

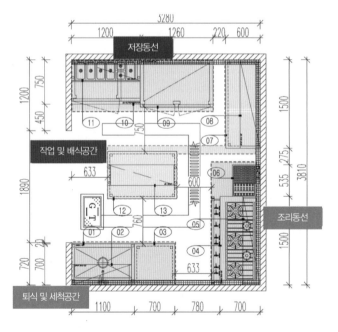

그림 7-18

떡볶이 전문점 주방 동선 도면(계속)

자료: 키친리더

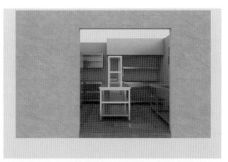

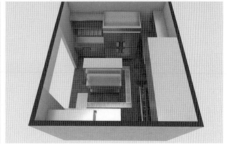

그림 7-18

떡볶이 전문점 주방 동선 도면

자료: 키친리더

(3) 입고 기기 목록

① 용도에 따른 기기 분류

- 배식기기 : 김밥 테이블 냉장고, 상부 선반, 중앙 작업대
- 퇴식기기 : 1조 세정대, 2단 작업대
- 저장기기 : 45BOX 냉동냉장고, 김밥 테이블 냉장고
- 작업기기 : 2단 작업대, 김밥 테이블 냉장고, 중앙 작업대
- 조리기기 : 전기 튀김기, 가스 5구 레인지

② 입고 기기 리스트

순번	품목	규격			수량
		가로	세로	높이	
1	1조 세정대	1100	700	850	1
2	벽 선반	1050	350	550	1
3	2단 작업대	700	700	850	1
4	가스 5구레인지 (2열*3, 1열*2)	1500	700	850	1
5	역까치선반	1500	300	200	1
6	전기 튀김기(분체)	535	485	905	1
7	2단 작업대	1500	600	850	1
8	벽 선반	1500	350	550	1
9	45BOX 냉동 냉장고	1260	800	1900	1
10	김밥 테이블 냉장고 (우기계)	1200	750	850	1
11	상부 선반(김밥 냉장고용)	1200	350	770	1
12	중앙 작업대	1200	800	850	1
13	중앙 상부 선반	1200	350	770	1

7) 분식-소형 김밥 전문점

(1) 기본사항

① 업종과 업태: 분식 김밥 전문점

② 주방 면적: 3.58평

③ 설계 포인트

1. 셀프 서비스로, 배식 후 자가 퇴식 방법으로 인건비를 줄일 수 있도록 하였다.

2. 중앙에 작업대와 세정대를 배치하여 조리 중 작업이 수월할 수 있도록 하였다.

3. 김밥 토핑 냉장고를 유리문 앞쪽으로 두어 김밥을 싸는 모습을 손님들이 볼 수 있도록 하였다.

(2) 도면

① 전체 도면 및 주방도면

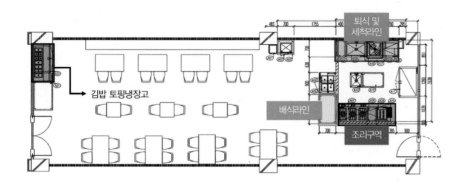

그림 7-19

김밥 전문점 전체 도면
자료: 키친리더

(3) 입고 기기 목록

① 입고 기기 리스트

순 번	품 목	규 격			수 량
		가 로	세 로	높 이	
A01	냉·온정수기	By other			1
A02	컵소독기	50인용			1
A03	2단 작업대	700	700	850	1
A04	밧드 테이블 냉장고	900	700	850	1
A05	상부 선반	900	350	770	1
A06	2단 작업대	1200	700	850	1
A07	가스 3구 레인지	1200	600	850	1
A08	2단 작업대	400	600	850	1
A09	가스 튀김기	450	600	850	1
A10	배기후드/유지망/등	2200	750	600	1
A11	냉동·냉장고	1260	800	1900	1
A12	중앙작업대	900	600	850	1

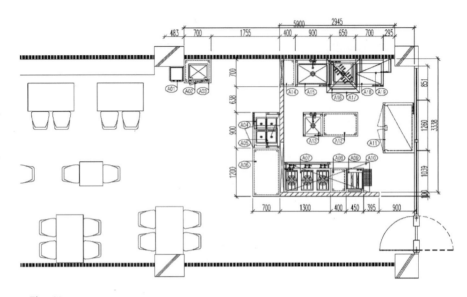

그림 7-20

김밥 전문점 기기 배치 도면

자료: 키친리더

8) 치킨 전문점–주방 4.81평 치킨 배달 전문점

(1) 기본사항

① 업종과 업태: 치킨 전문점

② 주방 면적: 4.81평

③ 설계 포인트

　1. 작은 홀이 있지만 배달을 주로 하는 매장으로 식기세척기 대신 세정대를
　　배치하였다.

　2. 냉동냉장고를 넉넉히 두어 재료 저장에 문제가 없도록 하였다.

　3. 중앙에 작업대를 두어 작업공간을 확보하였다.

(2) 도면

① 주방 도면

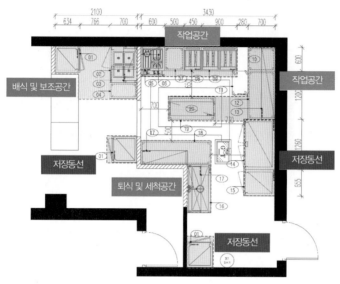

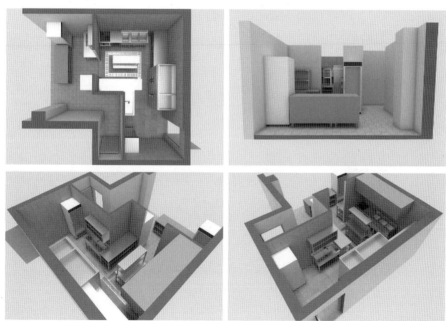

그림 7-21

치킨 전문점 주방 도면

자료: 키친리더

(3) 입고 기기 목록

① 용도에 따른 기기 분류

- 배식기기 : 2단 작업대, 중앙 작업대, 중앙 상부 선반

- 퇴식기기 : 2단 작업대, 1조 세정대

- 저장기기 : 45BOX 올냉장고, 25BOX 올냉동고, 밧드 테이블 냉장고, 음료 쇼케이스

- 작업기기 : 2단 작업대, 이동식 작업대

- 조리기기 : 가스 2구 레인지, 가스 1구 튀김기, 가스 2구 튀김기

② 입고 기기 리스트

순 번	품 목	규 격			수 량
		가 로	세 로	높 이	
1	음료 쇼케이스	BY OTHER			3
2	밧드 테이블 냉장고 /우기계	900	700	850	1
3	상부 선반	900	350	770	1
4	2단 작업대	400	700	850	1
5	가스 2구 레인지	600	600	850	1
6	까치 선반	500	200	200	1
7	2단 작업대	500	600	850	1
8	가스 1구 튀김기	450	600	1000	1
9	가스 2구 튀김기	900	600	1000	1
10	2단 작업대	600	700	850	1
11	이동식 작업대 /삼면 파이프	400	600	800	1
12	파우더 작업대	1200	700	850	1
13	벽 선반	1800	350	550	1
14	45BOX 올 냉장고	1260	800	1900	1
15	25BOX 올 냉동고	655	800	1900	1
16	1조 세정대	1200	600	850	1
17	벽 선반	1200	350	550	2
18	2단 작업대	1800	600	850	1
19	중앙작업대	1200	600	850	1
20	중앙 상부 선반	1200	350	770	1

9) 중식-주방 6.42평 짬뽕 배달 전문점

(1) 기본사항

① 업종과 업태 : 중식 짬뽕 배달 전문점

② 주방 면적 : 6.42평

③ 설계 포인트

1. 아주 작은 홀 및 배달 전문점으로, 주방 안쪽으로 통로 및 창문이 많아 최대한 효율적으로 설계하였다.

2. 면레인지 옆으로 세정대를 두어 면을 헹구는 과정에서 불편함이 없도록 하였다.

3. 중앙 작업대를 두어 재료 손질 시 작업공간이 부족하지 않도록 하였다.

(2) 도면

① 주방 도면

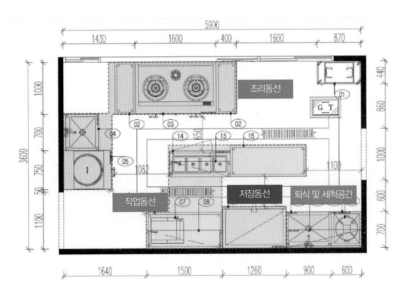

그림 7-22
짬뽕 배달 전문점 주방 도면(계속)
자료: 키친리더

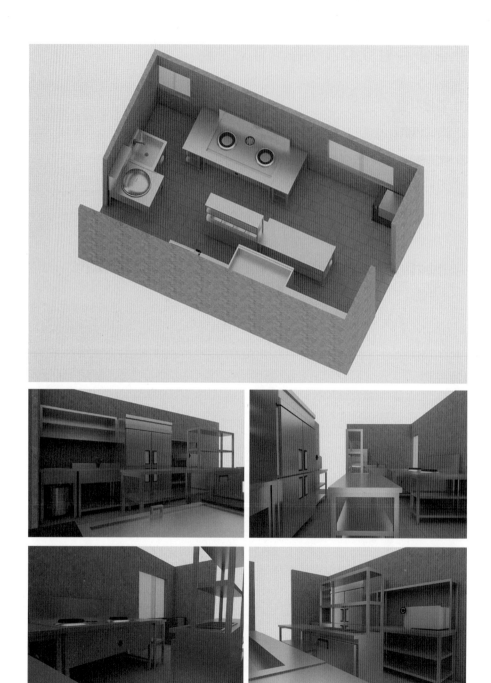

그림 7-22

짬뽕 배달 전문점 주방 도면

자료: 키친리더

(3) 입고 기기 목록

① 용도에 따른 기기 분류

- 배식기기 : 보조 작업대, 중앙 작업대
- 퇴식기기 : 잔반 처리대, 잔반통, 1조 세정대
- 저장기기 : 45 BOX 냉동냉장고, 바트 테이블 냉장고
- 작업기기 : 2단 작업대, 바트 테이블 냉장고, 보조 작업대, 반죽기, 제면기
- 조리기기 : 가스 2구 중화레인지, 가스 면레인지

② 입고 기기 리스트

순 번	품 목	규 격			수 량
		가 로	세 로	높 이	
1	반죽기	870	440	925	1
2	보조 작업대	400	1000	850	2
3	가스 2구 중화레인지	1600	1000	800	1
4	1조 세정대	700	700	850	1
5	가스 면레인지	750	950	1550	1
6	2단 작업대	1500	700	850	1
7	제면기	500	645	360	1
8	상부 선반	1500	350	1500	1
9	45 BOX 냉동냉장고	1260	800	1900	1
10	1조 세정대	900	700	850	1
11	벽 선반	1500	350	550	1
12	잔반 처리대	600	700	850	1
13	잔반통	Ø490		590	1
14	바트 테이블 냉장고	1200	500	850	1
15	상부 선반	1200	300	770	1
16	중앙 작업대	1500	600	850	1
17	가스 2구 튀김기	900	600	1000	1

4. 기존 음식점의 주방 개선 사례

1) 사례 1-퇴식동선 개선

사례 1: 본 음식점의 기존 주방은 전체적으로 배식, 퇴식, 조리 등 동선에는 문제가 되지 않게 설계가 되었다. 주방 내부에서 일하는 직원이 많지 않고 이 레스토랑 특성상 세척할 그릇들이 많이 나오는 곳이 아니어서 퇴식기기에 식기세척기를 제외하고 세정대만을 배치하였었다. 하지만 이 상태에서 고객이 증가하자 퇴식을 담당하는 직원 1인이 상시 퇴식동선에 배치되어야 하는 상황으로 매월 고정 인건비 지출이 증가하는 상황이었다.

따라서 퇴식동선에 기존 냉장고를 빼고, 그 자리에 식기 세척기를 배치해, 퇴식이 원활해지도록 개선하였고, 퇴식을 담당하는 인원을 상주시키지 않아도 되어 인건비도 줄일 수 있게 되었다.

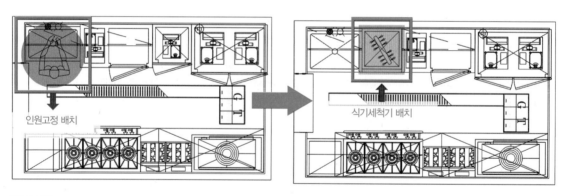

그림 7-23
퇴식동선의 개선 사례
출처: 키친리더

2) 사례 2-복리후생공간 확보

사례 2: 본 음식점은 주방과 홀 공간이 넉넉하게 확보되면서 직원들의 탈의 및 휴식 공간인 복리후생 공간이 마련되어 있지 않고, 물품 보관을 위해 물류창고로 사용하였다. 이렇게 되자 직원들이 홀 쪽으로 들어가는 입구 앞의 복도와 같은 불특정 공간에서 옷을 갈아입게 되었는데, 종종 고객들과 탈의중인 직원들이 마주치는 일도 생기면서 직원, 고객 모두가 불편하고 만족스럽지 않은 경험이 발생할 수밖에 없는 상황이었다.

따라서 본 레스토랑은 물류창고로 사용하던 공간을 외부로 옮겨 사용할 수 있게 하였고, 휴게실 및 탈의실을 구획하였다. 이후 불특정 공간에서 고객과 탈의하는 직원들이 마주치는 불상사가 사라졌고, 직원들은 편하게 옷을 갈아입고, 휴식시간에 편히 쉴 수 있는 공간이 생겨 업무 만족도가 높아졌으며, 일의 능률도 함께 높아졌다.

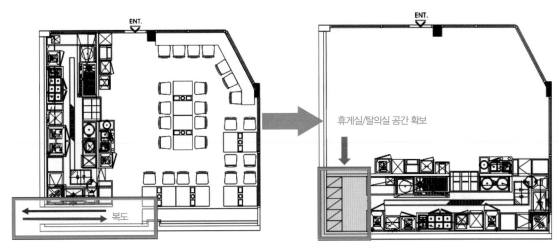

그림 7-24
복리후생공간 확보 사례
출처: 키친리더

3) 사례 3-조리기기 재배치 및 수납공간 확보

사례 3: 이곳은 보쌈이 대표 메뉴인 호프집으로, 호프집의 특성상 대표메뉴 이외에도 메뉴 종류가 상당히 다양해, 저장공간이 많이 필요한 곳이다. 또한 대부분의 메뉴가 가열조리가 필요한 메뉴들로 구성돼 있는데, 기존 주방의 조리기기들이 중구난방으로 분산돼 설치되어 있고, 배기시설은 분산된 조리기기들이 내뿜는 가스와 열기를 잡기에는 미흡해 주방의 온도가 매우 높았다.

업종	보쌈/호프 전문점	
면적	전체 평수: 82.9평 (80%) 주방 평수: 16.2평 (20%)	
메뉴	보쌈류	보쌈 구절판, 보쌈 초무침, 철판 불보쌈
	찌개류	떡볶이전골, 부대찌개, 김치찌개, 된장찌개, 미역국, 황태 해장국, 꼬치 오뎅탕, 짬뽕탕, 순두부찌개, 우동
	볶음/ 부침류	삼겹살구이, 제육볶음, 김치 부침개, 오징어소면, 두부구이, 황태 구이, 계란말이, 계란찜, 도시락, 주먹밥, 콘치즈, 닭갈비, 치즈 등갈비
	튀김류	7종 튀김, 감자튀김
테이블 수	2인: 3EA, 4인: 31EA	
좌석수	130좌석	

따라서 본 개선작업의 주안점은 산발적으로 배치된 조리기기 재배치와 흡배기 시설 재배치로 주방의 온도를 낮추고, 수납공간과 작업공간을 확보하는 것으로 잡았다. 이 외에도 원활한 배수를 위해 트렌치와 그리스트랩을 설치하여 청결한 주방관리가 가능하도록 하였다. 이를 위해 기본 설계가 완료된 후 트렌치/그리스트랩, 전기와 수도 설비도 함께 공사를 진행하였다.

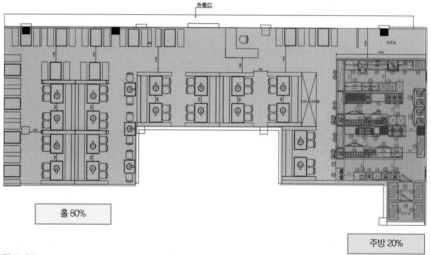

그림 7-25
주방 개선안 설계
자료: 키친리더

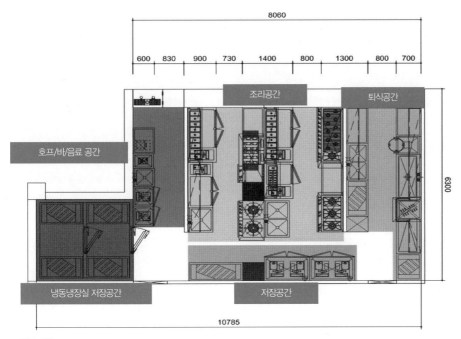

그림 7-26
주방 공간 배치
자료: 키친리더

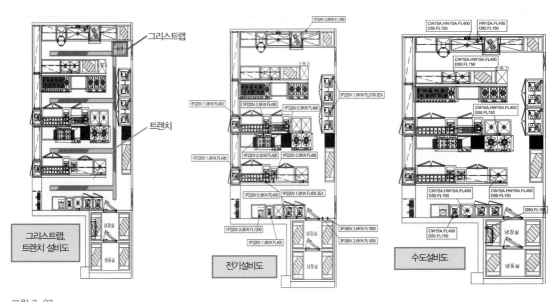

그림 7-27
급배수 및 전기 설비도
자료: 키친리더

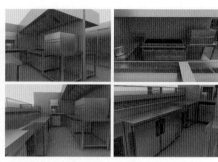

전 1. 한쪽에 배치된 흡/배기 시설이 중구난방으로 배치된 조리기구들로부터 발생되는 열을 잡기에는 미흡하여, 주방 내 온도가 상당히 높았다.

후 1. 흡/배기를 재배치하고, 조리기구들을 배기후드 밑으로 모아 주방 내에 열기를 줄였다.

전 1. 퇴식공간에서 뒷벽이 기울어져 있어 제대로 수납공간을 활용하지 못했다.
2. 흡/배기와 조리기구 사이의 거리가 멀어 주방 내에 열기가 상당히 높았다.

후 1. 기존 냉동/냉장고의 자리에 조리기구들을 배치하였고, 조리기구들이 배치하여 있던 곳에 냉동/냉장실을 설치하여 좁았던 동선을 넓혔다.
2. 흡/배기를 조리기구들과 가까이 배치하여 주방 내에 열기를 줄였다.

전 1. 퇴식동선이 너무 멀어 인력을 한 명 더 배치해야 했다.
2. 퇴식공간에서 뒷벽이 기울어져 있어 제대로 수납공간을 활용하지 못했다.

후 1. 기존의 퇴식라인을 아래쪽으로 배치하여 최소 동선거리를 확보하였다.
2. 기울어져 있는 뒷벽의 공간을 활용하여 작업공간 및 수납공간을 확보하였다.

그림 7-28

주방 컨설팅 전후(계속)

자료: 키친리더

 1. 재질이 목재인 작업대를 사용하여 악취가 났다.
2. 튀어나온 제빙기로 인하여 배식 및 퇴식 동선이 좁아졌다.

 1. 작업대를 모두 스텐레스로 교체하여 내구성을 높이고, 악취를 방지하였다.
2. 캐비닛 작업대를 제작하여 왼쪽하부에 제빙기를 넣어 배식 및 퇴식동선을 넓혔다.

그림 7-28
주방 컨설팅 전후
자료: 키친리더

요약

- 주방 도면은 건축과 인테리어 공사의 각종 요소의 시공 위치와 시공 방법, 완성된 형태 등을 표기한 문서를 가리킨다. 도면은 배치도, 평면도, 입면도, 단면도, 상세도, 투시도, 조감도 등이 있다.
- 도면을 그리기 위해서 사용하는 프로그램은 오토캐드가 일반적인데, 3D도면이 대중화되면서 오토캐드 3D, 라이노, 3D맥스 등의 프로그램도 활용한다.
- 기본적으로 주방의 구조는 식재료의 흐름에 따라 배치되기 때문에 유사한 면이 있지만, 업종, 메뉴, 근무 인원, 서비스 방식 등에 따라 사용하는 기기의 종류, 용량과 수량, 배치 등이 달라진다. 따라서 주방 설계시에는 음식점의 전반적인 콘셉트를 잘 이해하는 것이 중요하다.

연습문제

1. 도면에 사용되는 각종 기호를 숙지하고, 키친리더(www.kitchenleader.co.kr) 홈페이지의 주방 설계 도면을 5개 이상 찾아 읽어보자.

2. 키친리더(www.kitchenleader.co.kr) 홈페이지에서 업종별 3개 이상의 설계 도면과 입고된 기기, 설계 포인트 등을 살펴보며, 실제 음식점 주방이 어떻게 완성되는지에 대하여 이해해 보자.

CHAPTER 8
주방 공사의 실제

1. 주방 공사의 요소

2. 철거 전후 점검사항

3. 공사 관리

4. 주방 공사의 실제

5. 공사 후 점검

8

주방 공사의 실제

학습목표

- 주방 공사의 절차와 요소에 대하여 이해한다.
- 주방 공사의 각 요소별 공사의 내용과 주의해야 할 점을 이해하고, 설명할 수 있다.

1. 주방 공사의 요소

앞서 4장에서 살펴보았듯이 주방 공사는 음식점 공사의 한 과정으로 진행되는 것이 일반적이다.

주방 공사 단계에서는 주방의 기반시설에 해당하는 바닥과 벽, 천장 등의 기초 공사와 함께 급배기 시스템, 급배수, 전기, 가스 등의 시공이 이루어진다. 이번 장에서는 주방에 필요한 각종 공사가 진행되는 순서와 이때 주의해야 할 점 등에 대하여 살펴보도록 하겠다.

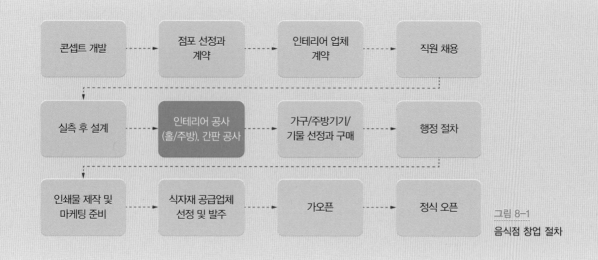

그림 8-1
음식점 창업 절차

2. 철거 전후 점검사항

1) 철거 전 준비

대부분의 공사는 기존 시설의 전체 또는 일부 철거에서 시작된다. 철거 전에는 업체와 함께 정확한 철거범위와 견적을 확인해야 한다.

또한 철거와 각종 공사 항목이 결정되면 철거 범위와 공사 내용 등을 건물주에게 알려야 한다. 특히 덕트 공사는 벽을 뚫거나, 큰 배기관이 건물 바깥으로 자리를 잡아야 하기 때문에, 건물주에게 반드시 알려야 한다. 간판 공사도 벽에 구멍을 뚫고, 전기 공사 등이 필요하기 때문에, 기존 간판 시설 이용뿐만이 아니라 추가 공사가 필요할 경우 이 부분도 함께 알린다.

철거 전에는 만일의 문제 발생에 대비해 철거 전 시설을 사진으로 찍어둔다.

2) 철거 후 확인사항

철거 후에는 철거 전에 드러나지 않았던 점포의 상태를 확인하고 최종 설계와 공사에 반영하기 위하여 다음과 같은 내용을 점검한다.

- 매장내 누수 여부 확인
- 바닥철거 확인(마감재 모두 철거)
- 벽체 개구부 확인
- 철거 후 보양 및 보강작업 필요 여부 확인
- 불법 건축물 여부 확인
- 기존 매장의 기기 및 기물 재사용시 점주 별도 보관 확인
- 도면수정 여부 및 수정된 공정 확인
- 냉난방 배관 및 상하수도 배관 이설 및 증설 여부 확인
- 간판 유무 여부확인
- 최종 도면 확인(전면, 입면, 주방, 덕트, 전기, 간판 등)

3. 공사 관리

설계가 완료되고 공사에 들어가면 공사를 의뢰한 창업자나 경영자(이하 경영자)는 모든 공정이 안전하고 정확하고 신속하게 진행되도록 점검하고, 필요에 따라 다양한 의사결정을 진행해야 한다.

처음 창업을 하며 공사를 진행하는 경우 공사는 뭐가 뭔지 모르게 정신없이 돌아가는 것처럼 느껴지기도 한다. 따라서 인테리어 업체와 충분한 협의를 바탕으로 설계 작업을 진행하면서 각각의 공정과 상세 도면에 대하여 숙지한 후에 공사를 진행하는 것이 좋다.

1) 공사 일정 검토

다양한 공정을 제한된 공사 일정 중에 효과적으로 진행하고, 실제 운영 중에 문제가 발생하지 않기 위해서는 몇 가지 우선순위를 지켜주는 것이 좋다.

(1) 음식점 인테리어 공사의 최우선순위

첫번째로 착공은 주방 바닥 공사로 시작해야 한다. 주방은 바닥에 하수관, 그리스트랩 등을 매립하고, 그 높이에 맞춰 벽돌로 높이를 맞추고, 방수작업과 타일공사 등의 순으로 진행한다. 각 공정별로 굳고 마르는 시간이 필요하다. 특히 주방 바닥에 방수공사가 제대로 되지 않을 경우, 건물 바닥에 물기가 스며들고, 지하나 아래층으로 물이 샐 수 있어 기본 4~5일, 길게는 10일 정도의 충분한 시간을 가지고 1차, 2차, 가능하면 3차까지 꼼꼼하게 시공해야 한다. 따라서 주방은 가장 처음 일정으로 넣는 것이 좋다.

(2) 공정 일정 배치 기준

공정의 배치는 동선이 겹치지 않게 해야 한다.

많은 공정들은 구조를 변경하는 공사와 포장을 변경하는 공사로 나눌 수 있다. 구조 변경 공사들은 포장 변경 공사에 앞서 진행되어야 한다. 공정 배치는 이러한 기준에 따라 우선순위가 정해지고 일정이 결정된다.

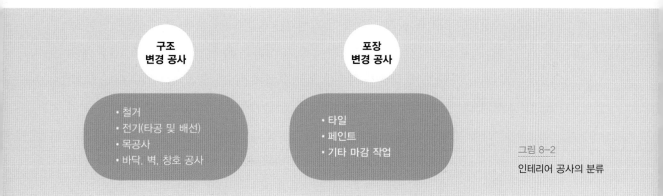

구조 변경 공사
- 철거
- 전기(타공 및 배선)
- 목공사
- 바닥, 벽, 창호 공사

포장 변경 공사
- 타일
- 페인트
- 기타 마감 작업

그림 8-2
인테리어 공사의 분류

공사 일정 안에 효율적으로 공정을 배치하는 것은 주로 인테리어 업체에서 담당한다. 관행적으로 공정을 배치하는 경우도 있겠지만, '그렇게 배치해야만 하는 이유들이 있기 때문'인 경우가 더 많다. 예를 들어 공사 중에 작업 동선이 겹치는 것을 막는다거나, 시공과 양생에 걸리는 시간, 공사의 특성 등을 감안하여 배치하는 것이다. 공사 시 공정 간의 동선이 겹치지 않게 일정과 공간을 배치하는 것은 주방과 음식점 내부 동선을 설계하는 것만큼이나 중요하다. 특히 좁은 면적의 점포에서 공사를 진행할 때 각기 다른 작업을 진행하는 작업자들의 동선이 겹치면 작업 능률이 오르지 않고, 공사 품질에 영향을 준다. 일정과 비용을 줄이기 위해 무리하게 두 가지 이상의 공정을 한 번에 처리하려고 하다 이후에 하자로 더 큰 피해를 볼 수도 있다.

(3) 완공과 오픈 일정

주방공사를 포함한 인테리어 공사는 정식 오픈(그랜드 오픈) 1~2주 전에 마무리하는 것이 좋다. 공사 완료 후에는 이후 1~2주간 가오픈 기간을 가지며 매장의 여러 설비의 시운전과 조리 테스트, 직원 교육, 홍보 마케팅 등을 하며, 공사나 각종 오픈 준비 사항 중 미흡한 부분을 보완하는 것이 정식 오픈 시 직원의 스트레스와 사고를 줄이고 고객의 만족도를 극대화할 수 있는 방법이다.

2) 공정표

공정표는 각각의 공사 공정들이 진행되는 일정을 한 눈에 볼 수 있게 만든 표이다. 공정표는 인테리어 업체가 주로 작성하는데, 철거, 바닥과 벽, 천장 등의 기초 공사와 함께 급배기 시스템, 급배수, 전기, 가스 공사 등이 효과적으로 진행되도록 하기 위해 작성하여 각 공사 담당자들이 공정표의 일정에 맞춰 작업하도록 한다.

공사를 의뢰한 경영자는 공정표의 일정과 공정 내용에 맞춰 각 단계가 진행되고 있는지 점검하고, 혹시 문제가 생기거나, 궁금한 점이 있을 경우 현장 책

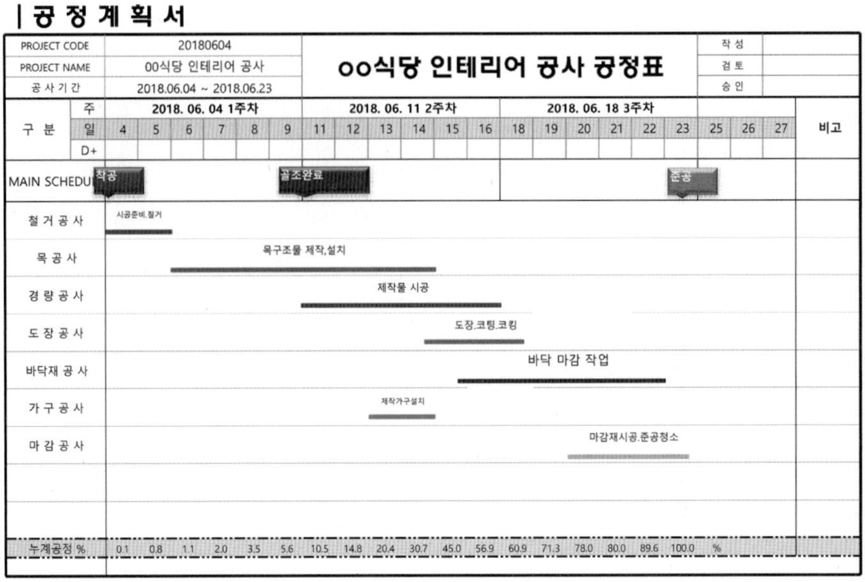

PROJECT CODE	20180604	**oo식당 인테리어 공사 공정표**		작성	
PROJECT NAME	oo식당 인테리어 공사			검토	
공사기간	2018.06.04 ~ 2018.06.23			승인	

구 분	주	2018. 06. 04 1주차						2018. 06. 11 2주차						2018. 06. 18 3주차									비고
	일	4	5	6	7	8	9	11	12	13	14	15	16	18	19	20	21	22	23	25	26	27	
	D+																						
MAIN SCHEDU		착공						골조완료									준공						
철 거 공 사		시공준비.철거																					
목 공 사					목구조물 제작,설치																		
경 량 공 사							제작물 시공																
도 장 공 사									도장.코팅.코킹														
바 닥 재 공 사										바닥 마감 작업													
가 구 공 사							제작가구설치																
마 감 공 사												마감재시공.준공청소											
누계공정 %		0.1	0.8	1.1	2.0	3.5	5.6	10.5	14.8	20.4	30.7	45.0	56.9	60.9	71.3	78.0	80.0	89.6	100.0	%			

그림 8-3
공정표의 예시

임자와 긴밀하게 상의한다.

3) 도면

공사가 진행되는 것은 도면으로 봤던 각종 설비와 기기, 인테리어 요소들이 현실화되는 과정이다. 이때는 각종 도면(평면도, 입면도, 전기배선도, 창호 도면, 급배기 도면, 수도 및 가스 도면, 주방 내 기기배치, 급배수 도면, 가구도면, 등기구표시 도면 등)을 꼼꼼히 확인하고, 도면으로 계획되었던 내용들이 현장에 충실하게 반영되는지 자주 방문하여 살펴봐야 한다.

특히 주방의 기반 시설인 바닥과 벽, 천장 등의 공사 시에는 마감 상태만 확인해서는 안 된다. 각종 배관과 전선 등이 매립되며 방수 공사가 진행되기 때문에, 배관 도면 점검과 함께 공사 후 하자 가능성을 고려해 방수 공사 상태 또한 꼼꼼하게 점검해야 한다.

4) 현장 점검

경영자는 수시로 현장을 방문하지만, 시공 후반에는 초기보다 더 자주 방문하며 각종 설비와 기기 등이 문제없이 설치되고, 잘 작동되는지를 파악해야 한다. 이때 미흡한 부분이 있다면 최종 테스트 이전에 보완되도록 한다.

4. 주방 공사의 실제

1) 주방 바닥/배수 공사

주방 바닥 공사는 바닥 철거-배관 설치 및 방수턱 만들기-방수공사-마감재 시공 순으로 이루어진다.

새로 주방을 만들 때는 이전의 바닥에 남아있던 바닥재를 깨끗하게 철거하고 시작한다. 타일 등의 마감재와 타일본드, 실리콘 등을 제거하고 연마작업 등을 진행한다. 바닥 철거는 새로 시공하는 바닥재가 부서지거나 일어나는 등의 하자를 방지하기 위해 진행한다.

깨끗한 바닥에 주방에서 사용한 물이 흘러 들어갈 수 있는 트렌치와 물 속의 이물질을 걸러줄 그리스트랩, 하수관을 설치하고, 각 설비의 높이를 고려하여 벽돌을 쌓아 방수턱을 만든다.

급수와는 다르게 배수는 수압이 아닌 중력에 의해 흘러가기 때문에, 약간의 경사(1/100~2/100)를 주는 것이 배수가 용이해진다. 배수로는 U자형으로 해야 구석에 이물질이 쌓이는 것을 방지할 수 있으며, 깊이는 15cm, 넓이는 20cm 이상을 확보하는 것이 좋다.

배관의 이음새 부분은 용접으로 고정해야 배관 위에 방수재료와 타일, 주방기기 등이 올라가고, 많은 사람들이 움직이는 지속적인 충격에도 분리되지 않는다.

그림 8-4
바닥 배관과 트렌치 설치
자료: 키친리더

배수관은 100mm 이상의 넉넉한 크기로 선택하는 것이 좋다. 일차적으로 트렌치와 그리스트랩으로 음식물 등을 걸러내지만 배수관에 기름기가 쌓여 굳고, 작은 음식물 등이 흘러들어가 배수관이 막히면 상당한 불편을 겪기 때문이다.

가끔 바닥에 전기나 수도를 함께 매립하여 공사하는 경우가 있는데, 바닥에 매립된 전기선은 누수 발생 시 누전 사고로 이어질 수 있으며, 이럴 경우 바닥을 모두 들어내고 다시 시공해야 한다. 따라서 바닥부분은 전기선이나 수도시설을 같은 층에 매립하지 않는 것이 향후 유지보수 측면에서 유리하다. 만일 수도배관을 바닥에 해야 할 경우에는 모르타르 시공과 방수 공사 등이 마무리된 후 마감재 시공(타일이나 레진 모르타르 등)시 노출 시공을 통해 향후의 하자 보수가 용이하도록 한다.

음식점 주방은 다량의 물을 사용하기 때문에 방수 공사가 제대로 되지 않을 경우, 건물 바닥에 물기가 스며들고, 지하나 아래층으로 물이 샐 수 있어 충

그림 8-5
타일 마감이 완료된 주방 바닥
자료: 키친리더

분한 시간을 가지고 꼼꼼하게 시공해야 한다. 보통 1~3차 정도로 진행하며, 더 꼼꼼하게 할 경우 5차까지 방수공사를 진행하기도 한다.

방수공사가 완료된 후에는 타일이나 에폭시, 레진 등의 마감재를 시공한다.

2) 수도/온수기 공사

(1) 수도 공사

주방 수도관 공사는 수도가 사용될 곳에 수도꼭지나 수도 공급선을 설치하는 작업이다. 이 공사는 벽면 공사가 끝나기 전에 진행한다. 수도관은 배관을 바닥이 아닌 벽면에 매립하여 집기가 벽면에 최대한 밀착하여 설치될 수 있도록 해야 한다. 바닥에 배관을 매립할 경우 배관이 바닥에서 올라와, 그 위에 기기를 설치할 수 없게 되고, 수도관이 나오는 공간만큼을 사용하지 못하기 때문이다.

그림 8-6
벽면에 설치한 수도 배관
자료: 키친리더

(2) 온수기 공사

주방에서는 냉수와 온수 모두 사용량이 많아, 온수기를 반드시 설치해야 한다. 온수는 싱크대, 식기세척기, 면렌지, 육수 렌지, 고객용 화장실 등에서 사용된다.

식기세척기를 사용하는 음식점 주방에서는 뜨거운 물이 안정적으로 나오는 가스 온수기가 적합하고, 카페처럼 식기세척기 사용이 없고, 온수 사용량이 많지 않은 주방은 전기 온수기를 사용하는 것이 적합하다. 이는 전기 온수기와 가스 온수기의 가열 방식이 다르기 때문인데, 가열방식을 잘 이해하고 주방 환경에 따라 맞춰 설치하면 된다.

전기 온수기는 물탱크에 담긴 물을 미리 데우는 방식이다. 가스를 사용하지 않기 때문에 설치가 편리하지만, 물탱크에 담긴 물을 다 사용하면 온수가 다시 나올 때까지 시간이 걸린다는 단점이 있어, 물을 많이 사용하지 않는 곳에 적합하다.

반면 가스 온수기는 온수를 사용할 때 순간적으로 물을 데워 공급해주기

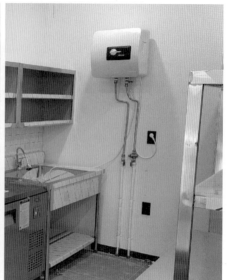

그림 8-7
전기 온수기 설치 장면과 설치 완료된 온수기
자료: 키친리더

때문에 일반적인 음식점 주방에서는 가스 온수기를 사용하는 것이 좋다. 다만 가스 온수기는 기기 가격과 설치비 등이 높은 편이고, 연통이 설치되기 어려운 주방에는 설치할 수 없다는 단점이 있다.

온수기를 설치하기 위해서는 배관과 유지보수를 위한 여유공간이 확보되는 것이 좋으며, 온수 사용량이 많은데, 큰 용량의 온수기를 설치할 충분한 공간이 없을 경우에는 식기세척기 자체에 온수 가열 기능이 있는 제품을 사용하고, 식기세척 이외의 용도를 위한 온수 용량에 맞춰 온수기를 설치하는 방법도 있다.

온수기는 지하수 등의 미네랄 함량이 높은 경수에 사용해서는 안 되므로, 지하수 외의 급수원이 없는 경우에는 전문가와 상의하여 연수와 정수 설비를 갖추거나, 지하수를 사용할 수 있는 전용 온수기를 선정하여야 한다.

3) 벽과 천장 공사

(1) 벽면 공사

벽면 공사는 주방의 방수 공사가 끝난 후에 진행한다. 전기나 수도관 등은 바닥보다는 벽에 매립시키는 것이 안전하고, 공간을 효율적으로 활용할 수 있으므로, 전기나 수도관 공사는 벽면 마감공사 전에 진행한다.

벽은 기존 벽체에 주방에 적합한 재질의 마감재를 시공하는 것이 일반적인데, 주방 벽면에 적합한 마감재는 열에 강하여 변색이나 변질되지 않고 불에 타지 않는 것이어야 한다. 각종 먼지가 주방의 수증기, 유증기와 합쳐져 벽에 쌓이기 쉽고, 각종 음식물이 벽에 튀는 경우가 많으므로, 이물질이 흡수되지 않고, 잘 닦이는 재질로 시공해야 한다. 보통은 오염과 수분에 강한 도자기 재질의 유광 타일을 사용한다. 전체 면을 타일 시공을 하기가 어려울 경우, 화구 주변은 청소가 쉽고, 불에 타지 않는 스테인리스나 함석판을 부착하는 것도 방법이다. 벽과 바닥의 경계는 청소하기 쉽도록 둥글게 처리한다.

그림 8-8
타일과 스테인리스 판넬을 시공한 주방 벽면
자료: 키친리더

(2) 천장 공사

주방 천장은 벽부 마감재와 같이 열과 습기에 강하고, 청소가 용이하고, 불에 타지 않는 재질로 선택한다.

SMC(Sheet Molding Compound)라고 하는 열경화성 수지 천장재는 습기와 열기에 강하고 물세척이 가능하며, 한 장씩 설치 또는 보수가 가능하면서도 저렴해 수영장, 목욕탕, 학교 등의 대형 시설과 주방 천장재로도 많이 사용되고 있다. 하지만 SMC는 불에 타지 않는 난연 소재는 아니기 때문에 소방법이 강화되는 추세에서 주방 마감재로 사용하기에는 부적합하다.

이를 보완하여 나온 DMC(Design Metal Ceiling) 천장재는 SMC와 동일한 성능을 가졌으면서도 아연도금 강판 재질로 SMC보다 난연 등급이 높아 주방 천장재로 사용하기에 적합하다.

또한 주방은 각종 기기와 후드 등의 소음이 많이 발생하므로 소음을 흡수할 수 있는 재질이면 더 좋다. 소음은 평면보다는 표면에 굴곡이 있을 때 잘 흡수

그림 8-9
DMC 천장재를 시공한 구내식당
자료: 젠픽스

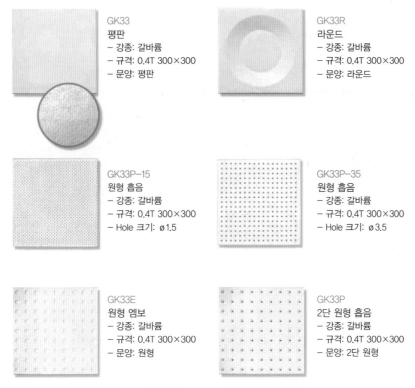

GK33
평판
– 강종: 갈바륨
– 규격: 0.4T 300×300
– 문양: 평판

GK33R
라운드
– 강종: 갈바륨
– 규격: 0.4T 300×300
– 문양: 라운드

GK33P-15
원형 흡음
– 강종: 갈바륨
– 규격: 0.4T 300×300
– Hole 크기: ø1.5

GK33P-35
원형 흡음
– 강종: 갈바륨
– 규격: 0.4T 300×300
– Hole 크기: ø3.5

GK33E
원형 엠보
– 강종: 갈바륨
– 규격: 0.4T 300×300
– 문양: 원형

GK33P
2단 원형 흡음
– 강종: 갈바륨
– 규격: 0.4T 300×300
– 문양: 2단 원형

그림 8-10
흡음 기능이 있는 SMC패널 종류
자료: 이노바텍 코리아

되므로 이를 반영한 마감재를 선택하는 것도 방법이다.

4) 급/배기 시설 공사

(1) 공사 시기와 순서

후드, 덕트 등의 시설 공사는 큰 배기관이 배치되는 공사로 깔끔한 마감을 위해서는 목공사가 끝나기 전에 급/배기 시설 설치를 끝내는 것이 좋다. 만일 목공사 이후에 설치를 진행할 경우, 배관을 위해 목공사가 완료된 부분을 해체하는 일도 발생할 수 있다. 공사 기간은 최대 2일 정도 소요된다.

급/배기 시설은 후드와 덕트, 환풍기와 송풍기, 집진기 등으로 구성되는데,

그림 8-11
설치가 완료된 후드와 덕트
자료: 키친리더

그림 8-12
옥상에 설치가 완료된 덕트와 집진기
자료: ㈜한빛이엔에스

시공 순서는 후드-덕트-집진기-송풍기 또는 후드-덕트-송풍기-집진기 순으로
하되, 집진기는 정기적인 필터 청소가 필요하기 때문에, 청소가 편리한 곳으로

집진기를 설치하는 것이 좋다. 덕트와 집진기 등을 옥상에 설치할 경우, 사다리차나 엘리베이터 이용이 가능한지 등도 함께 검토해야 한다.

(2) 급기 시설 설치

주방의 급/배기 시스템은 주방과 근무자의 위생 확보, 홀 공간의 쾌적감 유지에 크게 영향을 미친다. 주방에서 배기가 잘 되지 않을 경우 주방의 열기, 습기, 기름입자를 포함하여 연소에 의한 폐가스를 배출하지 못해, 심한 경우 하절기 온도가 50°C 가까이 오르고, 상대습도 90%의 찜통 주방의 원인이 되기도 한다.

주방 현장에서 근무하다 자신의 음식점을 갖게 되는 경영자의 경우 급/배기 시스템이 열악한 주방에서 일하며 힘들었던 경험 때문인지 배기 시설에 투자를 하는 경우가 많은데, 급/배기 시스템은 곧 공기 조화 시스템을 만드는 것임을 잘 인지하지 못한다.

앞서 살펴봤듯이 후드, 덕트 등의 시설은 주방에서 발생하는 열기와 수증기, 유증기, 유해 가스 등을 배출하는 '배기' 시스템이다. 배기가 된 만큼의 공기를 다시 공급하는 '급기' 시스템이 함께 있어야 주방에서 사용하는 가스 기기의 완전 연소가 가능해지고, 주방 내부의 압력이 정상적으로 유지되고, 배기 시스템도 원활하게 작동될 수 있다.

앞서 급기를 위해 급/배기가 동시에 이루어지는 후드에 대하여 언급했었는데, 이것은 100만큼의 공기가 배출되면, 40~60% 정도의 외부 공기가 공급되는 형태이기 때문에, 필요에 따라 보완적인 환기설비나 작업이 필요하다. 또한 급기 라인을 설치하는 방법이 있지만, 설치 비용이 높은 편이라 작은 음식점 주방에서는 설치하기 어렵다.

(3) 공조 전문가의 컨설팅

급/배기 시스템은 완성된 음식을 제공하는 음식점의 주방 뿐만 아니라 고깃집이나 샤브샤브 전문점처럼 홀에서 음식을 조리해 먹는 곳에서 그 중요성이 더 크다. 특히 고깃집은 가스나 숯불 등 어떤 연료를 사용하느냐, 몇 개의 테이블을 사용하느냐 등에 따라 덕트 시설의 수나 마력 등이 달라진다. 이런 음식점의 경우 홀에 얼마나 많은 고객이 있느냐에 따라 홀의 온습도, 공기의 질 등이 좌우된다. 따라서 이런 경우에는 급/배기 시설과 에어컨 시설도 함께 설계하여야 고객이 많아지고, 날씨가 더워지는 한여름에도 쾌적한 환경에서 영업이 가능하다.

공조 시스템의 설계와 시공은 많은 노하우가 필요한 부분으로, 고깃집이나 샤브샤브 전문점과 같은 홀의 공조 시스템 설계가 필요한 경우, 인테리어 업체에 함께 공사를 맡기는 것보다 공조 전문가의 도움을 받는 것이 더 효과적인 공간 설계와 시공이 가능하다.

5) 전기 공사

(1) 전기 공사의 주의사항

① 전기 승압: 사용할 전기 용량보다 건물의 전기 용량이 부족할 경우, 한전에 승압을 신청하고, 공사를 진행해야 한다. 이때 건물전체에 할당된 전력량과 점포의 고유 전력 할당량을 먼저 확인한 후 승압 절차를 진행해야 건물 전체의 승압비용을 경영자가 부담하는 일이 생기지 않는다.

② 공사 시기와 담당자 지정: 전기 공사는 복잡한 전선들이 설치되는 공사이기 때문에 덕트 공사와 마찬가지로 목공사 전에 공사가 진행되는 것이 좋다.

주방 전기 공사의 경우, 분전반에서 스위치까지의 공사를 전기 시공업체에서 담당하는 경우가 일반적이다. 기타 배선의 경우 주방기기 측에서 담당하기도 하나, 업체 간의 공사 내용과 담당자, 시공 계약 등에 대하여 명확하게 하는 것이 추후 관리나 하자 보수 시에 유리하다.

③ 접지: 전선이 벗겨지거나, 선이 끊어져 노출된 상태에서 전선이나 기기를 만지게 되면 전기가 사람 몸을 통해 땅으로 전기가 흐르게 되면서 부상 또는

사망 등 큰 사고로 이어지게 된다. 이를 막아주는 것이 접지(接地)이다. 접지란 기기의 전기기기를 전선을 통해 땅과 연결하여 기기와 지구와의 전위차가 0볼트가 되도록 하는 것으로, 접지는 감전을 예방하는 확실한 방법이다. 주방은 습기가 많고, 물을 많이 사용하기 때문에 감전 등의 사고를 막을 수 있도록 접지에 신경써야 한다.

④ **콘센트, 스위치의 위치와 수 :** 콘센트와 스위치는 주방 바닥에서 최소 1.2m 정도 떨어져 있도록 설치하는 것이 좋고, 물이 닿기 쉬운 곳에는 방수 콘센트 커버를 설치하는 것이 좋다.

그림 8-13
방수 콘센트 커버

　주방 안에서는 초기 설계에서는 예상하지 못한 다양한 전기기기를 사용하는 경우가 많기 때문에 콘센트는 충분히 설치하는 것이 좋다. 도면에서 전기 배선은 확인할 수 있지만, 콘센트의 위치와 높이, 개수 등까지 확인하기는 어렵다. 설계 시에 반드시 세부적인 콘센트 설치 계획을 확인하고, 자신의 의견을 반영하여 넉넉하게 콘센트를 설치하도록 한다.

　만일 콘센트가 부족한 경우 멀티탭 등으로 전원을 연결하는데, 멀티탭에 물이 닿거나 문어발식 사용으로 감전, 누전, 화재 등의 사고가 나거나, 전선 사이에 먼지나 음식물 등이 남아 위생적이지 않고, 전선 정리를 잘못했을 때 선에 걸려 넘어지는 등의 사고가 날 수도 있다.

⑤ **누전차단기 분리 설치 :** 누전차단기를 설치할 때는 일괄적으로 모든 전기기기를 연결하는 것이 아니라, 기기별로 분리해서 설치해야 한다. 다시 말해 상시 운영되어야 하는 냉장, 냉동고 등과 조리기구, 후드, 에어컨, 조명 등을 분리하여 차단기를 설치해야 누전차단기가 내려감으로 전기기기가 작동하지 않아 냉장, 냉동고의 식재료 변질 등의 2차 피해 발생을 막을 수 있다.

⑥ 용량에 맞는 전선 사용: 전기공사를 할 때 비용 절감을 위하여 용량이 낮은 전선을 사용하는 경우가 종종 있는데, 이 또한 전선 과열로 화재 발생의 요인이 되기도 한다. 따라서 큰 용량의 전기를 많이 사용해야 하는 주방에서는 기본적으로 요구되는 전기 용량의 전선보다 한 단계 위의 용량을 가진 전선을 사용하는 것이 안전하다.

6) 가스 공사

(1) 공사 시기

가스 배관 공사는 가스 사용 기기들의 배치를 확정한 후 배관 설계를 확정하고, 현장 담당자에게 가스 사용 기기의 위치를 정확하게 알려주어 계획한 위치에 배관이 위치하게 한다. 주방기기의 배치 계획이 결정되지 않은 상태에서 가스 배관을 할 경우, 설계와는 상관없이 가스 배관 위치에 기기를 배치하여 비효율적인 공간 구성을 해야 할 수도 있기 때문이다. 이런 이유 때문에 아예 주방의 후드를 포함한 각종 설비와 기기류가 모두 입고 및 설치가 완료된 후에 가스 배관을 설치하는 방법도 있다. 이렇게 할 경우 최적의 위치에 가스 배관을 설치하여 공간의 낭비를 막을 수 있다.

(2) 가스 사용량의 검토

보통 도시가스의 경우 사용량의 제한 없이 가스를 사용할 수 있지만, 오래된 건물은 LPG 가스통을 거치하여 사용하는 경우도 있다. 이런 경우에는 배관 문제와 화력, 충분한 가스통 거치 공간 등을 점검해야 한다. 구체적으로 주방에서 사용할 화구의 개수와 가스 화력, 필요에 따른 도시가스 교체 가능 여부를 미리 체크하는 것이 좋다. 특히 중식처럼 순간적으로 강한 화력을 필요로 하는 업종일 경우에는 가스 사용량이 더욱 중요해진다.

(3) 가스 배관 설치

신축건물이나 다른 용도로 사용되던 점포를 임차하는 경우라면 가스관이 건물 외벽까지만 연결돼 있는 경우도 있지만, 음식점으로 운영됐던 점포일 경우 가스배관은 내부로 이미 연결돼 있는 것이 일반적이다. 신규로 가스관을 연결할 경우, 설치해야 하는 가스관의 길이에 따라 비용이 달라지게 된다. 이를 절감하기 위하여 도시가스(LNG) 대신 액화석유가스(LPG)를 여러 대 연결해 사용하기도 하는데, 이럴 경우 관리에 들어가는 불편함이 더 커질 수 있으며, 사용량을 대비한 비용 차이가 크지 않기 때문에, 가능하면 도시가스를 사용하는 것이 편리하다.

도시가스 배관은 건물 외부에 잘 보이도록 설치하여 수시로 점검할 수 있도록 하며, 화재 위험을 줄이기 위해 전기 배관과 떨어지게 설치한다. 도시가스는 공기보다 가벼운 성질이 있어 가스 누출 감지기를 천장에 설치한다.

프로판 가스의 경우 기기와 연결할 때 고무관을 사용하기도 하는데, 가스 누출의 위험을 막기 위해 금속관을 사용하는 것이 안전하다. 프로판 가스는 공기보다 무거워, 가스 누출 감지기를 낮은 곳에 설치한다.

그림 8-14
여러 대의 LPG 용기를 연결해 설치한 음식점
자료: 키친리더

그림 8-15
금속 배관을 설치한 간택기와 그리들
자료: 키친리더

5. 공사 후 점검

모든 시공과 기자재의 배치 등이 완료된 후에 경영자는 담당자와 함께 각 요소가 문제없이 시공 및 설치되었는지 확인한다.

1) 공사 후 점검 항목

공사 후 공사 담당자와 바로 점검해야 할 요소들은 다음과 같다.

(1) 출입문
- 각 출입문의 설치와 잠금장치 설치 등은 잘 되었는가?
- 경첩의 조정이 필요한 부분은 없는가?

- 자동문의 경우, 센서의 감도는 적절한가? 문이 열고 닫히는 속도는 적당한가?

(2) 벽, 천장, 바닥

- 각 부분의 마감은 깔끔하게 되었는가? 특히 구석부분의 마감 상태는 어떠한가?
- 벽과 바닥의 이음새 부분은 둥글게 처리되었는가?
- 공간별 조명의 밝기는 적당한가?
- 타일공사 부분은 줄눈 시공이 잘 되었는가?

(3) 주방설비와 기기

- 전기, 가스, 급수, 배수, 급배기 설비 등은 계획된 위치에 계획된 수량으로 정상적으로 설치되었는가?
- 트렌치와 그리스트랩의 설치는 잘 되었으며, 배수는 잘 되는가? 역류는 발생하지 않는가?
- 각종 기기는 주문한 스펙으로 입고되었는가? 설치는 정상적으로 되었는가?
- 기기들은 정상적으로 작동하는가?

즉시 점검이 끝난 후에는 바로 완공을 승인하는 것이 아니라, 실제로 음식점을 운영하는 것과 동일하게 음식을 조리하고, 냉장, 냉동고, 각종 기기류와 공조시설 등의 작동, 배수 테스트 등을 진행한 후에 공사 완료를 결정한다.

이렇게 오랜 기간을 거쳐 설계하고, 공사를 진행해도 다양한 이유들로 문제점들이 나타나는 경우가 있다. 초기에 생기는 하자는 업체에게 수리나 보수를 요청할 수 있지만, 많은 하자들이 음식점을 운영하는 도중에 발생하기 마련이다.

빈번하게 발생하는 문제들과 점검사항, 개선안을 표 8-1에 정리하였다. 이러한 내용을 참고하여 쾌적하고 안전한 주방환경을 관리하도록 노력해야 한다.

표 8-1. 주방설비의 문제점 분석과 개선안

문제점	점검사항	개선안
통풍이 안되고 덥다	지하에 위치하고 있는가? 창문이 없거나, 가려져 있어 자연환기가 어려운가? 배기가 안될 만한 문제가 있는가? 환기/배기 시설이 노후되어 보수가 필요하지 않은가?	자연환기가 가능하도록 창문을 가린 물체를 이동시킨다. 배기시설의 점검과 노후된 흡배기 시설 개선한다. 공기순환기(에어 서큘레이터)를 설치한다.
잡음이 심하다	벽면 방음 또는 흡음 시설이 설비되지 않는가?	흡음 재질로 천정이나 벽면 시공한다. 특정 기기의 소리가 심하다면 바닥에 흡음 코팅 또는 방음벽을 설치한다.
냄새가 심하다	배수구조에 문제는 없는가? 청소 상태는 적절한가?	그리스트랩과 하수구조 점검 및 보완한다. 청소 문제 확인 및 개선한다.
작업장이 너무 어둡다	조명이 노후되거나, 청소상태가 불량한가? 지하에 있거나 창문이 없어 자연채광이 부족한가?	노후된 조명기구와 전구의 교체한다. 작업공간 조명기구 추가한다.
음식이 식어서 나온다는 불만이 제기됨	주방과 홀의 거리가 너무 멀지 않은가? 주방 내부 평균 온도가 너무 낮은가?	배식동선의 레이아웃 개선한다. 완성된 메뉴 대기 공간에 워머 설치로 음식 보온을 유지한다.
주방과 홀 간 의사소통 어려움	홀과 주방의 거리가 너무 멀지 않은가? 주방이나 홀의 소음이 크지 않은가?	서비스 동선 체크 및 개선한다. 홀 내에 주문 입력 시스템 설치 및 주방 내 주문 디스플레이 모니터 설치한다.
서빙 중 충돌이나 떨어뜨리는 등의 사고 발생	서비스 동선이 충돌되는가? 서버가 메뉴를 가져가는 방법은 합리적인가?	서비스 동선 분석 및 개선한다. 덤웨이터 설치나 카트 이용 등의 고려한다.
주방 바닥이 항상 젖어 있고, 미끄러지기도 함	바닥이 미끄럼 방지 재질인가? 바닥은 수평이 잘 맞고, 배수가 잘 이루어지는 구조로 돼 있는가? 배수구가 좁거나 청소상태가 좋지 않은가?	바닥을 미끄럼방지 재질로 교체하거나, 미끄럼방지 스티커를 부착한다. 수평 공사를 다시 한다. 바닥의 물기를 없애는 청소도구를 제공하고, 배수구 청소와 바닥 청소에 대해 교육한다.

자료: 김영갑, 강동원(2018).

- 주방 공사 단계에서는 바닥과 벽, 천장 등의 기초 공사와 함께 급/배기 시스템, 급/배수, 전기, 가스 등의 시공이 이루어진다. 공사 절차는 현장이나 업체마다 다를 수 있지만, 주방 바닥 공사를 시작으로 급/배수, 벽과 천장, 급/배기, 전기와 가스 공사 순으로 진행한다.

- 주방 바닥 공사는 철거–배관 설치–방수공사–마감재 시공 순으로 이루어진다. 바닥에는 수도관이나 전기선은 매립하지 않는 것이 향후 운영 시에 유지보수가 편리하다.

- 수도관 공사는 수도가 사용될 곳에 수도꼭지나 수도 공급선을 설치하는 작업으로, 벽면 공사가 끝나기 전에 진행한다. 수도관은 벽면에 매립하는 것이 공간활용에 유리하다.

- 벽면과 천장 공사는 방수공사 후에 진행하며, 열과 습기, 오염에 강하고 불에 타지 않는 소재를 선택해야 한다.

- 급/배기 공사는 목공사가 끝나기 전에 진행하는 것이 좋고, 시설 공사 시에는 급기와 배기 모두를 고려하여 설비를 선정, 시공해야 한다.

- 음식점에서는 전기기기를 많이 사용하기 때문에, 사용하려고 하는 기기류의 소비 전력을 검토하여 용량이 부족할 경우에 반드시 전기증설 공사를 진행해야 한다. 전기 공사도 목공사 전에 진행하는 것이 미관상 좋다. 전기 공사 시에는 콘센트와 스위치의 위치, 수, 누전차단기 분리 설치 등에 유의해야 한다.

- 가스 공사는 각종 설비와 기기류가 모두 입고된 후에 진행하면 공간의 낭비를 줄일 수 있다.

- 공사가 끝난 후에는 정식 오픈까지 충분한 시간을 갖고 기기류와 설비 등을 점검하고, 실제 음식 조리 등을 진행하며 오픈을 준비하는 것이 좋다.

1. 직접 음식점 및 주방 공사를 해본 경험이 있다면, 주방 공사 절차 중에 어떤 점이 어려웠는지, 실제 운영하면서 공사 때 보완했으면 좋았을 부분들이 있는지 생각해 보고, 어떻게 했으면 좀더 효율적으로 공사를 진행했을 지에 대하여 생각을 정리해보자. 직접 공사를 해본 경험이 없다면, 주변의 음식점 경영자의 이야기를 들어봐도 좋다.

2. 책에서 다루지 못한 각 요소별 음식점 공사의 세부적인 시공 절차들을 찾아보고, 자신의 언어로 내용을 정리해보자.

CHAPTER 9
주방기기의 이해

9

주방기기의 이해

학습목표

- 주방기기의 정의를 이해하고, 주방 설비, 기물과의 차이점을 설명할 수 있다.
- 주방기기에 사용되는 소재를 이해하고, 설명할 수 있다.
- 주방기기 선정 기준을 이해하고 설명할 수 있다.
- 주방의 구역별 기기는 어떤 것들이 있는지 이해한다.

1. 주방기기의 이해

1) 주방기기의 정의

(1) 주방기기의 정의

주방기기(機器)란 음식 조리를 위해 사용하는 기계류를 뜻한다. 보통 전기기기들이 많아 '주방 가전'으로 분류되지만, 가스를 사용하거나, 무전원으로 작동되는 기기들도 있기 때문에, '주방기기'라는 표현이 적합하다.

(2) 주방설비, 기기와 기물의 구분

많은 이들이 주방설비와 기기, 기물 등의 개념을 명확하게 이해하지 못한 채용어를 사용한다. 이는 단순한 의사소통의 문제 뿐만이 아니라, 주방설계와 공사에서 혼란을 줄 수 있기 때문에 명확하게 구분할 수 있어야 한다.

주방설비(設備)는 주방에서 업무를 할 수 있도록 돕는 설비류를 말한다. 벽과 바닥, 급수와 배수를 위한 상하수도, 가스 배관과 전기 배선, 조명과 환기, 온도조절 등의 공기조화(공조) 시설 등이 주방 설비에 속한다.

주방기기는 앞서 이야기한대로 음식 조리와 보관 및 기타 주방의 업무를 위해 사용하는 레인지, 오븐, 냉장고, 식기세척기 등 각종 기계를 뜻한다.

주방기물(器物)은 음식을 담고, 조리할 때 사용하는 조리도구와 각종 소도구 등을 뜻한다.

그림으로 치자면, 주방 설비는 일종의 밑그림이고, 주방기기는 채색, 기물은 채색 후 세부적인 요소를 그려 넣는 작업과 같다.

2) 스테인리스의 이해

스테인리스는 싱크나 작업대, 선반, 냉장고 등 주방기기에 가장 널리 이용되는 소재이다. 스테인리스는 성분 배합에 따라서 이름이 달라지고, 용도도 달라진다. 여기서는 주방기기로 사용하는 스테인리스 재질에 대해 살펴보겠다. 이를 토대로 용도에 맞는 스테인리스 소재를 고를 수 있도록 하자.

(1) STS 201(스테인리스 24종)

STS 201(또는 SUS 201[1]), 스테인리스 24종은 고가인 니켈 소재 비중을 줄이고 (1% 미만), 철 82%, 크롬 18% 구성으로 생산하는 스테인리스이다. STS 304에 비해 부식이 잘 되고, 관리 소홀 시 녹이 발생되기도 한다. 자석에 붙는 성질이 있다.

가격이 저렴해서 가장 대중적으로 사용되는 스테인리스 재질로, 프랜차이즈

---

1 STS, SUS, SST 모두 스테인리스 스틸을 표기하는 약자이다. STS는 STainless Steel의 약자로, 한국공업규격(KS)의 공식 표기 방법이며, SUS는 Steel Use Stainless의 약자로, 일본에서 주로 사용한다. SST는 Stainless Steel의 약자로, 미국에서 사용하는 표기 방법이다.

나 일반음식점에서 많이 사용한다. 스테인리스 주방기기들은 주로 상부 0.7T, 하부 0.5T의 두께로 제작된다.

(2) STS 304(스테인리스 27종)

STS 304는 철 74%, 크롬 18~20%, 니켈 8~10.5%로 구성된 스테인리스로, 열과 저온, 충격에 강하며, 쉽게 부식되지 않고 녹이 잘 슬지 않는 대신 가격이 비싸다. 주방기기, 주방 기물과 의료기기, 항공기 용으로 사용된다. 관공서나 학교, 호텔, 병원 등 단체급식소에서 내구성을 고려하여 선택하는 경우가 많다. STS 304는 자석이 붙지 않는 특징이 있다.

(3) STS 430

이 외에 STS 430 재질도 사용하는데, STS 430은 크롬이 18% 함유되고, 니켈이 함유되지 않은 스테인리스로, 성형이 편리하고 강도가 높고 산화반응에 강

STS 304(스테인리스 27종)

성분: 니켈(Ni) 8~10.5% 함유
　　　크롬(Cr) 18~20% 함유
· 충격에 강하며, 쉽게 부식되지 않음
· 녹이 잘 슬지 않음
· 보통 스테인리스 27종으로 부름
· 내식성, 내열성, 저온 강도를 가짐
· 자석에 붙지 않음
· 18-10으로 표기(크롬 18%, 니켈 10%가 함유됨을 뜻함)

STS 430(스테인리스 24종)

성분: 크롬(Cr) 18% 함유
· STS 304(스테인리스 27종)에 비해 잘 부식 되지만, 강도가 우수함
· 관리 소홀 시 기름, 염분, 수분 등에 의해 녹이 발생할 수 있음
· 자석에 붙는 성질이 있음

그림 9-1
음식점에서 주로 사용되는 스테인리스 소재의 비교
자료: 주방뱅크

하며, STS 201이나 STS 304에 비해 가격이 저렴해 많은 건축이나 자동차 산업에서 사용한다. 주방기기에도 사용하긴 하지만, 염분과 수분 등에 약해 부식되기 쉬워, 물과 염분 사용이 많은 일반적 주방에서 사용하기에는 적합하지 않으며, 커피전문점이나 호텔의 영업주방 등 건식 주방에서 사용하는 것이 적합하다. 자석에 붙는 성질이 있다.

2. 주방기기 선정 기준

주방기기를 선정할 때에는 기본적으로 이 기기가 꼭 필요한 지 먼저 고려한 후 주방의 크기와 인원, 업종과 업태 등을 우선적으로 고려하며, 입고-전처리-조리-서비스 등의 식재료의 흐름, 그에 따른 공간을 고려하여 기기의 종류와 배치 위치를 선택해야 한다.

　또한 주방기기는 오랜 기간 사용하며 음식점 영업에 도움을 줄 수 있어야 하므로, 단순히 돈을 쓴다는 개념이 아니라, 투자의 개념으로 이해하고 신중하게 기기를 선정해야 한다. 구매 시 무조건 저렴한 가격이 아니라, 음식점 영업 시에 인건비와 운영비 절감, 안전사고 감소 등에 도움을 줄 수 있는지, 유지관리에 구매 가격만큼 비용이 들어가지는 않는지 등 다양한 요소를 고려하여 선택하여야 한다.

1) 필요성

주방기기를 구매하기 전에는 우선 꼼꼼한 메뉴 계획을 통해 해당 조리기구가 반드시 필요한지, 생산 능력이 계획하는 판매량에 적합한지, 음식의 품질이나 작업자의 업무 효율을 향상시킬 수 있는지 또는 메뉴 생산 원가를 절감할 수 있는지 등을 검토하여야 한다.

- 기기의 처리 능력(1시간 단위 생산량 또는 1일 생산량 등): 점심시간에 얼음 사용량이 60kg인 카페에서 1일 생산량이 100kg인 제빙기를 구매했는데, 1시간 얼음 생산량이 4~5kg 정도라 하면 그 카페는 점심시간이면 얼음 부족에 시달리게 될 가능성이 크다.
- 작업 비용과 시간 절약 가능성

2) 기기의 크기와 배치

주방기기를 구매하기 전에는 기기의 크기와 배치할 공간에 대해 고려해야 한다.

- 향후 음식점의 운영 방향성이나 성장성에 대응 여부-메뉴 구성이나 서비스 방식이 변경되면, 사용하게 되는 기기의 생산량이나 저장공간 등에도 변화가 발생한다.
- 향후 추가 시설의 필요성과 여유 공간의 확보 필요성-새로운 메뉴가 추가되면서 새로운 기계를 놓아야 하는 상황이 되었는데, 기존 주방 공간이 부족하여 새로운 기계를 놓을 수 없는 상황이 되어 신메뉴 출시를 포기하거나, 기존 메뉴를 어쩔 수 없이 정리해야 하는 경우도 심심치 않게 발생한다.

3) 비용

(1) 초기 구매비

주 5일 오전 11시부터 저녁 9시까지 영업하는 오피스 상권의 음식점과 365일 24시간 영업하는 휴게소의 음식점에서 식기세척기를 구매한다고 생각해 보자.

휴게소라면 때때로 대형 버스로 방문하는 많은 고객들을 대상으로 영업하며 나오는 식기를 세척해야 하고, 1년 내내 24시간 작동해야 하기 때문에 초기 구매가격이 비싸더라도 내구성이 좋아야 한다. 반면 오피스 상권의 음식점은 점심과 저녁 1~2회전씩을 소화해 낼 정도의 식기세척기면 충분하기 때문에 휴게소의 음식점보다 초기 구매 비용이 저렴한 식기세척기를 구매해도 큰 문제가 없다.

이처럼 단순히 초기 구매비가 저렴한 것을 구매하는 것이 아니라, 자신의 매장의 운영 방식과 콘셉트 등에 따라 기기의 사양이나 기능, 구매비용을 결정할 수 있어야 한다.

(2) 기기 설치비

일반적으로는 기기 설치비를 따로 요구하는 경우는 많지 않으나, 다음과 같은 경우에 기기 설치비가 지출될 수 있다. 또한 전기 사용량을 늘리기 위한 전기 승압 공사가 필요한 상황이 발생하기도 한다. 이때 승압 공사를 하지 않으면 기계 사용시 차단기가 계속 떨어지거나, 아예 기기를 사용하지 못하는 등 운영에 큰 불편을 겪을 수 있다.

따라서 다음과 같은 일이 발생하기 전에 필요한 전기나 급/배수, 급/배기 시스템의 사양을 확인하고, 기기를 선정해야 예상치 못한 비용의 발생을 막을 수 있다.

- 전기 조리기구 설치 시 전기배선 작업이 추가되는 경우
- 레인지 등 가열 조리기구 설치 시 환기시스템의 추가
- 후드 교체 시 덕트 작업의 추가가 필요한 경우
- 대형 회전 국솥 등 설치 시 주방 바닥에 트렌치를 추가해야 할 경우

(3) 운영비

운영비는 기기를 사용하는 데 들어가는 에너지원의 효율과 관련이 깊다. 초기 투자 비용이 조금 높더라도, 에너지 효율이 높은 제품을 선택하는 것이 장기적으로 많은 이익을 가져다 줄 수 있다. 가스나 전기 소비량에 대한 내용은 기기 사양 정보에서 확인할 수 있다.

특히 탄소배출 절감을 위해서나 안전성을 고려하여 가스 기기에서 전기기기

제품 사양

모델명	HGO-0161
제품규격	W 901 × D 848 × H 885(mm)
팬용량	6 × 1/1 GN (6단)
제품중량	132 kg
선반가격	74 mm
급수	15 A
배수	32 A
가스	15 A
가스소비량	LNG-15,500kcal/h
	LPG-1.3kg/h
사용전압	AC 220V (450W)

그림 9-2
가스 스팀오븐의 간략한 사양표
자료: 주방뱅크

로 전환하는 사례가 증가하면서 전기 누진세도 무시할 수 없는 부분이 되고 있다. 따라서 운영비를 고려할 때는 전체적인 전기 사용량에 따른 누진세 비율을 함께 검토하여야 예상치 못한 운영비 발생을 최소화할 수 있다.

(4) 유지 및 보수 비용

기기의 유지보수 비용은 기기의 유지를 위한 소모품의 구매 빈도나 교체해야 하는 소모품의 수량, 가격, 기기를 유지하기 위해 필수적으로 들어야 하는 보험료 등에 따라 달라진다. 또한 소모품을 교체하거나 유지보수를 위하여 담당 업체에서 방문할 경우, 출장비 등이 발생한다.

또한 사용이 불가한 고장이 발생한 경우, 기기 수리를 위하여 특정 메뉴의 조리가 불가능해질 수 있고, 수리를 위하여 대체 기구나 인력이 추가되면 그에 대한 비용이 함께 발생할 수 있다. 따라서 내구성이 좋은 제품을 선택하는 것은 유지보수 비용의 절감과도 관련이 있다.

또한 기기를 사용하는 지역에 따라서도 유지 보수 비용이 달라질 수 있는데, 에스프레소 커피머신을 예로 들어보자. 사용하는 물의 경도(미네랄의 비율)에 따라 같은 기간을 사용하더라도 커피머신 내부 보일러에 침전되는 석회질의 양이 달라질 수 있다. 보일러에 석회질이 침전될 경우 커피 추출이 제대로 되지

그림 9-3
에스프레소 머신 내부 스케일링 전후
자료: Whole Latte Love on YouTube

않고, 커피 맛에도 영향을 주기 때문에 커피머신을 분해하여 며칠간 석회질 제거 작업을 진행해야 한다(스케일링). 이 경우에는 커피머신 한 대로 영업하는 보통의 커피전문점에서는 영업이 불가능해진다. 우리나라에서 상수도를 사용하는 지역에서 3년 정도 커피머신을 사용하면 스케일링이 필요하다고 통상적으로 보고 있으나, 지하수를 사용하거나 물의 경도가 높은 지역이나 국가라면 이보다 더 높은 빈도로 스케일링을 해야 할 수도 있다.

(5) 인건비

새로운 기기가 근무자의 작업량이나 작업의 난이도를 줄여준다면 장기적으로 볼 때 인건비가 줄어드는 효과를 가져온다. 갈비나 삼겹살 전문점에서 주방 직원이 불판도 세척하도록 하여 주방 근무자를 3명으로 운영하고 있었다가 불판 세척기를 구매했다고 생각해보자. 불판 세척 업무를 포함하여 2.5명 정도가 근무할 수 있게 된다면 2인의 풀타임 근무자와 파트타임 근무자로 변경하면서 불판 세척기를 구매하는 비용을 곧 보전하고, 직원의 근무 만족도를 올려주며 인건비를 절감할 수 있게 된다.

(6) 제품 수명

제품 수명은 기기의 내구성이 가장 큰 변수가 되지만, 사양이 같은 제품이라고 했을 때는 사용자의 관리 환경이나 사용 빈도, 유지보수 횟수 등에 따라 달라진다. 잘 관리한다면 회전 국솥은 25년 이상도 사용이 가능하지만, 적절하게 관리하지 못한다면 그 수명은 10년, 5년으로 줄어들 수도 있을 것이다. 제품 수명은 회계상 감가상각에서도 중요한 요소가 된다.

또한 사용 환경에 따라 제품 수명이 달라질 수 있다.

내륙에서 운영하는 음식점과 바닷가에서 운영하는 음식점은 특정 기기나 설비의 유지 기간이 다를 수 있다. 바닷가는 내륙에 비해 습도가 높고, 염분에 노출될 가능성이 높아, 해변에 음식점을 창업한다면, 비용이 올라가더라도 수분과 염분에 강한 스테인리스인 STS 304(27종) 소재로 된 기기를 선정하는 것이 좋고, 기기의 사용 연한은 내륙보다 비교적 짧을 수 있다는 점을 이해해야 한다.

표 9-1은 하루 2~3회의 식사를 제공하는 곳에서 지속적으로 유지관리를 한다고 가정했을 때 일반적인 기기들의 수명을 표기한 것이다. 그러나 이것은 기기의 내구성이나 사용 환경에 따라 매우 달라질 수 있으므로, 기기를 선정하기 전에는 앞에서 언급한 내용들을 모두 검토하며 자신의 매장 운영 상황에 가장 적합한 기기를 선정하도록 전문업체와 상담을 진행하는 것이 좋다.

표 9-1. 주방기기의 예상 수명

기기명	평균수명(년)
컨벡션 오븐	7~10
데크 오븐	10~15
로터리 오븐	12~20
믹서기	15~25
레인지	10~15

(계속)

표 9-1. 주방기기의 예상 수명(계속)

기기명	평균수명(년)
회전 국솥	10~25
야채 다지기	10~15
버티컬 믹서기	12~15
그릴	7~12
튀김기	7~12
브로일러	7~12
스티머-중 · 고압형	10~15
스티머-컨벡션	7~12
창고형 냉장/냉동고	12~20
선반형 냉장/냉동고	7~12
커피언(Urn)	7~12
식기세척기	10~15
스테인리스 작업대/싱크/선반	25~40
제빙기	5~8
후드/환기시스템	10~15

자료: Birchfield et al.(2003)

4) 기기의 사양

(1) 기기의 성능

기기의 성능은 일단 원하는 기능을 얼마나 잘 수행할 수 있느냐로 판단한다. 예를 들어 야채 다지기라면 빠른 시간 안에 야채가 균일하게 잘 다져져야 하는데, 다져진 야채가 원하는 크기로 다져지지 않거나, 들쭉날쭉하게 잘려진다면 성능이 좋지 않은 것이다.

여기에 조작 중에 고장이 잘 나거나, 수명이 짧거나 조작이 어렵고, 청소가 간편하지 않다면 기기의 성능은 떨어지는 것으로 볼 수 있다. 또한 기기의 재질도 내구성을 결정짓는 요소가 된다.

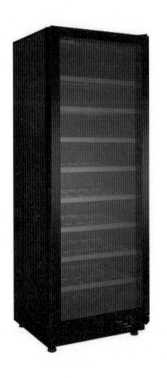

그림 9-4
기기의 디자인을 고려
해야 하는 와인 셀러
(와인 냉장고)
자료: 주방뱅크

(2) 기기의 안전성과 위생

식품을 다루는 주방기기들은 안전과 위생 기준에 적합해야 한다. 기본적으로 주방기기는 작동이 어렵거나, 작동 중 사고 위험이 높다면 일단 선택하지 않아야 한다. 주방기기의 소재는 식품용으로 인증받은 것이어야 하며, 청소가 불편하거나 쉽게 오염된다면, 또는 내구성이 좋지 않아 자주 교체해야 한다면 음식점 주방기기로는 적합하지 않다.

(3) 기기의 디자인

주방기기들 중 특히 주방 내부가 아닌 서비스 구역이나 고객 동선에 노출되는 곳에 설치되는 기기들은 심미적인 면도 함께 고려하여 선정해야 한다. 설계와 기능이 적절하며, 매장의 디자인 콘셉트와 잘 조화될 수 있어야 한다.

3. 구역별 기기의 이해

1) 검수 및 저장 구역

(1) 선반

선반은 주방에서 식품이나 비식품 등 다양한 물품을 보관하기 위한 용도로 사용된다. 저장공간의 효율성은 해당 공간의 선반이 얼마나 효율적으로 배치되어 있느냐에 따라 좌우된다. 선반은 이 외에도 조리구역 곳곳에서 식재료, 조리도구 등 다양한 물품을 보관하기 위한 용도로 활용된다.

선반은 스테인리스, 플라스틱 등으로 제작되며, 형태에 따라 바닥에서부터

| 와이어 선반 | 다단식 선반 | 까치 선반 | 다단식 찬장 |

| 상부 선반 | 스테인리스 팔레트 | 벽선반 | 슬라이딩형 캐비닛 벽선반 |

그림 9-5
선반의 종류
자료: 주방뱅크

상부로 세워지는 다단식 선반, 와이어 선반, 벽선반 등이 있고, 벽부에 부착되는 위치에 따라 까치 선반, 상부 선반, 캐비닛 선반 등이 있다.

또한 창고의 물품은 습기와 벌레, 기타 오염으로부터 보호하기 위하여 바닥에서 일정 거리를 두고 보관되어야 하기 때문에, 선반에 두기 어려운 무거운 물품들은 팔레트를 바닥에 깔고 물품을 보관해야 한다.

(2) 냉장고

① 냉장고의 원리: 냉장고는 냉매(冷媒, 냉각에 사용되는 물질)를 열이 잘 전달되는

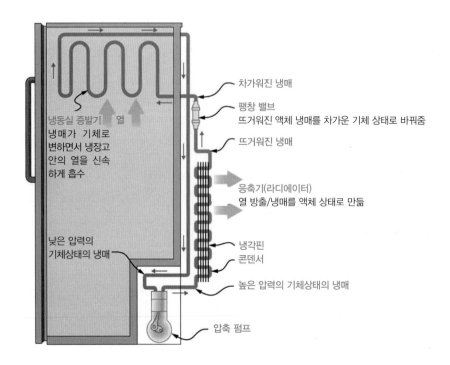

차가워진 냉매

팽창 밸브
뜨거워진 액체 냉매를 차가운 기체 상태로 바꿔줌

뜨거워진 냉매

냉동실 증발기　　열
냉매가 기체로
변하면서 냉장고
안의 열을 신속
하게 흡수

응축기(라디에이터)
열 방출/냉매를 액체 상태로 만듦

낮은 압력의
기체상태의 냉매

냉각핀
콘덴서

높은 압력의 기체상태의 냉매

압축 펌프

그림 9-6
냉장고의 원리

용기에 담고, 이 용기를 단열재로 만들어진 상자의 위에 놓고, 냉매를 기체로 변화시키면 상자 속이 차가운 공기로 가득 차게 된다. 냉매가 기체로 변화될 때(기화) 저장실 내의 열을 기화열로 흡수하고, 냉각시키며, 냉장고 외부에서는 반대로 냉매를 액체로 바꾸며 흡수한 열을 발산한다. 이러한 원리가 모터에 의해 반복되면서 냉장고 안의 온도는 일정하게 저온을 유지하게 된다.

② 냉장고의 구조: 냉장고의 기계적인 구조는 압축기(컴프레서)와 저장공간, 컨트롤 장치로 구성돼 있는데, 압축기는 냉매를 압축, 순환시켜 냉장고 안의 열을 흡수 및 외부로 발산시켜 냉장고 안을 저온으로 유지하는 기능을 한다.

저장공간은 식품을 넣는 공간으로, 냉기를 유지하고, 외부의 공기 유입을 막기 위해 내부 공간과 외부 공간 사이에 단열재가 들어 있다.

컨트롤 장치에는 온도조절기와 성에제거 장치가 있다. 온도조절 장치는 냉장고 안의 온도를 사용자가 원하는 온도로 유지하게 해 주는 장치이다.

냉장고 조절 방식

● 아날로그 방식

컨트롤 박스 다이얼로 원하는 온도를 수동으로 맞추며, 계절이나 주방 환경 등 냉장고 외부 요인에 의한 온도 변화가 있을 수 있어 정기적인 온도 체크 필요.

냉장고 조절 방식

● 디지털 방식

처음 설정 시 온도에 맞춰 자동으로 내부의 온도를 조절하기 때문에 주방 환경이나 계절에 관계없이 일정 온도를 유지할 수 있음. 단, 아날로그 방식보다 가격이 비쌈.

그림 9-7

온도조절 장치 비교

자료: 주방뱅크

온도조절 장치는 디지털과 아날로그 두 가지 방식이 있다. 디지털 방식은 처음 설정 시 온도에 맞춰 자동으로 내부의 온도를 조절하기 때문에 주방환경이나 계절에 관계없이 일정 온도를 유지할 수 있다는 장점이 있지만, 아날로그 방식보다 비싸다는 단점이 있다. 반면 아날로그 방식은 컨트롤 박스 다이얼로 원하는 온도를 수동으로 맞출 수 있으며, 계절이나 주방환경, 근무자의 실수 등 외부요인에 의한 온도변화가 있을 수 있으므로 정기적인 온도 체크를 해야 하는 번거로움이 있다.

성에제거 장치는 제상(除霜: 덜 제, 서리 상) 장치라고도 불리는데, 강제 제상과 자연 제상의 두 가지 방법 중 하나를 사용한다. 성에는 냉장고의 개폐가 잦을 때 외부에서 들어온 수분이나 냉장고 안의 식품에서 증발된 수분이 얼어서 생긴다. 성에가 많아지면 냉각력이 저하되므로, 주기적인 냉장고 청소를 통해 이를 제거해 줘야 한다.

③ 직냉식과 간냉식 냉장고: 영업용 냉장고의 냉각 방식은 냉기를 저장공간에 전달하는 방식에 따라 직냉식과 간냉식으로 구분된다.

직냉식은 냉장고 벽면에 냉각 파이프를 통해 냉장고 내부 공기를 차갑게 만드는 방식으로, 대부분의 저렴한 업소용 냉장고가 이 방식을 채택한다. 장점은

냉장고 냉각 방식

◉ 직접 냉각 방식

냉장실 및 냉동실 내 벽면에 냉각기를 부착하여 직접 냉각하는 자연 대류 방식

장점	간접 냉각 방식보다 내부 온도가 쉽게 변하지 않고 일정하게 유지, 맛이 쉽게 변하지 않고 오래 보관해야 할 식품에 어울림(김치냉장고, 쇼케이스, 냉동고 등)
단점	벽면 전체가 차가워져 성애가 넓은 범위로 생김

냉장고 냉각 방식

◉ 간접 냉각 방식

냉장실 및 냉동실의 후면 또는 윗면에 냉각기를 설치하고 팬에 의하여 강제적으로 냉기를 순환시켜 내부를 냉각시키는 냉기 강제 순환 방식

장점	벽면에 성애가 거의 발생하지 않음. 냉각기 커버 내에 생기는 성애는 제상 히터를 이용하여 자동 제거됨. 급속 냉각에 유리, 성애가 생기지 않아 편리함
단점	식품을 단기 보관하기에 적합, 장기 보관 어려움

그림 9-8
직냉식과 간냉식의 비교
자료: 주방뱅크

가격이 저렴하고, 미세한 온도 조절이 가능하고, 내부 온도를 비교적 일정하게 유지시키며 식재료의 수분이 덜 날라간다는 것이다. 단점은 미세한 온도조절을 위해 컴프레서(압축기)가 자주 작동하여 성에가 생기기도 하며, 냉각 파이프 주변에 보관된 식재료가 얼 수 있다는 것이다.

간냉식은 냉장고 내부에 팬이 있어서 냉각기에서 차가워진 공기를 회전시켜 차가운 공기를 냉장고 내부에 전체적으로 순환시키는 방식이다. 간냉식은 온도 유지가 일정하고, 빠른 냉각이 가능하며, 성에가 잘 생기지 않아, 위생적이라는 장점이 있다. 다만 간냉식은 차가운 바람을 이용하기 때문에 야채와 같은 식재료가 마를 수 있고, 가격이 비싸다는 단점이 있다.

④ 소재별 차이: 냉장고는 내부와 외부의 소재에 따라 분류할 수 있는데, 소재에 따라 장단점이 있으므로, 이를 고려하여 적절한 제품으로 고르는 것이 좋다. 보통 냉장고의 소재는 메탈과 스테인리스로 표기하는데, 메탈은 스테인리스보다 가격이 저렴하다는 장점이 있지만, 스테인리스에 비해 염분에 약해 녹이 슬 확률이 높다.

따라서 물이 많이 튀는 조리실 주방과 염분이 많은 식재료 보관용으로는 스

테인리스를, 커피전문점이나 바처럼 건식 주방 형태, 즉 물이 튀지 않는 주방과 물기 없는 식재료 보관용으로는 메탈을 사용해도 무방하다.

표 9-2. 내/외부 소재에 따른 냉장고의 분류

소재 분류	장점	단점
메탈: 내/외부	가격이 저렴하다.	부식이 잘 되기 때문에 건조한 환경에 적합하다.
• 스테인리스: 내부 • 메탈: 외부	내부가 스테인리스로 되어 있어 염분에 강해, 염분이 많은 식자재를 사용하는 식당에서 주로 사용한다. 부식이 잘 일어나지 않고, 내부 세척이 편해 위생적으로 관리할 수 있다. 올스테인리스에 비해 저렴하고, 자석이 붙기 때문에 타이머, 온도계 등을 부착할 수 있다.	스테인리스가 메탈보다 가격대가 높고, 외부는 메탈 소재로, 외부는 부식이 될 수 있음.
스테인리스: 내/외부	내/외부 모두 스테인리스로 돼 있어, 부식에 강해 염분과 수분이 많은 식자재를 사용하는 주방에서 사용하기에 좋다. 내구성이 강하고, 내/외부 모두 세척이 편하다.	가격대가 높은 편이다.

⑤ 리치인(reach-in) 냉장고: 일반적인 냉장고는 워크인(walk-in) 냉장고와 구분하여 리치인(reach-in) 냉장고라고 부른다. 작업자가 팔을 뻗어 닿을 정도의 공간을 가진 냉장/냉동고를 가리키며, 보통 2~4개의 문으로 이루어진다.

가정용 냉장/냉동고는 리터로 크기를 환산하는데 비해, 상업주방에서 사용하는 냉장/냉동고는 '박스[2]' 단위를 많이 사용한다.

박스 단위는 1 ft³(큐빅피트) 단위를 뜻하는데, 1ft³는 약 28.31리터이다. 다만 냉장고 표시에서 박스 단위는 실제 박스 단위를 리터로 변환할 때보다 200리터 정도 적은 용량으로 간주한다. 박스 단위로 표기되는 냉장고의 실제 리터 용량은 다음과 같다.

---

2 '박스' 단위의 유래: 박스 단위는 냉장고가 개발되던 시절 미군에서 큐빅피트(ft³) 단위의 박스를 쌓던 데서 유래했다. 냉장고에 1 ft³의 박스 25개가 적재되면 25박스, 냉장고에 1 ft³의 박스 45개가 적재되면 45박스 등으로 단위를 표기하는 방식을 사용했으며, 현재 상업용 냉장고에서도 박스 단위를 사용하고 있다.

25박스 냉장고   45박스 냉장고   65박스 냉장고

25박스 유리문 냉장고   45박스 유리문 냉장고   65박스 유리문 냉장고

그림 9-9
리치인 냉장/냉동고
자료: 주방뱅크

표 9-3. 냉장고 박스-리터 용량 변환

박스 용량(ft³)	리터 변환 용량(ℓ)	실제 냉장고 용량
25박스	707.92 ℓ	500~600 ℓ
45박스	1274.256 ℓ	1,200 ℓ
65박스	1840.592 ℓ	1,600~1,700 ℓ

⑥ 워크인(walk-in) 냉장/냉동고: 작업자가 직접 출입할 수 있어 대용량의 식재료를 보관할 수 있는 냉장/냉동 창고로 호텔이나 병원, 학교 등 대형 급식시설에서 제작하여 사용하는 경우가 많다. 냉장/냉동고의 용량이 크고 고정돼 있어

그림 9–10
워크인 냉장고
자료: 주방뱅크

야 하기 때문에 반입, 반출, 청소 및 배수관계 등이 용이하도록 면밀한 사전 설계가 중요하다. 또한 전기 용량이 매우 크기 때문에 전기효율성을 높이기 위해 단열시공도 중요하다.

⑦ 테이블 냉장/냉동고: 테이블 냉장/냉동고는 조리작업을 할 수 있도록 허리 높이로 제작된 냉장/냉동고이다. 주방의 업무 효율을 높이고, 동선을 줄여주는 역할을 할 수 있다. 일반적인 냉장고와 같이 문을 여닫는 형태와 서랍형태로 돼 있는 것이 있다. 냉장고의 넓이(㎝)를 단위로 표기하는데 보통 300단위로 제작된다.

김밥이나 샌드위치, 피자 등 다양한 재료를 넣어가며 만들어야 하는 주방이나 셀프서비스 구역의 경우 편의를 위하여 상부에 바트('밧드'로 표기하기도 함) 등으로 구획을 나눠 다양한 식재료를 냉각할 수 있게 만들어진 냉장고를 사용하기도 한다.

반찬을 넣는 바트 냉장고와 토핑 냉장고는 혼동하기 쉬운데, 그림 9-14에서는 찬용 바트 냉장고와 토핑 냉장고의 외관상 차이와 바트의 구성을 알기 쉽게 비교해 놓았다.

| 도어형 테이블 냉장고 900 | 도어형 테이블 냉장고 1500 | 도어형 테이블 냉장고 1800 |

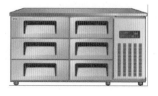

| 서랍형 테이블 냉장고 900 | 서랍형 테이블 냉장고 1500 | 서랍형 테이블 냉장고 1800 |

| 바트 냉장고 | 토핑 냉장고 | 샐러드 냉장고 |

그림 9-11

테이블 냉장/냉동고
자료: 주방뱅크

그림 9-12

샐러드 전문점의 토핑 냉장고
자료: 주방뱅크

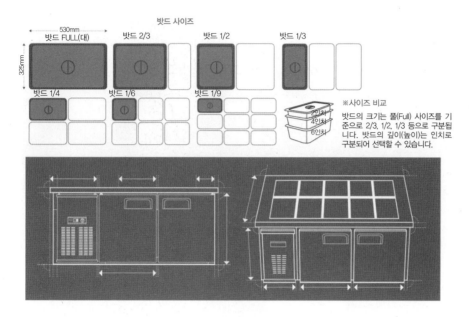

그림 9-13

바트 냉장고에 사용되는 바트 사이즈

자료: 주방뱅크

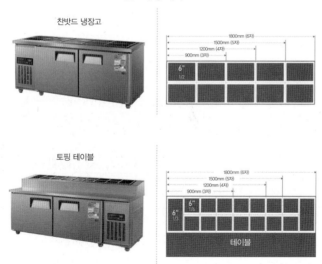

그림 9-14

반찬용 바트 냉장고(찬밧드 냉장고)와 토핑 냉장고(토핑 테이블 냉장고)의 외관과 바트 구성 및 배치

자료: 주방뱅크

⑧ 기타 냉장/냉동고: 이외에도 김치냉장고나 육수냉장고, 고기 숙성고 등 특정 식재료를 특정 온도로 보관하기 위한 냉장고나 냉동고도 있으며, 냉장/냉동 기능을 가진 쇼케이스도 냉장고의 한 종류로 볼 수 있다.

김치냉장고   참치냉동고   육수냉장고

고기 숙성고   급속냉동고   주류 냉동고

샐러드 가습 쇼케이스   정육 쇼케이스   스시 쇼케이스

그림 9-15
다양한 냉장/냉동고
자료: 주방뱅크

(3) 측정기기 및 도구

① 저울 및 기타 계량 도구: 저울은 표기방식에 따라 디지털, 아날로그 방식으로, 측정 중량에 따라 정밀 또는 대용량 등으로 분류할 수 있다. 또한 부피를

재기 위한 계량컵, 계량스푼 등이 있으며, 최근에는 소형 저울이 내장돼 있는
디지털 계량컵, 계량스푼 등도 사용한다.

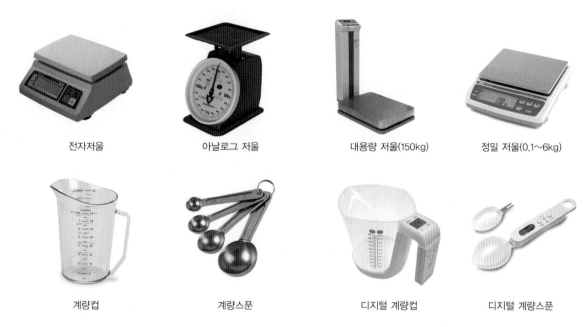

전자저울	아날로그 저울	대용량 저울(150kg)	정밀 저울(0.1~6kg)
계량컵	계량스푼	디지털 계량컵	디지털 계량스푼

그림 9-16
각종 계량 도구
자료: 주방뱅크, 몰패스

② 타이머: 굽거나 끓이는 조리시간 뿐만 아니라 고기를 양념에 재우거나 쌀을
불리는 시간 등 주방에서는 시간을 측정해야 하는 일들도 많다. 타이머는 적
재적소에 부착하여 항상 같은 품질의 조리가 가능하게 하는 중요한 도구이다.
타이머는 아날로그와 디지털 타이머로 분류한다.

아날로그 타이머

디지털 타이머

그림 9-17
타이머
자료: 주방뱅크

③ 온/습도계: 온/습도계는 온도 표기 방식, 용도, 측정 온도 범위, 측정방법, 사용환경 등에 따라 분류한다.

온도 표기 방식에 따라 디지털과 아날로그로 분류하며, 측정 방법에 따라 접촉식, 비접촉식 온도계로 분류한다. 접촉식은 일반적인 온/습도계를 총칭하며 탐침식은 음식 내부에 센서 부분인 침을 찔러 넣어, 식재료의 보관 온도를 측정하거나, 음식 내부가 안전한 온도로 조리되었는지를 확인할 때 사용한다. 비접촉식 온도계는 적외선으로 표면 온도를 측정한다.

용기 표면 온도 측정을 위해 용기에 부착하는 써모라벨도 온도계의 일종으로 볼 수 있다. 이외에 다양한 전용 온도계가 있는데, 측정 가능한 온도 범위와 측정 대상과 측정 환경의 특성 등을 감안하여 제작된다.

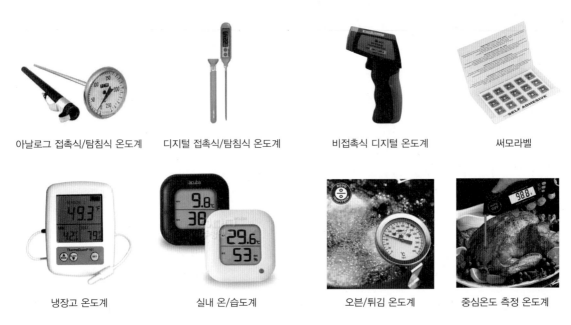

아날로그 접촉식/탐침식 온도계   디지털 접촉식/탐침식 온도계   비접촉식 디지털 온도계   써모라벨

냉장고 온도계   실내 온/습도계   오븐/튀김 온도계   중심온도 측정 온도계

그림 9-18
온도계의 종류
자료: 주방뱅크

④ 기타 측정기기 및 도구: 이외에 균일한 음식 품질을 유지하기 위한 당도계, 염도계, 산도 측정기 등과 소독액 농도 측정을 위한 이산화염소/요오드 측정지, 잔류세제 측정기, 보관된 식품의 습도 관리를 위한 수분 측정기, 튀김 기름의

산패 정도를 확인할 수 있는 산가 측정지 등이 있다.

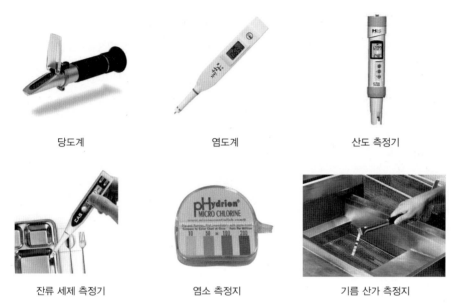

| 당도계 | 염도계 | 산도 측정기 |

| 잔류 세제 측정기 | 염소 측정지 | 기름 산가 측정지 |

그림 9-19
각종 측정기기 및 도구
자료: 주방뱅크

(4) 기타

검수 및 저장 구역에서는 조리구역으로 식재료나 기타 물품을 옮기는 일이 많아 운반카를 비치해두는 것이 좋다. 운반카는 플라스틱이나 스테인리스 등으로 제작된다.

또한 검수 구역은 외부와의 접촉이 빈번한 곳으로 청소도구와 청소도구 보관함, 걸레 세척 싱크, 걸레 짤순이 등을 함께 두면 편리하게 이용할 수 있다.

2) 사전조리 구역

사전조리 구역에서는 식품을 세척하고 절단하고 섞는 등 본격적 조리를 신속하게 할 수 있도록 하는 많은 식재료 다듬기 작업을 진행한다. 이를 위해 기본적으로는 작업대와 싱크대가 있어야 하고, 식품세척기나 각종 절단기, 믹서, 반죽 등을 위한 기계와 도구, 기물 등이 구비돼 있어야 한다.

사전조리는 식재료별로 업무가 매우 다양하고, 손이 많이 가기 때문에 이를 도와줄 수 있는 조리기기들이 많이 개발되고 있다. 적절한 식품기기를 구매할 경우 장기적으로 운영비 절감에 큰 도움을 줄 수 있다. 따라서 식품 조리기기의 선택은 인건비나 운영비가 올라갈수록 적극 고려해야 할 부분이다.

(1) 작업대

작업대는 상부에 조리기기를 설치하거나, 식재료를 올려놓고 작업을 할 수 있는 기기로, 내부에 단을 만들어 선반으로 사용하기도 한다.

작업대는 형태에 따라 사방이 오픈돼 있는 작업대와 물 튀김 방지 및 식자재의 낙하 방지를 위해 스테인리스로 3면을 막은 구조의 캐비닛 작업대 형태로 나뉘어진다. 또한 높이와 단 수, 고정식 이동식 등으로 분류한다.

| 1단 고정식 작업대 | 2단 고정식 작업대 | 이동식 2단 작업대 |

| 이동식 받침대 | 캐비닛 작업대 | 오픈 캐비닛 작업대 |

그림 9-20
다양한 작업대
자료: 주방뱅크

(2) 싱크대

싱크대는 식재료와 식기 등을 세척하여 청결하고 위생적인 상태로 만들기 위해 반드시 있어야 하는 주방기기이다.

싱크볼의 갯수에 따라 1조, 2조, 3조 등으로 분류되고, 붙어있는 작업대의 위치에 따라 좌날, 우날로도 분류한다. 식기세척기의 보조세척 용도나 식재료의 세척과 손질, 생선 세척을 위한 싱크나 손 세정, 걸레 세탁 등의 용도로 구분되기도 한다. 하부에는 세제나 청소도구 등의 수납을 위한 선반을 설치하는 것이 일반적이다. 볼의 크기와 깊이는 설치하는 구역이나 용도에 따라 다르다.

식재료 세척용 담금 싱크대(전처리 구역)

세척기 싱크대(식기세척 구역)

생선 싱크대

손세정대

걸레 세정대(검수 구역)

그림 9-21
....
용도별 싱크대
자료: 주방뱅크

(3) 세척기

많은 양의 쌀이나 식재료를 세척해야 할 때 세미기나 초음파 세척기는 유용한 기기이다.

전동 세미기(쌀 세척기)

초음파 세척기

그림 9-22
세척기
자료: 주방뱅크

초음파를 액체 중에 발사하면, 분자의 진동으로 수축과 팽창이 교대로 일어나며 그 파동이 액중으로 전파되어 가는데 초음파 에너지가 증가하면서 수천만 개 이상의 미세한 공동이 발생한다. 이 공동이 폭발하면서 강력한 에너지를 방출하게 되고, 이 충격파에 의해 물에 담겨있는 식재료가 손상 없이 세척이 된다. 초음파 세척기는 적은 양의 물로도 과일, 채소 등의 잔류농약과 이물질을 안전하고 신속하게 세척해 주는 장점이 있으며, 식기 세척에도 활용할 수 있다.

(4) 절단기

① 절단기: 식재료의 종류와 자르는 방법, 용도에 따라 다양한 절단기가 있으며, 껍질을 손쉽게 벗길 수 있는 탈피기, 양념 분쇄기, 두부나 두유 제조를 위한 자동 맷돌, 두유기 등의 기계도 있다.

② 육류 절단기: 육류는 다양한 방식으로 가공되며, 이를 위하여 다양한 육가공기기가 사용된다.

야채 절단기

과일 분할기

무채 절단기

회 절단기(세절기)

탕파 절단기

마늘 절단기

고추 절단기

감자 탈피기

두유기

양념 분쇄기

그림 9–23
각종 식품 절단기
자료: 주방뱅크

  골절기는 단단한 뼈나 족발 등을 알맞은 크기로 자르는 기기이며, 육절기는 냉동육과 냉장육 등 고기의 보관 상태에 따라 나눠진다. 슬라이서는 햄, 소시지, 큰 덩어리의 치즈 등을 얇게 자를 때 주로 사용한다. 고기 분쇄기(민찌기)는 고기 완자나 함박 스테이크 등을 만들기 위해 육류를 곱게 갈아주는 기기이며, 연육기는 힘줄이 질기고 육질이 딱딱한 육류를 부드럽게 다질 때 사용한다. 칼집기는 냉동육에 칼집을 내는 기기로, 절단면의 깊이 설정이 가능하고 다이아몬드 형으로 칼집을 내어 식감을 더 좋게 할 수 있다.

골절기	냉장 육절기	햄 슬러이서
고기분쇄기(민찌기)	연육기	칼집기

그림 9-24
각종 육류 절단기
자료: 주방뱅크

(5) 혼합기

혼합기는 믹서, 블렌더 등의 이름으로 불리는데 다량의 식품을 갈고, 섞는 작업에 사용된다.

스테인리스 믹서기	자동 혼합기	핸드블렌더

그림 9-25
각종 혼합기
자료: 주방뱅크

(6) 반죽 및 제면

국수나 파스타, 피자, 빵, 과자 등의 메뉴 조리를 위해서는 반죽기와 성형기기, 발효기 등 가공기기들이 필요하다.

  믹서는 교반기의 회전 특성에 따라 버티컬, 스파이럴 믹서 등으로 구분하며, 크기에 따라서 구분하기도 한다. 큰 믹서기는 보통 반죽 등에 사용하고, 소형 믹서기는 달걀이나 크림의 거품을 낼 때 사용한다.

  제과점에서는 제빵을 위해 빵반죽을 발효하는 발효기나 도우 컨디셔너를 사용하는데, 도우 컨디셔너는 발효기와 비슷하지만, 시간을 맞춰놓을 수 있어 발효시간 조절에 용이하다.

| 믹서기 | 버티컬 믹서기 | 소형 믹서기 | 반죽기 |

| 제면기 | 파스타 기계 | 피자 롤러 | 발효기 |

그림 9-26
각종 반죽 및 제면기
자료: 주방뱅크

3) 조리 구역

(1) 레인지

레인지는 냄비나 팬 등을 열원 위에 올려 조리하는 기구를 총칭한다.

레인지는 열원에 따라 전기를 사용하는 인덕션 레인지와 가스레인지 등으로 나뉜다. 레인지는 높이에 따라 분류하기도 하고, 버너의 크기와 배열에 따라 레인지와 간택기 레인지로, 중식용 화덕이 설치된 중화 레인지 등으로 나누기도 한다.

① 높은 레인지와 낮은 레인지: 높은 레인지는 주방에서 가장 많이 사용되는 조리용 화구로, 가스 화력을 이용한 볶음, 구이, 튀김, 삶기, 찜 등의 다양한 요리를 할 수 있다. 상부에 가스레인지가 설치돼 있고, 하부에 가스오븐이 설치된 경우도 있고, 하단은 선반형으로 설계된 것도 있다.

높은 레인지 1구   높은 레인지 2구   높은 레인지 3구

낮은 레인지 1구   낮은 레인지 2구   높은 레인지 4구

그림 9-27
높이에 따른 레인지의 분류
자료: 주방뱅크

낮은 레인지는 대용량의 국, 수프, 소스 등을 조리할 때 사용하는데, 일반 레인지보다 낮아 무거운 용기를 올리고 내리기 편리하다.

② 간택기 레인지: 간택기 레인지는 각기 다른 버너의 크기가 함께 배열돼 있는 레인지로 불의 위치에 따라 제품을 분류한다. 볶음, 찌개, 찜 등 다양한 요리에 사용할 수 있어 주방에서 활용도가 좋다.

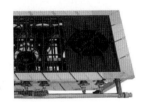
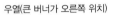

| 우열(큰 버너가 오른쪽 위치) | 좌열(큰 버너가 왼쪽 위치) | 양열(큰 버너가 양옆 위치) | 올(작은 버너로만 구성) |

그림 9-28
간택기 레인지의 분류
자료: 주방뱅크

③ 중화 레인지: 중화 레인지는 중국식 화덕을 설치하여 중식팬(웍, wok)을 사용하기 편리하도록 제작된 레인지이다. 중식의 조리적 특징인 단시간에 고화력을 낼 수 있도록 제작된다. 최근에는 인덕션 중화 레인지도 많이 생산되고 있다.

| 1구 중화 레인지 | 2구 중화 레인지 | 3구 중화 레인지 | 2구 인덕션 중화 레인지 |

그림 9-29
중화 레인지의 분류
자료: 주방뱅크

④ 기타 레인지: 탕용 레인지, 면 레인지, 해면기, 이동식 레인지 등이 있다.

탕용 레인지

면 레인지

해면기(면 삶기)

이동식 레인지

그림 9–30
기타 레인지의 종류
자료: 주방뱅크

⑤ 인덕션 레인지

인덕션 레인지

1인 샤브테이블용 인덕션

뷔페 보온전용 인덕션

인덕션 압력솥

인덕션 면레인지

인덕션 낮은레인지

인덕션 3구레인지

인덕션 회전식 국솥

그림 9–31
인덕션 레인지의 종류
자료: 주방뱅크

(2) 오븐

오븐은 밀폐된 공간에 식재료를 넣고 가열하여 건조한 열로 음식을 익히는 기기이다. 오븐은 가스나 전기, 나무 등의 열원을 사용하며, 스테이크, 빵이나 과자, 피자 등을 조리하는 용도로 널리 사용된다. 오븐의 종류는 열원이나 오븐의 개수, 형태나 크기, 열을 전달하는 방식 등에 따라 달라진다.

① 데크 오븐: 데크 오븐은 전기나 가스 외에도 장작도 사용하는데, 윗불과 아랫불의 화력을 조절할 수 있어 단시간에 음식을 고르게 익힐 수 있어 수분 손실과 영양소 파괴 등을 최소화할 수 있다. 빵, 스펀지케이크, 파이, 피자 등을 굽는 데 용이하다. 오븐 내부에 별도 조명이 설치돼 있고, 투시창이 있어 음식의 조리 과정을 확인하기에 편리하다.

② 컨벡션 오븐: 컨벡션 오븐은 전기 또는 가스가 주 열원이다. 열풍을 강제 순환시키는 방식으로 짧은 시간 내에 음식을 조리한다. 바삭한 과자나 파이, 로스트 치킨 등을 조리할 때 적합하며, 스테이크 등 수분 보존이 필요한 메뉴의 조리에는 적합하지 않다. 비교적 공간 차지도 적게 하는 편이라 소규모 음식점이나 카페 등에서도 사이드 메뉴를 위하여 사용하기도 한다.

③ 스팀 오븐/콤비 스티머: 콤비 오븐은 컨벡션 기능과 스팀을 동시에 적용하여 건열 요리인 구이와 베이킹은 물론, 찜과 조림 등 다양한 조리가 가능한 것이 장점이다. 콤비 오븐은 이러한 기능 때문에 단체급식업체나 한정식 전문점에서도 사용하고 있다. 또한 최근에는 자동 요리 프로그래밍을 할 수 있어 더욱 편

3단 데크 오븐   컨벡션 오븐   콤비스티머

그림 9-32
오븐의 종류
자료: 주방뱅크

리하게 조리 및 세척까지도 할 수 있게 나오는 제품들도 있다.

(3) 회전식 국솥과 만능 조리기

회전식 국솥은 가스나 스팀을 가열원으로 하는 대형의 깊은 솥 형태로 돼 있으며, 음식이 완성되면 솥을 기울여 음식을 쏟아낼 수 있어 대용량의 음식을 굽고, 삶고, 볶거나 끓이는 용도로 사용하기에 적합하다.

만능 조리기도 회전식 국솥과 비슷한 방식으로 사용하는데 탕, 육수, 볶음, 튀김 등 다양한 조리방법에 대응할 수 있으며, 대량 조리 후 회전식 국솥처럼 내용물을 쏟아낼 수 있어 편리하다.

가스 회전식 국솥　　　　　전기 회전식 국솥　　　　　인덕션 만능 조리기

그림 9-33
회전식 국솥과 만능 조리기
자료: 주방뱅크

(4) 그릴과 그리들

① 그릴: 그릴은 고기나 생선 등을 직화로 구우며 특유의 줄무늬를 만들 수 있는 조리기기로, 스테이크 전문점이나 생선구이 전문점 등에서 많이 사용한다. 열원에 따라 전기와 가스 그릴로 나누며, 숯 등의 열원을 사용하기도 한다.

오픈된 선반 타입의 그릴인 살라만더, 위아래가 줄무늬 철판으로 돼 있어 음식물을 넣고, 눌러 줄무늬를 만들며 구워주는 파니니 그릴 등도 그릴의 일종이다.

| 가스 그릴 | 숯불 바비큐 그릴 | 전기 그릴 |
| 그리들 그릴러 콤비형 | 살라만더 | 파니니 그릴 |

그림 9-34

그릴의 종류

자료: 주방뱅크

② 그리들: 그리들은 열원이 하부에 위치하고, 상부는 두꺼운 철판으로 만들어진 팬이다. 달걀요리, 팬케이크, 샌드위치, 얇은 햄버거 패티 등 3~5분 이내의 조리 시간으로 완성될 수 있는 식품의 조리에 적합하다. 패스트푸드 전문점과 대량급식업체에서 사용하기 좋다.

그리들은 열원의 종류에 따라 가스, 전기, 인덕션 등으로 나뉜다. 레인지 위에서 사용할 수 있는 그리들 팬도 유통된다.

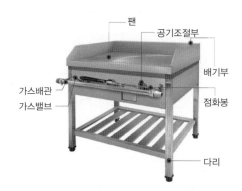

그림 9-35

그리들의 구조

자료: 김영갑, 강동원(2018).

| 가스 그리들 | 전기 그리들 | 인덕션 그리들 |

그림 9-36

그리들의 종류

자료: 주방뱅크

(5) 밥솥

밥솥은 쌀과 물을 용기에 담고 취사 버튼을 누르면 불 옆에서 지키고 있을 필요 없이 일정한 품질의 밥을 만들어 주는 편리한 기기이다.

밥솥은 열원의 종류에 따라 전기밥솥, 가스밥솥, 인덕션 밥솥 등으로 나뉘며 조리 기능에 따라 압력밥솥, 자동밥솥, 솥밥 조리기 등이 있다.

자동밥솥은 다단으로 나눠져 있는 데크 오븐 형태로, 쌀이 담긴 솥을 넣어 조리할 수 있게 되어 있어 대량 조리가 필요한 구내식당 등에서 많이 사용한다. 자동밥솥은 백미, 잡곡, 무세미(씻어 나온 쌀) 등 쌀의 종류에 따라 최적의 취사가 가능하며, 일반적 밥솥에 비해 공간활용도가 좋고, 단마다 조리시간을 조절할 수 있기 때문에 항상 일정한 품질의 밥을 제공할 수 있다는 장점이 있다.

대형 인덕션 밥솥은 아직 많지 않지만, 솥밥 조리기처럼 인덕션 기술을 활용

| 전기보온밥솥 | 가스 밥솥 | 솥밥 조리기 | 가스 자동밥솥 |

그림 9-37

밥솥의 종류

자료: 주방뱅크

한 기기들이 등장하기 시작하여 대형 밥솥
도 머지않아 인덕션 밥솥이 일반화될 것으
로 보인다.

그림 9-38
인덕션 솥밥 조리기
자료: 주방뱅크

(6) 튀김기 및 기름 정제기

튀김기는 가스 또는 전기를 열원으로 사용
하며, 식재료를 고온의 식용유(160℃~230℃)
에 넣어 튀김요리를 하는 기계로, 단시간에 대량의 식재료를 간편한 조작으로
조리할 수 있다. 좀더 빠르게 조리할 수 있는 압력 튀김기 등도 있으며, 치킨전
문점, 분식점, 중국음식점이나 제과점 등에서 주로 사용한다.

기름 정제기는 식용유의 산패 속도를 늦출 수 있어 식용유 사용량을 절감할
수 있다.

가스 튀김기   전기 튀김기   압력 튀김기   인덕션 튀김기

그림 9-39
튀김기의 종류
자료: 주방뱅크

이물질 방지 탱크 커버

대형 튀김 찌거기 1차 거름망

친환경 소재 천연 펄프 정제지

그림 9-40
기름 정제기의 구조
자료: 주방뱅크

(7) 기타 조리기기

원적외선 구이기(로스타)

숯불 가스 겸용 구이기

케밥 머신

가스 토치

나무 찜기

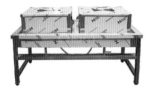
대게 찜기

만두 찜기

수비드 머신

그림 9-41
기타 조리기기
자료: 주방뱅크

4) 서비스 구역

서비스 구역에는 고객에게 신속하게 서비스하기 위한 기물과 음식 및 음료 등이 준비돼 있어야 한다. 서비스 구역에는 이를 위한 기기가 준비되며, 구내식당이나 셀프서비스 음식점의 경우 주방에 비해 서비스 구역에 더 많은 기기가 설치되기도 한다.

자율배식대

와인 냉장고(와인셀러)

밥 보관용 온장고

전기 물 끓이기

탄산음료 디스펜서

그림 9-42
각종 서비스 구역의 기기(계속)
자료: 주방뱅크

| 컵 워머 | 차핑디쉬 | 덤웨이터 | 서빙카트 |

그림 9-42
각종 서비스 구역의 기기
자료: 주방뱅크

5) 식기세척 구역

주방으로 들어온 식기는 남아있는 음식을 잔반 처리대에서 정리한 후 눌어붙거나 말라 있는 음식물을 애벌세척을 하여 식기세척기에서 세척하고, 건조 및 살균 보관한다. 식기세척 구역에는 이를 위하여 잔반 처리대와 음식물 처리기, 싱크대, 식기세척기와 소독기, 식기 정리대와 식기 운반 카트 등이 구비돼 있어야 한다.

(1) 식기 회수 및 퇴식

| 쟁반/식판 회수를 위한 이동식 랙 | 식기 수거 박스 | 잔반 처리대 |

그림 9-43
퇴식용 기구
자료: 주방뱅크

(2) 음식물 처리

2020년 1월 환경부는 음식물쓰레기 처리 의무 신고 제도를 도입하였다. 60평 이상의 음식점과 1일 급식 인원 100명 이상의 집단 급식소는 음식물 쓰레기 처리 의무 신고 대상으로, 음식물 쓰레기의 현재 발생량과 처리 계획, 감량계획 등을 신고해야 하며 만일 이를 어길 경우 최대 백만 원의 과태료가 부과된다. 굳이 이런 규제가 아니더라도 음식물 쓰레기는 3시간이 지나면 부패를 시작해 1급 발암물질이 생성되기 시작하며, 해충 발생의 원인이 되므로 음식물 쓰레기 관리가 필요한 때가 되었다.

보통은 음식물 쓰레기 봉투 또는 전용 용기에 배출하는데. 음식물 처리기를 사용하여 배출량을 감소시키는 것도 좋은 방법이다. 과거의 음식물 처리기는 음식물을 분쇄하여 부피를 줄이고, 수분을 줄여 배출하는 형태가 일반적이었는데, 수질오염의 위험이 높고, 하수구가 막힐 위험이 있어 환경부의 인증을 거치지 않은 분쇄형 음식물 처리기는 과태료 부과 대상이 되었다. 이후 단순 분쇄식 처리기는 생산도, 사용도 줄어드는 추세이다.

최근의 음식물 처리기는 음식물을 분쇄-분해-소멸시키는 방식, 분쇄-압축 탈수하는 방식, 미생물 처리방식, 건조분해 등의 방식이 있다. 다만 음식물 처리기의 1일 처리능력이 제한적이며, 건조형의 경우 전기 소모량이 많은 편이다. 또한 충분한 공간을 필요로 하기 때문에 개인 음식점의 활용은 아직 부담스러워 보인다.

음식물 수거용기　　분쇄 후 미생물 분해 소멸식 음식물 처리기　　건조분해식 음식물 처리기　　미생물 발효 음식물 처리기

그림 9-44
음식물 쓰레기 처리기와 기구
자료: 주방뱅크, 음식물처리기쇼핑몰

(3) 식기세척

보통 음식점에서는 식기세척기를 사용하여 식기를 세척하지만, 식기세척기를 사용하지 않는 경우에는 세 칸으로 분리된 싱크대를 사용하여 세척과 소독을 할 수 있다.

세척은 그림 9-45와 같은 순서로 이루어진다.

❶ 헹구기, 문지르기 또는 담그기   ❷ 세척하기   ❸ 헹구기   ❹ 살균하기   ❺ 공기 건조하기

① 작업 전 모든 싱크와 작업표면을 세척 및 살균한다.
② 세척할 기기나 기물에 남아있는 큰 음식 찌꺼기와 쓰레기 등을 버리고, 헹구거나 담가 세척이 편리하게 한다.
③ 1종 또는 2종 세제를 사용해 첫번째 싱크에 40℃ 이상의 세제 용액을 충분히 만들어 넣고, 기기나 기물을 담근 후 브러쉬, 수세미 등으로 기기나 기물의 오물을 닦아낸다. 비누거품이 없어지고, 물이 더러워지면 세제 용액을 교체한다.
④ 두번째 싱크에서 기기에 40℃ 이상의 물을 뿌리거나 물에 담가 세제와 음식물의 흔적을 제거한다. 담금식으로 헹굴 경우 물이 더러워지거나 거품이 가득 차면 물을 교체한다.
⑤ 세척이 완료된 기기나 기물은 세번째 싱크에서 200ppm의 차아염소산나트륨(락스) 소독액을 만들어 넣고 기기나 기물을 1분 이상 담갔다 뺀 후 깨끗한 물로 2회 이상 헹구고 건조대에서 그릇을 뒤집어 놓고 완전히 건조시킨다.

그림 9-45
3조 싱크를 활용한 세척방법
자료: 김영갑, 강동원(2018)

(4) 식기세척기

식기세척기는, 식기세척기 내에 그릇을 넣고, 작동시키면 뜨거운 물과 세제가 강한 힘으로 기물 표면에 분사되며 음식 찌꺼기와 기름기를 씻어내고, 헹굼 단계에서 뜨거운 물과 약품으로 식기가 소독되는 방식이다.

식기세척기는 형태에 따라 도어형과 플라이트형, 컨베이어형 식기세척기로 나뉘고, 삼겹살이나 갈비 전문점에서 사용하는 불판 세척기, 컵이나 카페에서 사용하는 스팀피쳐 등을 고압의 물로 빠르게 세척하는 피쳐 린서, 아이스크림 스쿱이나 바스푼 등의 지속적으로 물에 세척하여 사용해야 하는 도구를 담가 둘 수 있는 디퍼웰 등 특수한 세척기도 있다.

식기세척기는 본체뿐만이 아니라 함께 사용할 작업대, 물, 전기, 온수 이용을 위한 급탕설비, 환기와 하수도 요금, 세제, 노동력, 유지관리 등의 부대비용이 많이 든다. 또한 식기세척기의 형태에 따라 소요되는 공간도 상당히 커질 수 있다. 따라서 식기세척기는 다른 기구들보다 많은 요소들을 고려하여 결정해야 한다.

① 도어형 식기세척기: 도어형 식기세척기는 공간을 많이 차지하지 않고, 비교적 저렴한 가격으로 중소형 음식점에서 가장 널리 사용하는 방식이다. 세척용 온수를 담는 탱크와 세제 디스펜서로 구성돼 있고, 탱크에는 문이 달려 있다. 큰 음식물 찌꺼기를 제거한 그릇을 랙에 넣고, 랙을 식기세척기에 넣고, 탱크의 문을 여닫는 일은 모두 수작업으로 이루어진다. 물과 세제는 전동 펌프에 의해 랙의 상하 분사구로 끌어올려져 재사용된다. 세척 코스가 완료되면 약 80도의 온수가 최종 헹굼용으로 그릇에 뿌려진다. 세척이 완료되면 작업자가 세척기 문을 열고 식기를 꺼내 자연건조시킨다.

② 컨베이어형 식기세척기: 컨베이어형 식기세척기는 약 60도의 물과 세제를 가진 탱크로 구성돼 있다. 음식찌꺼기를 제거한 식기를 랙에 넣어 랙을 컨베이어 시작부분에 밀어 넣으면, 랙이 식기세척기 안으로 들어가 세척된 후 바깥으로 랙이 밀려나오는 구조이다. 컨베이어형 식기세척기도 도어형 식기세척기와 마찬가지로 물과 세제는 내부에서 순환되어 재사용된다.

③ 플라이트형 식기세척기: 플라이트형 식기세척기는 보통 2개 또는 3개의 탱크를 가지고 있다. 2조형은 세정용과 린스용 탱크로 이루어져 있고, 3조형은 애

벌 세정, 주 세정, 린스용 탱크로 이루어져 있다. 플라이트형 식기세척기는 그릇이나 접시 등은 랙에 꽂지 않고 그냥 기물을 넣으면 자동 직립으로 패드에 꽂혀 세척이 되며, 컵이나 실버웨어 등은 랙에 꽂아 넣으면 된다. 플라이트형 식기세척기는 1회 600명 이상의 식사가 제공되는 곳에서 주로 사용한다.

도어형 식기세척기   컨베이어형 식기세척기   플라이트형 식기세척기

그림 9-46
식기세척기의 종류
자료: 주방뱅크

④ 식기세척기 이용 방법

1. 식기의 큰 오물을 먼저 제거하여 식기세척기용 랙에 넣는다. 이때 말라붙거나, 조리기구 등에 눌어붙은 음식물은 식기세척기 내부에서 잘 제거되지 않기 때문에, 이런 부분은 물에 불려 제거해준 후에 세척기에 넣어야 한다.

2. 식기세척기용 랙이 어느 정도 채워지면, 식기세척기에 넣고, 세척기를 작동시킨다. 식기세척기의 형태에 따라 랙을 넣고 도어를 닫거나, 컨베이어벨트 형태의 식기세척기에 랙을 밀어넣는 등으로 작동시킨다. 단, 플라이트형 식기세척기는 랙 없이 그릇을 넣으면 된다.

3. 식기세척기 내부에서 세척과 헹굼, 살균소독 절차가 끝나면, 작업자는 식기세척기 안의 기물을 꺼내 건조대에서 완전히 건조시킨다.

⑤ 기타 세척기

불판 세척기

피쳐 린서

디퍼웰

컵 세척기

그림 9-47
각종 전용 세척기
자료: 주방뱅크

(5) 소독기

소독기는 소독 방식에 따라 전기 소독기, 자외선 소독기로 나뉜다.

전기 소독기는 뜨거운 공기로 미생물이 생존할 수 있는 수분을 감소시켜 소독시키는 원리이다.

컵 살균건조 소독기

칼 도마 살균건조 소독기

위생복 살균건조 소독기

그림 9-48
다양한 소독기
자료: 주방뱅크

장갑 살균건조 소독기

행주 살균건조 소독기

복합 살균건조 소독기

자외선 소독기는 자외선램프를 설치한 캐비닛과 같은 구조로 돼 있어, 물기가 없는 소독하고자 하는 물건을 소독기 내부에 넣고 작동시키면, 약 30~60분 가량 램프가 작동하여 빛이 닿는 부위가 소독되는 원리이다. 요즘은 건조와 자외선 살균이 동시에 되는 소독기가 일반적으로 사용된다.

소독기는 보통 소독하는 기구에 따라 나누며, 핸드 드라이어, 소독발판 등 기타 위생관리를 위한 소독 도구도 있다.

- 주방기기를 선정하는 기준은 단순히 기능이나 초기 구매 가격만이 되어서는 안 된다. 주방기기를 선정하는 기준으로는 크게 필요성, 비용, 기기의 사양 등이 있다.
- 주방기기 선정을 위해 고려해야 하는 비용은 초기 구매비를 비롯하여 설치비와 운영 유지비, 인건비와 제품 수명 등을 포함한다. 또한 기기의 사양은 기기의 성능(내구성, 작업결과물의 품질 등)과 안전성과 위생관리의 편의성, 디자인 등을 복합적으로 고려해야 한다.
- 주방기기들은 식품의 흐름에 따라 각 구역별로 요구되는 기기의 종류가 다른데, 검수 및 저장 구역에서는 선반과 냉장고, 사전조리 구역에서는 작업대와 싱크대, 각종 절단기 등이 필요하다. 조리 구역에서는 주로 가열용 기구가 필요하고, 식기세척 구역에는 식기세척기와 식기 보관대 등이 필요하다.

1. 주방 설비와 기기, 기물의 개념을 정리하고, 각 명칭이 정확하게 사용되지 않는 예시를 주변에서 찾아보자.

2. 내가 이해한 주방기기 선정 기준을 정리하고, 그 외에 주방기기를 선정하는 데 필요한 기준을 생각해 보자.

3. 내가 근무하거나, 가까운 음식점의 주방의 각 구역에는 어떤 기기들이 있고, 어떤 기기들이 있으면 업무가 편해질 지에 대해 생각해 보자.

CHAPTER 10
주방기물의 이해

10
주방기물의 이해

학습목표

* 주방기물의 정의와 선정 기준을 이해하고, 설명할 수 있다.
* 조리기구와 조리도구, 보관용기와 홀 기물 등의 종류에 대하여 이해한다.

1. 기물의 이해

1) 기물의 정의

주방 관리와 관련한 많은 책에서 기물에 대한 정확한 정의나 분류가 없어, 기물과 기기 등에 대하여 정확하게 이해하지 못한 채 용어를 사용하는 경우가 종종 있다. 여기에서는 기물의 정의부터 정확하게 하고 이후 학습에 들어가도록 하자.

기물(器物)이란, 그릇 기(器)자와 물건 물(物)자를 합친 단어로, 그릇류를 뜻한다. 본래 그릇이란 음식을 담는 기구를 뜻하는 말이지만, 외식업에서는 기물이란, 음식을 담는 식기와 조리도구 등을 묶어서 부르는 경우가 일반적이다. 이 책에서는 조리도구(cookware)와 조리를 위한 소도구(utensils), 완성된 음식을 담는 데 사용하는 식기류(tableware)와 음식을 먹기 위해 사용하는 숟가락, 젓가락, 양식기 등의 커트러리(cutlery, flatware) 등을 모두 기물류로 분류하고 살펴보도록 하겠다.

2) 기물의 분류

'기물'이라는 주제 자체는 외식산업 내에서 하나의 주요한 사업분야로 자리잡을 만큼 방대하다. 하나의 사업분야가 될 만큼 크기 때문에, 이를 분류하는 기준도 다양하기 마련이다. 여기에서는 사용하는 공간과 소재를 기준으로 분류해보도록 하겠다.

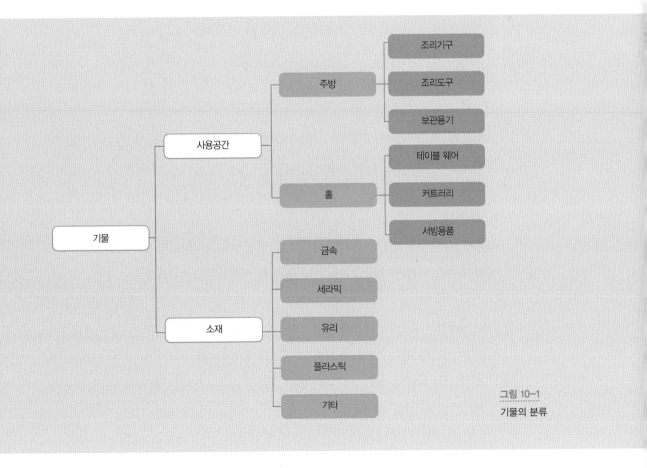

그림 10-1
기물의 분류

(1) 사용하는 공간에 따른 분류

사용하는 공간에 따른 분류는 사용하는 공간 안에서 구체적인 용도에 따라 분류할 수 있다. 먼저 사용하는 공간은 크게 주방(BOH)과 홀(FOH)로 나눌 수 있고, 주방 안에서는 조리를 위한 조리기구, 조리도구, 보관용기 등으로 분류할 수 있다. 홀에서는 요리를 담는 그릇류를 총칭하는 테이블 웨어, 요리를 먹기 위해 사용하는 소도구인 커트러리, 요리를 덜거나, 식사에 편리함을 더해주는 서빙용품으로 나눌 수 있다.

(2) 소재에 따른 분류

기물류에 사용하는 소재는 기본적으로 식기류로 사용할 수 있는 안전성이 보장된 소재들로, 크게는 금속, 세라믹, 유리, 플라스틱 등으로 나눌 수 있다. 자세한 내용은 '2. 소재의 이해'에서 다루도록 하겠다.

3) 기물 선정 기준

기물을 선정하기 위한 기준은 사용하는 공간, 즉 주방과 홀에서의 용도에 따라 다른 기준을 적용할 수 있다.

(1) 주방

주방에서 사용하는 기물류는 업무의 생산성을 높여주고, 안전성과 내구성이 뛰어나며, 위생관리와 보관이 편리한가를 살펴보는 것이 가장 중요하다.

① 생산성: 주방에서는 빠른 시간에 많은 작업을 처리할 수 있도록 생산성이 높은 소재와 용량, 기능의 기물을 선정해야 한다. 팬이나 냄비 등은 소재에 따라 열전도율의 차이가 나는데, 열전도율이 높은 소재는 빠르게 음식 조리가 가능하다는 것을 의미한다.

또한 직화, 전자레인지나 오븐 사용에 문제가 없는 소재로 되어있는 것이 편리하다.

② 내구성과 안전성: 음식점 주방에서는 가정과는 비교할 수 없을 분량의 음식을 조리해야 하기 때문에 튼튼하고 쉽게 세척할 수 있는 제품을 선택해야 한다. 또한 파손 위험이 적고, 다루기 쉬워 부상이나 사고 위험이 적은 것이 좋다.

③ 위생관리 편의성: 주방에서 사용하는 기물은 주방에서 사용하는 소독제나 세제로 손쉽게 세척하고 소독하여 사용할 수 있어야 한다.

④ 보관 편의성: 쌓거나 걸어두어 공간을 많이 차지하지 않는 기물류를 선택하면 주방 공간을 절약하는 데 도움이 된다.

(2) 홀

홀에서 사용하는 기물은 주방의 기물과 마찬가지로 내구성과 안전성, 위생관리, 보관 편의성 등을 가진 것으로 선택하는 것이 기본이다. 하지만 홀에서 사용하는 기물은 여기에 몇 가지 요소를 더 고려하여 선정해야 한다.

① 고객의 식사 경험: 홀에서 사용하는 기물은 고객이 음식점에서 가장 가까이 접촉하는 요소이다. 따라서 기물은 고객이 음식점의 분위기와 식사 경험을 더 좋게 느끼게 하거나, 더 나쁘게 느끼게 할 수도 있는 중요한 요소이다.

② 분위기: 기물의 소재나 색상, 무게와 촉감, 소리 등의 감각적인 요소들은 음식점의 이미지를 요약해서 보여줄 수 있기 때문에 이를 고려하여 신중하게 기물을 선정해야 한다.

예를 들어 고급 프랑스 레스토랑에서는 스테인리스나 나무 소재의 식기보다는 은과 본차이나 등의 소재가 어울리며, 휴양지의 편한 음식점 분위기를 연출하고자 하는 태국 음식점이라면 스테인리스와 나무 등의 소재를 적절히 활용하는 것이 좋다.

③ 비용과 유지 가능성: 기물의 가격은 음식점의 콘셉트와 잘 맞아야 하며, 구매비용은 음식점의 이미지를 전달하기에 합리적인 정도로 책정해야 한다. 고가의 기물류는 숙련되지 않은 근무자가 다루다 파손될 경우를 감안하여 근무자의 교육에 대한 것도 보이지 않는 유지 비용으로 고려해야 한다.

또한 기물류는 한 번 사서 평생 사용하는 것이 아니다. 대부분의 기물은 사용할수록 낡아지는 소모품인 데다, 파손, 분실 등의 가능성도 높다. 일단 내구성이 좋은 기물을 구매하는 것이 중요하고, 이후에는 청결하고 잘 관리된 음식점의 이미지를 전달하기 위해 정기적으로 점검한 후 흠집이나 변색이 있는 기물류를 교체해 주는 것이 좋다.

이때 초기에 구매했던 기물류를 다시 구매하려고 했을 때 단종이 된 제품일 경우 난감해진다. 따라서 음식점에서 사용하는 기물은 초기 구매 시 파손, 분실 등을 고려하여 넉넉한 양을 구매하고, 초기에 기물 선정 시에 지속적으로 생산 가능한 기물을 선정하는 것이 좋다.

2. 조리기구

주방 안에서 사용하는 기물은 조리를 위한 조리기구, 조리도구, 보관용기 등으로 분류할 수 있다. 이번에는 조리기구에 대하여 알아보자.

주방에서 음식의 조리를 위해 사용하는 조리기구는 크게 팬, 냄비, 솥 등이 있다.

1) 팬

(1) 팬의 이해

팬(pan)은 자루가 달린 접시 모양의 얇은 냄비를 가리키는 말로, 식재료를 튀기거나 지지거나 볶을 때 또는 혼합물(크레프, 고기 패티 등)을 익힐 때 사용한다. 형태는 다르지만, 열을 가해 내용물을 조리하는 얇은 조리기구라는 기능을 놓고 보면 오븐팬이나 그리들 등도 팬의 일종으로 이해할 수 있다.

(2) 팬의 종류

팬은 스테인리스, 알루미늄, 주물(철) 등으로 제작하며, 음식이 눌어붙지 않도록 코팅한 팬과 코팅하지 않은 팬이 있다. 용도에 따라 프라이팬, 웍, 소스팬, 그리들, 오븐팬 등으로 나눌 수 있고, 주로 프라이팬, 웍, 소스팬 등이 가장 많이 사용된다.

프라이팬은 튀김, 구이, 볶음 등의 조리에 두루 사용하는데, 곡선형의 벽을 이용해 음식물을 팬에서 쉽게 저어주고 밀어 낼 수 있게 설계되어 있다.

중식팬이라고도 부르는 웍(wok)은 중식 요리에 적합한 팬으로, 높은 열이 한곳으로 집중되도록 좁고 둥근 바닥이 특징이다. 팬 안에서 음식을 골고루 돌려가며 익힐 수 있도록 곡면으로 처리되어 있다.

소스팬은 낮은 온도에서 장시간 끓이며 만들어야 하는 소스 제조에 특화된 팬이다. 적당한 열을 받기 위해 화구에 닿는 부분의 면적이 좁고, 소스가 튀는 것을 감안하여 깊게 제작된다.

알루미늄 코팅 프라이팬   스테인리스 프라이팬   주물 프라이팬   볶음팬(궁중팬)   중식팬(웍)

타공 중식팬   스테인리스 그리들(직화)   순대볶음판   닭갈비판

소스팬   그릴팬   빠에야팬   스테이크팬

그라탕 용기   오븐팬(시트팬)   식빵틀   케이크팬

머핀팬   피자팬   딥디쉬 피자팬   스크린 피자팬

그림 10-2
팬의 종류
자료: 주방뱅크

2) 냄비

(1) 냄비의 이해

냄비(pot)는 프라이팬보다 깊고, 솥보다는 얕은 깊이의 용기로 뚜껑과 손잡이가 있는 조리기구를 말한다. 주로 음식을 끓이거나 삶는 데 사용한다.

(2) 냄비의 종류

냄비는 손잡이의 위치에 따라 한쪽에만 손잡이가 있는 편수, 양쪽에 손잡이가 있는 양수냄비 등으로 분류하고, 용도에 따라 다양한 식재료를 펼쳐놓고 끓여 시각적인 효과를 주는 전골냄비나 두 가지의 메뉴를 동시에 조리할 수 있는 훠궈 냄비(반반 냄비), 국물을 끓여가며 식재료를 익혀 먹기 위해 보온성이 좋은 샤브샤브 냄비 등이 있다.

양수냄비	편수냄비	뚝배기
전골냄비	훠궈 냄비	샤브샤브 냄비

그림 10-3
냄비의 종류
자료: 주방뱅크

3) 솥

(1) 솥의 이해

솥은 밥이나 국 등을 조리하거나, 많은 양의 육수를 내고, 물을 데우기 위한 조리기구로 냄비보다 크고 깊으며, 두꺼운 금속제로 돼 있는 경우가 일반적이다. 솥과 냄비는 유사한 용도로 사용되기 때문에 깊은 냄비를 솥 대용으로 사용하기도 한다.

찜솥은 솥과 결합형으로 사용하는 조리기구로, 솥 위에 얹어 끓는 물의 수증기를 이용하여 음식을 익히는 방식의 조리를 위하여 사용한다.

(2) 솥의 종류

무쇠 가마솥　　　　압력솥　　　　튀김솥　　　　찜솥

그림 10-4
솥의 종류
자료: 주방뱅크

3. 조리도구

조리도구란 조리를 위해 사용하는 작은 기구, 장치들을 말한다. 조리기구의 크기에 비해 작은 장치들을 조리도구로 부른다.

조리도구는 다양한 기준으로 분류할 수 있겠지만, 이 책에서는 식재료를 다루는 기능을 기준으로 분류하고자 한다.

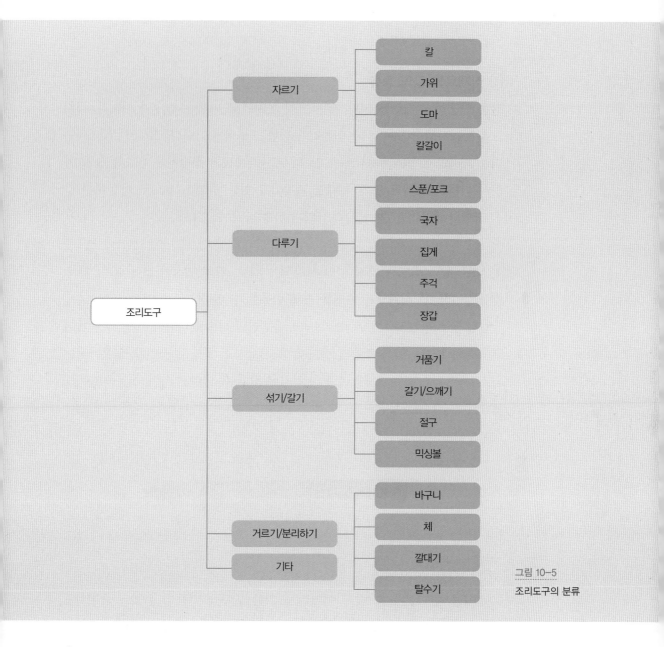

그림 10-5
조리도구의 분류

1) 자르기

식재료를 자르고 다듬는 것은 조리 작업의 시작이라 볼 수 있다. 식재료를 자르는 도구로는 칼, 가위 등이 있고, 이를 위해 도마와 칼갈이(연마기) 등의 부속도구가 필요하다.

(1) 식재료별 칼의 종류

칼은 단순히 식재료를 먹기 좋은 크기로 자르고 다듬는 도구가 아니라, 식재료를 조리사의 의도에 맞게 연출하기 위한 도구이기도 하다. 그래서 칼은 사용되는 요리의 특성(한식, 중식, 양식 등), 다루는 식재료의 특성이나 용도 등을 반영하여 다양한 소재와 크기, 형태로 제작되고 있다. 알맞은 용도로 만들어진 칼은 작업의 효율성을 높이고, 부상의 위험을 줄일 수 있다.

① 식도(식칼): 식도는 가장 널리 사용되는 칼로, 칼의 면적이 넓어 육류, 야채, 생선 등 다양한 식재료를 손질하는 데 이용할 수 있다.

　양식 주방의 셰프 나이프(Chef Knife), 유틸리티 나이프(Utility Knife), 카빙 나이프(Carving Knife), 일식 주방의 산토쿠 등이 유사한 용도로 쓰인다. 일본에서는 채소, 육류, 생선 세 가지를 모두 능하게 손질할 수 있다고 하여 '산토쿠(삼덕, 三德)'라는 이름으로 부른다.

그림 10-6
스테인리스 식도

② 정육용 칼: 정육용 칼은 덩어리 고기를 손질하거나(정육용 칼, 부처 나이프, Butcher Knife), 뼈와 고기를 분리하고(뼈칼, 보닝 나이프, Boning Knife), 얇은 뼈를 직접 절단하는(계육칼) 등의 용도로 사용한다. 짧고 가늘어 정확하게 힘을 받게 돼 있으며 단단한 재질로 만들어진다. 매우 날카롭고 위험하기 때문에 숙련자가 사용해야 한다.

③ 중식도: 중식 주방에서 주로 사용하는 직사각형의 넓은 면이 특징인 칼이다. 단단하고 무거운 편이다. 중국에서는 차이다오(菜刀, 채소칼)라고 부르며, 양식 주방에서는 클리버(Cleaver)라고 부른다. 이름에서 알 수 있듯 중국에서는 채소를 손질하는 용도로 많이 사용하는 칼이지만, 양식 주방에서는 고기를 손질하는 용도로 많이 사용한다. 즉 채소부터 고기까지 두루 사용할 수 있는 칼이다.

④ 회칼: 얇고 긴 칼날이 특징인 회칼은 부드러운 생선살을 손상없이 썰 때 사용한다. 일반적인 칼이 양면에 날을 세우는 데 비해 회칼은 한 면만 연마하여 재료의 한쪽을 밀어내며 얇게 포를 떠낼 수 있다.

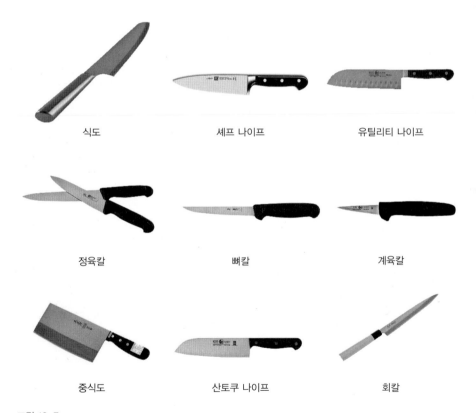

식도   셰프 나이프   유틸리티 나이프

정육칼   뼈칼   계육칼

중식도   산토쿠 나이프   회칼

그림 10-7
식재료별 칼의 종류
자료: 주방뱅크

(2) 각종 용도별 칼의 종류

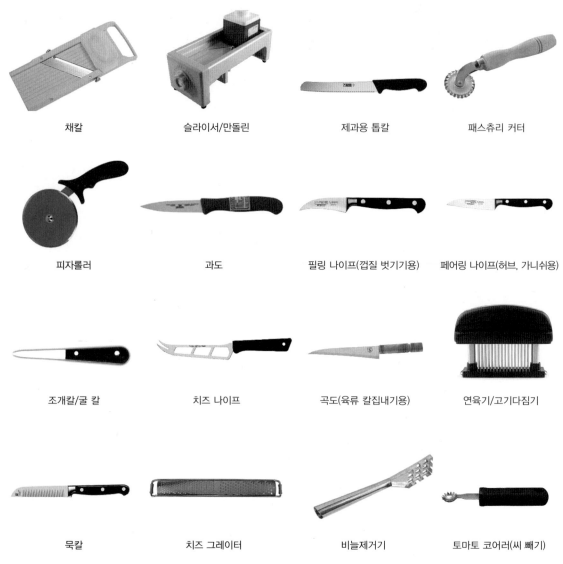

채칼	슬라이서/만돌린	제과용 톱칼	패스츄리 커터
피자롤러	과도	필링 나이프(껍질 벗기기용)	페어링 나이프(허브, 가니쉬용)
조개칼/굴 칼	치즈 나이프	곡도(육류 칼집내기용)	연육기/고기다짐기
묵칼	치즈 그레이터	비늘제거기	토마토 코어러(씨 빼기)

그림 10-8
다양한 용도와 모양의 칼
자료: 주방뱅크

(3) 가위

| 주방가위 | 고기가위 | 밤가위 | 게가위 |

그림 10-9
가위의 종류
자료: 주방뱅크

(4) 칼갈이

무딘 칼은 사고의 원인이 되므로 칼은 항상 초기의 절삭력을 유지하도록 갈아
줘야 한다. 칼갈이는 숫돌, 연마봉, 칼갈이(샤프너) 등이 있으며, 칼갈이(샤프너)는
수동과 자동으로 나뉜다. 자동 칼갈이는 대량의 칼을 자주 갈아야 하는 곳에
서 사용하기에 편리하다.

| 숫돌 | 연마봉 | 칼갈이 | 자동 칼갈이 |

그림 10-10
칼갈이의 종류
자료: 주방뱅크

(5) 도마

음식점 주방에서 사용하는 도마는 폴리에틸렌, 나무 소재가 일반적이다. 나무
도마는 세균번식의 위험이 커 음식점 주방에서는 사용하지 않는 것이 좋다. 일
식 주방 등에서 제한적으로 사용하는 추세이다.

최근에는 열에 강하고 충격 흡수가 잘 되어 작업자의 손목 부담을 덜어주는 실리콘 소재의 도마도 사용한다. 실리콘 도마는 전자레인지에 3분가량 돌려주면 살균이 되기 때문에 위생적으로 사용할 수 있다는 장점도 있다.

폴리에틸렌 도마   나무 도마   위생관리용 폴리에틸렌 컬러 도마   실리콘 도마

그림 10-11
도마의 종류
자료: 주방뱅크

2) 다루기

(1) 스푼

그림 10-12
스푼의 종류
자료: 주방뱅크

볶음스푼   아미스푼   볶음용 뒤지개

(2) 국자

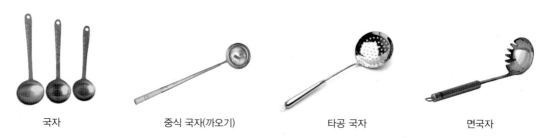

국자   중식 국자(까오기)   타공 국자   면국자

그림 10-13
국자의 종류(계속)
자료: 주방뱅크

| 파스타 국자 | 소스 국자 | 샥구 | 멀티볼 |

그림 10-13
국자의 종류
자료: 주방뱅크

(3) 집게

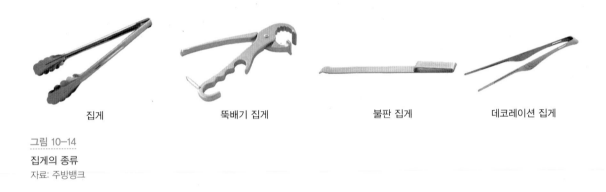

| 집게 | 뚝배기 집게 | 불판 집게 | 데코레이션 집게 |

그림 10-14
집게의 종류
자료: 주방뱅크

(4) 주걱/뒤집개(터너)

| 플라스틱 주걱 | 알뜰 주걱 | 스패출러 | 헤라 |

| 터너 | 뒤집개 | 스패치 | 스크래퍼 |

그림 10-15
주걱/뒤집개의 종류
자료: 주방뱅크

3) 섞기/갈기

(1) 섞기

거품기

회전 거품기

스테인리스 믹싱볼

멜라민 믹싱볼

그림 10-16
혼합용 도구의 종류
자료: 주방뱅크

(2) 갈기/으깨기

강판

감자 으깨기(매셔)

감자 으깨기(매셔)

생강 강판

절구/절구공이

깨갈이

전동 깨갈이

페퍼밀(후추 갈이)

그림 10-17
갈기/으깨기 도구의 종류
자료: 주방뱅크

4) 거르기/분리하기

| 플라스틱 바구니(소쿠리) | 대나무 바구니 | 스테인리스 체 | 뜰채 |

| 거품건지기(스키머) | 면 건지기 | 깔대기 | 채소 탈수기 |

그림 10-18
거르기/분리하기 도구의 종류
자료: 주방뱅크

4. 보관용기

음식점 주방에서 보관용기는 식재료가 입고된 후 전처리 과정을 통해 조리에 적합하게 준비된 식재료와 조리 후 바로 사용하지 않는 음식 등을 담는 데 주로 사용된다. 주방에서 사용하는 보관용기는 형태에 따라 바트, BMP, 각종 밀폐용기 등으로 나눌 수 있다.

1) 바트

음식점 주방에서 가장 많이 사용하는 보관용기는 아마 바트('밧드'로 표기하기도 함)일 것이다. 바트는 산업 현장에서 액체 등을 담는 큰 통을 의미하는 vat에서 유래한 단어인데, 상업적 주방에서 주로 사용하는 사각 용기를 가리킬 때 사용한다. 영어로는 Food Pan, Steam Table Pan 등으로 부른다.

바트의 크기는 1964년 스위스에서 개발된 가스트로놈[1](Gastronorm) 표준에 맞춰 만들어진다. 가스트로놈 표준의 기본은 'GN1/1'이라고 하는 크기 단위인데, 바트의 크기는 GN1/1 크기인 530 × 325mm를 풀(full) 바트로 하고, 풀바트의 반 크기인 1/2를 비롯해 2/3, 1/6 등의 크기로 다양하게 생산한다. 바트의 높이는 인치(inch, 1인치는 2.54cm) 단위로 2, 4, 6, 8 등 2의 배수로 제작된다.

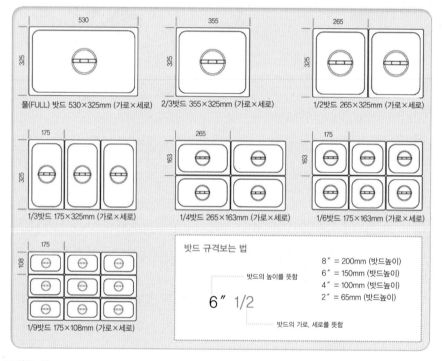

그림 10-19
바트의 크기와 규격
자료: 주방뱅크

---

1 국제 회의에서 효율적인 소통을 위해 공식 언어를 지정하는 것처럼, 산업의 선진화를 위해서 나라마다 다른 용량과 크기 등 도량형에 대한 기준을 통일하는 것이 매우 중요하다. '미식'을 뜻하는 gastronomy와 '표준, 기준'을 뜻하는 norm의 합성어인 가스트로놈(Gastronorm) 표준은 1964년 스위스에서 개발된 전세계 호텔·외식산업 등에서 사용하는 크기 기준을 말한다.

이렇게 규격 크기로 생산되는 바트는 제한된 주방 공간을 낭비 없이, 정리정돈 하며 작업할 수 있게 도와준다.

바트의 규격을 표기할 때는 그림 10-19와 같이 높이를 인치 단위로 먼저 표기한 후 GN1/1을 기준으로 한 크기를 분수로 표기한다.

바트의 재질은 주로 스테인리스 스틸, 폴리카보네이트(PC) 등이 일반적이며, 뷔페나 기타 고객에게 보이는 공간에서는 도자기나 멜라민 등으로 만든 바트도 사용한다. 보통은 뚜껑을 제외한 다섯 면이 막혀 있지만, 담긴 식재료의 물기를 빼기 위해 전체 면이 타공된 바트도 있다.

바트는 사각형의 상자와 뚜껑, 필요에 따라 채소 등의 물기를 뺄 수 있는 드레인으로 구성된다. 뚜껑은 납작한 기본형과 돔형, 열고 닫을 수 있는 문이 달린 돔형 등이 있고, 재질에 따라 불투명, 투명, 반투명 등이 있어 용도에 맞게 호환하여 사용할 수 있다.

또한 바트는 식재료 보관용기로 사용될 뿐 아니라, 토핑 냉장고의 부속품으로 식재료를 나눠 담는 용도로도 사용된다.

| 스테인리스 바트와 손잡이형 뚜껑 | PC 바트와 손잡이형 뚜껑 | 멜라민 바트 | 스테인리스 타공 바트 |

드레인을 사용한 PC 바트　　손잡이 없는 뚜껑　　돔형 뚜껑　　돔형 플립 뚜껑

그림 10-20
바트와 바트 구성품
자료: 주방뱅크

그림 10-21
샐러드바로 사용중인 바트가 삽입된 토핑 냉장고

2) BMP

BMP는 Bain Marie Pot의 줄임말로, 프랑스어로
중탕 조리방법을 뜻하는 Bain Marie(뱅 마리)를
위한 중탕냄비, 즉 조리기구이다. 물이 담긴 냄비
에 식재료가 담긴 BMP를 넣어 물의 열로 간접적
으로 가열하는 방식인데, 가열용으로 사용하는
물이 식재료에 들어가지 못하도록 깊게 만든다.

그림 10-22
BMP(Bain Marie Pot)
자료: 주방뱅크

우리나라 음식점에서는 BMP, 위생통, 뼈통 등
의 이름으로 부르며, 조리용도보다는 양념이나
소스, 조리도구 보관 또는 치킨이나 감자탕 전문
점 등에서 뼈를 담는 용도로 많이 활용한다.

3) 기타 식재료 보관용기

앞서 언급한 보관용기 이외에 가정에서도 널리 사용하는 밀폐용기, 대량의 식
재료 보관을 위한 보관용기, 양념과 오일/소스병, 빵이나 피자 등의 반죽을 담
아두는 도우박스, 양동이 등도 식재료 보관을 위해 사용된다.

밀폐용기	대용량 식재료 보관 용기 (곡물, 가루류 등)	대용량 식재료 보관 용기 (액체류)	가니쉬 케이스
양념통	오일/소스병	도우박스	양동이

그림 10-23
각종 식재료 보관 용기
자료: 주방뱅크

5. 홀 기물

홀에서는 사용하는 기물류는 요리를 담는 그릇류를 총칭하는 테이블 웨어, 요
리를 먹기 위해 사용하는 소도구인 커트러리(Cutlery, 플랫웨어 Flatware라고도 함),
요리를 덜거나, 식사에 편리함을 더해주는 서빙용품으로 나눌 수 있다.
　고객은 음식점에 들어와 음식뿐만 아니라, 음식점의 온도와 냄새, 소리와 음

악, 앉아있는 의자와 테이블의 느낌 등 다양한 요소를 함께 경험한다. 이 중에서 기물류는 고객이 음식점에서 가장 가깝게 접촉하는 요소이다.

고객에게 제공하는 음식은 기본적으로는 맛과 양, 영양적인 요소와 시각적인 요소 등 많은 부분이 고객의 기대를 충족시켜야 한다. 거기에 좋은 기물이 더해지면, 설령 음식이 부족한 경우라도 이 점을 보완하여 고객의 만족도를 올려주는 역할을 할 수 있다.

1) 테이블 웨어

(1) 업종에 의한 분류

전통적으로 테이블 웨어는 한식, 중식, 일식, 양식 등 업종에 따라 분류한다. 이것은 각 업종별 음식의 특징에 따른 분류라고 볼 수 있다. 즉 주된 조리방법에 따라 접시 등의 얕은 그릇이 적합한 곳이 있는가 하면, 국물이 있는 음식이 많아 면기나 국그릇처럼 깊은 그릇이 적합한 곳이 있다. 또한 코스로 제공되는지, 한상차림으로 제공되는지, 한 사람이 먹을 분량으로 나눠서 제공되는지, 큰 요리를 테이블에서 나눠 먹는지 등의 다양한 변수들이 테이블 웨어에 반영된다.

하지만 외식산업이 발전하고, 다양한 문화권의 식문화가 영향을 주고받으면서 국적별로 식문화와 그에 맞는 기물을 엄밀하게 구분하기 어려워지고 있다. 그림 10-24는 모로코 전통 냄비인 타진을 활용해 한식 메뉴인 영양밥을 연출한 것이다. 이처럼 창의적인 요리사들이 전통적으로는 사용하지 않았던 다른 나라의 조리기구나 조리방법을 의도적으로 사용하거나, 이국적인 테이블 웨어 등을 연출용으로 사용하기도 한다.

(2) 서비스 방식에 의한 분류

음식점에서의 서비스 방식은 크게 테이블 서비스, 셀프 서비스, 카운터 서비스 등으로 나눌 수 있는데, 이러한 서비스 방식에 따라 음식점에서 갖추는 테이블

그림 10-24
타진을 사용한 한식 밥상
자료: 코스트코

웨어는 크게 달라진다.

① 테이블 서비스: 테이블 서비스는 테이블에 앉은 고객이 종업원으로부터 서비스를 제공받는 전형적 서비스 방식이다. 음식점에서 오랫동안 사용된 서비스 방식이지만, 인건비와 각종 운영비 부담이 늘어나면서 중고가의 음식점에서 주로 활용하는 것으로 바뀌고 있다. 테이블 서비스는 각종 음식이 고객이 식사할 그릇에 담겨 나오며, 종업원이 운반해야 할 기물류가 많기 때문에 쟁반이나 카트(웨건, 트롤리)를 활용해 운반하는 경우가 일반적이다.

② 카운터 서비스: 카운터 서비스는 테이블 서비스와 셀프 서비스를 혼합한 서비스 방식이다. 고객이 주문 카운터에서 주문을 하면, 주방에서는 고객의 주문에 따라 음식을 조리하고, 카운터에 쟁반 등을 놓고 음식을 세팅한 후 고객을 호출한다. 고객은 이를 확인하고 카운터에서 음식을 받아 자신의 테이블에 와서 식사를 한다. 대부분의 패스트푸드 전문점이나 푸드코트, 커피전문점 등이 카운터 서비스 방식으로 운영된다.

③ 셀프 서비스: 셀프 서비스는 인건비와 각종 운영비 부담을 줄이기 위해 공

급자 중심으로 설계된 서비스 스타일이다. 주방에서는 대량의 메뉴를 조리하고, 홀은 대량의 메뉴를 고객이 직접 담아갈 수 있도록 기물과 동선을 설계한다. 뷔페와 샐러드바, 일반적인 학교나 회사의 급식시설이 셀프 서비스 방식을 채택한다. 이러한 경우 대량의 메뉴를 담아, 온도를 유지할 수 있도록 차핑디쉬 등의 기물이나 배식대, 고객이 직접 음식을 담을 수 있도록 하는 서빙 도구 등이 필요하다. 또한 효율적인 기물 관리를 위해 복잡한 식기 구성 대신 식판이나 한두 가지의 식기를 다량으로 구비한다.

2) 커트러리

(1) 젓가락

젓가락은 동아시아, 동남아시아에서 널리 사용되는 도구로, 젓가락에는 그 나라의 음식의 특징이 반영돼 있다.

한국은 한중일 3개국 중 유일하게 금속 젓가락을 사용하는데, 기원전 18년 백제의 귀족들이 음식에 독극물이 있는지 확인하기 위해 은수저를 사용했던 데서 기원을 유추해 볼 수 있다. 또한 남녀노소 불문하고 식구가 둘러앉아 반찬을 나눠 먹어야 하기 때문에, 정확하게 젓가락의 힘과 방향을 조절하기에는 길이가 짧은(평균 22cm) 금속 젓가락이 더 적합했다. 젓가락의 시작은 중국이었지만, 콩자반을 집고, 켜켜이 쌓인 깻잎 절임을 한 장씩 떼는 등의 정교한 활용은 한국을 따라갈 수 없다.

중국은 커다란 상 한가운데에 놓인 음식을 집어먹는 식문화로 젓가락이 긴 편이며(평균 25cm), 기름지며 큰 덩어리의 음식이 많아 굵고 튼튼한 나무 젓가락을 사용한다. 일본은 한사람 분량의 음식이 식사를 하는 사람 앞에 차려지므로 짧고(평균 20cm), 생선의 가시를 발라내거나, 국수 등을 먹기에 좋은 뾰족한 나무 젓가락을 사용한다.

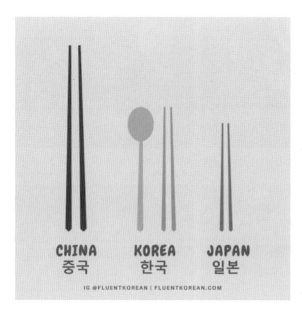

그림 10-25
한중일 3개국의 젓가락 비교
자료: Fluent Korean

(2) 숟가락/스푼

앞서 젓가락의 형태와 사용하는 방식에 대한 내용과 같이 숟가락을 사용하는
방식 또한 한중일에서 큰 차이를 보인다.

한국은 식사 때 건더기가 많은 국이나 찌개 등을 함께 먹기 때문에 숟가락
을 주요한 도구로 사용한다. 반면 중국과 일본 모두 밥그릇에 남은 밥을 먹을
때 그릇을 입에 가져가 젓가락으로 밥을 긁어 먹기 때문에 평상시의 식사에
군이 숟가락이 필요하지 않게 되었다. 중국은 국물을 먹을 때만 '탕츠'라고 부
르는 깊은 숟가락을 이용하고, 일본은 국물을 먹을 때도 숟가락을 사용하지
않고 그대로 들어 직접 마신다. 일본 식문화에는 숟가락의 개념이 없기 때문
에, 이후 중국의 탕츠와 양식의 스푼을 용도에 맞게 사용한다.

숟가락은 스푼(spoon)이라는 용어로 불리며 양식에서도 식사를 위한 커트러
리는 물론, 조리와 서빙에도 중요한 조리도구로 활용된다. 양식에서 스푼은 음
식에 따라 크기와 깊이 등이 다르게 제작된다. 다용도로 활용하는 디너 스푼,
수프 스푼, 티스푼, 디저트 스푼 등이 있다.

| 한식 숟가락 | 중식 숟가락(일식 우동 숟가락으로도 사용) | 디너 스푼 |
| 티스푼 | 수프 스푼/부용 스푼 | 디저트 스푼 |

그림 10-26
숟가락/스푼의 종류
자료: 주방뱅크

(3) 포크

포크는 스푼과 마찬가지로 음식에 따라 크기와 형태가 다르게 제작된다. 포크는 크게 테이블 포크(디너 포크), 생선 포크, 샐러드 포크, 디저트 포크 등으로 나뉜다.

테이블 포크는 보통 18~19cm 정도로, 고기나 생선요리, 파스타, 샐러드 등에도 사용할 수 있는 다용도 포크이다. 생선 포크는 테이블 포크와 비슷한 크기로, 생선뼈를 바르기 편리하게 홈이 파져 있다. 샐러드 포크는 약 15cm 정도로 야채를 자르기 쉽도록 디너 포크보다 다소 납작하고 넓은 편이다. 애피타이저나 해산물 요리에도 사용한다. 디저트 포크는 15cm 정도로 샐러드 포크와 비슷한 크기이며, 케이크 등을 자를 수 있게 면이 넓게 만들어진 케이크 포크도 있다.

| 테이블 포크 | 생선 포크 | 샐러드 포크 | 디저트 포크 |

그림 10-27
포크의 종류
자료: 주방뱅크

(4) 나이프

나이프는 크게 디너 나이프(테이블 나이프), 스테이크 나이프, 생선 나이프, 버터 나이프, 디저트 나이프 등으로 나뉜다.

디너 나이프는 끝이 둥글고, 고기, 채소, 각종 사이드 메뉴 등 다양한 음식을 자르는 데 사용되는 가장 일반적인 커트러리이다. 디너 나이프와 같은 용도로 사용되는 테이블 나이프가 있는데, 디너 나이프는 격식 있는 고급 레스토랑에서 사용하는 나이프로 테이블 나이프보다 1/3 정도 무겁다. 그에 비해 테이블 나이프는 디너 나이프보다 끝이 둥글고, 다용도로 사용하는 나이프로 캐주얼 레스토랑 등에서 주로 사용한다. 스테이크 나이프는 두꺼운 고기를 자르기 쉽게 절삭력이 좋고, 톱칼 형태로 제작되기도 한다. 생선 나이프는 생선이 앙트레(메인 요리)로 나올 때 제공된다. 고기보다 섬세한 생선뼈를 바르기 편리하게 칼날은 넓고, 끝은 뾰족하게 제작된다. 버터 나이프는 부드러운 빵에 잼이나 버터를 바르기 좋게 끝이 둥글게 만들어진다. 버터 나이프 대신 버터 스프레더를 제공하는 곳도 있는데, 버터 스프레더는 날이 없고, 버터를 바르는 데 충실하게 둥글고 넓은 형태로 제작돼 버터 나이프보다 부드러운 느낌을 준다.

| 디너 나이프 | 테이블 나이프 | 스테이크 나이프 |
| 생선 나이프 | 버터 나이프 | 디저트 나이프 |

그림 10-28
나이프의 종류
자료: 주방뱅크

3) 서빙용품

고객의 편안한 식사를 위해 사용되는 서빙용품은 음식을 나르기 위한 트레이와 음식을 나눠담기 좋은 서빙도구 등이 있다.

(1) 트레이

음식점에서 사용되는 트레이는 재질에 따라 스테인리스, 알루미늄, 플라스틱, 나무 등의 소재를 사용한다. 소재에 따른 특성을 이미 살펴보았듯이, 스테인리스는 내구성이 좋고 가벼운 편이며, 알루미늄 소재는 스테인리스보다 가벼워 많은 양의 음식을 운반하기에 편리하다. 플라스틱은 가볍고 내구성이 좋고, 저렴하여 셀프 서비스나 카운터 서비스를 하는 음식점에서 고객에게 제공하는 용도로 많이 사용하고, 퇴식용 수거 박스 등으로도 제작된다. 나무 소재는 습기에 약하고 내구성이 약한 단점이 있지만, 나무 재질이 주는 부드럽고 따뜻한 이미지 때문에 1인 반상 형태로 제공되는 일본식 가정식 전문점 등에서 자주 사용한다. 최근에는 나무 소재의 단점을 보완하여 압축 펄프 소재에 나무 등의 무늬를 인쇄한 트레이도 널리 사용된다. 압축 펄프 소재는 가볍고, 나무에 비해 내구성이 좋으며, 디자인을 다양하게 할 수 있어 인기가 많다.

트레이는 많은 음식을 고객에게 안전하게 운반하기 위한 도구로, 운반 중 미끄러지지 않도록 논슬립(non-slip) 코팅을 한 트레이도 많다. 이러한 코팅 재질은 열에 약하고, 물자국이 생기는 등의 단점도 있기 때문에 소모품으로 인식하고, 코팅면이 많이 손상되면 교체해 주는 것이 좋다.

| 스테인리스 트레이 | 알루미늄 트레이 | 멜라민 트레이 |
| 논슬립 대나무 트레이 | 나무 트레이 | 식기 수거 박스 |

그림 10-29
트레이의 종류
자료: 주방뱅크

(2) 서빙도구

파스타 집게	초밥 집게	서빙스푼	케이크/피자 서버

그림 10–30
서빙도구의 종류
자료: 주방뱅크

- 주방기물이란, 음식을 담는 식기와 조리도구 등을 묶어서 부르는 말로, 기물을 선정할 때는 업무의 생산성을 높여주고, 안전성과 내구성이 뛰어나며, 위생관리와 보관이 편리해야 한다. 또한 홀에서 사용하는 기물은 주방의 기물 선정 기준을 충족하는 동시에 고객의 식사 경험, 분위기, 유지비와 유지 가능성 등을 추가로 고려해야 한다.
- 기물에 사용하는 소재는 스테인리스, 철, 알루미늄, 세라믹, 유리, 플라스틱 등이 있는데, 각 소재별 특성과 관리 방법이 다르기 때문에, 잘 이해하고 사용해야 한다.

1. 인터넷 쇼핑몰에서 다양한 기물의 종류와 사용되는 소재, 사용자들의 리뷰를 통해 기물의 형태와 소재 등에 따른 장단점들을 파악해 보자.

2. 내가 근무하거나, 가까운 음식점의 업종에 따라 주방과 홀에서 어떤 기물들이 사용되는지 알아보고, 다른 업종의 음식점과 어떤 차이가 있는지 토의해보자.

CHAPTER 11
주방기기와 기물의 관리

11
주방기기와 기물의 관리

학습목표

- 주방기기와 기물로 사용되는 소재의 특성을 이해하고, 설명할 수 있다.
- 주방기기와 기물의 종류에 따른 관리 방법을 이해한다.

　　앞서 주방기기와 기물의 종류와 용도에 대하여 살펴보았는데, 이번 장에서는 주방기기와 기물의 소재와 각 기기와 기물의 특성에 따른 관리 요령에 대하여 알아보도록 하자.

1. 주방기기와 기물의 소재별 관리

주방기기의 대부분은 스테인리스로 이루어져 있으며, 기물류에 사용하는 소재는 크게 금속, 세라믹, 유리, 플라스틱 등으로 나눌 수 있다. 먼저 주방기기와 기물에 사용되는 소재를 이해하고, 소재의 특성에 따른 관리 방법 등을 함께 살펴보도록 하자.

1) 금속

주방에서 사용하는 금속류는 스테인리스, 알루미늄, 무쇠/주물, 유기, 티타늄, 법랑. 코팅, 구리 등이다.

(1) 스테인리스

① 특성: 스테인리스는 음식점 주방기기의 대부분을 이루고 있는 금속이라 해도 과언이 아니다. 게다가 특유의 내구성과 광택, 가공 편의성 등의 장점 때문에 커트러리나 식기, 조리도구 등으로도 널리 활용된다.

스테인리스의 정식 명칭은 스테인리스강, 스테인리스 스틸, 영어로 stainless steel이다. stain은 녹, 더러움 등을 의미하며 less는 '없다'는 뜻의 접미사로, 스테인리스가 개발되기 전 가장 널리 사용하던 철의 최대 단점인 녹스는 현상을 개선한 금속이다. 물론 철 함유량이나 사용 환경의 습도 등에 따라 녹이 슬기도 하지만, 일반적인 사용 환경에서는 철보다는 녹이 훨씬 덜 슨다.

스테인리스는 강도가 높으면서 잘 부식되지 않고, 관리에 편리하여 주방에서 사용하기에 훌륭한 소재이다. 주방기기는 물론, 기물로도 널리 사용된다.

표 **11-1.** 스테인리스의 특성

부식에 강함	스테인리스 스틸은 다른 금속에 비해 부식에 강해 주방에서 사용하기에 적합하다.
강도가 높음	스테인리스는 강도가 높아 기계나 선반 등 충격이나 하중에 잘 버틸 수 있는 기기에 사용된다.
위생관리 용이	목재나 플라스틱 등의 소재는 표면의 미세한 홈이나 구멍이 있어 세균이 침입하여 증식할 수 있는 환경을 만들지만, 스테인리스는 매끄러워 세균이 침입하기 어렵고, 쉽게 세척할 수 있다.
화학반응이 잘 일어나지 않음	철, 구리, 알루미늄 등의 금속은 산성 물질에 화학반응을 일으켜 기기 표면이 손상될 수 있고, 음식 맛에도 영향 준다. 이와 달리 스테인리스는 비반응성 금속으로 레몬, 오렌지, 토마토, 식초 같은 산성 음식을 조리하는 데 사용할 수 있다.

② 종류: 주방에서 주로 사용하는 스테인리스는 STS 430(스테인리스 24종)과 STS 304(스테인리스 27종)이다.

STS 430은 철 82%, 크롬 18% 구성으로 생산하는 스테인리스이다. 철 함량이 높아 자석에 붙는 성질이 있고, 관리 소홀 시 녹이 생길 수 있다.

STS 304는 철 74%, 크롬 18%, 니켈 8~10%로 구성된 스테인리스로, 'STAINLESS STEEL 18-8', 'STAINLESS STEEL 18-10' 등으로 크롬과 니켈 함량을 표기한다. 니켈이 함유되어 충격에 강하며, 쉽게 부식되지 않고 녹이 잘

SUS 201
(스테인리스
24종)

- 가격이 저렴해서 가장 대중적으로 사용되는 스테인리스 재질이다. 프렌차이즈, 일반음식점에서 많이 사용한다.
- SUS 304에 비해 내부식성이 떨어져, 관리 소홀 시 녹이 쉽게 발생하기도 한다. 자석에 붙는 성질이 있다.

SUS 304
(스테인리스
27종)

- 충격에 강하며, 쉽게 부식되지 않고 녹이 잘 슬지 않는 장점이 있다. 관공서나 학교, 호텔, 병원 등 단체급식소에서 내구성을 고려하여 선택하는 경우가 많다.
- 가격이 비싸다는 단점이 있다.

SUS 430

- SUS 304에 비해 내부식성이 떨어지고, 관리 소홀 시 녹이 쉽게 발생하지만, 강도가 우수하다. 또한 열팽창률이 낮고 성형성 및 내신화성이 우수하다. 주방기계나 건축자재, 자동차 부품 등에 주로 사용되며, 자석에는 붙는 성질이 있다.

그림 11-1
스테인리스의 종류와 특성
자료: 김영갑, 강동원 (2018).

그림 11-2
스테인리스 함량이 표기된 스푼

슬지 않는 대신 가격이 높은 편이다. 녹 발생이 적어 위생이 중요한 주방기기나 의료기기용으로 사용한다.

③ 관리: 스테인리스는 공정상 표면에 연마제가 남아 있어, 처음 스테인리스 제품을 구매했을 때는 이를 제거한 후 사용해야 한다. 연마제 제거는 키친타월에 식용유를 충분히 묻혀 표면을 닦아주면 되는데, 연마제가 더 이상 나오지 않을 때까지 닦아줘야 한다.

이후에 스테인리스 용기와 식초나 베이킹소다를 물과 함께 넣고 중불로 끓인 후 중성세제로 닦아서 사용한다.

평상시에는 중성세제와 부드러운 수세미를 사용해서 세척한다. 염기성이 높은 세제를 사용할 경우, 표면이 뿌옇게 변할 수 있다.

수돗물이 아닌 지하수를 사용할 경우, 물의 경도에 따라 하얀색 얼룩이 생기기도 하는데, 석회질이 표면에 침전되는 것으로, 식초로 닦아준 후 일반적인 세척방법으로 세척하면 된다. 표면의 무지개 얼룩 또한 같은 방식으로 없앨 수 있다.

스테인리스 냄비나 팬 등이 타서 생긴 갈색 얼룩은 베이킹 소다를 푼 물에 담가 끓인 후 수세미로 문질러 닦아내거나, 스테인리스 전용 세제를 사용하되, 식초 등의 산성 물질을 섞지 않는 것이 좋다.

(2) 철

① 특성: 철은 주방에서 스테인리스 다음으로 많이 사용하는 소재이다. 철은 열전도율이 높으며, 흡수한 열을 고르게 분배하여 오랫동안 유지시켜준다. 내구성이 좋아 잘 관리만 한다면 평생 사용할 수 있다.

캐스트 아이언(cast iron)이라고도 부르는 무쇠(주철) 재질은 철에 탄소가 2~6% 정도 섞인 재질로, 철이나 알루미늄, 구리 등에 비해 열전도성이 매우 낮은 특성을 갖는다. 무쇠 냄비나 팬 등은 오래 열을 가해야 요리가 가능하게 달궈지는 불편함은 있지만, 한번 간직한 열을 잘 빼앗기지 않아 오랫동안 조리

무쇠 가마솥   무쇠로 만들어진 두꺼운 냄비의 일종인 더치 오븐

그림 11-3
무쇠 재질의 솥과 냄비
자료: 주방뱅크

해야 하는 국물요리나 찜요리 등에 적합하다. 무쇠 가마솥이나 더치 오븐 등은 두꺼운 몸체와 무거운 뚜껑으로 압력솥에 조리하는 것과 같은 효과를 볼 수 있다.

② 종류: 무쇠는 전통 가마솥처럼 철을 녹여 틀에 부어 만들어 무게감이 있어, 여러 조리기구를 사용하고, 들고 움직이거나, 자주 옮겨 씻어야 하는 음식점 주방에서는 편하게 사용할 수 있는 소재는 아니다. 하지만 열 보존율이 높기 때문에 서빙용 냄비나 스테이크 등의 그릴, 패티나 전 등을 조리하는 그리들, 철판으로 사용하기에 적합하다. 쉬운 관리를 위하여 표면을 도자기 유약 성분 등으로 코팅한 제품도 있다.

③ 무쇠 제품의 시즈닝: 코팅되지 않은 무쇠 기물을 구매했을 경우, '시즈닝'이라고 하는 길들이기 작업을 통해 표면을 코팅해준다. 시즈닝은 표면에 오일막을 형성해 녹이 스는 것을 방지하고 음식이 눌어붙지 않게 하기 때문에 반드시 해야 하는 작업이다.

　시즈닝은 그림 11-4와 같은 순서로 진행하고, 사용 중에 표면에 음식이 달라붙거나 녹이 슬면 이 과정을 다시 해 주는 것이 좋다.

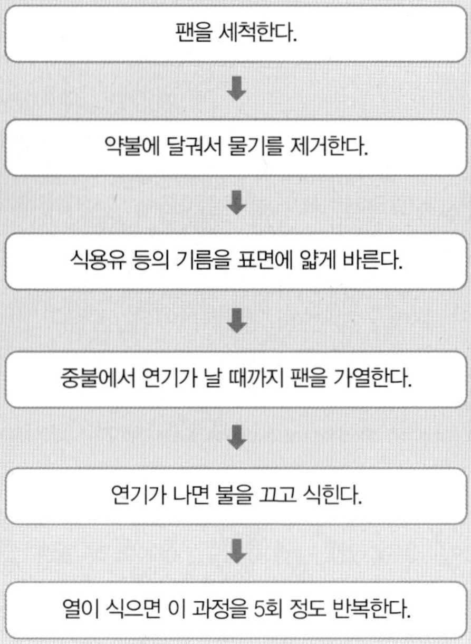

팬을 세척한다.

↓

약불에 달궈서 물기를 제거한다.

↓

식용유 등의 기름을 표면에 얇게 바른다.

↓

중불에서 연기가 날 때까지 팬을 가열한다.

↓

연기가 나면 불을 끄고 식힌다.

↓

열이 식으면 이 과정을 5회 정도 반복한다.

그림 11-4
시즈닝 진행 순서

④ 관리: 철은 산성 음식을 조리하면 화학반응이 일어나므로 산성 음식 조리는 피하는 것이 좋다. 대신 고기나 베이컨, 부침 등 기름기가 많거나, 기름을 많이 사용하는 음식은 조리기구 표면의 시즈닝을 강화해주는 효과가 있어 좋다.

철은 열에 강해 조리중이나 조리후에는 매우 뜨거우므로, 화상에 주의하여야 한다. 급격한 온도 변화에 예민하므로, 조리 시에는 중약불을 사용한다. 가열조리 후 찬물에 넣거나 해서는 안 되며, 한 김 식힌 후 미지근한 물로 세척한다. 음식물이 눌러 붙었다면 뜨거운 물에 30분 정도 불린 후 부드러운 수세미로 세척한다. 세척 시에는 세제 없이 따뜻한 물과 부드러운 수세미로 세척하는 것이 표면 보호에 좋다. 습기나 염분이 있으면 녹이 생기기 쉬우므로 세척한 후 물기를 제거하고, 공기와 접촉을 막기 위해 기름칠을 하여 보관하여야 한다. 코팅된 기물도 마찬가지로 스크래치가 생기면 녹이 생길 수 있으므로 주의해야 한다.

녹이 생겼을 때는 거친 수세미를 이용해 깨끗하게 닦아낸 뒤 건조시키고, 다시 시즈닝을 하거나, 기름을 얇게 발라 100℃ 오븐에서 1시간 정도 구워주면 표면이 다시 코팅되어 안전하게 사용할 수 있다.

(3) 알루미늄

① 특성: 알루미늄은 저렴하면서 열전도율이 높고 가벼우며, 습기에 부식되지 않아, 팬처럼 손으로 들고 움직여야 하며, 가열하여 사용하는 조리기기에 자주 사용되는 소재 중 하나이다. 파스타 전문점처럼 1인분씩의 메뉴를 빠른 시간에 소테(saut, 얇은 팬에 소량의 오일을 넣고 재료를 고온에 살짝 볶는 서양요리 조리법 중 하나)를 해야 하는 곳에서는 가벼워 다루기 편리하고, 열전도율이 높아 자주 사용한다.

흔히 '양은냄비'로 알려져 있는 냄비의 양은 소재 또한 양은이 아닌 알루미늄으로 만들어진 것인 데, 알루미늄 냄비나 일회용 용기 등에서 알루미늄 성분이 녹아 나와(용출) 암과 치매를 유발할 수 있다는 우려로 사용이 줄어들고 있다. 하지만 실제로는 알루미늄 기물 사용으로 용출되고, 흡수되는 알루미늄은 매우 적으므로 몇 가지만 주의한다면 안전하게 사용할 수 있다.

알루미늄 팬   코팅 알루미늄 팬

그림 11-5
알루미늄 팬
자료: 주방뱅크

② 관리: 첫번째, 알루미늄 기물을 구입한 경우, 처음 사용하기 전, 피막을 더 견고하게 만들기 위해 물을 한 번 끓여서 사용하는 것이 좋다. 두번째, 표면이 긁힐 수 있는 금속제 조리기구나 금속 수세미 등을 사용하지 않는 것이 좋다.

세번째, 알루미늄의 용출량은 접촉하는 음식물 중 산 또는 염분의 양이나 보관온도, 기간 등과 같은 다양한 요인에 따라 달라질 수 있다. 특히 알루미늄은 산, 염분에 약하기 때문에 피클이나 토마토 소스처럼 산도가 높거나, 간장, 된장처럼 염도가 높은 음식을 알루미늄 식기에 담아두거나, 조리하는 것은 위험하다.

(4) 구리

① 특성: 구리(동, cooper)는 열전도율이 높은 금속으로, 높은 열전도율로 인해 열이 조리기구 표면에 균일하고 빠르게 퍼지게 된다. 따라서 구리로 된 조리기구를 사용할 경우 음식이 바닥에 달라붙거나 타지 않으면서, 식재료의 영양성분과 식감, 색상 등을 유지하면서 빠른 시간 내에 조리할 수 있다.

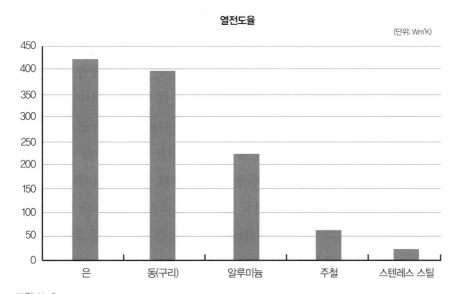

그림 11-6

금속별 열전도율의 차이

자료: 르쿠퍼 네이버 포스트

구리는 탁월한 살균 효과를 가진 금속이기도 해 오래전부터 물이 깨끗하지 않은 지역에서는 구리그릇에 물을 담아두었다가 마셨다고 전해져 온다. 구리의 살균 효과는 식품안전이나 위생에 대한 관심이 커진 현대에 다시 주목받고 있다.

전통적인 구리 조리기구는 변색과 부식을 막기 위해 음식이 닿는 부분에 주석 코팅을 해서 제작했고, 현대에 와서는 주석 코팅의 약한 내구성을 보완하기 위하여 스테인리스로 층과 구리 층을 겹쳐 조리기구를 제작하는 형태가 많다.

구리 기물은 매력적인 로즈골드 색상으로 오픈키친에서나 테이블 웨어로 연출하기에 좋다. 하지만 열이나 수분, 주변 공기의 상태에 따라 쉽게 변색된다. 또한 무게가 상당하고, 식기세척기로 세척이 안되어 음식점 주방에서 사용하기에 좋은 소재는 아니다. 또한 인덕션에 사용할 수 있게 제작된 구리 조리기구가 아직 대중화되지 않았다는 것도 단점이다.

② 관리: 처음 구리 기물을 사용하기 전에는 식초를 넣고 한 번 끓이고, 따뜻한 물에 중성세제를 푼 뒤 부드러운 수세미로 세척한 다음 마른 수건으로 얼룩이 남지 않도록 닦는다.

조리가 끝난 후에는 중성세제와 부드러운 수세미로 세척한 후 물기가 남지 않도록 완전히 건조한다. 음식물이 눌어붙거나 탄 경우에는 베이킹 소다와 소량의 물을 넣고 약한 불로 10분 정도 끓인 뒤 부드러운 스펀지로 닦아낸다. 변색이 된 경우에는 전용 세정제를 사용하거나, 올리브유를 고르게 펴 바른 다음 5분 정도 두었다가 소금을 뿌리고 살살 문질러주면 구리 본연의 색으로 돌아온다.

표면에 얼룩이 생긴 경우 소금과 레몬을 1 : 1 비율로 혼합해 수건으로 구리 표면의 자국이 사라질 때까지 문지른다. 10~15분 뒤 흐르는 물에 깨끗이 씻고 마른 수건으로 닦아 보관한다.

(5) 유기

① 특성: 놋그릇이라고도 불리는 유기는 구리 합금으로 만드는 기물을 말한다.

유기는 온도를 오래 유지하고, 유해균을 살균하는 효과가 있으며, 담긴 음식에 독성이 있으면 색이 변하는 성질이 있어 예로부터 왕의 수라상에 올릴 정도로 고급 식기류로 인식돼 왔다[1]. 유기는 구리의 항균 기능은 가지고 있으면서도 반응성이 낮아 음식물의 성질을 오래 보존해 주며, 사용할수록 고유의 황금색과 광택이 살아난다.

가격이 비싼 편이고 초기 관리가 까다롭지만 잘 길들이면 테이블 웨어로 사용하기에 훌륭한 소재이다.

② 종류: 유기는 제작기법에 따라 방짜 유기, 주물 유기, 반방짜 유기 등이 있다.

방짜 유기는 녹인 쇳물로 둥근 덩어리를 만든 후 불에 달궈가며 여러 명이 망치로 쳐서 그릇의 형태로 만드는 방식이며, 주물 유기는 녹인 쇳물을 틀에 부어 만든다. 반방짜 유기는 주물과 방짜 방식을 함께 사용하여 제작한다. 일

그림 11-7
방짜 유기에 담긴 평양 향토음식
어복쟁반
자료: 서관면옥

---

1 유기의 역사: 8세기 신라시대부터 유기를 만드는 국가기관인 철유전(鐵鍮典)이 있었고, 일본에 전해지기도 했다. 고려시대에는 그 기술이 더 발전하여 얇고 광택이 아름다운 유기를 만들었다. 그래서 이때의 유기 제품은 외국에 신라동, 고려동이라 하여 귀한 대접을 받았다.
조선 후기 광업의 발달로 원자재 공급이 용이해지면서 18세기에 이르러 대세가 되었다. 당시 사대부들이 경기도 안성에 유기를 주문 생산케 하였는데, 안성에서 제작된 유기는 형태나 기능이 월등히 뛰어나 유명세를 타며 '안성맞춤'이라는 말이 생겨났다.

반적으로는 제작의 어려움, 청동의 사용, 내구성 등을 감안하여 방짜 유기를 가장 고급 유기로 여긴다.

현대 금속공학에 따르면 주석 비율이 10%를 넘기는 구리합금은 내구성이 떨어진다. 그런데 방짜유기의 비율은 구리 78%, 주석 22%이면서도 뛰어난 내구성을 갖고 있다. 연구결과, 주물 단계에서 분리되었던 구리와 주석의 조직들이 망치로 치는 과정에 서로 눌리고 섞여서 조직이 치밀해져 내구성이 올라가는 것으로 밝혀졌다.

② 관리: 유기를 처음 사용할 때는 식초 30ml 정도를 희석한 따뜻한 물 1L에 유기를 담가둔 후 세척하면 얼룩이나 쇠 냄새를 줄일 수 있다. 초기 사용시 유기는 세척 후 물기가 남아있을 경우 얼룩이 생기므로 세척 후에는 반드시 물기를 없애고 보관해야 한다. 사용하기 시작한 지 한두 달이 지나면서 공기와 산화하여 유기 본연의 색상을 띄게 되며, 이때부터는 일반 그릇처럼 사용할 수 있다.

얼룩이 지워지지 않을 경우, 따뜻한 물에 베이킹 소다와 유기를 담고, 구연산을 부어 거품이 일어난 후 30분 정도 담가둔 후 세척한다. 색이 변했거나 얼룩이 진 경우에는 마른 유기에 초록 수세미를 사용하여 그릇의 결대로 문질러 얼룩을 제거해주면 된다. 연마 시에 검은 가루가 묻어나오는 것은 연마 과정의 자연스러운 현상이며, 인체에 무해하다. 스테인리스 얼룩 제거용 세제로도 얼룩을 제거할 수 있다.

장기간 사용하지 않을 경우에는 물기를 없애고 비닐 등으로 감싸 공기를 차단하고 보관한다.

(6) 법랑

① 특성: 법랑은 강철이나 합금으로 된 본체에 도자기 재질을 입힌 것으로, 표면에 다양한 색상과 그림 등을 입힐 수 있어 가정용이나 테이블 웨어로 많이 사용된다. 도자기의 성질을 가지고 있어 녹슬지 않고 광택이 오래가며, 빛깔이

퇴색되지 않고, 세척이 쉽고 보온성이 좋다는 장점이 있다. 또한 인덕션에 사용이 가능하다는 것도 장점이다.

도자기 코팅이 돼 있어 잼이나 토마토 소스처럼 산이 많은 음식을 조리할 때 적합하며, 보온성이 좋지만, 열전도율은 떨어지므로, 조리보다는 서빙용으로 활용하는 것이 좋다. 주방에서 조리가 끝난 후 서빙용으로 사용하면 고객이 식사를 끝낼 때까지 온도를 유지할 수 있어 좋다.

② 관리: 법랑 코팅은 도자기 재질이기 때문에 충격으로 깨지거나, 긁혀 벗겨질 수 있으므로 금속 재질의 조리도구나 수세미 사용은 피해야 한다. 또한 내용물이 없는 상태로 가열할 경우 코팅이 벗겨질 수 있다.

표면의 탄 얼룩은 베이킹소다 희석된 물에 넣어 끓인 후 부드러운 수세미로 닦아준다.

2) 세라믹

(1) 세라믹의 정의

세라믹(ceramics)은 흙을 구워서 단단하게 만든 모든 물질을 가리킨다. 세라믹은 전통적으로 식기로 사용돼 왔으며, 현대에는 전자재료, 정밀기계재료 등 다양한 곳에 활용된다.

세라믹은 높은 온도에서 구워지면서 흙이 유리질화가 진행되어 단단하고 매끄러워지며, 방수효과가 생긴다.

(2) 종류

식기류로 활용되는 세라믹은 굽는(소성) 온도에 따라 나눌 수 있다.

| 도기 | 석기 | 자기 | 본차이나 |

그림 11-9

세라믹의 종류

① 도기: 화성암 계열의 점토를 원료로 성형한 후 유약을 발라 900~1100°C 온도에서 소성하는 그릇으로, 우리나라에서 흔히 볼 수 있는 항아리나 뚝배기가 도기(earthware)에 속한다. 탁한 소리가 나는 특징이 있으며, 유약이 칠해져 있지만 낮은 온도로 구워서 흙이 유리질화 하지 않았기에 무른 편이다.

도기는 특유의 질감과 색감으로 소박하고 온화한 느낌을 주는 테이블 웨어로 사용할 수 있다. 하지만 다공성 표면으로 접촉하는 재료의 성분을 흡수하기 때문에 식기세척기나 세제로 세척하면 이후 조리 시에 세제 성분이 녹아나올 수 있다. 또한 강도가 낮아 쉽게 흠집이 생길 수 있어 음식점에서 사용하기에 좋은 소재는 아니다. 최근에는 도기의 느낌은 살리고, 다공성 표면을 막아 세제 등의 성분을 흡수하지 않는 도기류가 생산되고 있어 음식점에서의 사용을 고려해볼 만하다.

② 석기: 석기(스톤웨어, Stoneware)는 석영, 철화합물, 알칼리토류 및 알칼리염류 등을 많이 함유하고 있는 점토를 원료로 그릇 자체에 색깔이 있는 유약을 바르고, 1100~1250°C에서 구워 만든다. 부분적으로 유리화가 일어나, 도기에 비해서는 강도가 높고 물 흡수가 없다. 전자레인지 및 식기세척기에 사용할 수 있어 음식점에서 사용하기에도 적합하다.

석기는 현대적이면서도 클래식한 느낌을 주어 이국적인 느낌의 레스토랑, 고급 비스트로, 캐주얼 다이닝에서 활용하기 좋다.

③ 자기: 점토에 고령석을 섞거나, 고령토를 원료로 성형하여 1,200~1,400℃에 구워 만든 그릇류를 자기(Porcelain)라 부른다. 고령토, 석영, 장석 등을 원료로 하여 높은 온도에 구워내 완전하게 유리화된다. 도기에 비해 내구성이 좋고, 유약을 발라 방수 효과가 높아, 오랫동안 고급 식기로 사용돼 왔다. 가공기술이 발달하고 대량생산이 가능해진 후 다양한 색상과 모양으로 생산되며, 저렴하면서 내구성 좋은 식기류로 대중화되었다.

차이나(china)는 자기의 다른 이름이다. 자기가 중국에서 유래했기 때문에 일부 영어 문화권에서 이를 차이나라고 부르게 되었다. 흔히 말하는 '도자기'는 '도기'와 '자기'를 합친 말이다.

대부분의 자기류는 식기세척기, 전자레인지, 오븐 사용이 가능해 있어 음식점에서 사용하기에도 적합하다.

④ 본차이나: 본차이나(Bone China)는 유럽에서 중국식 도자기 기술을 따라 만들려 했으나 중국 흙과는 성분이 달라 실패하고, 개선책으로 다양한 물질을 혼합하는 과정에서 발명된 것으로, 순수한 흙이 아니라, 소의 뼛가루를 고령토와 섞어 만든다. 최소 25% 이상의 뼛가루를 함유해야 본차이나라는 명칭을 사용할 수 있는데, 뼛가루 함유율이 높을수록 자기보다 강도가 높아진다. 본차이나는 얇고 섬세하며 고급스러운 이미지를 전달하여 고급 식기로 사용돼 왔다.

대부분의 본차이나는 식기세척기, 전자레인지, 오븐 사용이 가능해 있어 고급 음식점에서 사용하기에도 적합하다.

(3) 관리

① 일반적 관리: 세라믹 기물은 소성 온도에 따라 강도가 다르긴 하지만 기본적으로는 강한 충격에 파손될 수 있으므로 충격이 가해지지 않도록 다뤄야 한다.

세라믹 기물은 음식이 말라붙은 경우 물에 불려 부드러운 재질의 수세미로 표면에 흠집이 생기지 않도록 닦아주는 것이 좋다.

세라믹 기물을 보관할 때는 너무 높이 쌓아두지 말고, 전용 운반카 등을 이용하면 안전하고 편리하게 운반과 보관이 가능하다. 보관할 때는 바닥과 그릇 사이에 부드러운 천이나 키친타월 등을 깔아주면 충격을 흡수할 수 있다.

세라믹 커피잔은 오래 사용하면 차나 커피 얼룩이 생기는데, 치약을 부드러운 수세미에 묻혀 세척하면 쉽게 제거할 수 있다. 또한 오래 사용해 변색된 세라믹 기물은 뜨거운 물에 베이킹 소다를 약간 풀어 끓이면 원래의 색상으로 돌아온다.

② 뚝배기의 관리: 도기와 도기의 일종인 뚝배기는 다른 세라믹 기물에 비해 낮은 온도에서 구웠기 때문에 강도가 낮다. 또한 도기는 유약이 그릇 표면을 완전히 감싸지 못해 미세한 숨구멍이 표면 전체에 남아있다. 이런 특징 때문에 찌개 전문점 등에서 널리 사용하는 뚝배기의 경우, 세척할 때 화학성분 세제를 사용하면, 이를 흡수했다 조리 시 녹아나올 수 있다.

따라서 처음 사용할 때는 내구성을 높이기 위한 작업을 해주면 도움이 되는데, 뚝배기를 비롯해 직화가 가능한 도기라면 이 방법을 추천한다.

우선 뚝배기 바닥과 표면에 식용유를 고르게 바른 후 말려준다. 그 후 뚝배기에 쌀뜨물이나 밀가루/전분 푼 물을 70% 정도 부어 약한 불로 가열하다 끓기 시작하면 10분 정도 끓여 준다. 이렇게 하면, 뚝배기의 미세한 구멍 사이로 쌀뜨물 속의 '전분'이 들어가 뚝배기의 내구성을 높여준다.

뚝배기는 생각보다 불에 약하기 때문에 평상시 사용할 때 센 불보다는 약한 불과 중불로 조리하는 것이 좋으며, 화학성분의 세제 대신 쌀뜨물이나 베이킹 소다 물을 붓고 끓이는 방식으로 세척하는 것이 좋다.

3) 유리

(1) 특성

유리는 모래, 탄산소다, 석회암을 섞어 높은 온도에서 녹인 후 식혀 만든 물질이다. 투명하고 단단하며, 염산, 질산, 황산 등에도 녹지 않는 강한 내산성(耐酸性)을 가지고 있어 기물로 널리 활용한다. 보통은 충격에 잘 깨지지만, 이를 보완한 유리 제품들도 많이 생산되고 있다. 유리는 사용 후 수거가 되면 다시 녹여 재생산이 가능한 친환경적인 소재이기도 하다.

(2) 종류

식기용으로 사용하는 유리는 크게 소다석회유리, 강화유리, 내열유리로 나눌 수 있고 가공유리의 일종인 크리스탈이 있다.

① 소다석회유리 : 소다석회유리는 판유리, 병유리, 식기, 공예 등에 사용되는 가장 일반적인 유리로 소다, 석회, 규산이 주성분이다. 충격과 열에 약하기 때문에 주의해서 사용해야 한다.

② 강화유리 : 강화유리(tempered glass)는 고온으로 가열한 후 급냉하는 과정을 통해 유리의 강도를 강하게 만든 것이다. 일반유리에 비해 약 3배 정도 강도가 강하고, 열에도 강해진다. 강화유리는 전면유리 건물, 샤워부스, 유리문 등 건축분야에서 주로 사용된다. 하지만 충격이 누적될 경우 가공 시 유리 내부에 응축시킨 에너지가 발산되면서 폭발할 수도 있다. 따라서 전자레인지나 오븐 사용 전에 제품 표시 사항을 반드시 확인하는 것이 좋다.

③ 내열유리 : 내열유리(heat-resistant glass)는 붕규산염을 혼합한 유리로 급격한 온도변화에도 잘 깨지지 않는 유리를 말한다. 냉동실에 보관했던 그릇을 꺼내 바로 오븐에 사용할 수 있으며, 파손 시 폭발위험이 없어 안전하다. 붕규산염 함유 정도에 따라 오븐 사용이 가능한 내열유리, 직화가 가능한 초내열유리로 나뉜다. 사용 전에 오븐 사용 가능 여부를 확인해야 한다.

④ 크리스탈 : 크리스탈 유리는 유리 재료에 산화납 등의 금속 산화물을 첨가해 만든다. 천연 보석인 수정(석영, Crystal)과 같은 투명함과 아름다움을 지녀 '크리스탈'이라는 이름으로 시중에 유통되기 시작했다. 유리보다 투명도와 빛 반사율이 높고, 일반 유리에 비해 얇고 유연하게 가공이 가능해 공예나 고급 식기 용도로 사용된다. 최근에는 유해한 산화납 대신 산화바륨, 산화티타늄 등의 첨가제를 넣어 제작하는 경우가 많다.

(3) 유리의 관리

① 일반적 관리

- 긁힘이 있거나 금이 간 유리 기물은 쉽게 깨져 사고 위험이 있으므로 사용하지 않는다.
- 내열유리가 아닌 경우 식품을 담아 냉동실에 보관할 경우 식품이 얼면서 부피가 늘어나 파손될 우려가 있으므로 주의한다.
- 크리스탈은 산화납을 사용하여 제조하는 경우가 많은데, 피클, 과일주스, 와인과 같은 산성식품을 장기간 보관하면 납성분이 녹아나올 수 있다. 따라서 크리스탈 기물은 음식을 제공하는 용도로만 사용하는 것이 좋다.
- 새로 구입한 크리스탈은 사용하기 전에 식초를 넣은 물에 24시간 담근 후 깨끗이 세척하면 보다 안전하게 사용할 수 있다.

② 세척

- 유리는 충격과 온도 변화에 민감하기 때문에 식기세척기에 세척이 가능한

그림 11-10
유리잔 전용 세척기
자료: 주방뱅크

유리와 손으로 세척해야 하는 유리로 나눠서 관리가 필요하다. 관리 기준은 유리 기물 구매 시에 관리방법을 참조하는 것이 가장 정확하다.

- 식기세척기에 세척이 가능한 유리 기물 또한 강한 충격에 파손될 수 있으므로, 세척 시에는 내부에서 다른 기물과의 충돌이 발생하지 않도록 식기세척기 랙에 기물을 잘 고정하여 사용해야 한다. 식기세척기 세척이 끝난 후에는 건조하여 보관한다.

- 유리잔의 경우 직접적으로 입이 닿는 부분을 깨끗하게 씻어야 하는데, 파손 가능성이 높아 식기세척기에 세척하지 못하는 경우가 많다. 이를 위해 유리잔 전용 세척기를 사용하는 것도 방법이다.

- 크리스탈의 경우 반드시 손으로 세척해야 한다. 식기세척기로 세척할 경우 파손의 위험이 높은 것은 물론, 식기세척기의 세제로 크리스탈의 광택이 줄어들 수 있다. 얼룩을 방지하고, 광택을 유지하기 위해 중성세제로 손세척한 후 연하게 희석한 식초물로 헹궈 마른 천으로 물기를 제거하는 것이 좋다.

- 유리 기물은 세척 후 즉시 린넨이나 극세사 천으로 물기를 없애는 것이 좋다. 천으로 기물을 감싸듯 닦아내 지문이 남지 않게 하고, 와인잔 등의 얇

은 유리 기물은 너무 세게 잡지 않도록 주의한다.

4) 플라스틱

(1) 특성

플라스틱은 석유에서 추출되는 원료를 결합하여 만든 고분자 화합물의 일종을 일컫는 말이다.

플라스틱은 가볍고 강도가 높고, 수분과 여러 약품에 강하고, 위생관리에 편리해 다양한 용도의 용기로 활용할 수 있다. 플라스틱은 가공성이 좋고 투명성이 있으며 착색이 자유로울 뿐만 아니라 대량 생산이 가능해 다양한 디자인과 용도의 제품으로 생산돼 왔다.

하지만 플라스틱은 열에 약하고, 정전기 발생이 잘 되며, 일부 의약품에는 화학반응을 일으키며, 환경호르몬을 배출하여 식기류로 부적합한 재질로 인식돼 오고 있다. 현재 많은 기업들이 환경호르몬이 배출되지 않는 플라스틱 소재를 개발하고 있다.

(2) 종류

현재 우리나라에서 식품용으로 허가된 플라스틱은 폴리프로필렌(PP), 폴리에틸렌(PE) 등 38종이 넘는다. 이 중에서 가장 많이 사용되는 플라스틱은 폴리에틸렌(PE), 폴리프로필렌(PP), 페트(PET) 등이다.

이외에 멜라민 수지도 식기용으로 매우 널리 활용되는데, 멜라민 수지는 멜라민과 포름알데히드를 염기성 촉매로 반응시킨 무색투명의 수지이다. 현재 생산되고 있는 합성 수지 중 가장 단단하다.

멜라민은 열과 충격, 오염에 강하다. 또한 열전도율이 낮기 때문에 보온성이 우수하며, 도자기와 비슷한 비중으로 깨지기 쉬운 도자기 대신에 멜라민 식기를 사용하는 경우가 많다. 다양한 색상을 입히거나, 글씨 인쇄 등이 가능해 캐주얼한 음식점의 식기로 적합하다. 식품용 소재로 안전성이 높아 영유아용 식

코드	명칭	특징	용도	위험성
PETE(1) PETE	PET(PETE) 폴리에틸렌 테레프탈레이트	투명하고 가볍다. 가장 많이 재활용되며 독성에 매우 안전하다. 재사용시 박테리아 번식 가능성이 높다.	생수별, 주스/ 이온 음료병 등	사용해도 좋음
HDPE(2) HDPE	HDPE 고밀도 폴리에틸렌	화학성분 배출이 없고 독성에 매우 안전하다. 전자레인지 사용 가능하다.	우유병, 영유아 장난감 등	사용해도 좋음
V(3) V	PVC 폴리비닐 클로라이드	평소에는 안정적인 물질이나 열에 약해 소각시 독성가스와 환경호르몬, 다이옥신을 방출한다.	랩, 시트, 필름, 고무대야, 호스 등	사용하면 안 좋음
LDPE(4) LDPE	LDPE 저밀도 폴리에틸렌	고밀도보다 덜 단단하고 투명하다. 일상생활 사용시 안전하나 재활용이 불가해 가급적 사용을 자제할 것을 권유한다.	비닐봉투, 필름, 포장재 등	사용해도 괜찮음
PP(5) PP	PP 폴리프로필렌	PP는 플라스틱 중 질량이 가장 가볍고 내구성이 강함. 고온에도 변형되거나 호르몬 배출이 없다.	밀폐용기, 도시락, 컵 등	사용해도 좋음
PS(6) PS	PS 폴리스티렌	성형이 용이하나 내열성이 약해 가열시 환경호르몬 및 발암물질이 배출된다.	일회용 컵, 컵라면 용기, 테이크아웃 커피 뚜껑 외	사용하면 안 좋음
OTHER(7) OTHER	PC(기타 모든) 폴리카보네이트	PC는 가공과 내충격성이 우수해 건축 외장재로 주로 쓰임. 환경호르몬이 배출되어 식품용기로는 사용 불가하다.	물통, 밀폐용기, 건축 외장재 등	사용하면 안 좋음

그림 11-11
플라스틱의 종류와 특징

기나 각종 용품의 소재로도 활용한다.

(3) 관리

플라스틱은 합성 성분이나 가공 방식에 따라 약간씩의 특성이 다르지만, 기본적으로는 열에 약한 편이므로 뜨거운 음식을 담거나, 전자레인지 등에 조리하는 것은 주의하여야 한다.

플라스틱은 흠집이 생기기 쉬우므로 칼이나 가위 등을 사용할 때 주의하고, 세척 시에도 부드러운 수세미를 사용해야 한다. 대부분의 플라스틱 기물은 식기세척기 사용이 가능하다.

5) 기타

(1) 나무

나무는 특유의 부드럽고 따뜻한 분위기로 테이블 웨어나 서빙용 트레이로도 널리 사용하며, 주방에서는 나무 특유의 성질을 활용해 코팅 용기에 손상을 주지 않는 주걱이나 젓가락으로, 반발력이 좋은 도마, 수분을 보존하는 용기 등으로 사용해왔다. 하지만 위생적인 면에서는 나무로 된 조리도구는 세균 번식의 가능성이 높기 때문에 사용하지 않는 것이 좋다. 또한 가정용이 아닌 음식점에서는 아무리 조심하려 해도 물이 닿는 일이 많을 수밖에 없어, 제대로 관리하지 않으면 물을 흡수해 모양이 변형될 수 있고, 물기가 남아있으면 곰팡이가 생길 수도 있다.

따라서 나무 기물이나 조리도구를 사용할 때는 사용 후 물에 오래 담가두지 말고, 부드러운 수세미로 신속하게 세척한 후 마른 행주로 수분을 닦은 후 건조한 곳에 보관해야 한다. 또한 주방에서는 세균번식 가능성을 고려하여 도마와 나무 손잡이 칼 등을 사용하는 것은 지양하고, 부득이하게 사용해야 할 경우 충분히 소독하여 사용해야 한다.

나무 테이블웨어

나무 초밥통(식힘통)

나무 도마

그림 11–12
나무 기물의 예

(2) 돌

돌 기물류는 돌솥, 돌 구이판 등에서 종종 볼 수 있다. 돌은 열전도율이 낮지만 열 보존율이 높은 특성을 가지고 있어, 식사를 마칠 때까지 따뜻한 음식을 먹을 수 있다는 장점이 있다. 돌은 원석에 따라 다른 특징을 나타내는데, 우리 나라에서는 진한 회색빛의 곱돌이 유명하다.

돌그릇을 구매한 후에는 사용하기 전, 다음과 같은 방법으로 길들이기를 하는 것이 좋다. 일단 쌀뜨물이 담긴 냄비 등에 돌그릇을 넣고 30분가량 끓여준후, 그릇을 꺼내 식힌다. 그 후 그릇 전체에 식용유를 발라주고, 15분 후 약한불로 5분 정도 달궈준 후 그릇을 식히고, 세척한다.

길들이기가 되지 않은 돌 그릇은 온도변화에 약해 직화로 가열할 경우 갈라지거나 깨질 수 있다. 따라서 직화로 가열할 경우에는, 약한 불로 시작해, 조리중에도 중불로 사용하는 것이 좋고, 식힐 때도 물 등이 닿지 않게 하고 자연적으로 식혀야 한다.

만일, 그릇에 기름때나 찌꺼기가 잘 제거되지 않을 경우, #200번 사포로 더러움을 제거한 후 다시 길들이기를 해서 사용하면 좋다.

돌솥　　　　　　　돌구이판　　　　　　　돌 후라이팬

그림 11-13
돌 기물의 예
자료: 주방뱅크

2. 주방기기의 종류별 관리

정기적인 기기 관리는 주방기기의 효율을 높여주고, 음식 쓰레기를 줄이고, 식품안전에 도움을 줄 뿐만 아니라 음식점의 전체적인 운영비를 줄이는 데 도움을 준다. 여기에는 각종 기기의 일반적 관리 방법과 청소 방법 등을 제시한다.

1) 냉장고

냉장고는 냉장고 상단에 물건을 올리거나, 천을 덮어두면 효율이 떨어질 수 있으므로 비워두고, 환풍구는 공기순환을 위해 막지 않아야 한다.

직접 냉각 방식의 냉장고는 컴프레서가 작동하는 동안 내부의 습기가 벽면에 붙어 성에가 생긴다. 성에는 냉장 효율을 떨어뜨리는 원인이 되므로, 주기적으로 제거해주는 것이 좋다. 또한 성에 발생을 줄이기 위해서는 청소 후에 내부 물기를 마른 행주로 닦아내고, 음식물 보관 시에도 용기나 봉투 표면의 물기를 제거하는 것이 좋다. 또한 냉장고 문을 여닫을 때는 신속하게 하고, 내부

직접냉각방식(직냉식)	간접냉각방식(간냉식)

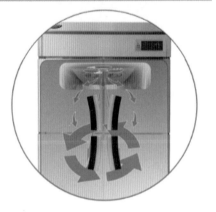

냉장·냉동실 벽면에 증발관(냉각파이프) 설치
직접적으로 냉기를 냉장고 내부에 전달

※ 냉기자연대류방식

냉장·냉동실 상단에 냉각기 설치
팬(FAN)이 회전하면서 냉기를 강제 순환시키는 방식

※ 일반 가정용 냉장고의 냉각방식과 동일

| 주기적으로 직접 성에 제거 | 장기보관 유리 | 습도유지 | 자동 성에 제거 | 내부 온도 균일 | 빠른 냉각 속도 |

그림 11-14
직냉식과 간냉식의 냉기 순환 방식의 차이
자료: 주방뱅크

의 배수구 마개를 막아 외부 공기 유입을 줄이는 것이 도움이 된다.

반면 간접 냉각 방식의 냉장고는 자동으로 성에를 없애는 제상 기능이 있기 때문에, 성에 제거는 하지 않아도 된다. 다만, 제상 기능이 작동중일 때는 냉장고 문을 열지 않는 것이 좋고, 정기적 청소로 내부를 닦아주면 된다.

(1) 냉장고 청소

① 일반적 청소

표 **11-2.** 냉장고 청소 방법

청소장비	청소용 행주, 수세미
세척제	중성세제
소독제	차아염소산나트륨(락스 200ppm)
청소주기	주 1회
청소방법	1. 청소 전 전원을 차단한다. 2. 내부에 보관중인 식재료를 빼서 온도 유지가 가능한 다른 냉장고/냉동고로 이동시킨다. 3. 선반을 분리하여 세척제로 세척한다. 4. 젖은 행주로 내부를 닦고, 성에 등을 제거한다. 성에 제거 시에 날카로운 칼 등을 사용할 경우, 내부가 손상될 수 있으므로 주의한다. 5. 스펀지에 세척제를 묻혀 냉장고 내벽, 문을 닦은 후 젖은 행주로 세제를 닦아낸다. 6. 마른 행주로 닦아 건조시킨다. 7. 전원을 켜고, 선반을 넣은 후 소독제로 소독한다. 8. 식재료를 원위치로 이동시킨다.

② 라디에이터 청소: 냉장고 상부 또는 후면에 위치한 라디에이터는 먼지가 쌓이기 쉬운데, 이를 정기적으로 청소해주면 냉장 효율이 개선될 수 있다. 반면 먼지가 많이 쌓인 경우, 컴프레서 등의 고장의 원인이 될 수 있고, 과열로 화재의 원인이 되기도 하므로 6개월에 한 번 정도 부드러운 솔이나 청소기로 먼지를 제거해주는 것이 좋다.

그림 11-15
주기적 청소가 필요한 라디에이터
자료: 주방뱅크

(2) 냉장고의 이상 증상과 자가 진단

표 **11-3.** 냉장고의 이상 증상과 진단

증상	진단
컴프레서(압축기) 고장	소리가 심하게 난다. 냉장고 안이 뜨겁다. 탄 냄새가 난다. 기계실 주변에 후끈한 온기가 느껴진다. '딱 딱' 혹은 '우웅~딱' 소리가 주기적으로 난다.
기계실 팬 모터 고장	탄 냄새가 난다. 기계실 주변에 후끈한 온기가 느껴진다. 냉기가 없거나 약하다. 이상한 소리가 난다.
냉장실 팬 모터 고장 증상	탄 냄새가 난다. 냉기가 없거나 약하다. 소리가 난다. 냉각기가 적상상태가 된다(냉각기가 하얗게 큰 얼음으로 뒤덮혀 얼어버린다).
온도조절기 고장	냉기가 없거나 약하다. 냉기가 너무 세서 내용물이 언다. 냉각기가 적상상태가 된다(냉각기가 하얗게 큰 얼음으로 뒤덮혀 얼어버린다).
가스부족 또는 가스누설	냉기가 없거나 약하다. 일시적으로 냉기가 너무 세다(과냉, 일시적으로 내용물이 언다). 냉각기에 어느 한 부위에 얼음이 생긴다. 냉장실 안에서 오일 냄새 혹은 이상한 냄새가 난다.

(계속)

표 11-3. 냉장고의 이상 증상과 진단(계속)

증상	진단
누전(차단기가 떨어지는 현상)	일시적으로 냉장고 몸체에서 전기가 느껴진다. 주방이나 야외 등등 물이 튀기는 환경에서 사용을 한다. 탄 냄새가 난다. 사용환경에 따라 쥐, 바퀴벌레가 있는 공간이다. 전원코드선이나 전기선이 당겨지거나 배선피복이 손상되었을 경우, 냉동기기 부속품에서 일시적 누전으로 고장이 날 수 있다. 보관된 내용물에 물기가 많아 냉장실 안에 물이 고이는 경우이다. 차단기 자체가 불량인 경우이다.
누수(물이 새는 현상)	배수호스가 이탈되어 있다. 기계실 배관 보온제가 손상되어 있다. 보관된 내용물에 물기가 많아 냉장실 안에 물이 고이는 경우이다. 기능 불량으로 인해 냉각기가 적상 상태가 된다(냉각기 주변에 전체적 혹은 부분적으로 얼음이 생긴다).

2) 가스레인지

(1) 가스레인지의 일반적 관리

가스레인지를 사용할 때는 다음과 같은 내용을 숙지하고 사용해야 한다.

- 가스 점화 시에는 불꽃의 상태가 완전연소 상태인 파란 불꽃으로 나타나는지 확인한 후 사용한다. 붉은색의 불꽃은 불완전연소 상태로, 연소 효율이 떨어지고, 일산화탄소가 발생할 수 있으므로 충분한 산소가 공급되도록 해야 한다.
- 가스누출 감지경보기 또는 가스누출 자동차단장치를 설치하고, 가스배관 중간 차단밸브에 자동잠금 장치를 설치한다.
- 외부 상판이 장기간 사용하여 칠이 벗겨지고 모양이 휘어지면 교체한다.
- 버너는 장기간 사용 시 부식되어 불완전연소의 원인이 되므로 점검 후 교체한다.
- 버너는 분리하여 오물을 제거하고 솔을 사용하여 가볍게 닦는다. 구멍이 막혔을 경우 구멍이 넓어지지 않도록 미세한 송곳이나 가는 철사로 뚫는다.
- 가스밸브, 공기조절기, 가스누출 경보기는 수시로 청소하고 안전점검을 한다.

- 버너의 구멍부분은 먼지나 물이 들어가지 않도록 주의한다.
- 가스파이프 및 배관은 녹이 발생하지 않도록 페인트칠을 하여 부식을 방지한다.
- 가스누출 감지기에 습기나 이물질이 고착되는 경우 오작동의 원인이 되므로 자체에 물이 들어가지 않도록 덮개를 씌우고 기구 세척 및 바닥 청소 시 물이 들어가지 않도록 한다.
- 선풍기 바람이 연소기 주위에 직접적으로 닿지 않도록 한다. 불이 바람에 날려 열효율이 떨어지고 화재의 위험이 있다.

(2) 가스레인지의 청소

화구의 막힘은 유해가스 배출로 이어지고, 조리시간과 가스비가 올라가는 원인이 되므로, 매일 마감 시에 화구를 청소해주는 것이 좋다.

표 11-4. 가스레인지 청소 방법

청소장비	철솔, 송곳이나 철사
세척제	
소독제	
청소주기	매일 마감시 1회
청소방법	1. 청소 전에 가스 밸브를 잠근다. 2. 상판과 외장은 사용할 때마다 세척한다. 3. 버너 밑의 물 받침대 등 분리 가능한 것은 모두 분리하여 세척한다. 4. 가스호스, 콕, 가스 개폐 손잡이 등에 세척제를 분무하여 불린 다음 세척 후 건조시킨다. 5. 화구를 분리하여 철솔로 화구의 겉면을 닦고, 화구 안의 철가루나 녹을 털어낸다. 6. 화구를 불에 올려 10~20분 정도 찌꺼기를 태우면, 초반에 연기가 나다 줄어들고 화구가 달궈진다. 7. 달궈진 화구를 집게 등으로 내려서 구멍을 뚫고, 남은 이물질을 털어서 배출한다. 8. 뜨겁게 달궈진 화구는 주물 재질로, 물에 닿으면 깨질 수 있으므로, 식을 때까지 물이 닿지 않도록 주의한다.

그림 11-16

청소 전(좌)의 화구와 청소가 완료(우)된 간택기

자료: 주방뱅크

(3) 가스레인지의 이상 증상과 조치

표 **11-5.** 가스레인지의 이상 증상과 조치 방법

증상	조치방법
가스량이 충분하지 않다.	LPG의 경우 가스통을 교환한다.
점화가 불량하다.	중간밸브를 완전히 연다. 버너 장착상태를 확인하여 바르게 조정한다. 점화 조작을 반복해 가스배관의 공기를 뺀다. 버너 내부를 청소한다.
불꽃이 불안정하다.	공기 조절기를 조절해준다. 적합한 가스로 바꿔준다. 가스 호스를 바르게 펴준다. 버너 내부를 깨끗이 청소한다.
불꽃이 노란색 일때	버너 내부를 청소하거나, 적합한 가스로 교체한다.
가스 냄새가 나는 경우	가스호스를 점검하여 불완전하게 연결된 경우 완전하게 연결하거나, 구멍이 나 있을 경우 새 가스호스로 교환한다.

3) 인덕션 레인지

- 평상시 인덕션 레인지는 상판 변색을 막기 위해 사용하는 냄비나 팬의 바닥에 물기를 제거하고 사용하고, 염분이 있는 식재료를 직접 인덕션 상판에

올리지 않아야 한다. 또한 꿀이나 설탕 등은 상판에 눌어붙으면, 닦기 어려워지므로, 떨어진 경우 부드러운 젖은 행주로 바로 닦아낸다.

• 인덕션 레인지 상판은 잔류열 표시를 뜻하는 H표기가 꺼진 후 진행하는데, 부드러운 젖은 행주로 닦아내고, 심한 얼룩은 중성세제와 부드러운 수세미

가벼운 오염

철수세미에 물을 적셔 주방세제를 묻히고 상판을 가볍게 문지릅니다.

키친타올이나 행주로 깨끗이 닦아 냅니다.

심한 오염

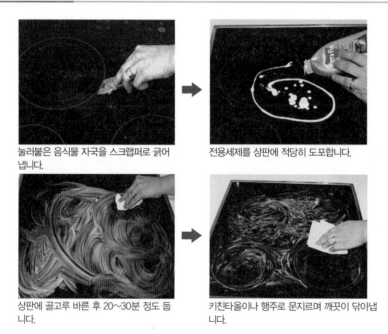

눌러붙은 음식물 자국을 스크랩퍼로 긁어 냅니다.

전용세제를 상판에 적당히 도포합니다.

상판에 골고루 바른 후 20~30분 정도 둡니다.

키친타올이나 행주로 문지르며 깨끗이 닦아냅니다.

그림 11-17
인덕션 상판 청소
자료: 하우스레인지

를 사용하여 닦은 후 부드러운 젖은 행주로 닦아낸다.

- 환풍구가 먼지나 이물질 등으로 막히면 내부열이 빠져나가지 못해 고장을 일으킬 수 있으므로, 공기 흡입구와 배출구 주변의 먼지는 부드러운 솔 또는 세척도구로 닦아준다.

4) 회전식 국솥

회전식 국솥은 전면으로 회전하는 방식으로 다량의 음식을 한 번에 쏟아낼 수 있기 때문에 대량 조리에 편리한 반면, 제대로 고정되지 않은 국솥의 경우 내용물이 한 번에 쏟아지며 큰 사고로 연결될 수 있어 주의해야 한다.

회전식 국솥을 사용할 때는 다음과 같은 내용을 숙지하고 사용해야 한다.

- 국솥을 설치할 때는 하부에 솥의 내용물을 붓거나 세척 시 배수가 용이하도록 배수로를 바닥에 설치한다. 배수로의 너비와 깊이 등의 크기는 일시에 내용물을 쏟아내도 옆으로 넘치지 않고 빠른 시간 내에 배수될 정도로 한다.
- 내용물 없이 버너를 점화하지 않는다.
- 국솥 상부에는 응결수가 발생하지 않도록 적정 용량의 후드를 설치한다.
- 핸들이 뻑뻑하지 않도록 정기적으로 관리한다.
- 작업 시 안전핀으로 솥을 고정하여 내용물이 쏟아지는 일이 없도록 한다.
- 음식물이 가득 찬 상태에서 함부로 돌리지 않는다.
- 내용물을 쏟아내고자 할 때는 기기 옆에 서서 핸들을 돌린다.
- 기름 사용 시 화상에 주의한다.
- 식품은 소량씩 넣어 조리하고 폐식용유는 안전온도 이하가 되었을 때 처리한다.
- 스팀식 국솥의 경우 뚜껑을 열거나 응축수를 뺄 때에는 스팀에 의한 화상에 주의한다. 스팀이 방출될 동안 얼굴을 돌리고 스팀이 전부 방출되면 조

리 상태 및 기기 상태를 확인한다.

- 과압에 따른 폭발을 방지하기 위하여 폭발 방지 성능과 규격을 갖춘 안전 밸브를 설치하여야 하고, 임의 조정을 못하도록 봉인해야 한다.
- 스팀식 국솥은 압력계의 지침이 "0"을 가리키고 있더라도 내부에 증기가 남아 있으므로 반드시 증기가 배출되었는지 확인하고 솥을 개방해야 한다.

5) 오븐

- 스팀 및 기기의 고온에 의한 화상에 주의해야 한다. 오븐이 작동 중일 때 문을 열면 고온의 열기와 스팀이 나오므로, 완전히 열기 전에 손잡이를 살짝 열어 몇 초간 김과 열기를 뺀 후 열어야 한다.
- 내부기기를 다룰 때는 반드시 오븐용 장갑을 착용한다.
- 수분이 있는 요리는 조리가 완료된 후 꺼낼 때 뜨거운 국물에 의해 화상을 입을 수 있기 때문에, 용기 높이를 눈높이 이상에 두고 작업하지 않아야 한다.
- 오븐을 청소할 때는 반드시 충분히 식힌 후 시행한다.

6) 가스 그릴과 그리들

- 점화봉을 사용하지 않고 바로 버너에 불을 붙일 경우 가스 손실과 화상 및 폭발의 우려가 있으므로 반드시 점화봉을 사용해야 한다.
- 버너는 장기간 사용 시 부식되어 불완전 연소의 원인이 되므로 점검 후 교체한다.
- 그리들의 철판은 녹 방지를 위해 세척 후 기름을 얇게 발라둔다.
- 가스밸브, 공기 조절기는 수시로 청소하고 안전점검을 한다.
- 가스 파이프 및 배관은 녹이 발생하지 않도록 페인트칠을 하여 부식을 방지한다.

- 가스누출 감지기에 습기나 이물질이 고착되는 경우 오작동의 원인이 되므로 자체에 물이 들어가지 않도록 덮개를 씌우고, 기구 세척 및 바닥 청소 시 물이 들어가지 않도록 한다.
- 수시로 가스누출 경보기의 가스차단기 작동상태를 확인한다.

7) 밥솥

(1) 밥솥의 관리방법
- 코팅된 밥솥을 사용할 경우에는 흠집이 나지 않는 주걱을 사용한다.
- 가스밥솥의 경우 가스누출 감지경보기 또는 가스누출 자동차단장치를 설치한다.
- 제품에 물이 닿지 않도록 하고 청소 시 전기조작 부위는 물이 직접 들어가지 않도록 한다(누전 위험).
- 불이 붙기 쉬운 물건을 가까이 놓지 않는다.
- 사용 중에는 후드를 작동시키거나 창문을 열어 환기시킨다.
- 점화 시 문을 열고 연소실 가까이 얼굴을 대지 않는다(화상 우려).
- 밥솥을 꺼낼 때는 손에 화상을 입지 않도록 보호장갑을 끼고 꺼내야 한다.
- 사용 후에는 반드시 소화상태를 확인하고 밸브를 잠근다.
- 감열부는 항상 깨끗하게 한다.
- 내부 청소 시 전기선 등에 각별히 주의한다.
- 취사 시 문의 개폐상태를 확인한다(문이 덜 닫히면 취사가 안 됨).
- 가스밥솥 사용 시 밥솥바닥의 물기를 없앤다(물기가 가스 노즐을 막을 수 있음).

(2) 밥솥의 청소

표 11-6. 밥솥 청소 방법

청소장비	청소용 행주, 수세미
세척제	중성세제
소독제	에탄올 소독액(에탄올 70%)
청소주기	매일 마감시 1회
청소방법	1. 청소 전에 전원을 차단한다. 2. 내부 밥통은 분리 후 세척제로 세척 후 소독하고 자연건조시킨다. 3. 뚜껑에 부착된 내부 뚜껑도 분리하여 세척제로 세척 후 소독하고 자연건조시킨다. 4. 손의 접촉이 많은 외부 손잡이는 수시로 소독제를 분사하고 건조시킨다.

8) 튀김기

(1) 튀김기의 일반적 관리

- 튀김기는 고열에 의한 기름의 산패 방지를 위해 온도를 적정수준으로 유지해야 한다.
- 기름을 오래 사용하면, 탄화물질이 곳곳에 쌓여 화재 위험이 높아지는 것은 물론, 메뉴 맛도 달라질 수 있으므로, 자주 교체해주거나 기름 정제기를 활용하는 것도 방법이다.
- 설정온도, 가열시간, 수위 조절 등이 정상적으로 동작하는지의 여부를 확인한 후 가동한다.
- 튀김기 내의 식용유가 과열되는 것을 쉽게 알 수 있도록 온도계를 설치한다.
- 전기식 튀김기는 과열에 따른 화재예방을 위하여 조작반에 과부하방지장치를 설치한다.
- 주변에 미끄럼방지 바닥처리를 하거나 불연성 미끄럼방지 매트를 설치한다.
- 주변에 환기시설을 설치하고, 주기적으로 환기시설에 묻은 기름기를 제거하여 화재발생을 미연에 방지한다.
- 식용유로 인한 화재 발생시 진화를 위하여 전용 소화기(K급)를 튀김기 옆에 비치한다.

- 감전예방을 위하여 접지 또는 접지극이 있는 전원 플러그와 콘센트를 사용하고, 전원은 누전차단기에서 인출하여 사용한다.
- 튀김 작업 시에는 화상과 유증기 흡입을 막을 수 있는 장갑, 앞치마, 고글, 마스크 등 개인보호구를 용이하게 착용할 수 있도록 가까운 곳에 비치하되, 위생 유지를 위하여 보호구함을 별도로 설치한다.
- 기름 정제기 사용 시에는 튀김기 전원을 끄고, 기름이 식은 후 정제작업을 진행하는 것이 안전하다.

(2) 튀김기의 청소

- 전기 튀김기의 경우, 청소 시 철제 수세미를 사용하면 미세한 흠집을 내어 내부의 열 분포도가 달라질 수 있어 사용해서는 안 된다. 전기 튀김기는 부드러운 수세미로 청소한다.
  - 튀김기를 청소할 때는 80℃ 정도의 물을 가득 담고 가성소다(수산화나트륨)를 소량 넣어 끓여 주기만 하면 기름때가 잘 벗겨진다. 단, 가성소다는 유해성이 높은 물질로, 취급 시 주의사항을 숙지한 후 사용해야 한다.
  - 또한 주방 바닥 물청소 시 튀김기에 물이 들어가지 않도록 주의해야 한다.

9) 배기후드와 후드 필터

배기후드와 필터는 정기적으로 청소하여 필터에서 떨어진 기름찌꺼기가 음식에 혼입되지 않도록 해야 한다. 필터 청소는 직접 분리하여 청소가 가능한 경우 표 11-7과 같은 방법으로 진행할 수 있다.

다만 이런 청소 방법은 근무자의 손이 닿는 부분 위주로만 청소가 가능하다. 장기간 사용 시 후드와 덕트 내부는 기름과 먼지가 많이 쌓여, 화재의 위험이 있을 수 있으므로, 정기적으로 전문 청소 업체를 통해 내부 청소를 진행하는 것이 바람직하다.

표 **11-7.** 배기후드와 필터 청소 방법

청소장비	수세미, 청소용 행주
세척제	일반세척용, 기름때 제거용 세제 등
소독제	
청소주기	주 1회
청소방법	A단계: 후드 필터 1. 필터가 잠길만한 크기의 통에 뜨거운 물을 받고, 세제를 녹인다. 2. 필터를 분리하여, 통에 필터를 2~3시간 담가둔다. 3. 수세미로 기름을 제거한 후 물기를 제거하여 후드에 원위치시킨다. B단계: 배기후드 1. 청소를 하기 전 후드 아래쪽 조리기구들을 비닐로 덮어둔다. 2. 표면에 기름때 제거용 세제를 분무한 후 약 5분가량 그대로 둔다. 3. 물에 적신 청소용 행주로 기름때를 닦아낸다. 4. 세척액을 적신 수세미로 잘 지워지지 않는 얼룩들을 제거한다. 5. 세척액을 헹군 후 깨끗한 마른 청소용 행주로 건조시킨다.

화재의 위험성

후드와 덕트에 고착된 기름때는 화재의 원인이 될 수 있는데, 화재 발생 시 불길이 덕트를 타고 건물 전체로 확산될 수 있어 대형 화재의 원인이 될 수 있음.

오염과 비위생

고착된 기름때는 악취와 각종 병해충의 온상이 되고, 각종 세균과 유기화합물이 실내 공기 오염과 질병의 원이이 됨. 또한 조리 중 오염될 수 있어 주기적 청소가 반드시 필요함.

환기능력 저하 및 유지비 증가

고착된 기름때는 환기 능력을 저하시켜 음식 냄새가 잘 빠지지 않게 하는 원인이 됨. 또한, 전력 소모가 커지고 고장의 원인이 되어 유지비 증가의 원인이 됨.

그림 11-18

후드와 덕트 청소의 중요성

자료: 주방뱅크

10) 트렌치

표 11-8. 트렌치 청소 방법

청소장비	수세미, 물호스, 청소용 고무장갑, 쓰레기통 등
세척제	중성세제
소독제	차아염소산나트륨(락스 200ppm)
청소주기	매일 1회
청소방법	**중요: 세척하기 전에 반드시 고무장갑을 착용한다.** A단계: 배수구 덮개 1. 배수구 덮개를 떼어내어 배수구 내의 찌꺼기를 제거한다. 2. 배수구 덮개에 세척액을 뿌린 후 2~3분간 그대로 둔다. 3. 깨끗한 물로 씻어 내린다. B단계: 트렌치 1. 찌꺼기를 쓰레기통에 버린다. 2. 세척액을 전체 하수도에 가한 후 2~3분간 그대로 둔다. 3. 깨끗하게 수세미로 닦는다. 4. 깨끗한 물로 씻어 내린다. 5. 차아염소산나트륨(락스 200ppm)을 부은 후 그대로 둔다.

11) 그리스트랩

그리스트랩 청소는 업종과 주방 규모에 따라 청소 일정은 조정이 필요하나, 보통 거름망은 매일 마감 때 청소해주고, 두번째 칸의 유지류는 주 1회, 전체 청소는 1개월에 1회 정도 실시한다.

12) 식기세척기

표 11-9. 식기세척기 청소 방법

청소장비	청소용 행주, 수세미
세척제	중성세제, 스케일 제거제
소독제	차아염소산나트륨(락스 200ppm)
청소주기	매일 마감시 1회
청소방법	1. 세척기를 정지시킨다. 2. 오물 여과받침, 커튼 등을 분리해 세척제로 세척한다. 3. 찌꺼기가 남기 쉬운 세척기 내·외부를 물호스를 이용하여 청소한다. 4. 커튼은 세척 후 소독액에 5분간 담가 소독한 후 건조시킨다. 5. 스케일 제거제를 넣어 1시간 가동시킨다. 6. 건조 환기를 위해 옆면은 열어둔다.

13) 절단기

절단기는 칼이 내장된 기기로 사고 위험이 높은 기기이므로 사용과 관리에 주의해야 한다.

- 육절기나 슬라이서는 둥근 칼날이 모터에 의해 돌아가는 기계로, 매우 위험한 기기이다. 충분한 교육을 마치지 않은 비숙련자는 절대로 취급하지 않도록 주의해야 한다.
- 작업자는 안전 장갑을 착용하고 작업하고, 칼날 및 날카로운 부품에 손이 상하는 일이 없도록 항상 조심한다.
- 기기에 '끼임 주의' 경고표지를 부착하여 작업자가 위험에 대하여 인식할 수 있도록 한다.
- 플러그는 항상 뽑아두고 작동 시에만 연결하며 콘센트에 물이 들어가지 않도록 주의한다.
- 본체에 부속품을 차례대로 끼워야 한다.
- 사용 시 이물질이 들어가지 않도록 한다.
- 식품을 넣을 때는 반드시 봉으로 밀어 넣는다(칼 뒤쪽이나 손 사용 금지).
- 칼날의 교환 및 세척 시에는 반드시 전원을 차단한 후 실행해야 한다.
- 칼날과 기타 부품을 닦을 때 알칼리성이 높은 세제는 절대 사용하지 않는다. 검게 변색되며, 씻물이 계속해서 빠지므로 칼날을 사용할 수 없게 된다.
- 기계 작동 중에는 말을 하거나 산만한 행동을 하지 않도록 한다.

그림 11-19
절단기 작동 주의 경고
표지의 예
자료: 디자인다 블로그

- 누전, 감전쇼크를 막기 위해 접지한다.

14) 자외선 소독기

(1) 자외선 소독기의 일반적 관리

음식점에서는 오래전부터 자외선 소독기를 많이 사용해왔는데, 자외선 컵 소독기가 가장 흔하게 볼 수 있는 소독기이다. 컵을 뒤집어 층층이 쌓아 두는 경우를 종종 볼 수 있는데, 자외선 소독기는 빛이 닿는 표면만 소독되기 때문에 빛이 닿지 않는 곳은 살균되지 않는다. 즉 컵이 겹쳐져 있는 곳 그리고 컵의 안쪽은 자외선이 닿지 않기 때문에 소독이 되지 않는다. 따라서 그릇을 소독하기 위해서는 그릇종류를 겹치지 않고 한 층만 넣어야 하며, 살균효과가 나타나야 하는 그릇을 담는 쪽에 빛이 닿을 수 있도록 배치하여야 한다.

또한 최근 많이 사용되는 살균건조 자외선 소독기가 아닌 경우, 소독하고자 하는 물건은 건조된 상태에서 소독기에 넣고 작동시켜야 소독 효과가 높다.

(2) 자외선 소독기의 청소

표 **11-10.** 자외선 소독기 청소 방법

청소장비	청소용 행주, 수세미
세척제	중성세제
소독제	에탄올 소독액(에탄올 70%)
청소주기	주 1회
청소방법	1. 청소 전에 전원을 차단한다. 2. 소독기 내부를 비운 후 소독기의 내부, 외부를 세척제로 세척한다. 3. 내부는 소독제를 뿌리고 자연건조시킨다.

15) 정수기

표 11-11. 정수기 청소 방법

청소장비	청소용 행주, 수세미
세척제	중성세제
소독제	차아염소산나트륨(락스 200ppm)
청소주기	주 1회
청소방법	1. 청소 전 전원을 차단하고, 급수밸브를 잠근다. 2. 물탱크 내 저장된 물을 빼내고, 물탱크를 세척제로 세척한다. 3. 물탱크에 소독제를 부어 물이 나오는 토출구로 소독수가 나오도록 하여 소독한다. 4. 물탱크에 물을 받아 물탱크와 토출구를 3회 헹군다. 5. 표면은 소독제를 적신 행주로 닦아낸다. 6. 정수필터는 매뉴얼에 맞춰 정기적으로 교체한다.

16) 온도계

(1) 온도계의 일반적 관리

적외선 온도계를 제외하고 나머지는 음식에 직접 접촉되기 때문에 교차오염 방지를 위해 세척과 소독에 유의해야 한다.

온도계는 충격, 고온다습한 환경, 자기(磁氣: 자석을 밀고 당기는 힘) 등에 의해 측정이 부정확해지거나 지정된 온도 범위를 넘어선 온도를 측정하는 등의 잘못된 사용으로 고장날 수 있다. 따라서 온도계는 정기적으로 점검하여 적절한 온도범위 측정을 할 수 있는지 확인해야 한다. 특히 다이얼 온도계는 계기판 뒷부분의 너트가 풀리면서 온도 측정이 안되는 경우가 발생하기도 하는데, 이것은 고장이 아니라 너트를 보정하여 사용할 수 있다.

(2) 온도계의 점검

온도계의 정확성을 확인하는 데는 얼음물 사용법과 끓는 물 사용법 두 가지 중 하나를 선택해 사용하면 된다.

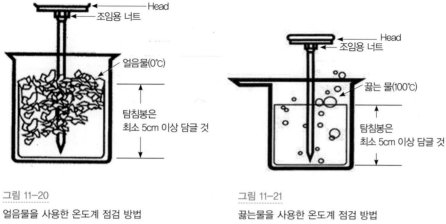

그림 11-20
얼음물을 사용한 온도계 점검 방법

그림 11-21
끓는물을 사용한 온도계 점검 방법

① **얼음물 사용법:** 큰 유리잔에 잘게 부순 얼음을 채우고, 얼음 위에 깨끗한 물을 넣고 잘 저어준 후 온도계를 그 안에 넣는다. 탐침형 온도계의 온도 센서는 하단에 위치하기 때문에, 최소 5cm를 담가 온도에 정확하게 반응하도록 한다. 얼음물에 온도계를 꽂은 후 온도계가 흔들리지 않도록 하여 온도가 더 이상 내려가지 않을 때까지 30초 이상 둔다. 확인하는데, 만일 0℃로 다 내려가지 않는다면 정상적으로 작동하지 않는다는 의미이다.

이때 온도계가 정상적으로 작동하지 않는다면, 탐침이 얼음물에 담긴 상태로 온도계를 0℃로 조정한다. 다이얼 온도계의 경우 너트를 조정하여 0℃로 맞추면 되고, 디지털 온도계의 경우 온도 조정 기능이 있는 제품에 한해 온도를 0℃로 조정할 수 있다.

② **끓는 물 사용법:** 끓는 물을 사용해 온도계를 점검하기 위해서는 먼저 깨끗한 냄비에 깨끗한 물을 담고, 팔팔 끓인 후(100℃) 온도계를 최소 5cm를 담근 후 30초 이상 기다려 온도가 더 이상 올라가지 않을 때까지 30초 이상 둔다. 만일 100℃까지 도달하지 않는다면 정상적으로 작동하지 않는다는 의미이다.

이때 온도계가 정상적으로 작동하지 않는다면, 탐침이 끓는 물에 담긴 상태로 온도계를 100℃로 조정한다. 다이얼 온도계의 경우 너트를 조정하여 100℃

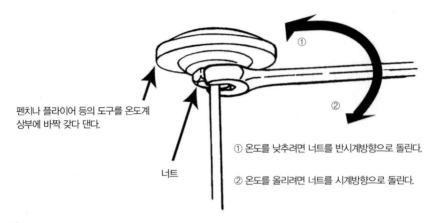

펜치나 플라이어 등의 도구를 온도계
상부에 바짝 갖다 댄다.

① 온도를 낮추려면 너트를 반시계방향으로 돌린다.

② 온도를 올리려면 너트를 시계방향으로 돌린다.

너트

그림 11-22
다이얼식 온도계 조정 방법

로 맞추면 되고, 디지털 온도계의 경우 온도 조정 기능이 있는 제품에 한해 온도를 100℃로 조정할 수 있다.

3. 기물의 종류별 관리

위생적이고 안전한 사용을 위해 기물은 수시 및 정기 관리를 해 주는 것이 좋다. 또한 이러한 관리 방법은 기물의 수명을 연장시켜, 운영비 절감에 도움을 주고, 고객에게 청결한 인상의 음식점으로 보이게 한다.

1) 칼·가위·도마

- 칼과 가위는 사용 후 따뜻한 물로 손세척하고 완전히 건조시킨다.
- 건조된 칼과 가위는 습기가 차지 않는 칼꽂이나 살균기에 넣어 보관한다.
- 칼은 정기적으로 숫돌이나 연마봉 등을 사용하여 갈아 절삭력을 유지하여야 무딘 칼로 인한 사고를 미리 방지할 수 있다.

- 위생적인 칼 관리를 위하여 채소, 고기, 생선 등의 식재료별로 칼을 분리하여 사용한다. 손잡이의 색깔로 구분하면 편리하다.

표 11-12. 칼과 도마 등의 관리 방법

구분	내용	비고
사용상 주의사항	• 위생적인 관리를 위하여 나무재질의 도마, 나무재질 손잡이의 칼 등의 사용은 지양한다. • 교차오염 방지를 위하여 다루는 재료별로 칼과 도마를 다른 색상으로 사용한다.	
세척	• 주기: 사용후 수시 • 세제: 중성 · 약알카리성세제 • 방법 1. 40℃ 정도의 온수로 깨끗이 씻은 후(도마는 전용솔 이용), 수세미에 세제를 묻혀 잘 씻는다. 2. 40℃ 정도의 물로 세제를 씻어낸다.	
소독과 보관	• 약품소독 도마: 차아염소산소독액(50ppm)에 장시간 담근 후 물로 씻어내어 건조시킨다. 칼: 요오드액(25ppm)에 5분 이상 담근 후 물로 씻어내어 건조시킨다. • 열탕소독: 100℃에서 5분 이상 소독한다. • 자외선소독: 자외선소독고 30~60분간 소독한다. 소독 후 청결한 보관고에 보관한다.	

2) 홀 기물

표 11-13. 홀 기물류의 관리 방법

구분	내용	비고
사용상 주의사항	• 고객에게 제공되는 용도로, 사용 전 오염 여부 파악한다. • 파손주의	
세척	• 주기: 사용 후 수시 • 세제: 식기세척기 전용 세제 • 방법 1. 60℃ 정도의 온수에 식기를 불린다 2. 수세미로 애벌세척 후 세척기에 넣는다. 3. 세척이 완료되었으면, 건조대에서 건조시킨 후 청결한 보관고에 보관한다.	6개월에 1회 정도 점검한다. 얼룩이 있는 식기를 삶거나, 약품처리를 통해 찌든 때를 제거하여 청결한 인상을 준다.
소독과 보관	• 건열소독 전기소독고에서 74℃ 이상, 2시간 이상 충분히 건조한 후 보관한다.	

3) 식재료 보관용기, 조리도구

표 11-14. 식재료 보관용기와 각종 조리도구의 관리 방법

구분	내용	비고
사용상 주의사항	• 파손주의 • 플라스틱 등의 보관용기는 표면에 흠집이 생기면 세균 번식 가능성이 커 주기적으로 교체해주는 것을 권장한다.	
세척	• 주기: 사용 후 수시 • 세제: 중성, 약알칼리성 세제 • 방법 1. 용기를 종류별로 나누어 남아있는 음식찌꺼기를 제거하고 40℃ 정도의 물로 씻는다. 2. 세제로 세척한 후 40℃ 정도의 물(흐르는 물)로 잔류세제없이 헹군다.	
소독과 보관	• 수저/젓가락/커트러리 100℃ 끓는 물에 담가 5분 이상 소독하거나 전기소독기로 소독한다. • 급식용 밥판, 국통 100℃ 끓는 물에 담가 5분 이상 소독한다. • 플라스틱, 고무 용기 요오드(25ppm) 소독액 또는 염소(100ppm) 소독액에 5분 이상 담가 소독한다. • 금속 용기 열탕소독: 100℃ 끓는 물에 담가 5분 이상 소독 후 건조시킨다. 약품소독: 요오드(25ppm) 소독액에 5분 이상 담가 소독 후 건조시켜 물로 헹군 다음 건조 후 지정된 장소에 보관한다. • 부피가 큰 보관용기를 선반에 보관할 경우 바닥의 물이 튀지 않는 높이(60cm 이상)에 겹치지 않게 엎어서 보관한다.	

- 주방에서 사용하는 기기와 기물의 주요 소재로는 스테인리스 등의 금속과 세라믹, 유리, 플라스틱 등이 있으며, 각각의 특성에 따른 관리 방법을 숙지하고 관리해줘야 안전하고 효과적인 작업이 가능하며, 각종 비용도 절감할 수 있다.
- 주방기기와 기물은 관리 정도와 주기에 따라 기기의 생산성과 수명이 좌우되므로, 각각의 특성에 따른 관리 방법을 숙지하고 관리해줘야 한다.

1. 내가 근무하거나, 가까운 음식점의 주방에서 다루는 다양한 기기와 기물을 올바르게 관리하고 있는 것과, 그렇지 않은 것들을 찾아보고, 바르게 관리하는 방법을 적용해보자.

CHAPTER 12
주방 위생관리

12
주방 위생관리

학습목표

· 주방 위생관리의 주요 개념을 이해하고, 설명할 수 있다.
· 식재료의 흐름에 따른 식품 위생관리 요소를 이해하고, 설명할 수 있다.
· 개인 위생관리의 중요성을 이해하고, 설명할 수 있다.
· 식중독과 기타 식품 위해요소를 이해한다.

1. 주방 위생관리의 이해

1) 주방 위생관리의 이해

주방의 위생관리란 주방에서 식재료가 음식으로 만들어져 고객에게 제공되는 과정에서 근무자, 주방의 시설이나 기물, 기타 조리과정에서 나타날 수 있는 위험 요소들이 고객과 음식점에 위협이 되지 않도록 안전하게 관리하는 것을 의미한다.

2) 주방 위생관리의 목적

주방 위생관리의 궁극적 목적은 음식점의 다양한 금전적/비금전적 피해를 예방하는 데 있다. 이외에도 종사원의 보호와 위생적 관리로 인한 품질 향상 등의 목적이 있다.

주방의 위생관리가 소홀할 경우에는 단순히 오염 또는 변질된 식재료의 폐기 선에서 끝나는 것이 아니라, 집단 식중독 등의 발생으로 엄청난 피해를 끼치기도 한다. 사안이 심각한 경우 관리당국이 종업원의 근무 정지 및 일시적 영업정지 또는 폐업 조치를 내리기도 한다. 따라서 음식점에서의 식품안전관리는 아무리 그 중요성을 강조해도 지나침이 없는 요소라 할 수 있다.

주방의 위생관리는 주방의 기기와 기물을 관리하는 활동도 포함한다. 이로 말미암아 장비와 기물의 성능 향상과 사고 예방, 시설의 수명 연장 등을 기대할 수 있다. 또한 청결하고 위생적으로 관리되는 음식점은 고객 만족과 직원의 작업능률 향상에도 이바지하여 장기적으로는 수익성 향상에 기여할 수 있다.

2. 위생관리의 주요 개념

1) 세척과 소독

(1) 세척의 이해

세척이란 조리기구와 기물 등의 표면에서 세제를 사용하여 오염물질을 제거하여 청결한 상태로 만드는 과정을 말한다.

세척 작업은 사용하는 기구나 기물, 시설 등에 따라 다른 도구나 세제로 진행되지만 기본적인 원리는 동일하다. 즉 표면의 더러움을 제거한 후, 세제를 사용하여 표면의 보이지 않는 오염물질을 제거하고, 깨끗한 물로 표면을 헹구는 것이다. 특히 식품과 직접 접촉하는 기기나 기물, 작업대 등은 세척 후 소독을 통해 다시 사용할 때 교차오염이 일어나지 않도록 해야 한다.

(2) 소독의 이해

소독이란 기구나 기물, 주방의 시설 등 음식이 접촉되는 표면과 사람이 접촉되는 환경에 존재하는 미생물을 위생상 안전한 수준으로 감소시키기 위한 작업을 뜻한다. 소독 작업은 세척이 완료된 기기나 기물, 작업대 등의 표면에 수행한다.

세척과 소독의 차이를 그림으로 표현하면 그림 12-1과 같다.

세척 전   세척 후   소독 후

그림 12-1
세척과 소독의 차이
자료: 식품의약품안전처(2015)

(3) 소독의 종류와 방법

소독 방법의 종류에는 열탕 소독, 자외선 소독, 화학 소독 등이 있다.

2020년 코로나 바이러스의 전세계적 유행 이후 소독액의 사용이 일반화되고 있다. 소독액을 스프레이로 분사하여 사용하는 경우가 있는데, 소독액 성분에 따라 주의가 필요하다.

에탄올의 경우, 표면에 분사하면 표면의 유기적 오염물질의 수분을 함께 증발시키는 방식으로 소독되어 상관이 없지만, 락스 희석액(차아염소산나트륨 소독액)을 스프레이로 분사할 경우, 쉽게 기체로 증발되지 않고 염소성분이 공기 중에 섞여 흡입할 경우 인체에 자극이 될 수 있다. 따라서 락스 희석액은 용액을 만들어 소독할 도구를 담그거나, 용액을 적신 천으로 표면을 닦는 방식으로 사용해야 한다.

표 12-1. 소독의 종류와 방법

종류	대상	소독방법
열탕 소독	행주, 식기	100℃에서 30초 이상 삶기
자외선 소독	칼, 도마, 가위 등	포개거나 뒤집어 넣지 말고 자외선이 바로 닿도록 하여 제품 설명서에 따라 권장 살균시간(약 30~60분), 온도는 50~55℃를 준수하여 소독한다.
화학소독	작업대, 조리기구, 도마, 손 등	• 차아염소산나트륨용액(락스) 소독: 200ppm 5분간 담그거나, 담가두는 것이 불가능할 때는 소독액을 천에 묻혀 표면을 닦아낸다. • 70% 에탄올 소독: 분무하여 건조할 때까지 문지름 • 요오드용액 소독: 식품접촉기구 표면 소독에 사용하며, 요오드 25ppm 용액에 1분 이상 담금

자료: 식품의약품안전처(2015)

2) 교차오염

교차오염이란 식재료, 기구, 물 등에 오염되어 있던 균들이 오염되지 않은 식재료, 기구, 종사자와의 접촉 또는 작업과정에서 혼입되어 오염되지 않은 식재료까지 오염시키는 것을 말한다.

예를 들어 삼계탕을 조리하기 위하여 생닭을 세척하게 되는데, 이때 주변에 물이 튀면서 주변환경이 '캠필로박터 제주니'라는 세균으로 오염될 수 있다. 캠필로박터 제주니는 75℃ 온도에서 1분 이상 가열조리를 하면 사멸되는데, 가열하지 않고 섭취하는 채소나 기타 식재료 등이 교차오염으로 해당 균에 노출되었을 때 식중독이 발생할 수 있다. 이런 부주의로 해마다 여름철이 되면 단체급식소나 음식점 등에서 삼계탕을 섭취한 이들에게서 집단 식중독이 발생하는 일들이 뉴스로 나오곤 한다.

이러한 사고를 막기 위해서는 생닭을 세척 시 주변에 식품, 기구, 용기를 모두 치우고, 세척 후에는 세척 도구 및 주변 소독에 철저해야 한다. 또한 생닭의 부주의한 전처리 과정에서 채소, 무침류에 교차오염이 발생할 수 있기 때문에, 칼, 도마를 구분하여 사용하고, 생닭과 접촉했던 손뿐만 아니라 모든 기구와 용기도 즉시 세척·소독하여야 한다.

교차오염은 식재료의 흐름에서 거의 모든 단계마다 발생 가능성이 있다. 교차오염을 예방하는 가장 기본적인 방법은 바로 먹는 식품과 가공하지 않은 식품이 접촉할 가능성을 최소화하는 것이다.

육류와 어류, 바로 먹을 수 있는 야채나 과일 등 성질이 비슷한 식재료를 조리할 때 사용하는 칼과 도마 등을 구분하여 사용하는 것은 교차오염을 예방하는 매우 중요한 방법이다. 또한 식품용 장비나 주방기구를 사용하는 작업을 마친 후에는 반드시 세척 및 살균을 하여 남아있는 바이러스가 이후 작업하는 다른 식품을 오염시키지 않도록 해야 한다.

만일 기구나 공간을 분리하여 작업하는 것이 어렵다면, 각각의 식재료를 손질하는 시간을 달리하여 교차오염 가능성을 줄일 수 있으며, 그것도 여의치 않을 때는 미리 잘라져 있거나 손질되어 있어 주방에서 준비작업을 최소화할 수 있는 식재료를 구매하는 것도 한 방법이다.

3) 세균

(1) 세균 번식의 조건

세균이 번식하기 위해서는 음식, 산성도, 온도, 시간, 산소, 습도의 여섯 가지 조건이 필요하다. 특히 영상 5~57℃의 구간은 세균이 쉽게 번식할 수 있는 위험온도구간이다.

만일 세균 번식의 여섯 가지의 조건을 통제할 수 있다면 식품을 안전하게 관리할 수 있으나, 실제로 음식점에서 관리 가능한 요소는 온도와 시간 밖에 없다. 특히 이러한 요소는 주방에서 대부분 관리되어야 하기 때문에, 주방관리자와 근무자는 조리와 보관의 온도와 시간에 각별히 주의를 기울여야 한다.

(2) 위험온도구간

식인성 질병(食因性 질병, foodborn illness 식품에서 유래하는 질병)을 유발하는 대부분의 병원균(病原菌, 병의 원인이 되는 균)은 5~60℃ 사이에서 생존하고 번식하며, 21~52℃ 범위 내에서 훨씬 빠르게 번식하는 특성을 갖는다. 이 5~60℃의 온

음식	병원균이 번식하기 위해서는 탄수화물이나 단백질 등 에너지원이 필요하다.
산성도	병원균은 산이 없거나, 거의 없는 상태에서 잘 번식한다.
온도	병원균은 영상 5~57℃에서 가장 잘 번식한다.
시간	병원균이 잘 번식할 수 있는 온도인 5~57℃ 온도 구간에서 4시간 이상이 지나면 병원균은 위험한 수준까지 번식한다.
산소	병원균 중에는 번식에 산소를 필요로 하는 것과, 그렇지 않은 것 두 가지가 있다.
습도	병원균의 번식에는 습기가 필요하다.

그림 12-2
세균 번식을 위한 조건
자료: National Restaurant Association(2008)

도를 위험온도구간이라 부른다.

따라서 식품을 보관할 때는 위험온도구간 외의 온도에서 보관해야 한다. 즉, 더운 음식은 60℃ 이상에, 차가운 음식은 4℃ 이하로 보관해야 병원균의 번식을 억제할 수 있다. 위험온도구간 범위에서 4시간 이상 방치된 식품은 식인성 질병의 위험이 너무 커진 상태로 폐기하는 것이 안전하다.

(3) 중심온도

식품의약안전처는 가열조리를 할 때는 중심부의 온도가 74℃ 이상의 온도에서 1분 이상 가열하도록 권장한다(반숙이 가능한 달걀요리는 65℃ 이상). 같은 돼지고기라 하더라도 햄버그 스테이크를 할 때는 비교적 얇은 패티로 만들지만, 보쌈 등을 조리할 때는 큰 덩어리 고기를 삶아야 하기 때문에 익는 데까지 더 오래 걸린다. 즉 중심부가 안전한 조리온도에 도달하는 시간은 조리방법에 따라 다르게 나타난다.

중심부 온도를 측정하기 위해서는 식재료 내부에 직접 찔러넣어 온도를 측정하는 탐침형 온도계를 사용하여 온도를 측정하여야 한다.

그림 12-3
탐침형 온도계
자료: 주방뱅크

4) 잠재적 위해 식품

(1) 잠재적 위해 식품의 이해

식재료의 특성에 따라 식중독이 잘 발생하거나, 발생하는 일이 적은 식재료가 있기 마련이다. 즉 조리시간 및 조리/보관 온도에 주의하여 취급하지 않을 경우 식중독 유발 가능성이 높은 식품들이다. 이러한 식재료들은 주로 수분함량이 높거나(수분활성도 0.85 이상), 중성 또는 약산성(pH 4.6~7.5)을 띠며, 단백질을 함유한 특성을 갖는다. 여기에 세척하고 칼로 자르는 등의 손질을 한 식재료 등도 식중독 유발 가능성이 높아진다.

이렇게 식중독 유발 가능성이 높아 온도와 시간관리가 필요한 식품들을 '잠재적 위해 식품'이라 칭한다.

(2) 잠재적 위해 식품의 종류

 ▶ 우유 및 유제품

 ▶ 달걀(살모넬라균 제거처 리한 달걀은 제외)

 ▶ 모든 육류(쇠고기, 돼지고기, 양고기 등)

 ▶ 가금류(닭, 오리고기 등)

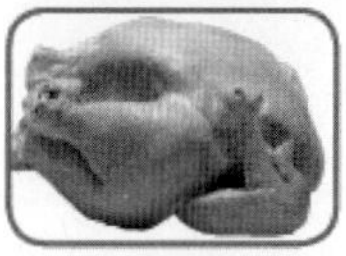

 ▶ 생선과 어패류, 갑각류 등

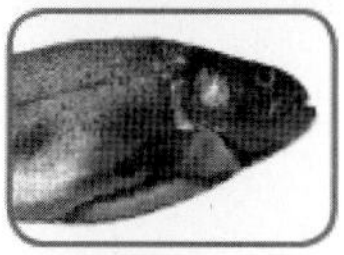

 ▶ 어패류 및 갑각류

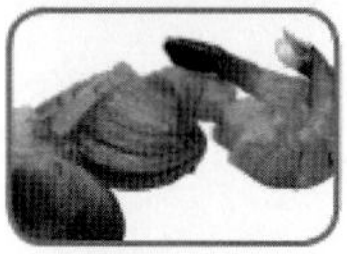

 ▶ 구운 감자

 ▶ 조리된 식품류–밥, 베이크드 빈, 데운 야채 등

 ▶ 두부 또는 콩단백질 가공 식품

 ▶ 콩나물, 숙주나물, 새싹채소 등

 ▶ 잘라놓은 멜론, 자른 토마토나 녹색 채소류

 ▶ 마늘을 혼합한 기름

그림 12-4
잠재적 위해 식품의 종류
자료: National Restaurant Association

3. 식재료의 흐름에 따른 식품 위생관리

식재료의 흐름은 구매-검수-저장-전처리-조리-보관-냉각-재가열-제공의 일련
의 절차로 이루어진다. 우리는 각 단계별로 식품 위생관리를 위한 목표를 수립
하고, 이를 관리할 수 있다.

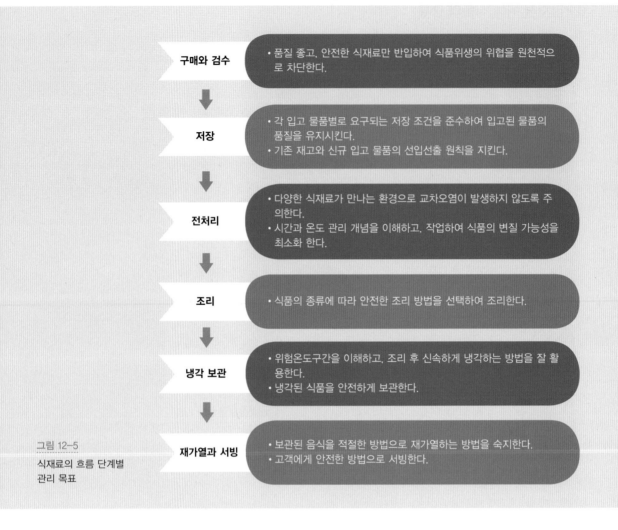

구매와 검수	• 품질 좋고, 안전한 식재료만 반입하여 식품위생의 위협을 원천적으로 차단한다.
저장	• 각 입고 물품별로 요구되는 저장 조건을 준수하여 입고된 물품의 품질을 유지시킨다. • 기존 재고와 신규 입고 물품의 선입선출 원칙을 지킨다.
전처리	• 다양한 식재료가 만나는 환경으로 교차오염이 발생하지 않도록 주의한다. • 시간과 온도 관리 개념을 이해하고, 작업하여 식품의 변질 가능성을 최소화 한다.
조리	• 식품의 종류에 따라 안전한 조리 방법을 선택하여 조리한다.
냉각 보관	• 위험온도구간을 이해하고, 조리 후 신속하게 냉각하는 방법을 잘 활용한다. • 냉각된 식품을 안전하게 보관한다.
재가열과 서빙	• 보관된 음식을 적절한 방법으로 재가열하는 방법을 숙지한다. • 고객에게 안전한 방법으로 서빙한다.

그림 12-5
식재료의 흐름 단계별
관리 목표

1) 구매, 검수

구매와 검수 과정은 음식점이 관리할 수 있는 식품안전의 첫번째 단계이다. 이 단계에서는 다음과 같은 사항을 준수하여 식품안전관리를 할 수 있다.

(1) 제품 공급
안전하고, 검증된 업체로부터 품질과 안전이 보장된 제품을 공급받아야 한다.

특히 신선한 식재료를 확보하기 위해 산지 직송 등의 방법으로 식품을 공급받을 때는 공급처에 대한 엄밀한 검토가 필요하다.

(2) 입고 시간 관리

동시다발적으로 많은 업체에서 물품이 입고되면 검수가 제대로 이루어지지 않을 확률이 높다. 따라서 거래처별로 발주 시 입고 시점을 미리 약속하면 혼잡도를 줄이며 검수할 수 있다.

(3) 검수 기준 수립 및 기준 준수

검수 담당자는 각 물품의 검수 기준에 따라 검수하고, 기준을 충족하지 못하는 경우 반품해야 한다. 검수 기준은 품목별로 다르지만 식재료의 경우 주문한 물품과 수량이 맞는지를 시작으로, 품질 확인과 함께 보관온도(냉장식품 5℃ 이하, 냉동식품 냉동 상태유지 및 녹은 흔적이 없는 것, 전처리된 채소 10℃ 이하, 일반채소 상온 등)가 적정 범위 안에 있는지, 포장에 손상이나 해동됐던 흔적, 해충의 유입은 없는지 등과 유통기한을 확인하는 것을 기본으로 한다.

(4) 신속한 검수

검수 시에는 식품의 변질을 막기 위해 상온에 장시간 방치되지 않도록 신속하게 검수해야 한다.

(5) 외포장 상자 제거

검수가 완료된 후 수취를 결정한 물품은 외부 오염물질의 유입을 막기 위해 상자를 제거하고 검수 운반 기구를 이용하여 창고로 이동시킨다.

2) 저장

(1) 물품 관리대장 사용 및 책임자 지정

식품은 물론 비식품도 종류와 입출고 상황을 기록하여 항상 수량을 파악할 수 있도록 관리대장을 사용하는 것이 좋다. 또한 각 창고별 재고와 온도관리 등을 담당하는 책임자를 지정하고, 관계자 이외의 출입을 제한하도록 하여야 한다.

(2) 라벨 붙이기

입고된 모든 물품에는 각각의 품목별 명칭과 입고일, 보관온도, 사용기한 등을 명시한 라벨을 부착하여 사용한다. 라벨은 직접 제작하거나 시판되는 라벨을 사용하는 것도 가능하다.

(3) 선입선출 준수

새로운 물품이 입고되었을 때는 사용기한이 빠른 순서의 물품을 앞쪽에 보관하고, 앞에 있는 물품부터 사용하여야 후에 사용기한을 넘겨 폐기하는 일을 막을 수 있다.

최근에는 선입선출 관리를 편리하게 할 수 있는 각종 보관도구들이 시중에 많이 나와있으니 이런 도구들을 활용하는 것도 좋은 방법이다.

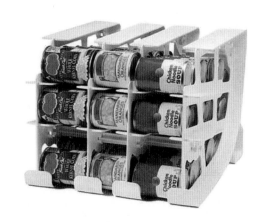

그림 12-6
선입선출 관리용 캔 보관 선반
새로 입고된 캔을 윗쪽에 넣고, 아랫쪽에 나오는 캔을 먼저 사용하는 형식으로 선입선출 관리를 편리하게 할 수 있다.
자료: Bed Bath and Beyond

(4) 냉장 및 냉동고 온도 관리

냉장고와 냉동고는 일단위로 최소 2회 이상 온도 점검을 하고, 혹시 온도 관리에 문제가 있을 경우, 즉시 상급자에게 보고하고, 보관되던 식재료의 안전성을 파악하기 전까지는 조리와 판매를 중단한다.

(5) 품목별 보관온도와 보관시간 준수

표 12-2. 품목별 보관온도와 보관시간

구분	식재료 종류	보관온도	최장 보관기간
주식류	쌀, 밀가루, 보리쌀, 라면, 파스타 등	15~25℃	3개월
육류	쇠고기, 돼지고기, 닭고기 등	냉장 5℃	3일
		냉동 −18℃ 이하	1개월
생선, 해산물류	고등어, 꽁치, 삼치 등	냉장 5℃	1일
		냉동 −18℃ 이하	15일
엽채류	배추, 양배추, 시금치, 상추, 콩나물 등	씻은 상태 5℃	1일
		자연 상태 15~25℃	3일
뿌리채소류	무, 당근, 양파, 감자 등	씻은 상태 5℃	2일
		자연 상태 15~25℃	7~20일
가공식품	가공식품	제품별 보관온도 준수	제품별 유통기한 준수

자료: 서울특별시(2002).

(6) 교차오염 방지를 위한 냉장고 내 위치 이해

일부 병원균은 공기를 통해서도 전염이 가능하기 때문에 냉기가 순환되는 냉장/냉동고 내의 교차오염을 방지하기 위한 방법을 이해해야 한다.

가능하면 생고기나 해산물 등은 바로 먹는 식품과 별도의 냉장/냉동고를 사용하는 것이 바람직하나, 여의치 않을 경우에는 조리되지 않은 식품의 즙이나 부산물이 바로 먹을 수 있는 식품을 오염시키지 않도록 층을 구분하여 보관하는 것이 필요하다.

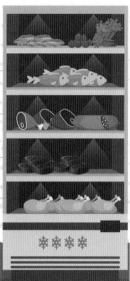

위험도 증가

위험도 증가

바로 먹을 수 있는 식품/채소류

덩어리 해산물

덩어리 육류

다진 고기(햄버거 패티 등) 및 다진 해산물

덩어리 및 다진 닭고기 등(가금류)

그림 12-7
교차오염 방지를 위한 냉장고 내 식품 배치

(7) 저장방법별 관리 지침 숙지 및 준수

표 12-3. 관리지침

저장방법 분류	관리 지침
공통	• 각 보관구역 문 앞(냉장고 문 포함)에 물품 관리 대장을 붙여 적정 보관기한을 넘기지 않게 하며, 재고 관리를 겸함 • 모든 보관구역은 항상 정리정돈돼 있어야 함 • 개봉하여 일부 사용한 제품은 깨끗한 용기에 담아 표시사항(개봉한 날짜와 원산지, 제조업체 등)을 표기한 후 덮개를 덮어 보관
냉장저장	• 냉장시설의 온도는 5℃ 이하로 유지 및 일 2회 이상 온도 점검을 해야 함 • 주 1회 내부 청소, 라디에이터, 필터 등 먼지 제거 필수(소홀할 경우 냉장효율 저하 및 화재의 원인이 될 수 있음) • 향이 강한 음식은 분리 저장 • 냉동시설의 온도는 −18℃ 이하로 유지 및 일 2회 이상 온도 점검을 해야 함
냉동저장	• 냉동식품이나 미리 식힌 음식만 냉동실에 저장하며, 음식을 식히기 위한 용도로 사용해서는 안됨 • 과일, 채소, 쇠고기 등은 생선, 패류, 가금류, 조리된 음식보다 저장온도 변화에 민감하므로 주의해야 함 • 주 1회 내부 청소, 라디에이터, 필터 등 먼지 제거 필수(소홀할 경우 냉장효율 저하 및 화재의 원인이 될 수 있음)
상온저장	• 온도 15~21℃, 습도 50~60% 유지하고, 환기장치가 구비돼 있어야 함 • 식품과 비식품 분리보관 • 식품보관선반은 벽에서 5cm 이상, 바닥으로부터 15cm 이상의 공간을 띄워 청소가 용이하게 하고, 해충의 피해를 막음 • 직사광선을 피하되, 밝은 조명을 설치하여 물품의 식별이 편리하게 하고, 청결유지를 위해 주기적으로 청소 실행

3) 전처리

식재료 전처리는 세척, 냉동 제품의 해동 등을 말한다. 식재료 전처리는 상온, 즉 위험온도구간에서 이루어질 수밖에 없다. 따라서 식재료의 변질을 막기 위하여 짧은 시간에 작업할 수 있는 양만큼만 신속하게 작업하고, 가급적 빨리 냉장보관 하거나 조리해야 한다.

(1) 전처리 시 주의사항

전처리 시에는 다음과 같은 요소를 주의해야 한다.

- 세척 시에는 어류, 육류, 채소류는 구분하여 교차오염을 방지한다.
- 칼과 도마는 식재료별로 다른 색깔로 구분하여 사용하고, 나무재질 칼과 도마는 사용하지 않는 것이 좋다.
- 전처리 구역을 구분하기 어려울 경우에는 채소류 → 육류 → 어류 → 가금류 순으로 세척하며 각각을 처리한 후에는 세척·소독을 하고 다음 식재료를 처리한다. 육류, 어패류, 가금류의 경우 가열처리를 통해 유해미생물을 없앨 수 있으나 채소류 및 가공식품은 바로 섭취하는 경우가 있어 취급에 더 신중해야 한다.

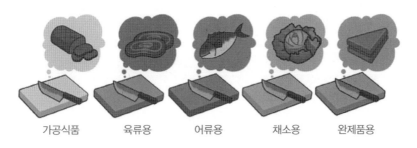

| 가공식품 | 육류용 | 어류용 | 채소용 | 완제품용 |

그림 12-8
식재료별 칼과 도마의 구분 사용
자료: 식품의약품안전처(2015) 1.

(2) 식재료별 세척 방법

표 12-4. 세척 방법

종류	세척 방법
생선 · 육류	• 먹는 물로 충분히 씻는다. • 핏물(갈비, 사골, 잡뼈 등)은 충분히 뺀다(냉장상태 유지 권장).
조개류	• 애벌세척 후, 소금물에 담가 해감을 한다. • 소금물로 씻는다.
채소 및 과일류	• 채소 및 과일 등은 익히지 않고 바로 섭취하는 식품이 대부분므로 미생물을 없앨 수 있는 충분한 세척과 소독작업이 필요하며, 보관 시에도 미생물 증식에 주의해야 한다. • 가열조리하지 않고 제공되는 채소류나 과일류는 반드시 흐르는 물로 세척한 다음 소독액에 5분간 담근 후 깨끗한 물에 5분간 담그고, 다시 흐르는 물로 세척한다. • 세척이 완료된 후에는 육안검사를 실시하여 청결상태와 이물질 잔존여부를 확인하고, 육안검사 결과 세척 후 청결상태가 불량한 경우는 재세척을 한다. • 올바른 세척 방법 1. 이물 세척 제거 2. 소독액 제조 3. 소독액 농도 확인 4. 소독액 침지 5분 5. 깨끗한 물 침지 5분 6. 흐르는 물로 세척
난류	• 세척 · 코팅 과정을 거쳐 위생적으로 처리된 제품(등급판정란 등)을 사용한다. • 일반작업구역에서 껍질을 깨 뚜껑이 있는 용기에 담아 사용 전까지 냉장고에 보관한다(부득이하게 일반란을 사용할 경우 특별한 관리를 요한다). • 난류의 조리시는 껍질 깨기 작업 전후에 반드시 손 세척과 소독을 실시한다. • 날달걀을 담았던 용기 · 기구는 그대로 재사용하지 않고 반드시 세척, 소독 후에 사용한다.

자료: 식품의약품안전청(2010)

(3) 해동 시 주의사항

• 냉동식품이 완전 해동되지 않으면 조리시간이 길어지고 식품 외부만 익고 내부는 잘 익지 않기 때문에 유해미생물이 증식할 수 있으며, 중심온도에 도달하지 않아 식중독 발생 가능성이 있으므로, 해동이 필요한 식재료는 확실하게 해동된 후 사용해야 한다.

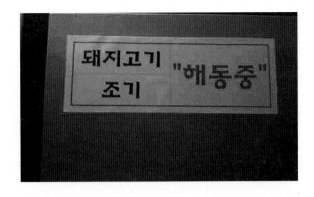

그림 12-9
냉장고 내 해동중 표시
자료: 서울특별시(2012)

- 냉동식품을 해동하고, 위험온도구간에 노출시킬 때 병원균이 번식하기 시작하므로, 식품해동은 냉장해동, 흐르는 물 속에서 해동(유수해동), 전자레인지 해동 등의 방법을 사용하는 것이 안전하다.
- 해동된 식재료를 다시 냉동해서는 안 된다.
- 식품을 해동할 때는 해동중임을 알리는 표지판을 사용하여 '해동중'이라는 내용과 식재료명, 해동시간 등을 표기한다.
- 냉장해동: 냉장해동은 5℃ 이하의 냉장고 안에서 72시간 이내로 식품을 해동하는 방식이다. 이때는 해동중 발생할 수 있는 물기가 다른 식품을 오염시키지 않도록 냉장고 하단에 비치시킨다.
- 유수해동: 흐르는 물 속에서 해동(유수해동)하는 방식은 해동할 식재료를 내포장 상태로 21℃ 이하의 흐르는 물에서 노출시켜 2시간 이내로 해동하는 방식이다. 하절기에 수온이 21℃ 이하로 유지되지 않을 때는 식재료 온도를 5℃ 이하로 관리한다.
- 전자레인지 해동: 전자레인지의 전자파를 이용하여 해동하는 방식으로, 해동 직후 조리할 식품에 주로 사용한다.

4) 조리

조리과정은 전처리가 완료된 식품을 절단, 가열, 혼합 등을 하는 과정이다.

음식점이나 메뉴에 따라 다르지만 조리과정은 고객에게 제공되기 전 주방근무자가 위생관리를 할 수 있는 마지막 단계이기도 하다. 식품에 이미 잠재돼 있는 병원균을 섭취해도 안전한 수준까지로 줄이기 위해서는 조리과정을 통해 병원균을 사멸시키는 방법을 사용해야 한다. 이를 위해서는 식품의 중심부까지 완전히 열이 닿도록 하여 조리해야 한다. 조리과정에서 주의해야 하는 요소는 다음과 같다.

(1) 조리 시 일반적 주의사항

- 여름철 등 식중독의 주요 발생 시기에는 생식품 사용을 삼가고, 조리식품과 비조리식품의 취급 구분을 통해 교차오염을 막아야 한다.
- 교차오염 방지를 위해 도마와 칼 등은 식재료별로 구분하여 사용하고, 작업대와 기물은 한 식재료의 조리가 끝난 후에는 세척과 소독을 철저히 한다.
- 튀김 기름을 통해서도 교차오염이 발생할 수 있으므로, 새우튀김 등 알레르기 가능성이 있는 식재료와 야채튀김 등을 함께 조리하는 음식점은 교차오염 가능성을 고지하여야 한다. 복합적인 재료의 튀김 수요가 많은 주방이라면, 교차오염을 고려하여 2구 튀김기를 사용해 재료를 분리 조리하는 것이 도움이 된다.
- 교체 시기가 된 기름은 연기, 거품이 많이 발생하고 점성이 강하며 탄내, 누린내 등의 냄새가 많이 나므로 산도 측정지를 이용하여 기름의 산패 정도

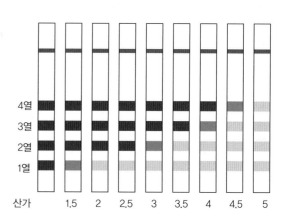

그림 12-10
산가 측정지를 이용한 기름의 산가 측정

를 측정한 후 산가가 3.0 이상일 경우에는 기름을 교체한다.

- 조리 후 맛을 볼 때는 별도의 용기와 기물을 사용하고, 맛을 보기 위해 사용한 기물이 조리한 음식물에 닿지 않도록 해야 한다.
- 조리 중 작업자는 신체나 복장을 만지는 등의 행동이나 대화를 삼가고, 위생마스크를 착용해야 한다.

(2) 조리 시 온도 관리

- 가열조리 시에는 중심온도 74℃ 이상으로 1분 이상 가열되었는지 측정한다.
- 조리 후 냉각보관된 음식을 다시 가열할 때는 미생물 번식을 막기 위해 중심온도가 신속하게 74℃ 이상으로 도달하게 하고, 해당 온도로 15초 이상 유지되게 한다.
- 재가열한 음식은 즉시 섭취하거나 60℃ 이상 보관하고, 재가열하여 사용한 후 남은 음식 전량 폐기하고, 다시 냉장하거나 냉동해서는 안 된다.
- 육류, 가금류, 어패류를 가열 조리할 때는 중심부가 완전히 가열 조리되었는지 확인하여야 하며, 음식을 자주 저어서 온도가 균일하게 유지되도록 주의를 기울여야 한다.
- 온도계 사용 시에는 최종 음식물의 한가운데 또는 고기의 가장 두꺼운 부분을 측정하여 중심온도를 측정한다.
- 튀김류의 조리 시에는 기름온도가 각각 재료의 특성에 따라 유지(냉동식품 160℃, 채소류 170℃, 어류 180℃)되는지를 확인하고, 장시간 튀김 작업을 하는 경우에 기름온도가 설정 온도 이상으로 올라가지 않도록 주의해야 한다.
- 튀기는 중에는 부유물이나 침전물을 건져야 하며, 조리 중 기름의 양이 감소되었을 경우에는 그 양을 보충해 주고, 보충 후 온도가 권장 온도까지 다시 올라간 것을 확인한 후에 조리해야 한다.
- 냉동 식재료를 조리할 경우에는 식재료가 완전히 해동된 후에 조리하여야 한다.
- 온도 측정 시에는 음식별 안전 조리온도에 도달했는지 몇 초 동안 확인한다.

식품별 권장 중심부 온도와 최소 유지시간은 표 12-5를 참조하기 바란다.

표 **12-5.** 식재료별 최소 중심온도와 최소 유지시간

구분	온도 및 시간
가금류, 잠재적 위험식품이 속재료로 들어간 메뉴(만두 등), 속을 채운 육류, 생선, 가금류 또는 파스타 등	74℃ 15초 이상
다짐육, 양념된 육류, 다진 해산물, 조리 후 고온에 보관할 달걀요리 등	69℃ 15초 이상
해산물, 돼지고기, 쇠고기, 양고기 스테이크, 찹스테이크, 바로 제공할 달걀	63℃ 15초 이상
조리 후 고온에 보관하며 바로 제공할 요리(감자튀김, 치즈스틱 등)	57℃ 15초 이상
음식의 재가열	74℃ 15초 이상

자료: National Restaurant Association(2008)

(3) 올바른 온도계 사용 방법

- 온도계마다 측정 가능한 온도의 범위가 다르므로, 알맞은 용도의 온도계를 사용해야 한다.

(a) 내부 온도 측정을 위해서는 식품에서 가장 두꺼운 부분에 직접 온도계 센서를 넣어 확인해야 한다.

(b) 바이메탈 온도계는 센서가 막대 중간에 있기 때문에 정확한 온도 측정을 위해서는 충분히 깊게 찔러넣어야 한다.

그림 12-11
중심온도를 재기 위한 올바른 온도계의 사용

- 조리중인 식품이 적정한 온도에 도달하였는지 확인하기 위해서는 탐침형 온도계를 사용하여 내부의 가장 두꺼운 부분의 세 곳 이상의 온도를 측정해야 한다(적외선 온도계는 표면 온도를 측정하기 때문에 적합하지 않음).
- 여러 재료를 혼합해 조리하는 경우에는 가열 조리 중 열전달이 가장 어려운 재료를 선택(크기, 두께 고려)하여 그 재료의 중심온도를 측정하여 확인하여야 한다.
- 측정이 끝난 온도계는 교차오염 방지를 위해 깨끗하게 세척 및 살균·소독하여 보관한다.

5) 냉각과 보관

조리가 완료된 식품은 바로 고객에게 제공하거나, 추후 제공을 위하여 보관할 수 있다. 조리된 식품의 보관은 병원균의 번식을 느리게 하기 위해 위험온도구간보다 낮거나 높게 보관할 수 있다. 즉 5℃ 이하로 냉장보관을 하거나 60℃ 이상의 고온보관을 할 수 있다.

가열조리를 한 식품을 냉장보관할 경우에는 완전히 냉각시켜 냉장고에 넣어야 한다. 만일 뜨거운 상태의 식품을 바로 냉장고에 넣을 경우 냉장고 내부의 온도가 올라가 다른 식품들까지 위험온도 구간에 노출될 수 있기 때문이다.

조리된 식품의 안전한 냉각과 보관을 위해 다음과 같은 내용을 숙지하여야 한다.

(1) 조리된 식품의 2단계 냉각

식품의 냉각은 2단계로 실행한 후 냉장보관한다. 우선 조리된 후 2시간 내에 21℃까지 떨어뜨리고, 다시 4시간 내로 21℃에서 5℃ 이하로 떨어뜨린 후 냉장보관한다. 만일 2시간 내로 21℃까지 도달하지 못한 경우에는 목표 중심온도까지 재가열한 후 다시 냉각과정을 밟거나, 아니면 폐기해야 한다.

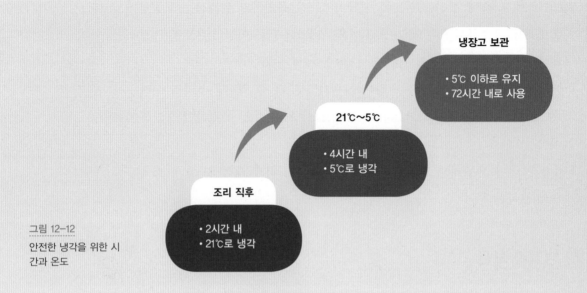

그림 12-12
안전한 냉각을 위한 시
간과 온도

냉장고 보관

• 5℃ 이하로 유지
• 72시간 내로 사용

21℃~5℃

• 4시간 내
• 5℃로 냉각

조리 직후

• 2시간 내
• 21℃로 냉각

(2) 냉각 전 식품 소분하기

식품을 빠르게 냉각하기 위해서는 대량으로 조리된 식품을 작은 단위로 나눠 빠르게 냉각되도록 하는 것이 좋다. 예를 들어 큰 덩어리의 음식은 1회 서빙할 분량으로 나누거나, 큰 용기에 담긴 음식을 작은 용기나 표면적이 넓고 열전도율이 높은 용기로 나눠 담는 것이다.

그림 12-13
빠른 냉각을 위한 음식
소분
자료: 식품의약품안전처
(2015) 1.

(3) 올바른 식품 냉각

식품을 바르게 냉각하기 위해서는 세 가지 방법을 사용할 수 있다. 첫번째로 냉각용 얼음 막대기를 식품이 담긴 용기에 직접 넣고 저어주는 것이고, 두번째로는 식품이 담긴 용기를 해당 용기보다 더 큰 얼음물통에 담고 자주 저어주는 것이다(식품에 직접 얼음을 넣어서는 안됨). 마지막으로는 대량의 식품을 빠른 시간 안에 냉각시키기 위해 냉장고와는 별도의 급속냉각기를 사용하는 것이다. 선풍기를 이용해 음식을 식히는 것은 이물질 혼입의 위험이 있기 때문에 사용해서는 안 된다.

식품 냉각용 얼음 막대

얼음물 냉각

급속 냉각기

그림 12-14
올바른 식품 냉각 방식
자료: 식품의약품안전처(2015) 1.

(4) 보관된 식품의 온도 점검

조리 후 보관된 식품은 고온보관 식품의 경우 60℃ 이상, 냉장보관 식품의 경우 5℃ 이하로 중심온도가 유지되어야 하며, 안전한 수준으로 유지되고 있는지 2시간에 한 번씩 온도를 확인하고 온도 보완 조치를 하는 것이 좋다. 여의치 않을 경우 최소 4시간마다 1회 확인하고, 만일 온도가 유지되지 않고 있을 경우에는 병원균이 위험 수준으로 증식할 수 있기 때문에 해당 식품은 폐기해야 한다.

(5) 식품보관의 기본 원칙

식품보관 시에는 식품명과 제조시간과 사용기한 등을 기록한 라벨을 부착하고

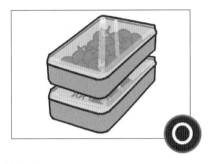

그림 12-15
식품 보관의 기본 원칙
자료: 식품의약품안전처(2015) 1.

뚜껑을 덮어 오염으로부터 보호해야 한다. 덮개를 덮지 않은 상태에서 음식을 서로 포개어 보관하는 것은 오염 가능성이 높아 해서는 안 된다.

(6) 잠재적 위해 식품의 보관

조리되지 않은 잠재적 위해 식품은 5℃ 이하에서 보관을 가정할 때 최대 7일간 저장할 수 있다. 7일 이상 경과 시에는 세균이 위험 수준으로 번식하기 때문에 폐기해야 한다.

만일 잠재적 위해 식품을 가열 조리를 했을 경우에는 72시간 안에, 비가열 가공(절단 등)을 했을 때는 48시간 내에 사용하여야 한다.

(7) 식품 고온 보관

따뜻하게 제공되는 음식의 경우 고온으로 보관하기도 하는데, 이때는 중심온도 60℃ 이상에서 보관해야 하며, 2시간에 한 번씩은 온도 점검을 하며 식품을 저어주어 열을 골고루 분배시켜주는 것이 좋다.

6) 제공

(1) 제공 시 온도관리

조리가 끝난 음식은 고객에게 바로 제공하거나, 저온 또는 고온으로 보관 후 고객에게 제공된다. 냉장보관하던 음식은 고객에게 제공하기 위하여 메뉴에 따라 재가열을 하기도 하는데, 앞에서 언급된 조리와 냉각과 보관 온도가 잘 지켜졌다면 재가열은 고객에게 제공하기 좋은 온도로 재가열할 수 있다. 다만 내부까지 잘 가열되어서 따뜻하게 제공될 음식이 차가운 상태로 제공되지 않게 하여야 한다.

(2) 제공의 기본 원칙

- 용기에 음식을 담을 때는 지정된 제공용 도구를 사용하여야 한다. 얼음을 담을 때 사용하는 아이스 스쿱은 제빙기 내부가 아닌 별도의 소독액에 담 그거나, 건조된 상태로 전용 보관용기에 보관해야 한다. 아이스 스쿱을 제빙기에 넣어 보관할 경우, 손에 있던 세균이 얼음을 오염시킬 수 있다.
- 커트러리나 제공용 도구를 잡을 때는 식품이 닿는 부분이 아니라 손잡이 부분을 잡아야 한다.
- 유리컵이나 손잡이가 있는 컵을 잡을 때는 입이 닿을 수 있는 부분을 손으로 잡지 않도록 주의하고, 손잡이나 몸통 부분을 잡는다.
- 샌드위치 등 맨손으로 바로 먹을 수 있는 식품은 집게나 일회용 장갑, 포장재 등을 사용하여 오염 가능성을 최소화해야 한다.
- 메뉴를 제공할 때는 용기의 바닥이나 모서리를 잡고, 식품이 닿는 면에는 손이 닿지 않아야 한다.
- 모든 식품의 제공 도구는 식품별로 따로 사용해야 하며, 제공 작업이 끝나면 세척 및 살균을 해야 한다. 만일 제공이 장시간 진행될 경우에는 4시간에 1회 이상 세척하고 살균한다.
- 식품 제공 도구는 손이 닿는 부분이 식품에 직접 닿지 않도록 해야 하는데,

샐러드 바나 뷔페 등 셀프서비스 매장에서는 위생적인 식품의 표면에 손잡이가 위로 나오도록 하여 제공 도구를 배치할 수 있다.

- 셀프 서비스 매장은 오염된 접시나 집기로 인해 안전하게 조리되고 보관된 식품이라 하더라도 오염될 가능성이 높다. 따라서 고객이 접시를 다시 사용하지 않도록 하고, 집기를 상시 청결하게 유지할 수 있도록 시간대별로 교체해 주는 것이 좋다.
- 셀프 서비스 매장은 식품이 오픈된 상태에 있기 때문에 공기중의 바이러스

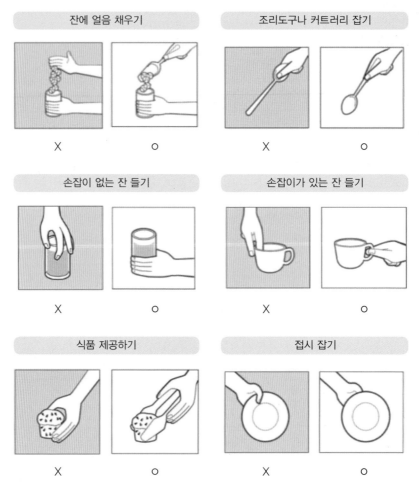

그림 12-16

제공 시 주의해야 할 요소

그림 12-17

음식 가리개를 설치한 샐러드 바

자료: Team McChord

에 쉽게 노출될 수 있다. 따라서 음식 가리개를 설치하는 것이 좋다. 미국 음식점 협의회(NRA)는 식품이 노출되는 면에서 35cm 이상, 식품 면적보다 18cm 정도 넓게 공간을 확보하여 음식 가리개를 설치하라고 권장하고 있다.

4. 개인 위생관리

음식점 종사자, 특히 주방근무자의 개인위생관리는 곧 식품 위생과 고객의 건강으로 연결된다. 따라서 근무자의 개인위생관리는 매우 중요한 관리요소이다. 외식업의 경우 빈번한 인력의 교체로 근무자의 개인 위생관리에 소홀해지기 쉽다. 그러나 개인위생은 주방의 위생관리를 담당하는 작업자의 위생으로 이해하고 중요하게 접근해야 할 필요가 있다.

1) 주방근무자 위생 지침

주방근무자는 근무 중 다음과 같은 사항을 지켜야 한다.

- 주방근무자는 매일 아침 근무 시작 전에 건강상태를 점검하여 구토, 설사, 황달 등의 증세가 보이거나 전염성 질환으로 진단받은 경우, 보고 후 집에서 휴식과 치료에 전념해야 한다.
- 주방근무자의 복장은 지정된 복장만을 착용하며, 항상 청결을 유지해야 한다.
- 작업 중 화장실 출입을 삼가며, 화장실 이용 후에는 반드시 손을 깨끗이 씻어야 한다.
- 조리 구역을 떠날 때는 반드시 앞치마를 벗어 적절한 보관장소에 보관해야 한다.
- 작업 중에는 음식물 섭취를 해서는 안 된다.
- 더러운 도구나 장비, 신체 일부가 식품에 닿지 않도록 주의한다.
- 손가락으로 음식을 맛보는 일을 삼간다.
- 일회용 장갑을 사용하는 경우에도 손을 씻고 착용해야 하며, 일회용 장갑을 벗은 후에는 재사용해서는 안 된다.
- 하루 3회 이상의 양치칠로 일정한 미각을 유지해야 한다.
- 향이 짙은 화장품이나 향수 이용을 삼간다.

2) 근무자의 복장 관리

근무자의 복장이 위생적으로 관리되지 못할 경우, 다루고 있는 식품이나 작업 환경에 오염원으로 작용할 수 있다. 따라서 근무자는 항상 깨끗한 작업복과 위생모, 앞치마 착용을 준수해야 한다.

주방설계 시에는 근무복장으로 갈아입을 수 있는 탈의실을 설치하여 외부의 오염원이 주방 내로 들어오는 것을 막는 것이 좋고, 조리복이 오염됐을 때 바로 갈아입을 수 있도록 탈의실 내 여분의 조리복이 준비돼 있는 것이 바람직하다. 동절기에는 최소 2일에 1회 조리복을 세탁하고, 하절기에는 매일 조리복을 세탁하여야 하며, 조리모와 앞치마는 매일 교환하는 것이 좋다. 그렇게 하기 위해서는 조리복을 세탁할 수 있는 세탁시설을 구비하거나, 세탁업체와 계약거래를 통해 조리복과 앞치마, 위생모 등을 위생적으로 관리할 수 있다면 이상적이다.

작업복은 조리용과 청소용으로 구분하여 사용하는 것이 교차오염 방지에 좋다. 화장실을 갈 때는 전용 신발을 착용하는 것이 위생적이다.

머리
• 매일 감고, 긴 머리는 묶기

모자
• 귀와 머리카락이 보이지 않게 착용
• 망사모자는 피함

화장
• 지나친 화장과 향수, 인조 속눈썹 등의 부착물 사용을 금함

장신구
• 목걸이, 귀걸이 등 장신구 착용을 금함

마스크
• 코까지 덮기

상의
• 흰색이나 옅은 색상의 면소재, 목둘레나 소매단이 늘어지지 않는 것
• 매일 세척 후 건조 착용
• 외출복과 구분 보관관리

토시
• 매일 세척 후 건조 착용

앞치마
• 세척·소독 후 건조 착용
• 착용 중 청결 유지
• 전처리용, 조리용, 배식용, 세척용으로 구분 사용

하의
• 몸에 여유가 있는 복장
• 매일 세척 후 건조 착용
• 외출복과 구분 보관관리

신발
• 신고 벗기 편리하고 미끄럽지 않은 모양과 재질 선택
• 외부용 신발과 구분 착용

그림 12-18
주방근무자의 복장 기준
자료: 서울특별시(2012)

3) 손 위생관리

복장관리만큼 중요한 것은 손의 위생관리이다. 주방에서 손은 조리업무의 필수적인 작업도구로 인식하여 항상 청결하게 유지되어야 하는데, 앞서 본 것처럼 주방의 근무자는 손에 상처가 노출되어서는 안 되며, 손톱은 짧게 자르고, 매니큐어나 시계, 장신구 등을 착용해서는 안 된다.

이외에 손을 청결하게 유지하기 위한 가장 중요한 방법인 손 세척에 대해서 알아보자. 손 세척이 필요한 경우는 다음과 같다.

- 화장실 이용
- 날고기나 가금류, 해산물 취급하기 전과 후
- 머리카락이나 얼굴, 몸을 만졌을 때
- 재채기나 기침을 하거나, 휴지를 사용한 경우
- 음식물을 섭취하거나 음료를 마신 후, 흡연 후
- 식품 안전에 영향을 줄 수 있는 화학물질을 만진 후
- 쓰레기나 청소도구를 만진 후
- 테이블 정리나 식기정리 및 식기세척 작업 이후
- 옷이나 앞치마를 만진 경우
- 돈을 만졌을 때
- 주방이나 전처리 구역 등을 떠나거나, 돌아올 때
- 맹인안내견 등의 동물을 만졌을 때
- 더러운 장비나 작업대 표면을 청소하는 등 손을 오염시키는 모든 행위 후

(1) 올바른 손 씻기

기본적으로 손을 씻을 때는 약 38℃ 이상의 흐르는 물과 비누를 사용하여 20초 이상 손과 팔, 손톱 사이 등을 씻어야 한다.

빈번하게 손을 씻고, 비누와 알코올 소독제 등을 사용하다 보니 손이 건조해

져 자연스레 핸드크림 등의 보습제를 사용하려는 근무자들이 종종 생기는데, 겨우 손을 씻고, 소독하여 위생적인 상태로 만들었는데, 보습제를 사용할 경우, 다시 세균에 노출되는 격이 된다. 손을 씻고 작업에 복귀하는 경우 보습제 사용은 절대로 해서는 안 된다. 보습제 사용은 주방 등의 작업장을 벗어나 휴식시간을 갖거나, 퇴근할 때만 사용하도록 해야 한다.

(2) 손 씻기 구역

올바른 방법으로 손을 씻기 위해서는 손을 씻기 위한 장소도 지정되어야 하는데, 식기세척 구역이나 식품을 준비하는 구역과 구별된 손 씻기 구역이 필요하다. 반대로 손 씻기 구역에서 손 씻기 이외의 식품세척 등을 해서도 안 된다. 손 씻기 구역에는 온수가 나오는 수전과 비누, 손을 건조시킬 수 있는 종이타월이나 핸드드라이어, 알코올 소독기, 종이타월을 버릴 수 있는 휴지통 등을 구비한다.

손을 씻고 난 후 종이타월이나 핸드드라이어를 사용해 완전히 건조시키는

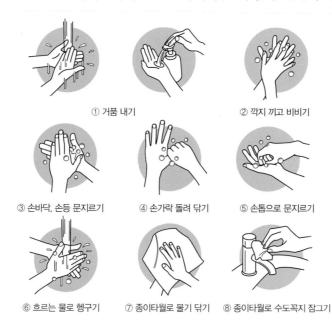

① 거품 내기   ② 깍지 끼고 비비기

③ 손바닥, 손등 문지르기   ④ 손가락 돌려 닦기   ⑤ 손톱으로 문지르기

⑥ 흐르는 물로 헹구기   ⑦ 종이타월로 물기 닦기   ⑧ 종이타월로 수도꼭지 잠그기

그림 12-19
올바른 손 씻기 방법
자료: 식품의약품안전처

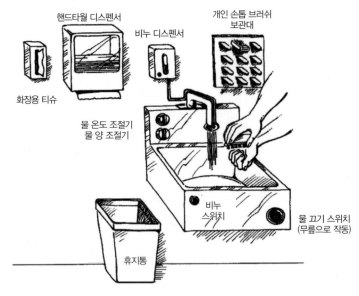

그림 12-20
손 씻기 구역의 구비 요소
자료: Hospitality Institute of Technology and Management

방식으로 수도꼭지를 잠그거나 화장실 문을 여닫을 때 등 다시 오염될 수 있으므로 주의해야 한다. 손 씻기 구역의 수전은 손이 아닌 발로 페달을 밟거나, 손이 아닌 다른 신체 부위로 물을 틀거나, 잠글 수 있는 스위치를 사용하는 것이 이상적이다.

4) 개인 위생관리를 위한 직원 채용과 관리

(1) 직원 채용과 관리

효과적으로 주방근무자의 개인 위생관리가 이루어지기 위해서는, 주방근무자를 채용하는 단계에서부터 주의를 기울여야 한다.

식품위생법에서는 식음관련 산업 종사자는 반드시 정기적인 건강진단을 받아야 한다고 명시하고 있다. 식음산업군 근무 희망자는 관할 시·군·구 보건소에서 건강진단을 진행하고, 건강진단결과서를 발급받아 면접이나 채용 확정시

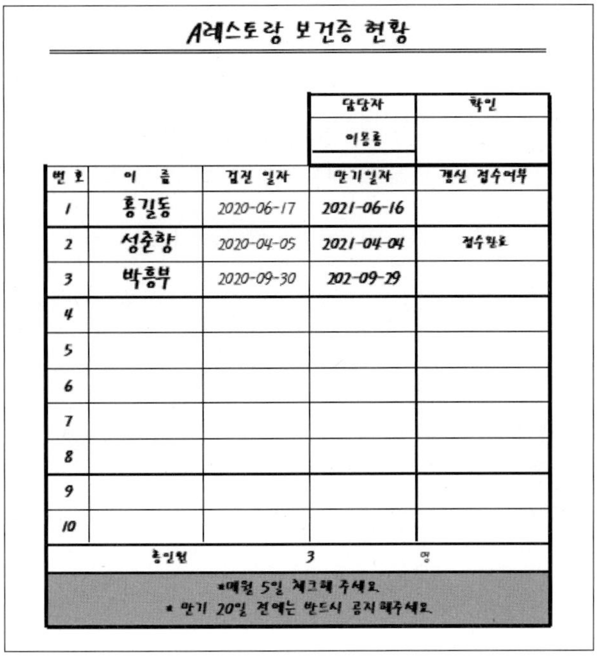

A레스토랑 보건증 현황

담당자	확인
이몽룡	

번호	이름	검진 일자	만기일자	갱신 접수여부
1	홍길동	2020-06-17	2021-06-16	
2	성춘향	2020-04-05	2021-04-04	접수필요
3	박흥부	2020-09-30	202-09-29	
4				
5				
6				
7				
8				
9				
10				
총인원		3	명	

*매월 5일 체크해 주세요.
* 만기 20일 전에는 반드시 공지해주세요.

그림 12-21
건강진단서(보건증) 관리 명부 예시

에 이를 제출한다. 이후 1년에 1회씩 건강진단을 다시 진행하고, 건강진단결과서를 다시 발급받아 근무하는 업체에 제출하여야 한다.

주방 관리자는 근무자별로 건강진단서를 갱신해야 하는 일정이 다르기 때문에, 건강진단서 접수 목록을 정기적으로 점검하여, 만기 일자가 다가오는 직원에게 건강진단을 다시 받고 올 수 있도록 미리 안내하는 것이 좋다.

(2) 개인 위생관리 교육

외식업은 노동집약적 산업으로, 생산단계에서 근무자의 손을 거치는 작업이 대부분이므로 이들의 위생에 대한 인식과 태도가 고객에게 제공되는 음식의 위생품질과 식품안전 등에 많은 영향을 미친다. 따라서 관리자는 교육에 대한 중요성을 인식하고, 운영 여건에 적합한 지속적이며 체계적인 교육 및 훈련 계획을 세우고, 실행하는 것이 필요하다.

근무자의 채용이 완료된 후 주방관리자나 음식점 책임자는 종사자를 대상으로 직무교육과 함께 위생교육, 안전교육 등을 진행하여 부적절한 개인 위생관리로 인하여 식품안전사고가 발생하지 않도록 대비해야 한다.

위생교육에서 다뤄야 할 사항은 식품오염의 주된 원인과 이를 방지하기 위한 근무자의 준수사항 등에 대한 내용이다. 진행해야 할 교육 내용은 아래와 같다(윤지영 외, 2019).

표 12-6. 개인 위생관리 교육의 구성

식중독과 미생물	식중독의 정의, 식중독의 원인, 외식업체에서 주로 발생하는 식중독균의 종류, 식중독의 증상, 잠재적 위해 식품 등
조리 단계별 위생관리	올바른 검수 방법, 식품의 보관과 저장 방법, 적절한 해동 방법, 생채소 및 과일류의 소독액 제조 방법과 소독 방법, 가열조리음식의 중심온도 측정방법, 중점 관리 포인트(CCP, Critical Control Point) 일지 작성 방법(HACCP 적용 업체에 한함) 등
개인 위생관리	근무자 개인 위생의 중요성, 개인 위생점검표 작성법, 손 세척과 소독 방법, 복장 위생, 조리작업 중 개인위생 준수사항, 용도별 고무장갑의 분리 사용, 일회용 장갑의 착용 및 사용방법 등
기기 및 설비 위생	식기세척과 소독 방법, 식기세척기 관리방법, 냉장고·냉동고 청소 및 소독 방법, 조리기기와 기물의 위생적 취급방법, 작업구역의 청결과 위생관리 등

5. 식품 위해요소

식품 위해요소란 식품을 섭취한 후, 건강에 악영향을 끼칠 수 있는 위험 요소들을 뜻한다. 식품 위생관리를 위하여 알아두어야 할 식품 위해요소로는 식중독, 알레르기, 각종 오염물질 등이 있다.

1) 식중독

(1) 식중독의 이해

식중독이란, 식품섭취로 인체에 유해한 미생물 또는 유독물질에 의하여 발생하는 감염성 질환이나 독소형 질환을 뜻하며, 이 중에서도 집단 식중독은 역학조사결과 식품 또는 물이 질병의 원인으로 확인된 경우로, 동일한 식품이나 동일한 공급원의 물을 섭취한 후 2인 이상이 유사한 질병을 경험한 사건을 뜻한다. 음식점에서는 조리된 음식을 다수의 사람이 섭취하기 때문에, 식품 조리와 보관을 소홀히 할 경우 집단 식중독이 발생할 가능성이 높아 이를 철저히 관리해야 한다.

식중독은 크게 생물학적 식중독과 화학적 식중독으로 나눌 수 있다. 생물학적 식중독은 세균, 바이러스, 기생충 등 말 그대로 생물학적 원인으로 인해 발생하는 식중독을 말하며, 화학적 식중독은 식품 내에 자연적으로 있는 독소나 화학물질 등으로 인해 오염된 식재료를 사용했을 경우 발생하는 식중독을 뜻한다.

(2) 생물학적 식중독

① 세균성 식중독: 살모넬라, 콜레라, 장티푸스, 이질 등 많이 알려져 있는 대부분의 식인성 질병은 세균(박테리아)으로 발생한다. 리스테리아, E-콜라이 출혈성 대장염, 살모넬라, 포도상구균, 비브리오균 등이 많이 알려져 있는데, 세균은 위험 온도 구간에서 급격하게 번식하므로, 세균의 증식을 억제하기 위하여 적정한 조리 온도와 시간을 유지하고, 식품을 보관할 때 위험 온도 구간에 노출

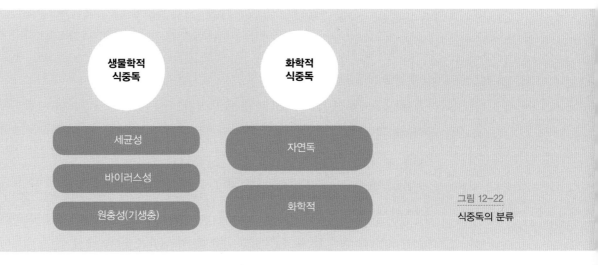

그림 12-22
식중독의 분류

되는 시간을 통제해야 한다.

② 바이러스성 식중독: 바이러스성 식중독은 바이러스에 오염된 근무자가 식품을 취급하거나, 조리용수로 사용하는 지하수가 오염되었을 때 자주 발생한다. 원인균으로는 노로 바이러스, A형 간염 바이러스, 로타 바이러스 등이 많이 알려져 있다. 바이러스성 식중독을 예방하기 위해서는 안전한 수원지의 물을 사용하는 것이 중요하다. 또한 구토, 설사, 황달 등의 증세를 보이는 직원은 근무하지 않아야 하며, 직원은 화장실을 다녀오거나, 작업과 작업의 사이에 손을 씻었어야 한다.

③ 원충성 식중독: 원충성 식중독은 기생충에 의해 발생하는 식중독으로, 영양 공급이 잘 되고, 구충이 잘 되는 국가에서는 발생 빈도가 적다. 그러나 회를 즐겨먹는 우리나라에서는 안심할 수만은 없다. 주로 발견되는 기생충으로는 익히지 않은 생선에서 발견되는 아니사키스심플렉스(고래회충증), 크립토스포리디움 파붐균, 십이지장 편모충 등이 있다.

　기생충으로 인한 피해를 방지하기 위한 방법으로는 검증되고 안전한 공급처에서 채소류와 어류 등을 공급받는 것과 안전한 식수원을 사용하는 것이 있다.

(3) 화학적 식중독

① 자연독 식중독: 자연독 식중독은 주로 복어, 조개, 버섯, 감자, 곰팡이 등으로 발생할 수 있다.

　복어에 들어있는 테트로도톡신은 위험성이 매우 큰 독으로, 복어는 반드시 복어조리기능사 자격증을 취득한 사람만이 다루도록 해야 한다. 모시조개와 바지락, 굴 등은 3~4월에 독성을 띄므로, 조리와 섭취를 피해야 한다.

　솔라닌이라고 하는 감자의 독성 물질은 감자가 햇빛에 노출되면서 껍질 색이 녹색으로 변하거나, 싹이 난 부분에 나타난다. 솔라닌 중독을 예방하기 위해서는 감자를 저장할 때 서늘하고 건조한 곳에 저장하며, 혹시 싹이 나거나 녹색으로 변한 부분이 있을 경우에는 해당 부분을 깨끗하게 제거한 후 조리해야 한다.

식용으로 재배되는 버섯이 아닌 독버섯을 섭취할 경우 설사, 두통, 심한 경우 사망에까지 이를 수 있다. 버섯류는 반드시 신뢰할 수 있는 생산자가 재배하고, 유통하는 경로를 통해서 식용으로 검증된 버섯만 구입하여 사용해야 한다.

곰팡이는 식품을 부패시키고, 독소를 생성하기도 하며, 질병을 일으킬 수 있다. 곰팡이가 발생한 식품 중에 치즈 등과 같이 자연적으로 발생하는 곰팡이를 제외한 나머지 식품은 모두 버려야 한다. 곰팡이는 단순히 식품을 부패시키는 데서 끝나는 것이 아니라, 체내에서 축적되어 향후 큰 질병을 일으킬 수 있어 주의해야 한다.

② 화학적 식중독: 화학적 식중독은 식용이 아닌 화학물질을 섭취했을 때 나타나는데, 고의로 섭취하는 일보다는 본의 아니게 음식물에 남아있거나, 음식물로 오해하고 섭취했을 때 등의 사고로 일어나는 경우가 다반사이다.

주방에서 사용하는 각종 세제나 살균제, 광택제나 기계용 윤활제 등을 식재료로 오인하여 사용할 때나 보관 용기의 파손 등으로 인한 누출, 충분히 세척하지 않은 기물에 남아있는 화학성분이 식중독의 원인이 될 수 있다.

이외에도 주방에서 사용하는 기물 중 금속의 특정 성분이 음식의 성분과 반응하여 독성을 나타내기도 한다. 보통은 산성 식품과 납, 구리, 아연 등의 금속이 결합하여 이런 문제가 발생한다. 예를 들어 구리 소재는 열전도율이 높아 조리사들이 선호하는 재질의 금속이긴 하나, 산성식품과 만나면 구리 성분이 녹아 나오므로 조심해야 한다. 이를 예방하기 위해서는 테프론 등으로 코팅된 금속 기물을 사용할 경우, 코팅이 벗겨지지 않도록 나무나 실리콘 등의 조리도구를 사용하는 것이 바람직하다. 또한 코팅이 벗겨지면 이를 새것으로 교체하여야 한다.

2) 기타 식품 위해요소

(1) 물리적 오염물질

물리적 오염물질은 식품의 오염을 초래하지는 않지만, 식품의 품질을 떨어뜨린다. 물리적 오염물질로는 다음과 같은 것들이 있다.

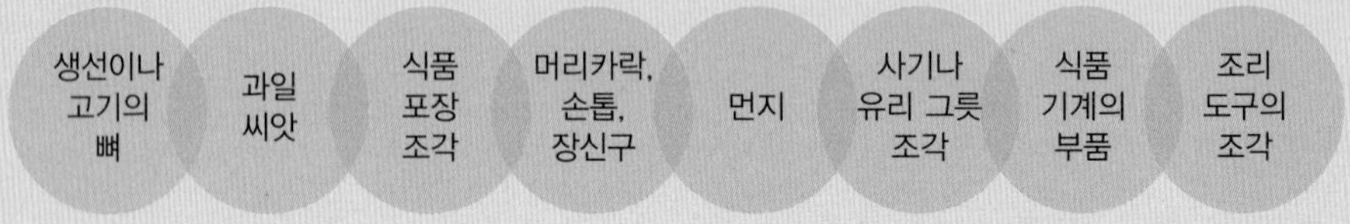

그림 12-23
물리적 오염물질의
종류

| 생선이나 고기의 뼈 | 과일 씨앗 | 식품 포장 조각 | 머리카락, 손톱, 장신구 | 먼지 | 사기나 유리 그릇 조각 | 식품 기계의 부품 | 조리 도구의 조각 |

이러한 물리적 오염을 예방하기 위해서는 조리 중 혼입 가능성이 있는 단계들을 점검하고, 위험 요소들을 중점적으로 관리하는 HACCP 시스템을 적용하면 도움이 된다.

(2) 식품 알레르기

식품 알레르기는 일반인에게는 무해하나, 특정 항원(antigen or allergen)에 대한 특이 항체가 형성되어 있는 사람이 섭취할 경우에 아토피피부염, 천식, 두드러기, 알레르기 쇼크라고도 하는 아나필락시스[1] 등과 같이 다양한 알레르기 증상을 유발시킬 수 있다.

알레르기 반응이 심각하게 나타나는 사람의 경우 해당 식재료를 직접 섭취하지 않더라도 주방에서 해당 식재료를 조리하여 교차오염으로 알레르기 반응이 나타날 수 있다.

---

1 아나필락시스는 급작스럽게 발생하는 알레르기 과민반응으로, 사망에까지 이를 수 있는 심각한 알레르기 질환이다. 아나필락시스를 유발하는 식품은 견과류, 갑각류, 생선, 우유, 계란, 과일 등이다.

① 알레르기 유발 식품: 알레르기 유발 식품은 국가별 식습관이나 인종에 따라 다르게 나타난다. 한국인에게 주로 알레르기가 나타나는 식품은 그림 12-24와 같다.

난류(가금류)　우유　메밀　아황산류　대두　복숭아　토마토　호두　땅콩　닭고기　쇠고기

밀　고등어　게　새우　돼지고기　오징어　조개류　홍합　전복　굴

그림 12-24
식품 알레르기 유발물질 표시 대상 식품
자료: 식품의약품안전처(2016)

② 음식점의 알레르기 유발 주의 안내: 음식점에서는 식품 알레르기 유발 물질을 숙지하고, 메뉴계획을 세우고, 가능하면 대체 식품을 활용할 수 있는 방안도 메뉴계획 시에 고려하는 것이 좋다. 메뉴계획이 수립된 후에는 메뉴판이나 메뉴보드 상에 알레르기 유발 식품이 함유되거나, 같은 공간에서 함께 조리되는 메뉴를 명시해야 한다. 또한 고객이 메뉴를 고르기 전에 자신의 식품 알레르

1. 피자

* 피자 공통: 슈퍼시드(우유, 밀, 대두), 오리지널, 나폴리 도우(우유, 밀, 대두), 씬 도우(밀), 더블치즈엣지(스트링치즈, 우유, 대두, 밀)

NO	피자	알레르기 유발성분 표기
1	7치즈 앤 그릴드비프	고르곤졸라, 보코치니, 통모차렐라, 페터, 파르메산, 슈레드모차렐라(우유), 탈레지오(우유, 대두), 트러플크림소스(계란, 우유, 대두), 선드라이토마토(토마토), 감자(대두), 그릴드비프(쇠고기, 대두, 밀), 토마토소스(토마토, 대두)
2	슈퍼시드 앤 스테이크	모차렐라, 로마노크림, 체더, 파르메산(우유), 베사멜크림소스(계란, 우유, 대두), 표고버섯(대두, 밀, 쇠고기, 아황산류, 토마토), 안창살(쇠고기, 대두, 밀, 닭고기, 토마토), 풀드치킨(닭고기, 대두, 밀, 쇠고기), 토마토소스(토마토, 대두), 단호박(대두), 토마토(토마토), 라클렛치즈소스(우유, 대두)
3	더블크러스트 치즈멜딩	모차렐라 치즈(우유), 아라비아타 소스(계란, 대두, 밀, 돼지고기, 닭고기, 토마토), 호스래디시 소스(우유, 계란), 페터크림 치즈(우유), 선드라이 토마토(토마토), 브리치즈 소스(우유, 대두), 파르메산 치즈(우유), 통 모차렐라 치즈(우유), 갈릭비프(쇠고기, 대두, 토마토), 허니로스트햄(돼지고기, 대두, 밀)

그림 12-25
알레르기 유발 가능 식품 정보 표기의 예
자료: 도미노피자(www.dominos.co.kr)

기에 대해 주의할 수 있도록 '주문 시 알레르기 유발 가능성이 있는지 직원에게 문의 바란다' 와 같은 주의 문구를 표기해 놓는 것이 바람직하다.

③ 식품 알레르기 사고 예방 : 주방에서는 다음과 같이 알레르기로 인한 사고를 최소화하기 위한 관리와 노력을 할 수 있다(서울특별시 식품안전추진단, 2010).

- 주방 시설 관리
    - 별도의 조리 구역을 마련하는 것이 최상이나, 이동식 전용 조리대를 사용한다.
    - 교차오염이 발생하지 않도록 식품 알레르기 전용 조리공간은 타 구역과 확실히 구분하여 사용한다.
    - 다음과 같은 전용 조리기기 및 집기류를 마련하고, 일반 메뉴 생산용과 철저히 구분하여 사용한다. 여의치 않을 경우 교차오염 발생을 막기 위하여 세척과 소독을 철저히 하여 사용한다.
        ○ 준비 및 작업대 : 싱크, 조리대, 작업대 등
        ○ 조리기구 : 전자레인지, 가스레인지, 오븐레인지, 푸드 프로세서 등
        ○ 보관 및 저장고 : 냉장고, 냉동고, 냉장·냉동고 등(여의치 않을 경우에는 알레르기용 식재료가 오염되지 않도록 전용 밀폐용기에 식재료에 대한 정보를 표기하여 저장한다)
        ○ 집기류 : 도마, 칼, 후라이팬, 볼(Bowl), 조리 소도구, 중심온도계, 계량컵, 계량스푼 등

- 구매 및 검수 단계
    - 모든 식품 및 식재료의 표시내용을 사용 전 철저히 검토하고, 식품 알레르기 유발 원인식품의 포함 여부를 확인한다.
    - 전 직원이 식품 및 식재료의 표시내용을 읽고 식품 알레르기 유발 원인식품을 가려낼 수 있도록 교육한다.

- 늘 공급받는 식품이나 및 식재료라도 식품 제조업체가 품질개선을 위하여 식품 원재료 및 함량을 변화시킬 수 있으므로, 매 포장단위별 표시내용을 확인하도록 한다.
- 필요시 식품 원재료 및 함량에 대한 상세한 정보를 제공받을 수 있도록, 식품 제조업체 및 공급업체의 담당자 연락처 또는 소비자 핫라인 번호를 확보한다.

- 조리 단계
  - 미량의 식품 알레르기 유발 원인식품의 혼입도 식품 알레르기를 앓고 있는 고객에게는 치명적일 수 있으므로 해당 원인식품과의 교차오염을 철저히 통제한다. 식품간의 접촉뿐만 아니라 매개되는 접촉도 주의해야 한다.
  - 교차오염을 방지하기 위해서는 식재료 및 조리기기와 집기류, 식품취급자의 모든 조건에서 오염된 것과 오염되지 않은 것의 분리작업을 실시하여야 한다. 이러한 분리작업을 위해서는 별도의 조리 구역과 조리기기 및 집기류를 마련하는 것이 최상이나, 이것이 어려울 경우, 구역분리, 조리기기의 철저한 분리사용, 조리 단계 이동 시 철저한 세척 및 소독, 작업자의 각별한 주의와 노력이 필요하다. 어려울 경우에는 대상 메뉴의 판매 제한도 고려해야 한다.
  - 라텍스도 식품은 아니지만 알레르기 원인 물질로 보고된 바 있으므로, 근무자들의 라텍스 장갑 착용을 금지한다(라텍스 대용 니트릴 소재 장갑을 사용할 수 있다). 또한 식품 알레르기 유발 원인식품과의 교차오염을 방지하기 위하여 장시간 장갑을 사용하는 경우, 장갑 낀 손을 씻거나 새 장갑으로 교체하도록 교육한다.

- 조리 이후 단계
  - 알레르기 식재료를 제외한 특별 메뉴를 준비할 경우 원인식품 제거와 대체 내용이 명시된 개별 밀폐용기에 담아 준비하고, 제공한다.

- 식사 중 식품 알레르기가 있는 고객이 알려지 발생 가능성이 있는 메뉴들이나 함께 식사하는 고객의 식기류를 교환하지 않도록 고지한다.
- 퇴식 시에는 교차오염을 방지하기 위해서, 사용한 행주의 재사용을 금한다.

- 주방의 위생관리란 주방에서 식재료가 음식으로 만들어져 고객에게 제공되는 과정에서 근무자, 주방의 시설이나 기물, 기타 조리과정에서 나타날 수 있는 위험 요소들이 고객과 음식점에 위협이 되지 않도록 안전하게 관리하는 것을 의미한다.

- 세척은 조리기구와 기물 등의 오염을 제거하고, 청결한 상태를 만드는 과정을 뜻하며, 소독은 청결한 조리기구와 기물의 미생물을 안전한 수준으로 감소시키는 작업을 뜻한다.

- 교차오염이란 식재료, 기구, 물 등에 오염되어 있던 균들이 오염되지 않은 식재료, 기구, 종사자와의 접촉 또는 작업과정에서 혼입되어 오염되지 않은 식재료까지 오염시키는 것을 말한다.

- 세균 번식을 방지하기 위해서는 위험온도구간을 이해하고, 음식을 조리할 때는 중심온도를 안전한 수준까지 올려 조리하는 것이 중요하다.

- 식품은 구매–검수–저장–전처리–조리–보관 후 차가운 상태 또는 재가열하여 뜨거운 상태로 고객에게 제공하는 일련의 흐름을 지니게 된다. 이를 식재료의 흐름이라 부르며, 각각의 단계마다 시간과 온도관리, 교차오염 요소를 차단하는 등의 방법으로 식품위생관리를 해야 한다.

- 외식업은 대부분의 생산과 유통단계가 근무자의 손으로 이루어지는 것으로, 근무자의 위생관리는 음식점의 성패와 직결된다. 개인 위생관리는 주방근무자가 적절한 업무를 수행하는 동시에 주방의 위생관리 요소들을 잘 지키도록 관리하는 것이다.

- 식중독은 식품의 섭취로 인하여 인체에 유해한 미생물 또는 유독물질에 의하여 발생하는 질병을 뜻하며, 기타 식품 위해요소로 물리적 오염물질과 식품 알레르기 등이 있다.

1. 주방시설 위생관리가 잘 이루어지고 있다고 생각되는 외식업체를 찾아보고, 어떤 강점들을 가지고 있는지 정리해보자.

2. 식품위생관리의 주요 개념인 교차오염과 시간과 온도관리가 실패하여 식품안전사고가 일어난 예를 찾아보고, 이를 방지하기 위해서는 어떤 예방 조치를 해야 하는지 생각을 정리해 보자.

3. 내가 근무하고 있는 음식점에서는 식재료의 흐름에 따른 식품위생관리 요소가 잘 관리되고 있는지 살펴보고, 미흡한 부분을 찾아 개선점을 정리해 보자.

4. 주변의 음식점에서 근무자의 개인위생관리가 잘 이루어지지 않는 부분을 찾아보고, 어떻게 이러한 부분을 개선할 수 있을지 생각해보자.

5. 식중독이나 알레르기 등으로 인한 사고는 음식점에 치명적인 영향을 준다. 만일 이러한 사고가 발생했을 때 어떤 방식으로 음식점과 고객 모두에게 사고 피해를 줄일 수 있는지 토의해 보자.

CHAPTER 13
주방 환경 관리와 HACCP

13

주방 환경 관리와 HACCP

학습목표

- 위생적 주방 환경을 유지하기 위한 관리 요소를 이해한다.
- 쓰레기와 방제 관리에 대하여 이해한다.
- HACCP의 개념을 이해하고, 음식점에 HACCP이 적용되어야 하는 이유를 설명할 수 있다.
- HACCP 적용의 원칙과 적용 절차를 이해한다.

1. 주방 환경 위생관리

1) 주방 환경 위생관리의 중요성

보통 주방에서 식품이 닿는 작업대나 기기, 기물에 대한 위생관리는 많이 다뤄지지만 바닥, 천정, 벽, 창문 등 주방 구내의 청소나 환기팬, 배기후드나 식품기기 등에서도 직접적으로 식품이 닿지 않는 기기의 위생관리에 대해서는 소홀해지기 쉽다. 문제는 이런 부분의 청소가 소홀할 경우 먼지나 오물, 식품 찌꺼기 등이 쌓여 조리중인 식품에 혼입되거나, 화재의 원인이 되기도 한다는 데 있다.

2) 정기 위생관리 계획과 실행

주방의 위생관리는 설비와 기기 등 관리해야 할 요소가 많고, 어떻게 작동하는지 등에 대한 구조와 원리를 이해하여야 점검과 유지관리가 가능하다. 따라서 정기적인 청소 일정과 관리담당자를 각 부분마다 배치하고, 담당자별 관리업무로 지정해서 관리하면 안전하면서도 청결한 환경으로 관리하기가 편리하다.

표 13-1은 주방에서 발생하는 일들을 빈도별로 관리해야 할 내용의 예를 나열하였다. 각 음식점 주방별로 다루는 메뉴나 사용하는 기기와 기물에 따라서 추가 및 보완하여 리스트를 만들고, 주방에 비치하여 청결한 주방을 유지하도록 하자.

표 13-1. 빈도별 위생관리 요소의 예

빈도	청소 및 점검할 내용
조리할 때마다	• 그릴에 가금류, 육류, 생선류 등을 구울 때(식재료를 바꿀 때마다) • 조리 동선과 준비 공간 청소 • 도마 및 칼 등 교체 • 행주와 행주 살균액 교체 • 쓰레기통 비우기
교대시간 전후 (아침, 점심, 저녁 등)	• 튀김기, 그릴 청소 • 행주 및 행주 살균통 청소 • 앞치마 및 조리복 갈아입기(행주와 분리 세탁 요망) • 모든 장비와 작업대 등의 표면 세척 및 소독 • 스팀테이블 청소 • 고기 및 치즈 슬라이서 세척 • 냉장/냉동 보관할 식품 용기 랩핑/뚜껑 닫아 보관 • 바닥 매트 물청소 및 바닥 쓸고 물걸레로 닦기 • 워크인 냉장고 청소
일일	• 그리스트랩 청소 • 그릴, 레인지 등의 알루미늄 포일 라이닝 교체 • 캔따개 세척 • 후드필터 작동
주간	• 냉장고 내부 모두 비우고 청소 및 소독 • 싱크와 수도꼭지 석회질 청소 • 커피머신 청소 • 오븐 청소 • 칼 갈아놓기 • 무쇠 냄비 등 기물에 기름 먹이기 • 바닥 배수구 청소

(계속)

표 **13-1.** 빈도별 위생관리 요소의 예(계속)

빈도	청소 및 점검할 내용
월간	• 오븐, 스토브, 튀김기 등 화재 위험이 큰 기기들의 뒷부분 기름기 청소 • 냉동고 청소 및 살균 • 제빙기 청소 및 살균 • 오븐, 온도계 온도 보정 • 슬라이서 날 갈기 • 벽, 천장, 조명 청소 • 창고 청소 • 포충기 청소 및 교체 • 응급처치 키트 점검 및 채워놓기 • 화학물질 사용 매뉴얼 업데이트
연간	• 화재 진화 시스템 점검 • 공조 시스템 점검 • 소화기 점검 • 1년에 2회 후드 청소(전문업체 부르는 것이 편리함) • 가스기기 안전표시등 청소 및 램프 교체

자료: Lorri Mealey(2016), 김영갑, 강동원(2018)에서 재인용.

3) 위생관리 매뉴얼

근무자마다 기본적으로 가지고 있는 위생과 청결에 대한 기준은 다르기 마련이다. 주방에서 필요로 하는 수준의 위생과 청결에 대한 기준으로 맞추는 것은 첫번째로는 교육과 훈련의 역할인데, 이것이 가능하게 하는 것은 누구나 동일하게 숙지하고 지킬 수 있게 하는 기준이 제시되는 것에 있다. 즉 위생관리의 성패는 첫째로 근무자에 대한 교육과 훈련, 둘째로 교육과 훈련의 지침이 되는 작업 매뉴얼의 유무에 달려 있다.

따라서 관리자는 음식점의 운영 상황을 반영한 우리 매장만의 위생관리 매뉴얼을 만들고, 이를 근무자들이 지킬 수 있도록 독려해야 한다.

2. 쓰레기 관리

주방은 식품을 준비하는 과정에서 포장재나 휴지 등의 일반 쓰레기와 함께 음식물 쓰레기가 발생하는 공간이다.

음식과 관련한 폐기물은 수분과 영양 성분이 많아 쉽게 부패하고 오수와 악취를 발생시켜 주변 환경을 더럽힐 수 있다. 또한 쓰레기 처리는 식재료나 식품의 교차오염을 야기할 수도 있다. 따라서 주방에서 쓰레기는 잘 분리하고 위생적으로 처리해야 한다.

쓰레기를 처리할 때는 일반적으로는 다음과 같은 사항에 유의해야 한다.

- 일반 쓰레기 및 음식 쓰레기는 가급적 장시간 방치되지 않도록 한다.
- 일반 쓰레기는 일반 쓰레기통, 음식 쓰레기는 음식 쓰레기 전용수거통 외의 다른 곳에 함부로 방치해서는 안 된다.
- 쓰레기 운반도구는 다른 식재료를 운반하는 것과는 구분하여 쓰레기 운반용으로만 사용해야 한다.
- 일반 쓰레기 또는 음식 쓰레기를 장시간 보관 시에는 환기가 잘되는 전용 비치공간에 보관하고 수거해간 후에는 주방 내부 식재료 동선과는 별도의 세척공간에서 세척 및 소독을 실시한다.
- 쓰레기 처리 장소는 쥐나 곤충의 접근을 막을 수 있도록 해야 하며, 정기적으로 해충 방제작업을 실시한다.
- 쓰레기는 수거통의 2/3 이상을 담지 않도록 하여 운반 시에 넘치거나 흘리지 않도록 유의한다.
- 일반 쓰레기통은 뚜껑이 달린 페달식으로 비치하고, 페달이 고장나면 즉시 교체하거나 수리한다.
- 일반 쓰레기통 및 음식 쓰레기통은 다른 용도의 작업도구로 사용하지 않는다.
- 주방 내에서의 일반 쓰레기통, 음식 쓰레기통과 외부에서 사용하는 일반 쓰레기통은 각각 분리하여 사용한다.
- 쓰레기 폐기나 쓰레기통 세척 작업을 할 때는 전용 작업복과 장갑 등을 착용하고 작업하고, 절대로 주방용 앞치마 등을 입은 채로 쓰레기 관련 작업을 하지 않도록 해야 한다.

3. 방제 관리

쥐나 각종 해충 등은 미관상 좋지 않을 뿐만 아니라, 식품이나 매장 시설과 물품을 손상시키고, 식인성 질병의 매개체가 된다. 따라서 해충관리는 매우 중요한 관리요소이다.

1) 통합 해충 관리

해충 관리는 새로운 해충이 주방이나 매장 내로 들어오지 못하도록 방지하는 것과 이미 출몰한 해충이 지내기 좋은 환경을 제거하는 것, 두 가지의 조치가 필요하다. 그리고 여기에 해충관리 전문업체와의 면밀한 작업을 통해 이미 출몰한 해충을 제거하는 것, 세 가지가 통합적으로 이루어져야 한다. 이를 통합 해충 관리(IPM, Integrated Pest Management)라 부른다.

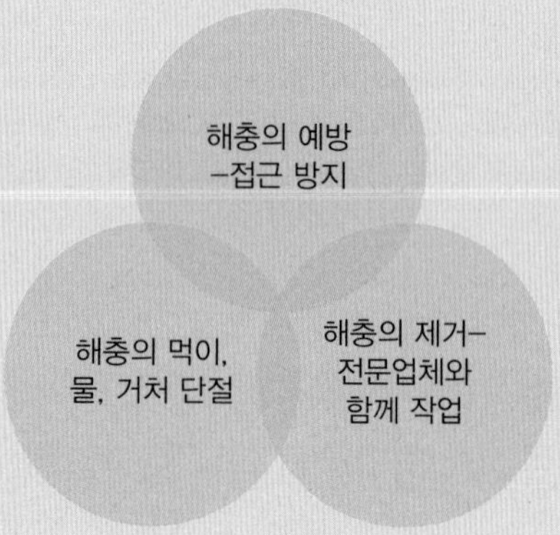

그림 13-1
통합 해충 관리의 성공 요인

(그림 내 텍스트)
해충의 예방
-접근 방지

해충의 먹이,
물, 거처 단절

해충의 제거-
전문업체와
함께 작업

(1) 해충의 예방

해충이 주방이나 매장 내부로 들어오는 방법은 크게 두 가지이다. 첫번째는 배송되는 물품에 함께 들어오거나 매장의 구멍이나 틈으로 들어오는 것이다.

① 검수 시 유입 막기: 배송되는 물품에 딸려 들어오는 해충을 막기 위해서는 검수 시 해충을 직접 보거나, 해충의 흔적(해충의 몸체 부분이나 알 껍질 등)이 보이는 경우 수취를 거부해야 한다.

② 문과 환기구 등의 유입 방지: 매장의 구멍이나 틈을 막기 위해 모든 창문과 환기구에 방충망을 설치하고, 현관문 틈을 막아주는 틈막이를 부착하면 도움이 된다, 에어커튼은 외부 공기 유입을 차단해 내부 공기 온도를 유지하는 데도 도움을 주며, 해충의 유입을 막아주는 데도 큰 역할을 한다. 또한 매장의 모든 창문과 문은 사용하지 않을 때는 닫아두어야 한다(드라이브 스루의 문도 마찬가지임).

파이프는 쥐 등의 큰 해충이 들어올 수 있는 통로이므로, 쥐의 유입이 예상되는 곳에서는 파이프에 배수구 망을 설치해 쥐의 유입을 막아야 한다. 또한 바닥과 벽의 틈이나 구멍은 다양한 해충이 들어오고 서식할 수 있는 공간을 제공하므로, 이를 콘크리트나 실란트 등으로 막아야 한다.

그림 13-2
해충 유입을 방지하는 출입문 틈막이 시공

(2) 해충의 먹이, 물, 거처 단절

청결한 식당은 해충이 들어와도 쉽게 드러나거나 먹이가 없기 때문에 그 안에서 번식하기 힘들다. 그러나 청소가 잘 되지 않아 음식물이 남아있거나 습기가 있는 주방은 해충에게 좋은 서식지가 될 수 있다. 따라서 청결한 주방을 유지하는 것은 해충을 예방하고, 해충의 번식을 막는 데도 중요한 요인이 된다.

① 식품 안전한 저장방법: 모든 식품은 벽과 떨어져 있고, 바닥에서 최소 15cm 이상은 떨어져 있는 선반 위에 선입선출 방법을 준수하여 보관해야 한다. 건조 창고의 습도는 50% 이하로 유지되어야 한다. 필요할 경우 제습기를 사용하는 것도 방법이다. 또한 분유, 코코아나 견과류 등의 식품을 개봉한 후에는 냉장 보관하여 해충을 막을 수 있다.

② 청소: 음식물이 바닥에 떨어진 경우 즉시 청소하여 자취가 남지 않게 해야 하고, 화장실과 직원 휴게실, 탈의실은 깨끗하게 유지하고 자주 청소해야 한다. 휴게실의 식품들도 너무 오랜시간 방치되지 않도록 직원들을 교육해야 한다. 청소용품은 사용 후 항상 청결하게 세척 및 소독하여 건조한 상태를 유지해야 한다.

③ 신속하고 청결한 쓰레기 처리: 쓰레기는 해충을 끌어들이고, 번식처를 제공하기 때문에 신속하게 처리해야 한다. 지역별로 쓰레기 처리 일정을 따라야 하지만 장시간 쓰레기를 보관해야 할 경우 실외 쓰레기는 금속이나 플라스틱 재질의 단단하고 견고하여 해충이 출입할 수 없는 쓰레기 통에 쓰레기를 담고 뚜껑을 닫아 채광과 환기가 잘 되는 곳에 보관해야 한다. 쓰레기통은 정기적으로 세척해야 한다.

(3) 해충의 제거

해충을 제거하기 위한 노력은 직접 약품을 구매하여 설치하고 관리하는 것 보다 방제 전문 업체의 도움을 받는 것이 좀더 효율적이다. 만일 직접 적절하지 않은 살충제를 사용할 경우 오히려 적절한 시간에 대처하지 못해 해충의 개체 수를 늘릴 가능성도 있기 때문이다. 방제 전문 업체는 각 해충의 특성과 효과 적인 제거 방법 등에 대하여 가장 잘 이해하고 있어 직접 하는 해충 방제 작 업보다 훨씬 빠른 시간 내로 문제를 해결할 수 있다. 또한 몇몇 방제 업체는 자 사의 관리를 받는 매장이 청결하게 관리되는 매장으로 인식되도록 마케팅 활 동을 하고 있기 때문에 오히려 매장의 신뢰도를 향상시킬 수도 있다.

4. HACCP의 이해

1) 문제 해결의 원리

우리가 접하는 크고 작은 문제들은 대부분 일정한 문제 해결의 원리를 적용하 면 해결할 수 있다.

문제가 발생하면, 문제를 인식하고, 원인을 파악한 후 어떻게 그 문제를 해결 할 것인지 계획을 세우고, 실행하며, 계획한대로 잘 해결되는지 점검하고, 이를 보완하면서 문제 해결이라는 목표를 달성해 나가는 것이다.

이를 그림으로 나타내면 그림 13-3과 같다.

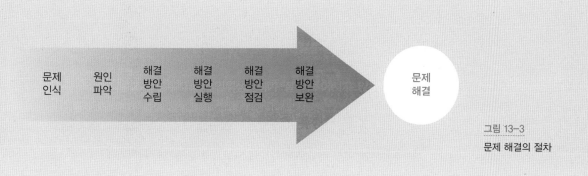

문제 인식　원인 파악　해결 방안 수립　해결 방안 실행　해결 방안 점검　해결 방안 보완　문제 해결

그림 13-3
문제 해결의 절차

음식점이나 식품제조업 등의 시설에서도 식중독, 이물질 혼입, 근무자의 부상 등 다양한 문제들이 발생한다. 그리고 대부분의 문제들은 문제 해결의 원리를 적용하여 해결하고, 문제가 발생하기 전에 예방할 수 있다.

그래서 식품 산업의 종사자들 중 선구안을 가진 이들은 이러한 문제 해결의 원칙을 식품 생산과 조리 절차에 적용하는 시스템을 개발하였는데, 그것이 이번 장에서 우리가 학습할 HACCP, 즉 'HACCP'이라 부르는 '식품안전관리인증기준'이다.

2) HACCP의 이해

HACCP은 위해요소 분석(Hazard Analysis)과 중요관리점(Critical Control Point)의 영문 약자로, '해썹'(이하 HACCP) 또는 '식품안전관리인증기준'이라 부른다(식품의약품안전처, 2015).

여기에서 위해요소 분석(HA)이란 어떤 위험 또는 해를 끼칠 수 있는 요소를 분석하고, 위험 가능성을 예측하고, 그 요인을 정해두는 것을 말한다. 따라서 '위해예측 분석'이란 표현이 더 정확할 것이다.

또한 중요관리점(CCP)이란 이러한 위험 요소의 발생을 막기 위하여, 관리해야 하는 요소들을 예측하여 지정하고, 중점적으로 관리하여, 위해요소를 예방, 제거하거나 허용수준 이하로 감소시키는 활동을 뜻한다.

HACCP은 식품의 원료 및 제조공정에서 생물학적, 화학적, 물리적 위해요소

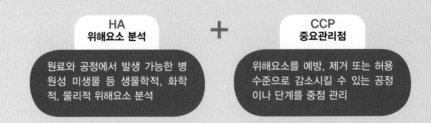

그림 13-4
HACCP의 정의

HA
위해요소 분석

원료와 공정에서 발생 가능한 병원성 미생물 등 생물학적, 화학적, 물리적 위해요소 분석

+

CCP
중요관리점

위해요소를 예방, 제거 또는 허용수준으로 감소시킬 수 있는 공정이나 단계를 중점 관리

들이 존재할 수 있는 상황을 과학적으로 분석하고 사전에 위해요소의 잔존, 오염될 수 있는 원인들을 차단하여 소비자에게 안전하고 위생적인 식품을 공급하기 위한 시스템이며, 위해 방지를 위한 사전예방적 식품안전관리체계를 뜻한다.

HACCP을 조금 더 쉽게 설명하면 다음과 같이 말할 수 있다.
① 식품의 안전성을 확보하기 위하여 식품의 생산에서 소비(농장에서 식탁까지: farm to table[1])에 이르기까지 관계되는 모든 단계에,
② 그 대상 식품의 모든 위해요소를 사전에 분석하여 예측하고,
③ 예측한 위해요소가 그 식품에 미치는 위해 가능성을 특별히 지정하여,
④ 과학적인 근거에 따라 위해를 예방하기 위한 관리 방법을 미리 결정하고,
⑤ 다시 그 관리방법이 적절한지 여부를 모니터링(점검)하고 보완하여 지속적으로 적절한 관리가 이루어지게 하고,
⑥ 적절한 관리가 불가능하다고 예측되는 위해요소를 사전에 찾아내 그에 대응할 수 있는 개선조치를 미리 설정해 두는 활동,
⑦ 모니터링 결과나 개선조치 방법 등을 기록하고, 보관하는 일련의 시스템을 말한다.

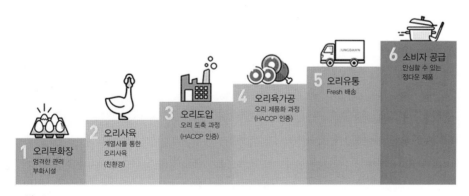

그림 13-5
HACCP이 적용될 수 있는 모든 단계들-오리고기의 예
자료: 위메프

---

1 Farm to Table: '농장에서 식탁까지'라는 뜻의 식품유통 소비운동을 뜻한다.

5. HACCP 적용 절차

HACCP을 업체에 적용하기 위해서는 법적인 인증 절차와 내부 적용을 위한 절차 두 가지를 밟아야 한다. 순서상으로는 내부 적용 절차를 진행한 후 HACCP 원칙에 따라 운영되고 있음을 보여줄 수 있는 각종 서류를 준비하여 인증 절차를 진행하는 방식이 된다.

본 HACCP 적용 절차는 소규모 음식점(식품접객업) 기준의 적용 절차를 제시한다.

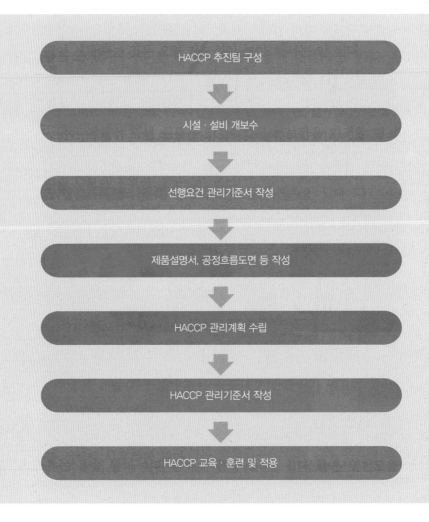

그림 13-6
HACCP 내부 적용 절차

1) HACCP 내부 적용 절차

업체 내부에 HACCP 적용을 추진하기 위해서는 그림 13-6과 같은 절차로 진행한다. HACCP 적용업소인증 신청을 위한 서류들은 업체 적용을 위한 절차를 진행하며 자연스럽게 만들어지게 된다.

(1) HACCP 추진팀 구성 및 역할분담

HACCP 적용의 첫번째 단계는 HACCP 적용을 담당할 HACCP팀을 구성하는 것이다. HACCP 팀장은 경영자나 주방장이 담당하며, 팀원은 조리담당자, 시설담당자, 물류담당자, 품질관리와 위생관리담당자, 교육 및 인사담당자 등으로 구성한다. 팀의 구성원들은 일정 수준의 HACCP에 대한 이해를 갖추어야 한다.

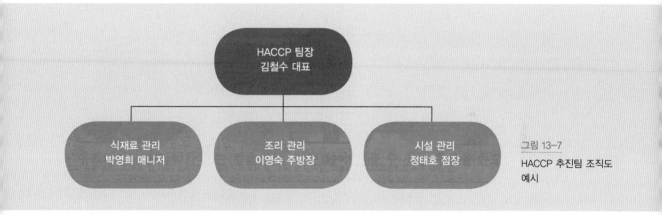

그림 13-7
HACCP 추진팀 조직도 예시

(2) 현장 위생점검 및 시설·설비 개보수

HACCP팀이 꾸려지면 식품을 위생적으로 조리하기 위한 기본적인 위생시설·설비 및 위생관리 현황을 앞서 살펴본 선행요건들을 기준으로 점검하고, HACCP 적용과 향후 HACCP 기준에 따른 운영에 필요한 요소들을 개선 또는 보완한다.

(3) 선행요건 관리기준서 작성 및 현장 적용

시설 개선 후에는 우리 매장의 관리 기준에 맞춰 선행요건 관리기준서를 작성한다. 선행요건이란, HACCP 시스템을 적용할 수 있는 기본적인 조건들을 의미한다. 선행요건 관리기준서는 1) 영업장, 2) 위생, 3) 제조시설·설비, 4) 냉장·냉동 설비, 5) 용수(사용하는 물), 6) 보관·운송, 7) 검사, 8) 회수프로그램 등 8가지 부문별로 갖추어야 하는 조건들을 갖추고 있는지, 이러한 환경을 유지하기 위한 관리 방법은 어떻게 수립하고 운영하는지 등에 대하여 작성하는 문서이다(자세한 관리기준서의 내용은 식품의약품안전처가 발행한 〈알기쉬운 HACCP관리〉 책자를 참고하기 바란다).

(4) 메뉴설명서, 공정흐름도 등 작성

다음으로 메뉴설명서와 공정도, 공정도면 등을 작성한다. 이 자료들은 매장에

메뉴설명서			
1. 메뉴명	공기밥		
2. 조리 형태 및 유형	가열조리, 밥류		
3. 작성자 및 작성 연월일			
4. 원재료명 및 함량(1인분 기준)	쌀 200g		
5. 알러지 유발물질			
6. 완제품의 규격	구분	규격	
		법적 규격	사내 규격
	성상	고유의 색택과 향미를 가지며, 이미, 이취가 없어야 한다.	
	물리적 항목	이물이 없어야 한다.	
	화학적 항목	잔류농약/중금속 : 기준치 이하(원료별 관리)	
	생물학적 항목	대장균: 10CFU/g 황색포도상구균: 음성 살모넬라: 음성 리스테리아: 음성 장출혈성 대장균: 음성 여시니아 엔테로콜리티카: 음성 캠필로박터 제주니: 음성 클로스트리디움 퍼프린젠스: 10²CFU/g 바실러스세레우스: 10³CFU/h	대장균: 10CFU/g 황색포도상구균: 음성 살모넬라: 음성 리스테리아: 음성 장출혈성 대장균: 음성 클로스트리디움 퍼프린젠스: 10²CFU/g 바실러스세레우스: 10³CFU/h
7. 보관/배식 시 주의사항	- 조리 완료된 제품은 덮개를 사용하여 이물 혼입을 방지한다. - 배식 직전까지 60℃ 이상에서 보관		
8. 제품용도	일반 건강인의 식사용		
9. 배식시간 및 잔식관리	- 조리 완료 후 4시간 이내 배식 완료 - 배식 후 잔식 전량 폐기		
10. 배식형태 및 제공 방법	- 메뉴별 전용 용기에 담아 제공 - 용기 재질 : 멜라민 소재, 스테인레스 소재 혼용		
11. 기타 필요사항			

메뉴설명서의 작성 예시

조리 공정도의 작성 예시

그림 13-8
제품설명서와 조리 공정도의 작성 예시
자료: 식품의약품안전처, 한국식품안전관리인증원(2016).

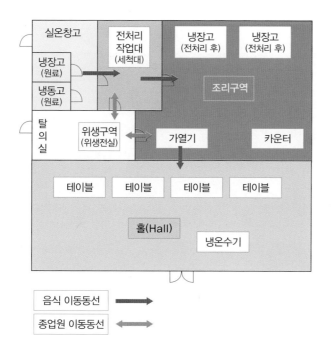

그림 13-9

공정흐름도의 현장 확인

자료: 식품의약품안전처, 한국식품안전관리인증원(2016).

서 발생할 수 있는 위해요소의 예측을 위한 기초자료로 활용하기 위해 작성하는 것이다.

이 단계에서는 메뉴의 원재료, 규격, 유통기한, 용도 등 영업장에서 취급하는 제품들의 상세 내용을 포함하는 메뉴설명서를 작성한다. 아울러 메뉴를 조리하는 기준과 방법 등을 기록한 조리 공정도를 작성하고, 작업장 평면도, 공조시설 계통도, 용수 및 배수처리 계통도 등을 준비하고, 현장의 환경과 서류의 내용이 일치하는지 확인한다.

(5) 위해요소 분석, HACCP 관리계획(HACCP Plan) 수립

이 단계에서는 HACCP의 7원칙에 따라 식품별로 관리계획을 수립하게 된다.

각각의 원칙에 따른 업무들을 살펴보기 전에, 인증 신청을 위한 HACCP 관리계획(HACCP Plan)의 완성된 문서를 살펴보면 그림 13-11과 같다. 바꿔 말하

1원칙
위해요소 분석

2원칙
중요관리점 결정

3원칙
중요관리점의
한계기준 결정

4원칙
모니터링 체계 확립

5원칙
개선조치방법 수립

6원칙
검증절차 및
검증방법 수립

7원칙
문서화, 기록 유지
방법 설정

그림 13-10
HACCP의 7원칙

식품안전관리인증계획서(HACCP Plan) (예시)									
HACCP 적용 유형(특성 포함): 예시) 식품접객업소(일반/휴게음식점)의 조리·제조식품 해당제품: 예시) ○○떡볶이 등									
(1)	(2)	(3)	(4)	(5)	(6)	(7)	(8)	(9)	(10)
중요 관리점	주요 위해	한계기준	모니터링				개선조치	기록물	검증
			대상	방법	주기	담당자			
예시) 1B 가열공정	예시) 병원성 미생물 잔존(리스테리아 모노사이토젠스, 장출혈성 대장균 등)	예시) 가열 온도: 00℃ 이상	예시) 가열기 설정온도 또는 가열기 표시온도	예시) 설정온도 (표시온도) 육안 확인	예시) 작업 시작 시, 작업 중 0시간 마다(또는 작업 중 00회), 작업 종료 시 ※ 조리 특성에 따라 변동 가능	예시) 가열 담당 홍길동	예시) 1. 작업 중단 2. 온도 미달: − 가열기 이상 확인 − 온도 도달 시 작업 재개 − 재가열(또는 폐기) 3. 시간 미달: − 가열기 이상 확인 − 재가열(또는 폐기)	예시) 중요 관리점 점검표	예시) 공정 검증 작업 전 온도계측 장치 정확도 확인, 1회/년 검교정 월 1회 모니터링, 개선조치 방법, 실행성 검증
		가열 시간: 00분 00초 이상	가열기 설정시간 또는 투입 후 경과시간	설정시간 육안확인 또는 가열시간 타이머 측정					
		가열 후 제품온도: 00℃ 이상	제품온도 또는 제품품온	제품온도 ○○온도계 측정					

그림 13-11
음식점의 식품안전관리인증계획서(HACCP Plan) 예시
자료: 식품의약품안전처(2016).

면, HACCP 적용의 7원칙을 수립하면, 이러한 문서를 완성하게 된다는 이야기가 된다.

제조 공정	구분	위해요소 (생물학적: B 화학적: C 물리적: P)	발생원인(유래)	위해 평가			예방조치 및 관리방법
				심각성	발생가능성	결과	
입고	B	대장균군	부적절한 입고실/운반차량 온도 관리에 의한 위해요소 증식 운송차량/작업자/작업장/제조설비/기구용기/검사장비/운반도구/청소도구 등 세척소독 관리, 작업자 위생교육 부족으로 교차오염 부적절한 작업장 청정도 관리로 교차오염	2	1	2	입고실 세척소독 관리(작업장 세척소독 관리 점검표) 운반차량 세척소독 관리(입고검사점검표) 입고실 작업자 위생 교육훈련(작업자 위생 교육 일지) 입고실 설비 세척소독 관리 입고실 기구용기/검사장비/청소도구 세척소독 관리(시설·설비 세척소독 점검표) 입고 차량/입고실 온도관리(온도/습도 관리 점검표) 세척/소독/가열/멸균/건조 공정 관리
		황색포도상구균		1	2	2	
		살모넬라		2	1	2	
		바실러스 세레우스		1	1	1	
		리스테리아		3	1	3	
		장출혈성대장균		3	1	3	
		장염비브리오균		2	1	2	
		진균		2	2	4	
	P	나사, 못, 칼날	입고실 제조설비, 운반도구 등 관리 부족으로 교차오염 운송차량/작업자/작업장/제조설비/기구용기/검사장비/운반도구/청소도구 등 세척소독 관리, 작업자 위생교육 부족으로 교차오염	3	1	3	입고실 환경 관리(작업장 세척소독 관리 점검표) 입고실 작업자 위생 교육훈련(작업자 위생 교육 일지) 입고실 설비 관리 입고실 기구용기/검사장비/청소도구 관리(시설·설비 관리 점검표) 금속 검출/금속 제거/여과 공정 관리
		돌, 모래, 플라스틱		2	2	4	
		머리카락, 비닐, 지푸라기		1	2	2	
보관	B	대장균군	부적절한 보관실 온도관리에 의한 위해요소 증식 보관실 작업자/작업장/제조설비/기구용기/검사장비/운반도구/청소도구 등 세척소독 관리, 작업자 위생교육 부족으로 교차오염 부적절한 보관실 청정도 관리로 교차오염	2	1	2	보관실 세척소독 관리(작업장 세척소독 관리 점검표) 보관실 운반도구 세척소독 관리(시설·설비 세척소독 점검표) 보관실 작업자 위생 교육훈련(작업자 위생 교육 일지) 보관실 설비 세척소독 관리 보관실 기구용기/검사장비/청소도구 세척소독 관리(시설·설비 세척소독 점검표) 보관실 온도관리(온도/습도 관리 점검표) 세척/소독/가열/멸균/건조 공정 관리
		황색포도상구균		1	2	2	
		살모넬라		2	1	2	
		바실러스 세레우스		1	1	1	
		리스테리아		3	1	3	
		장출혈성대장균		3	1	3	
		장염비브리오균		2	1	2	
		진균		2	2	4	
	P	나사, 못, 칼날	보관실 제조설비, 운반도구 등 관리 부족으로 교차오염 운송차량/작업자/작업장/제조설비/기구용기/검사장비/운반도구/청소도구 등 세척소독 관리, 작업자 위생교육 부족으로 교차오염	3	1	3	보관실 환경관리(작업장 세척소독 관리 점검표) 보관실 작업자 위생 교육훈련(작업자 위생 교육 일지) 보관실 설비 관리 보관실 기구용기/검사장비/청소도구 관리(시설·설비 관리 점검표) 금속검출/금속제거/여과 공정 관리
		돌, 모래, 플라스틱		2	2	4	
		머리카락, 비닐, 지푸라기		1	2	2	
세척	B	대장균군	부적절한 세척실 온도관리에 의한 위해요소 증식 세척실 작업자/작업장/제조설비/기구용기/검사장비/운반도구/청소도구 등 세척소독 관리, 작업자 위생교육 부족으로 교차오염 부적절한 세척실 청정도 관리로 교차오염 세척조건(방법, 시간, 가수량 등) 미준수로 위해요소 잔존	2	1	2	세척실 세척소독 관리(작업장 세척소독 관리 점검표) 세척실 운반도구 세척소독 관리(시설·설비 세척소독 점검표) 세척실 작업자 위생 교육훈련(작업자 위생 교육 일지) 세척실 설비 세척소독 관리 세척실 기구용기/검사장비/청소도구 세척소독 관리(시설·설비 세척소독 점검표) 세척실 온도관리(온도/습도 관리 점검표) 세척 공정 관리(세척방법, 시간, 회수, 가수량 등) (중요관리점 세척공정 점검표)
		황색포도상구균		1	2	2	
		살모넬라		2	1	2	
		바실러스 세레우스		1	1	1	
		리스테리아		3	1	3	
		장출혈성대장균		3	1	3	
		장염비브리오균		2	1	2	
		진균		2	2	4	
	P	나사, 못, 칼날	세척실 제조설비, 운반도구 등 관리 부족으로 교차오염 세척실 작업자/작업장/제조설비/기구용기/검사장비/운반도구/청소도구 등 세척소독 관리, 작업자 위생교육 부족으로 교차오염	3	1	3	세척실 환경관리(작업장 세척소독 관리 점검표) 세척실 작업자 위생 교육훈련(작업자 위생 교육 일지) 세척실 설비 관리 세척실 기구용기/검사장비/청소도구 관리(시설·설비 관리 점검표) 금속검출/금속제거/여과 공정 관리
		돌, 모래, 플라스틱		2	2	4	
		머리카락, 비닐, 지푸라기		1	2	2	

그림 13-12

공정 단계별 위해 분석 예시
자료: 식품의약품안전처(2015).

① 1원칙−위해요소 분석: 이 단계는 HACCP적용의 7원칙 중 첫번째 단계인 위해요소 분석(HA, Hazard Analysis)이다. 즉 어느 곳에서 어떤 경로로 문제가 발생할 수 있는지를 파악하는 작업이다.

준비된 문서를 토대로 사용하는 원재료별, 조리 공정별로 발생할 수 있는 위해요소들을 분석하고, 발생 가능성과 결과의 심각성을 감안하여 위험도를 평가한다. 이러한 과정을 통해 발생 가능한 모든 위해요소의 종류와 발생 경로, 이들을 제어할 수 있는 예방수단을 파악하여 기록한다.

표 **13-2.** 위해요소 발생 가능성 평가 기준 예시

구분	분류기준	
	빈도평가	가능성 평가
높음(3)	해당 위해요소 발생사례 확인 (2회 이상/분기 발생 사례 수집)	해당 위해요소로 식중독 발생
보통(2)	해당 위해요소 발생사례 미확인 (1회 이상/분기 발생 사례 수집)	해당 위해요소로 오염 사례확인
낮음(1)	해당 위해요소 연관성 없음 (발생사례 없음/분기)	해당 위해요소 연관성 없음

자료: 식품의약품안전처(2015).

② 2원칙−중요관리점 결정: 중요관리점(CCP, Critical Control Point)이란 1원칙에서 파악된 위해요소를 예방, 제거 또는 허용 가능한 수준까지 감소시킬 수 있는 최종 단계 또는 공정을 결정하는 것을 말한다.

중요 관리점으로 지정하기 위해서는 그림 13-13과 같은 방법을 통해 의사결정을 진행한다.

③ 3원칙−중요관리점에 대한 한계기준 결정: 3원칙은 중요관리점의 관리에서 실행해야 할 예방조치에 대한 한계기준을 설정하는 것이다. 한계기준이란, 위해요소를 예방할 수 있는 기준을 말한다. 예를 들어 음식물을 특정 온도로 지정 시간동안 가열하여 미생물을 안전한 수준까지 내리기로 하는 것이 한계기준을 설정하는 것이다.

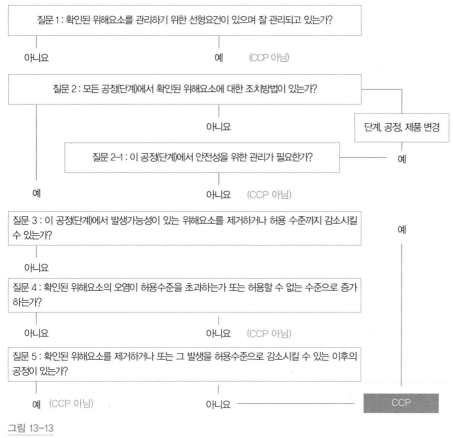

질문 1 : 확인된 위해요소를 관리하기 위한 선형요건이 있으며 잘 관리되고 있는가?

아니요 　　　　　　　　 예 　(CCP 아님)

질문 2 : 모든 공정(단계)에서 확인된 위해요소에 대한 조치방법이 있는가?

아니요 　　　　　　　　　　　　 단계, 공정, 제품 변경

질문 2-1 : 이 공정(단계)에서 안전성을 위한 관리가 필요한가? 　　 예

예 　　　　　　　 아니요 　(CCP 아님)

질문 3 : 이 공정(단계)에서 발생가능성이 있는 위해요소를 제거하거나 허용 수준까지 감소시킬 수 있는가? 　　 예

아니요

질문 4 : 확인된 위해요소의 오염이 허용수준을 초과하는가 또는 허용할 수 없는 수준으로 증가하는가?

아니요 　　　　　　　　 아니요 　(CCP 아님)

질문 5 : 확인된 위해요소를 제거하거나 또는 그 발생을 허용수준으로 감소시킬 수 있는 이후의 공정이 있는가?

예 　(CCP 아님) 　　　　　 아니요 ──────── CCP

그림 13-13
중요관리점 결정도
자료: 식품의약품안전처(2015).

④ 4원칙-모니터링 체계 확립 : 모니터링(monitoring)이란 중요관리점에 해당되는 공정이 한계기준을 벗어나지 않고 안정적으로 운영되도록 관리하기 위하여 수행하는 점검 작업이다. 예를 들어, 찌개의 안전한 제공을 위해 85℃ 이상의 온도로 5분을 가열하는 것으로 한계기준을 세웠다면, 실제 조리할 때 조리온도와 조리시간을 측정할 수 있는 온도계와 타이머를 사용해야 하며, 측정을 위해 사용하는 기기들이 문제없이 작동하는지 정기적으로 교정하는 업무가 함께 따라와야 한다.

모니터링 체계를 수립하여 시행하게 되면, 첫째, 작업과정에서 발생되는 위해요소를 쉽게 추적할 수 있으며, 둘째, 작업공정 중 중요관리점에서 발생한 기

표 13-3. 한계기준 설정의 예시

공정명	CCP	위해요소	위해요인	한계기준
가열	CCP-1B	리스테리아, 장출혈성대장균	가열온도 및 가열 시간 미준수로 병원성 미생물 잔존	가열온도: 85~120℃, 가열시간: 3~5분(품온 80℃~110℃, 품온 유지 시간 3~5분) 등
세척	CCP-1BCP	리스테리아, 장출혈성대장균 돌, 흙, 모래, 잔류 농약	세척방법 미준수로 병원성 미생물, 잔류농약, 이물 잔존	세척횟수: 3~6단, 세척가수량: 20L/분, 세척시간: 5분~10분 등
소독	CCP-1BC	리스테리아, 장출혈성대장균, 잔류염소	소독농도 및 소독 시간, 소독수 교체주기 미준수로 병원성 미생물 잔존 헹굼방법, 시간 미준수로 소독제 잔류	소독농도: 50~100ppm, 소독시간: 1분~1분 30초, 소독수 교체주기: 10Kg당, 헹굼방법: 흐르는 물, 헹굼시간: 30~40분 등
최종제품 pH 측정	CCP-1B	리스테리아, 장출혈성대장균	최종제품 pH 초과로 인한 병원성 미생물 잔존 및 증식	최종제품 pH 4.0 이하
최종제품 수분활성도 측정	CCP-1B	리스테리아, 장출혈성대장균	최종제품 pH 초과로 인한 병원성 미생물 잔존 및 증식	최종제품 수분활성도 0.6 이하
금속검출	CCP-1P	금속 Fe 2.0mmφ, STS 2.0mmφ 이상 불검출	금속검출기 감도 불량으로 이물 잔존	금속 Fe 2.0mmφ, STS 2.0mmφ 이상 불검출

자료: 식품의약품안전처(2015).

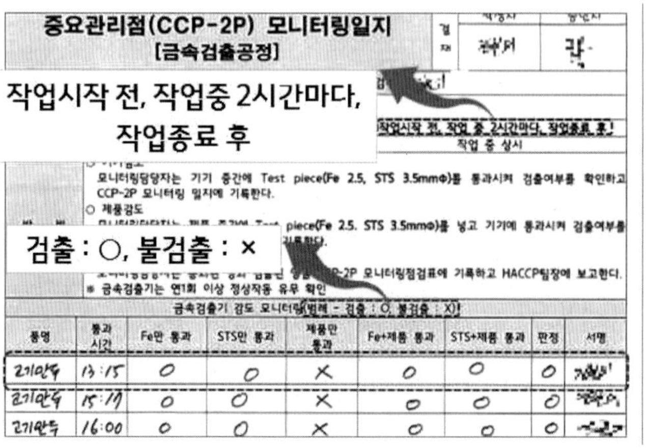

그림 13-14
중요관리점 모니터링 자료 예시
자료: 식품의약품안전처(2016).

준 이탈 시점을 확인할 수 있으며, 셋째, 문서화된 기록을 제공하여 검증 및 식품사고 발생 시 증빙자료로 활용할 수 있다.

⑤ 5원칙-개선조치방법 수립: HACCP은 식품으로 인한 위해요소가 발생하기 이전에 문제점을 미리 파악하고 시정하는 예방체계이므로, 모니터링 결과 한계기준을 벗어날 경우, 정상적인 상태로 복귀할 수 있는 절차를 미리 만들어 두고, 문제 발생 시에 그에 따라 개선조치를 취해야 한다.

일반적으로 취해야 할 개선조치 사항에는 정상적인 공정상태로 복귀, 한계기준을 넘어선 식품에 대한 조치, 원인규명과 재발방지 조치, HACCP 계획의 변경 등이 포함된다.

⑥ 6원칙-검증절차 및 검증방법 수립: HACCP 시스템이 실행되면 수립된 계획이 실질적인 운영에 적합한지를 확인하고, 수립된 HACCP 계획이 효과적으로 실

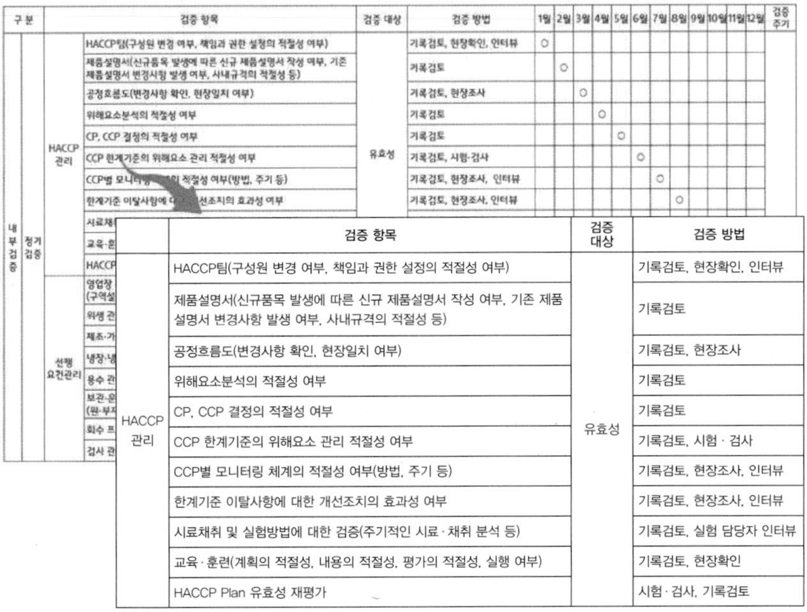

검증 항목	검증 대상	검증 방법
HACCP팀(구성원 변경 여부, 책임과 권한 설정의 적절성 여부)		기록검토, 현장확인, 인터뷰
제품설명서(신규품목 발생에 따른 신규 제품설명서 작성 여부, 기존 제품설명서 변경사항 발생 여부, 사내규격의 적절성 등)		기록검토
공정흐름도(변경사항 확인, 현장일치 여부)		기록검토, 현장조사
위해요소분석의 적절성 여부		기록검토
CP, CCP 결정의 적절성 여부	유효성	기록검토
CCP 한계기준의 위해요소 관리 적절성 여부		기록검토, 시험 · 검사
CCP별 모니터링 체계의 적절성 여부(방법, 주기 등)		기록검토, 현장조사, 인터뷰
한계기준 이탈사항에 대한 개선조치의 효과성 여부		기록검토, 현장조사, 인터뷰
시료채취 및 실험방법에 대한 검증(주기적인 시료 · 채취 분석 등)		기록검토, 실험 담당자 인터뷰
교육 · 훈련(계획의 적절성, 내용의 적절성, 평가의 적절성, 실행 여부)		기록검토, 현장확인
HACCP Plan 유효성 재평가		시험 · 검사, 기록검토

그림 13-15

연간 검증 계획 예시
자료: 식품의약품안전처(2016).

행되고 있는지 등의 요소를 평가해야 한다. 검증은 내/외부, 초기 도입시와 일상 운영시의 검증, 정기와 특별 검증 등으로 나눠 절차와 방법을 수립해야 한다.

⑥ 7원칙-문서화, 기록 유지방법 설정 : HACCP 시스템은 절차를 현장에 적용하는 것뿐만이 아니라 HACCP 계획을 적절히 실시하고 있다는 기록을 남기는 것도 매우 중요하다. 앞서 살펴본 것처럼 이렇게 남기는 자료들은 혹시나 위해요소가 발생하였을 때 이를 추적하고, 분석하고, 개선하기 위한 열쇠와도 같기 때문이다. 따라서 이 단계에서는 모니터링, 개선조치, 일반적 위생관리프로그램, 검증 등의 실시 결과의 기록을 정확히 작성하고, 보존하기 위한 문서작성과 보존 방법, 담당자 등을 설정한다.

(6) HACCP 관리기준서 작성

HACCP 관리기준서는 앞서 밟아왔던 절차들에서 결정된 내용들을 문서로 작성하면 된다. 관리기준서의 구성은 HACCP팀 구성, 제품설명서, 공정흐름도, 위해요소분석, 중요관리점 결정, 한계기준 설정, 모니터링 방법의 설정, 개선조치, 검증, 교육훈련, 기록유지 및 문서화 등에 대한 내용으로 이루어진다. HACCP 관리기준서의 전체 내용은 분량 관계상 본 책에 싣지 못하였다. 식품의약품안전처가 발행한 〈알기쉬운 HACCP관리〉 책자를 참고하기 바란다.

(7) HACCP 교육 · 훈련 및 적용

HACCP을 초기 적용하고자 할 때 경영자 의지가 중요하며, 성공적인 운영을 위해서는 현장 직원의 의지가 매우 중요하다. 따라서 구성원 모두를 대상으로 하는 교육 및 훈련은 HACCP 성공의 필수 요건이다.

신규로 HACCP 적용 시에는 구성원 전원이 적용 지정일로부터 6개월 이내에 신규교육·훈련을 이수해야 하고, 이후 정기교육을 실시해야 한다. HACCP 정기교육은 HACCP 팀원, 모니터링 담당자, 검증 요원, 사내 강사 등 대상을 고려하여 세분화된 연간 교육 계획을 수립해야 한다.

2) HACCP 적용업체 인증 신청

이렇게 HACCP 적용 계획을 수립하고, 공정에 반영하고, 현장에 교육 후 적용이 완료되면, HACCP 시스템을 본격적으로 운영하기 시작하고, HACCP 적용업체 인증 신청을 진행한다. 이와 관련해 매장에서 준비해야 할 서류는 표 13-4와 같다.

표 **13-4.** HACCP 인증 신청 전 준비서류

최초검증 전 준비해야 할 HACCP 서류 목록(운영하고 있어야 하는 서류들)		
번호	서류목록	비고
1	HACCP 법적 교육 수료증	1. 영업자 교육 훈련: 2시간 2. HACCP 팀장 교육 훈련: 16시간 3. HACCP 팀원, 기타 종업원 교육 훈련: 4시간 ※ 대표가 팀장인 경우, 팀장교육 과정으로 영업자 교육 대체 가능 ※ 팀원 및 기타 종업원은 HACCP 팀장이 교육 가능
2	법적서류 자사에서 보관 및 작성하여 운영하고 있는 법적서류 예) 사업자등록증, 건축물대장, 영업등록(신고)증, 품목제조보고서, 자가품질검사 성적서, 생산 및 작업일지, 원료 입고 일지 및 원료 수불 관계서류, 제품거래기록서 및 서류, 소비자불만 및 클레임일지, 위생교육수료증, 종사자 건강진단 서류, 용수검사성적서(지하수), 용수탱크 청소 일지, 생산실적보고서 등	
3	HACCP관리 기준서	자사에 맞게 수정 작성
4	중요관리점(CCP) 점검표	매일 작성
5	중요관리점(CCP) 검증 점검표	월 1회 작성
6	일반위생관리 및 공정점검표	매일, 주간, 월간, 분기, 반기, 연간에 따라 작성
7	CCP–B 유효성 평가서	연 1회 실시 및 작성
8	CCP–P 유효성 평가서	연 1회 실시 및 작성
9	방충 · 방서 일지	매주 작성
10	이물 제거 기준	기준 설정 후 준수
11	구역별 착용 기준	기준 설정 후 준수
12	손 세척 · 건조 · 소독 기준	기준 설정 후 준수
13	교육 훈련 일지	매월 작성
14	제조설비 및 작업장 세척 · 소독 기준	기준 설정 후 준수
15	냉장 · 냉동 창고 모니터링 일지	매일 작성
16	검 · 교정 일지	연 1회 의뢰 및 작성
17	용수관리 일지	매주 작성

(계속)

표 13-4. HACCP 인증 신청 전 준비서류(계속)

번호	서류목록	비고
18	용수탱크 세척소독 일지	반기 1회 작성
19	육안검사일지 및 육안검사기준	매 원료 입고 시 작성
20	회수관리 일지	작성 및 운영
21	소비자 불만 및 이물관리 일지	작성 및 운영
22	최초 검증 및 개선조치 보고서	인증 평가 신청 전 운영 및 작성, 인증 후 년 1회 정기 검증으로 활용

그림 13-16

HACCP 적용업소 인증 신청 절차

먼저 HACCP 인증심사 신청서류를 준비하여 한국식품안전관리인증원에 접수를 하면, 인증원은 서류를 검토하고, 적합하다는 판단이 나올 경우 현장 실사를 진행한다.

현장실사에서는 인증업체로서 적합, 보완, 부적합의 세 가지로 판정이 나오는데, 보완 지시가 있을 경우 해당 부분을 보완하여 다시 현장실사를 진행한다. 현장실사 부적합 판정이 나올 경우 심사 신청은 종료되고, 다시 인증을 받고자 할 경우에는 새로 신청서를 제출해야 한다.

현장실사까지 적합 판정이 나오면 인증원은 해당 업체에 HACCP 인증서를 교부한다.

3) 정기 평가

일단 HACCP 인증이 완료된 후에는 매년 1회 이상 정기 평가를 받게 된다. 만일 이 평가에서 시정조치나 개선 요구가 있을 경우, 신속하게 보완 후 재방문 평가를 받아야 하며, 시정사항을 제대로 수행하지 못할 경우 인증이 취소될 수 있기 때문에 주의해야 한다.

6. 음식점의 HACCP 적용

1) HACCP 의무 적용 대상

식품의약품안전처는 사전에 식품안전성을 확보하고 국민 건강을 보호하기 위하여 위해발생 가능성이 높은 식품과 국민 다소비식품 등을 대상으로 HACCP 의무 적용 제도를 도입하고 있다. 의무 적용 대상은 주로 사고 발생시 피해가 큰 식품을 주로 제조하는 기업을 우선순위로 선정하여 적용범위를 넓혀가고 있다.

아직까지 식품접객업(일반음식점, 휴게음식점, 제과점 등)은 의무적으로 HACCP 적용을 받을 필요는 없는 자율적용 대상으로 분류돼 있다.

이러한 상황에서 HACCP 원칙을 통해 관리기준에 따라 식품위생관리를 할 수 있다면, 생산된 식품은 안전성과 위생을 최대한 보장하였다고 볼 수 있으므로, 이를 마케팅에 활용할 경우 유통 점유율이 높아져 매출액이 늘어날 것으로 예상할 수 있고, 소비자들은 위생적이고 안전성이 충분히 확보된 식품을 구입하여 안심하고 섭취할 수 있을 것으로 기대할 수 있다.

게다가 고객의 라이프스타일 변화와 기술발전, 유통시장의 변화 등으로 음식점에서 매장 내에서 식사하는 고객뿐만 아니라 포장, 배달, 밀키트 등으로 판매 방식이 확장되면서 음식점의 HACCP 의무 적용도 시간문제라는 것을 예상할 수 있다.

2) 적용 업체가 말하는 HACCP 도입의 장점

일반적인 위생관리 제도는 식중독 등의 사고가 발생한 후 사후관리에 중점을 두고 운영되고 있어, 사후관리에 따른 막대한 시간과 예산이 소요된다. 이에 반해 HACCP은 제조·가공에서 유통·소비까지 전 단계의 위해요소를 분석하여 관리하는 사전 예방적 식품안전관리제도로 체계적이고 효율적인 관리가 가능해진다.

식품의약품안전처는 HACCP 지정 및 적용 업체를 대상으로 지정받기 전과 지정받은 후의 매출액, 생산량 및 클레임 발생 건수 등 어떤 변화가 있었는지 조사한 바 있었는데, 전반적으로 지정 전보다 지정 후에 다음과 같은 부분이 개선되었다는 응답이 많았다(식품의약품안전처, 2016)

- 종업원의 개인위생 관리 수준 향상
- 매출액 및 생산량이 증가되고 고객 불만은 감소
- 작업장·작업자 위생상태 청결

- 교육을 통한 위생 의식 증가
- 위생시설·제조시설 개선
- 식품안전에 대한 중요성 인식
- 기업 인지도 및 수요 증가

　아울러 식품의약품안전처는 한 김치 제조업체의 우수 사례를 발표하였는데, 모 업체는 HACCP 지정 전 배추김치, 기타김치 등의 품목을 연간 120톤 생산하며 2억 원 정도의 매출액을 올리고 있었는데, 이물 등 클레임이 자주 발생되어 반품으로 인한 손실이 많았다. 그러나 HACCP 적용 후에는 생산량이 연간 240톤으로 100% 증가했으며, 매출액은 15억 원으로 650% 증가했고, 클레임 발생 건수는 0으로 떨어지는 등 생산량과 매출액이 크게 증가하여 이익을 창출하였을 뿐만 아니라 종업원의 위생 의식수준이 높아지고, 특히 기업의 인지도 상승과 소비자 수요가 많이 증가되었다. 이 외에도 HACCP 지정업체 대부분 매출액과 생산량이 증가하고, 클레임 발생건수는 감소한 것으로 조사되었다(식품의약품안전청, 2011).

　이러한 장점뿐만 아니라, HACCP적용 업체는 그림 13-17과 같이 적용 품목에 대한 광고를 할 수 있으며, 식품진흥기금의 장기저리 융자사업의 우선지원 대상자로 선정될 뿐만 아니라, 세제 감면의 혜택도 받을 수 있다. 또한 국가를

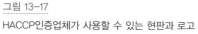

그림 13-17
HACCP인증업체가 사용할 수 있는 현판과 로고

당사자로 하는 계약에 관한 법률에 따른 우대조치(예, 군납시 가산점 부여 등)를 받을 수도 있다.

3) HACCP 적용에 대한 오해와 진실

HACCP은 원료, 제조, 조리, 가공, 보관, 유통 등 공정/단계에서 위해요소를 과학적, 사례적으로 확인하고 이를 바탕으로 중점관리 공정/단계를 찾아 관리하는 위생관리 시스템이다.

식품의 제조, 조리, 가공, 보관, 유통 등의 과정을 관리하지 않고서는 식품의 안전성을 확보할 수 없다. 따라서 매장에서 식품의 안전관리가 결과에 근거하여 이루어지고 있다면 이미 HACCP 관리가 이루어지고 있는 셈이다. 다만 여기에 입고되는 원재료, 조리 단계별 위해요소에 대한 분석과 이를 관리할 수 있는 과정과 그 조건을 과학적으로 수립하고, 모든 직원이 동일한 기준을 준수하도록 교육 훈련하는 등의 확인과정이 추가된 것이 HACCP이다.

HACCP은 절차의 적용과 인증에 소요되는 비용의 부담으로 소규모 업체들이 적용하기에 어렵다는 의견들이 상당수였다. 그러나 HACCP은 새로운 시설을 설비하는 것이 핵심이 아니다. 식품위생관리의 기본적인 원리를 바탕으로 만들어진 식품위생법을 지켜 안전하게 식품을 관리하고자 하는 것이 핵심이기 때문에, 최소한의 위생설비 보완을 통해서도 HACCP의 적용이 가능하다는 것이 식품의약품안전처의 공식적인 입장이다.

예를 들어 대규모의 시설에서는 작업자의 위생관리를 위하여 에어샤워 등의 설비를 갖추기도 하지만, 실제로 작업자 위생설비는 손세척, 건조, 소독과 이물제거 설비를 필요한 위치에 갖추면 되기 때문에, 소규모 업체에서는 손소독용으로 수동 알코올 분무기를, 건조기는 종이타월로 대체할 수 있다. 또한, 이물제거 장치는 비용이 많이 드는 에어샤워 대신 일회용 먼지제거 끈끈이 롤이나 진공청소기를 설치해도 된다.

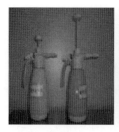   

| 손소독기 | 손건조기 | 끈끈이(이물제거) | 진공청소기(이물제거) |

그림 13-18
소규모 업체의 HACCP 적용을 위한 위생설비의 예
자료: 식품의약품안전처(2011)

4) 소규모 음식점의 HACCP 위생설비

(1) 손 세정대

음식점의 손 세정대는 1인용 손세정대를 사용할 수 있는데, 페달식이나 자동 센서 기능이 있어, 손의 접촉을 최소화할 수 있는 기기는 권장사항이긴 하지만, 필수사항은 아니다. 손 세정대는 일반적인 수도꼭지로 작동하는 것도 무방하며, 손 세정대에 세정액이 분사되지 않는 경우, 별도의 물비누를 구비하면 된다. 환경이 여의치 않은 경우, 화장실 세정대를 활용할 수는 있지만, 청결관리의 어려움이 있으므로, 가능하면 별도의 손 세정대를 갖추는 것을 권장한다.

| 페달식 손 세정대 | 센서형 손 세정대 | 세정액 분사 겸용 2인용 손 세정대 |

그림 13-19
손 세정대
자료: 주방뱅크

(2) 손 건조기

손을 세척한 후에는 손에 남아있는 물기를 없애야 손에 있는 세균을 안전한 수준까지 줄일 수 있다. 따라서 손 건조기(핸드 드라이어)를 사용하는 것이 보통이지만, 설치가 어려울 경우 종이타월(페이퍼 타월)을 비치하는 것도 무방하다. 다만, 종이타월로 손을 닦은 후 이를 버릴 수 있는 뚜껑 달린 휴지통이 함께 준비되어야 하며, 휴지통의 뚜껑을 열고 닫으며 다시 손이 오염되지 않도록 뚜껑이 돌아가는 형태의 휴지통이나, 페달식의 휴지통을 사용하는 것이 좋다.

손 건조기	살균기능이 있는 손 건조기	종이타월 디스펜서
스윙 휴지통	페달 휴지통	종이타월 디스펜서

그림 13-20
손 건조 관련 용품
자료: 주방뱅크

(3) 손 소독기와 소독액

손에 남아있는 물기를 없앤 후에는 소독액으로 손에 있는 세균을 줄이는 것이 더욱 안전하다. 손소독기는 우리가 흔히 볼 수 있는 스프레이형 소독기를 사용하면 되는데, 손으로 누르거나 접촉하지 않고, 센서로 인식하여 분사되는 기기를 사용하는 것이 바람직하다. 특히 코로나 바이러스의 전세계적 유행 이후에는 소독액이 분사되는 동시에, 체온을 측정하여, 이상 온도일 경우 알려주는 기능이 있는 소독액 분사기도 일반화되었는데, 이런 기기의 경우 몸이 좋지 않은 근무자를 사전에 알 수 있어서 위해 가능성을 예방할 수 있다.

소독액은 식품 취급이나 인체에 안전하며, 건조가 빠른 에탄올 계열을 사용하는 것이 좋다.

| 소독액 분사기 | 온도측정 기능이 있는 소독액 분사기 | 손 및 각종 기물 소독액 |

그림 13-21
손 소독 관련 용품
자료: 주방뱅크

(4) 각종 소독기

우리는 앞서 12장에서 소독의 원리와 방법에 대하여 살펴보았다.

소독은 유해한 세균을 인체에 안전한 수준으로 줄이는 작업을 말한다. 소독의 방법으로는 뜨거운 물로 끓여 표면을 소독한 후, 건조시켜 세균을 줄이는 열탕소독, 미생물을 죽이는 효과가 있는 자외선 램프가 내장된 소독기를 활용한 자외선 소독 그리고 열탕소독이나 자외선 소독이 어려운 경우에 표면에 소독액을 분사하는 화학 소독 등이 있다.

소독기는 이러한 소독을 안전하고 편리하게 할 수 있도록 도와주는 기기로, 소독이 필요한 대상에 따라 다양한 구조와 원리의 소독기가 유통되고 있다.

보통 자외선 소독기가 가장 많이 사용되는데, 자외선 소독은 자외선 램프의 빛이 닿는 표면만 소독되기 때문에, 필요한 물품의 모양과 수량, 크기 등에 적합한 소독기를 사용하여야 한다. 또한 자외선 소독기는 보통 도어형으로 제작되어 문을 여닫을 때는 시력 보호를 위해 자외선 램프가 꺼지도록 설계돼 있다. 올바르게 소독이 되게 하기 위해서는 문이 제대로 닫혀 자외선 램프가 켜지도록 해야 하며, 램프의 수명이 다하면 새 램프로 교체해 주어야 한다. 또한 자외선 소독은 건조된 상태의 대상에 효과를 나타내는데, 보통 주방에서는 세척 후 수분이 있는 상태의 기물을 소독기에 넣는 경우가 다반사이므로, 자외선 소독기를 선택할 때는 자외선 소독과 함께 건조 기능이 있는 것을 선택하

수저 소독기[2]　　　손 소독기(화학소독 방식)　　　장화 소독기　　　장화 소독 건조기

자외선 위생 소독기　　　식판 소독기　　　칼도마 소독기　　　조리기구 소독기
(컵 보관 및 회수)　　　　　　　　　　　　　　　　　　　　　　　(칼도마 겸용)

앞치마 소독기　　　위생복 소독기　　　행주/고무장갑 소독기　　　복합형 소독기
　　　　　　　　　　　　　　　　　　　　　　　　　　　　　　　(앞치마, 장갑, 도마 등)

그림 13-22
각종 소독기
자료: 주방뱅크

2 수저 소독기는 열탕, 건열, 자외선 방식 등으로 나뉜다.

면 효과적인 소독이 가능하다. 또한 필요에 따라 내부 공기를 살균해주는 기능이 추가된 것(플라즈마 이오나이저를 이용한 살균 기능)을 선택하면 더욱 확실한 소독이 가능해진다.

(5) 먼지 제거

HACCP 생산시설에는 작업자가 작업에 들어가기에 앞서 강한 바람으로 몸에 있는 먼지와 각종세균을 떨어내어 시설과 생산 제품의 청결을 유지한다. 이를 위해 에어샤워 시설이나, 이물질 흡입기를 구비한다. 하지만, 소규모의 업체나 음식점의 경우 전용 진공청소기나 흔히 '돌돌이'라고 부르는 끈끈이 롤러로 청결을 유지하는 것도 허용한다.

에어샤워 부스

진공청소기로 대체 가능한
이물질 흡입기

끈끈이 롤러

그림 13-23
먼지제거 관련 용품
자료: 주방뱅크

(6) 방충 및 방서 설비

HACCP 적용 사업장은 해충이나 설치류 등의 유입이나 번식을 막을 수 있는 설비를 갖추고, 지속적으로 관리하여야 한다. 전문적인 방충 및 방서를 위한 전문업체의 도움을 받으면 이상적이지만, 비용의 부담이 있는 소규모 업체의 경우, 직접 시설을 갖추고 정기적으로 관리해도 좋다.

날아다니는 해충의 구제를 위해서는 HACCP 시설에 적합하게 만들어진 포충기를 사용할 수 있는데, 전기충격식 포충등은 사용해서는 안되며, 끈끈이로 해충을 잡을 수 있는 포충기를 사용해야 한다. 바퀴나 개미 등의 구제를 위한 트랩은 종이재질을 사용할 수 있는데, 쥐의 경우에는 야외에도 트랩을 설치하는 경우가 많고, 파손의 위험을 막기 위해 플라스틱 재질을 사용해야 한다. 포충용 트랩은 정기적으로 교체해야 하며, 해당 트랩에 잡힌 개체 수를 모니터링해야 하기 때문에, 모니터링용 트랩으로 시중에 나와있는 제품을 사용하면 편리하다.

포충기 　　　　　 모니터링 바퀴 트랩 　　　　　 플라스틱 쥐 트랩

그림 13-24
방충 및 방서 용품
자료: 주방뱅크

5) 음식점 HACCP 적용의 실제

이번에는 실제로 HACCP을 적용한 한 음식점에서 관리하는 문서를 함께 살펴보고자 한다. 이 내용을 통해 '음식점의 HACCP의 적용이란 무엇인가?'에 대한 여러분의 막연함이 확실함으로 바뀌는 기회가 되길 바란다. 단, 공개하기 어려운 내용들은 공란으로 처리하였으므로, 여러분의 넓은 이해를 구한다.

(1) 요약

A 매장은 피자와 스테이크, 샐러드와 샌드위치 등을 주 메뉴로 하는 일반음식점이다. 종사자는 점장을 포함하여 총 00명이고, 총 00개의 메뉴를 일평균 00건 조리 및 판매하고 있다.

매장에서 조리·판매되는 음식은 채소·과일, 해물, 육류 등의 식재료를 세척·소독 또는 가열 조리하여 즉시 또는 단시간 보관 후 제공되며, 식재료 취급 과정 및 조리과정에서 식중독균(황색포도상구균, 병원성대장균 등) 등에 오염되거나 이물(머리카락이나 벌레 등)이 혼입될 수 있다. 이로 인해 매장에서 발생한 고객 불만은 지난 1년간 3건이 있었다. 접수된 불만 사항은 스테이크류에서 머리카락 검출 2건, 샐러드류에서 날벌레 검출 1건이었다.

이러한 위해 발생을 사전에 예방하기 위해, 메뉴 특성에 따라 가열, 세척, 소독, 재가열, 냉각을 중요관리점(CCP)으로 각각 설정하여 관리하고 있으며, 한계기준 이탈여부를 1일 2회 이상 모니터링하여 기록·관리하고 있다.

A 매장은 종합적인 조리과정 및 일반위생 관리를 위해 개인위생 상태, 냉동·냉장고 온도 확인 등 총 32개 항목에 대하여 정기적인 점검(일일 23개, 주간 3개, 월간 3개, 반기 1개, 연간 2개 항목)을 실시하고 있으며, 미흡한 부분의 원인을 파악하고 문제점을 제거하는 등 체계적이고 지속적인 관리를 실시하고, 점장이 최종적으로 문제점에 대한 개선여부를 확인하고 있다.

(2) 매장 운영 정보

A 매장은 일반음식점으로 2018년도 B시의 중심상업지역에 위치하며, 건물 내 1층과 2층 공간을 임대하여 사용하고 있다. 총 면적은 000m², 주방 면적은 00.0m²로, 주방기기로는 세척기, 절단기, 오븐, 가스레인지, 튀김기 등의 설비와 냉동·냉장고 등이 있다.

주요 메뉴는 가열조리품목(스테이크류 00품목, 피자류 00품목 등) 0품목, 비가열조리품목(채소·과일샐러드류) 0품목, 복합조리품목(치킨샐러드류, 샌드위치류) 0품목으로 일평균 00식을 조리·판매하며, 연매출액은 약 000백만 원이다.

A 매장은 메뉴 제공 형태가 주문형과 바(bar)형 2가지로 분류되어 있다. 주문형 메뉴는 고객이 메뉴를 주문함과 동시에 조리가 시작되어 손님에게 직접 제공되고, 바(bar)형 메뉴는 조리가 완료된 상태로 메뉴 특성에 따라 제공 온도별로 진열·제공하며 고객이 식기에 직접 담아서 가져가는 형태이다.

A 매장은 점장을 비롯하여 00명(정규직 0명, 계약직(파트타이머) 0명)으로 구성되

어 있으며 교대근무로 운영되고 있고, 근무시간에 따라 근무자별로 담당업무를 분장하여 관리·운영하고 있다.

(3) 중요관리점의 수립과 관리

A 매장의 가열조리품목은 육류, 밀가루 등 원료를 성형 후 가열하여 뜨거운 상태로 제공되는 메뉴로, 가열과정(CCP-1)을 중점적으로 관리하고 있고, 비가열 조리품목은 채소 등을 세척, 소독, 혼합(드레싱) 후 제공되는 메뉴 등으로, 세척(CCP-2) 또는 소독(CCP-3) 과정을 중점적으로 관리하고 있으며, 복합조리품목은 닭고기, 육류 등의 원료를 가열, 냉각, 제공 전 재가열 한 후 세척·소독된 채소 등과 혼합하여 제공되는 메뉴로, 세척·소독(CCP-2, 3), 재가열(CCP-4), 냉각(CCP-5)을 중점적으로 관리하고 있다.

1) CCP-1: 가열과정

품목	000(메뉴종류)	000(메뉴종류)
한계기준	가열(굽기) 온도: 상단 00±0℃ 하단 00±0℃ 가열(굽기) 시간: 00±0분	가열 후 품온 85℃ 이상

	방법	주기	책임자
모니터링	조리온도 및 시간 준수여부 확인 해당 과정 완료 후 품온 확인	1일 2회 이상 확인 (오전/오후)	ㅇㅇㅇ
개선조치	· 가열온도 및 가열시간, 가열 후 품온 미달 시 재가열 또는 품질저하 시 폐기 · 가열설비 고장 시 즉시 수리 후 사용 및 해당 조리품 재가열 또는 폐기 · 개선조치 내용을 중요관리점(CCP-1) 점검표에 기록		

2) CCP-2: 세척과정

한계기준	흐르는 물(0.2리터/초)에 10초 이상 손으로 문지르며 세척

	방법	주기	책임자
모니터링	세척수량 및 세척시간 확인 세척방법 준수여부 확인	1일 2회 이상 확인 (오전/오후)	ㅇㅇㅇ
개선조치	· 한계기준 이탈시 재세척 또는 품질저하 시 폐기 · 개선조치 내용을 중요관리점(CCP-2) 점검표에 기록기준		

※ 세척수량은 수량계 또는 일정시간 동안 물의 양이 몇 리터가 되는지 확인하여 관리

그림 13-25

A 매장의 중요관리점 관리(계속)

3) CCP-3: 소독과정

한계기준	염소계소독수(100ppm)에 5분간 침지 후 3회 이상 헹굼		
모니터링	**방법**	**주기**	**책임자**
	1일 2회 이상 확인(오전/오후)	1일 2회 이상 확인 (오전/오후)	○○○
개선조치	· 소독농도, 소독시간을 기준대로 재조정한 뒤 재소독 또는 품질저하 시 폐기 · 개선조치 내용을 중요관리점(CCP-3) 점검표에 기록		

4) CCP-4: 재가열과정

품목	○○○(메뉴종류)	○○○(메뉴종류)
한계기준	가열온도: ○○±0℃ 가열시간: ○○±0초	가열 후 품온 85℃ 이상

모니터링	**방법**	**주기**	**책임자**
	조리 온도 및 시간 준수여부 확인 해당 과정 완료 후 품온 확인	1일 2회 이상 확인 (오전/오후)	○○○
개선조치	· 한계기준 이탈시 재가열 또는 품질저하 시 폐기 · 가열설비 고장 시 즉시 수리 후 사용 및 해당조리품 재가열 또는 폐기 · 개선조치 내용을 중요관리점(CCP-4) 점검표에 기록		

5) CCP-5: 냉각과정

한계기준	냉각 온도 00℃ 이하에서 2시간 이내로 냉각		
모니터링	**방법**	**주기**	**책임자**
	냉각 온도 및 시간 준수여부 확인	1일 2회 이상 확인 (오전/오후)	○○○
개선조치	· 한계기준 이탈 시 품질저하 시 폐기 · 냉각설비 고장 시 즉시 수리 후 사용 및 해당조리품 폐기 · 개선조치 내용을 중요관리점(CCP-5) 점검표에 기록		

※ 메뉴 및 조리설비·도구 특성, 작업 환경 등에 따라 한계기준 및 모니터링 방법·주기설정(수정, 보완) 필요

그림 13-25
A 매장의 중요관리점 관리

(4) HACCP팀 구성 및 역할

표 13-5. A 매장의 HACCP팀 구성과 역할분담

담당	업무	주기		관련기록	인수인계
점장	표준관리기준서 최종 검토 및 승인	제·개정 시		표준기준서	팀원 A
	중요관리점 점검내용 개선조치 확인 및 승인	작성 시		점검표	
	중요관리점(CCP) 검증	매월	첫째주 월요일	CCP 검증표	
	위생복 및 외출복장의 구분 보관 여부, 종사자복장 및 위생상태, 위생설비 이상 유무 등 확인	매일	작업 시작 전	일반위생관리 및 조리과정 점검표	
	교차오염 발생여부 확인		작업 중		
	종사자 위생교육여부, 조리장 전체 청소 상태 확인	매월	첫째주 월요일		
	용수(식수) 탱크 청소·소독 상태 확인	반기	둘째주 화요일		
	온도계(가열기, 진열대, 냉장·냉동창고 등) 검·교정 여부 확인, 용수검사 실시여부 확인	매년	11월 마지막 월요일		
팀원 A	식재료의 해동온도 및 시간 확인 위생복 세탁상태 확인	매일	작업 시작 전	일반위생관리 및 조리과정 점검표	팀원 B
	중요관리점 관리 및 점검(기록)		작업 중	CCP 점검표	
	조리장 등 바닥, 배수로 청소·소독 상태, 조리시설 및 도구(제품과 직접 닿는 부분) 청소·소독상태 확인		작업 종료 후	일반위생관리 및 조리과정 점검표	
	냉장고 내부, 조리장 벽 청소상태 확인 조리설비(제품과 직접 닿지 않는 부분) 청소·소독 상태 확인		매주 화요일		
팀원 B	작업장 밀폐상태, 작업도구의 정상작동 및 파손여부 등 시설설비 고장여부를 점검	매일	작업 시작 전	일반위생관리 및 조리과정 점검표	팀원 C
	모니터링 장비 사용 전후 세척·소독 상태 확인		작업 중		
팀원 C	원·부 식재료 검수 시 운송차량 온도 및 품온 확인, 육안검사 실시 냉장·냉동 보관고 온도 확인	매일	작업 시작 전	일반위생관리 및 조리과정 점검표	팀원 D
팀원 D	폐기물 처리상태 확인	매일	작업 종료 후	일반위생관리 및 조리과정 점검표	팀원 A
	냉장·냉동창고 내부, 청소상태 확인		매주 수요일	일반위생관리 및 조리과정 점검표	
	방충방서설비 포획 개체수 확인		매주 목요일		

(5) 주기적 관리 계획

① 주기적 관리

- 매일 종사자 개인위생관리, 조리설비·도구 정상작동 여부, 조리과정 적정성,

작업장과 조리설비·도구의 청결상태와 사용수의 살균, 소독, 여과 등 정수
처리 상태 등을 전반적으로 확인·관리한다.

- 매주 조리장 및 조리설비(제품과 직접 닿지 않는 부분), 냉장고 내부, 냉장·냉동
창고 내부 청소 상태 확인, 방충·방서 설비에 포획된 개체수를 확인·관리
한다.
- 매월 조리장 내 전체 청소, 종사자 위생교육, 중요관리점(CCP) 검증 등을 확
인·관리한다.
- 매 반기별 용수탱크의 청소·소독 상태(반기 1회 이상)를 확인·관리한다(건물주
가 관리하는 경우 건물주의 청소·소독 이행 서류(사본)를 확인·관리한다.).
- 매년 온도계(가열기, 진열대, 탐침온도계 등) 및 보관고 온도계 등에 대하여 검·교
정 여부를 확인·관리한다.

② 근무자별 관리

표 13-6. A 매장의 근무자별 주기적 관리 계획

담당	업무
점장	• 점장은 매일 「일반위생관리 및 조리과정점검」을 실시하여 이탈시 기록을 작성·관리하고, 매일 작업 시작 전에 위생복 및 외출복장의 구분 보관 여부, 팀원 복장 및 위생상태, 위생설비 이상 유무 등을 확인하며, 작업 중에는 교차오염 발생여부를 확인한다. • 매월 첫째주 월요일에는 팀원 위생교육 여부, 작업장 전체 청소 상태를 확인하며 「중요관리점(CCP) 검증표」를 작성한다. • 또한, 매년 4, 10월 둘째주 화요일에는 용수저장탱크의 청소·소독 실시 여부를 확인하고, 매년 11월 마지막 주 월요일에는 온도계(가열기, 진열대, 탐침온도계 등) 및 냉장·냉동 창고 온도계 등의 검·교정 여부를 확인한다.
팀원 A	• 팀원 A는 매일 작업 시작 전에 식재료의 해동온도 및 시간을 확인하고, 위생복 세탁상태 등을 확인하며, 매일 작업 중 「중요관리점(CCP) 점검표」를 작성한다. 매일 작업 완료 후에는 작업장 바닥, 배수로 청소·소독 상태, 조리설비(제품과 직접 닿는 부분) 청소·소독 상태를 확인한다. • 매주 화요일에는 냉장창고 내부청소 상태, 작업장 벽 청소 상태, 조리설비(제품과 직접 닿지 않는 부분) 청소·소독 상태를 확인한다.
팀원 B	• 팀원 B는 매일 작업 시작 전에 조리도구의 파손여부 등 시설설비 고장 여부를 점검하고, 매일 작업 중에는 모니터링 장비의 사용전후 세척·소독 상태를 확인한다.
팀원 C	• 팀원 C는 매일 작업 시작 전에 원·부재료 입고(검수) 시에 운송차량 온도 및 식재료 품온 등을 확인하고 육안검사를 실시하며, 냉장·냉동고 온도를 확인한다.
팀원 D	• 팀원 D는 매일 작업종료 후에 폐기물 처리상태를 확인하고, 매주 수요일에는 보관고 내부 청소 상태를 확인하며, 매주 목요일에는 방충방서설비에 포획된 개체수를 확인하여 기록·관리한다.

(6) 매장 평면도

총면적: 000m^2

조리구역(조리장, 냉장고, 냉동고): 00m^2

부대시설(탈의실, 원·부재료 창고, 카운터): 00m^2

홀(00석): 00m^2

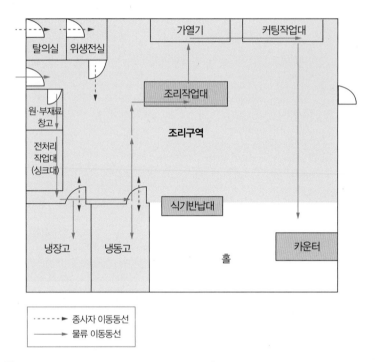

그림 13-26

A매장 주방 평면도

(7) 조리과정과 메뉴설명서

A 매장의 메뉴의 조리과정은 비가열, 가열, 가열된 음식과 비가열 음식을 함께 사용하는 복합조리로 분류할 수 있다. 또한 각 조리과정을 메뉴의 특성에 따라 세부적인 조리방법으로 나눠, 조리방법에 따른 메뉴 설명서를 제작하였다.

① 조리과정 공정흐름도

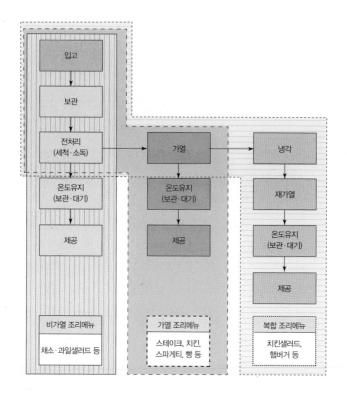

그림 13-27

A 매장 조리과정 공정흐름도(비가열, 가열, 복합조리로 구분)

② 메뉴 설명서

구분	조리 유형	세부메뉴(예시)	메뉴수	비고
가열조리	구이류	스테이크, 피자, 생선구이	0	가열 후 즉시 제공 메뉴
	튀김류	치킨, 탕수육, 감자튀김	0	
	삶음류 및 복음류	파스타, 해산물 복음	0	
	데침류	채소 및 나물류	0	
	찜류	갈비찜, 만두	0	
	빵류	식빵, 크로아상, 도넛	0	
	국·탕류	설렁탕, 스프	0	
비가열조리	채소·과일샐러드		0	가열 조리 과정 없는 메뉴
	채소·과일		0	
	일반 샌드위치		0	
복합조리	치킨샐러드		0	조리 특성에 따라 가열 후 보관·대기 과정을 거쳐 비가열 식재료와 혼합 제공하거나 재가열하여 제공되는 메뉴
	비빔밥		0	
	샌드위치(로스트비프 샌드위치)		0	
	버거		0	
	해산물·육류 냉채		0	

그림 13-28

A 매장의 조리유형별 메뉴 세분화

메뉴설명서	
1. 조리유형 및 메뉴명	가열조리: 구이류-피자
2. 작성자 및 작성연월일	000, 000/ 2011. 11. 14
3. 식재료 배합비율	밀가루(100g), 치즈(70g), 돼지고기(15g), 피망(30g), 양파(20g), 양송이버섯(15g), 햄(15g), 토마토페이스트(32g), 설탕(1g), 소금(2g), 버터(5g)
4. 조리방법	① 식재료(밀가루 등)는 체에 내린다. ② 전처리된 식재료(밀가루 등)는 정해진 양만큼 계량한다. ③ 계량된 식재료(밀가루 등)는 반죽하여 숙성한다. ④ 반죽이 숙성되면 밀대로 밀어 동그랗게 도우를 만든 후 식재료(채소 등)를 혼합한다. ⑤ 식재료 혼합이 완료된 조리가공품을 가열기를 이용하여 굽는다. ⑥ 조리 완료된 메뉴를 용기에 담아 제공한다.
제공 시 주의사항	– 조리 후 빠른 시간 안에 손님에게 제공
기타	– 오븐 상단 205±10℃, 하단 160±15℃에서 10±1분 간 가열

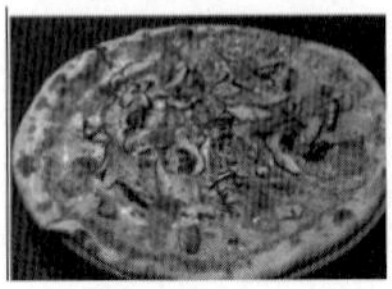

그림 13-29
A 매장의 메뉴 설명서-가열조리

메뉴설명서	
1. 조리유형 및 메뉴명	비가열조리: 샐러드류-채소·과일샐러드
2. 작성자 및 작성연월일	000, 000/ 2011. 11. 14
3. 식재료 배합비율	양상추(50g), 적상추(50g), 방울토마토(100g), 피망(15g), 당근(15g), 사과(50g), 파인애플(200g), 드레싱(15g)
4. 조리방법	① 식재료(채소·과일 등)는 비가식부위를 제거한 후 각 용도별로 절단한다. ② 전처리된 식재료(채소·과일 등)는 세척조에 투입하여 흐르는 물에 10초 이상 손으로 문지르며 세척한다. ③ 세척된 식재료를 소독조에 투입하여 5분간 침지 후 3회 이상 헹군다. ④ 식재료(채소·과일 등)를 혼합하여 드레싱을 뿌린다. ⑤ 조리 완료된 메뉴를 용기에 담아 제공한다.
제공 시 주의사항	– 조리 후 빠른 시간 안에 손님에게 제공
기타	– 채소와 과일 세척 또는 소독 조건 준수

그림 13-30
A 매장의 메뉴 설명서-비가열조리

메뉴설명서	
1. 조리유형 및 메뉴명	복합조리: 샐러드류-치킨샐러드
2. 작성자 및 작성연월일	000, 000/ 2011. 11. 14
3. 식재료 배합비율	닭고기(100g), 표고버섯(30g), 당근(15g), 청경채(15g), 드레싱(15g)
4. 조리방법	① 식재료(닭고기 등)는 가능한 빠른 시간 내에 신속히 해동한다. ② 식재료(닭고기, 채소·과일 등)는 비가식 부위를 제거한 후 각 용도별로 절단한다. ③ 전처리된 식재료(채소·과일 등)는 세척조에 투입하여 흐르는 물에 10초 이상 손으로 문지르며 세척한다. ④ 세척된 식재료(채소·과일 등)를 소독조에 투입하여 5분간 침지 후 3회 이상 헹군다. ⑤ 식재료(닭고기 등)를 가열기를 이용하여 가열한다. ⑥ 가열과정이 끝난 후 즉시 냉각시킨 후 보관한다. ⑦ 제공 전 식재료(닭고기 등)는 재가열한다. ⑧ 식재료(닭고기, 채소·과일 등)를 혼합하여 드레싱을 뿌린다. ⑨ 조리 완료된 메뉴를 용기에 담아 제공한다.
제공 시 주의사항	- 조리 후 빠른 시간 안에 손님에게 제공
기타	- 냉각 및 재가열 온도, 시간 준수 - 채소와 과일 세척 또는 소독 조건 준수

그림 13-31

A 매장의 메뉴 설명서-복합조리

(8) 위해요소 분석 및 조리과정별 관리방법

① 위해요인 분석 및 예방조치

표 13-7. A 매장의 위해요인 분석과 예방 조치 방안

구분	위해요소	예방조치
생물학적 위해요소	황색포도상구균, 바실러스 세레우스, 병원성대장균(O157-H7), 리스테리아 모노사이토제네스, 살모넬라, 클로스트리디움 퍼프린젠스, 캠필로박터, 쉬겔라, 장염비브리오 등	• 생물학적 위해요소인 식중독균 등은 세척 또는 소독과정 및 가열과정을 통해 제어될 수 있다. 세척과정의 경우 오염 및 증식을 최소화하는 것이므로, 비가열 조리품목의 식재료로 사용되는 채소류 등은 세척 후 가능한 한 빠른 시간 내 조리·제공하여야 한다. • 황색포도상구균의 경우 증식된 균으로 인해 생성된 장독소는 100℃에서 30분간 가열하여도 파괴되지 않으므로, 균이 증식하지 않도록 대기 또는 보관 시 채소샐러드 등 비가열 조리품목은 10℃ 이하에서 보관한다. • 식중독균 등은 세척(소독)과정 및 가열과정 이후에 오염될 경우 제거가 어려우므로 철저한 개인위생관리 및 작업환경(작업대, 조리도구 등)에 대한 세척(또는 소독)관리를 통해 교차오염을 방지하여야 한다.

(계속)

표 13-7. A 매장의 위해요인 분석과 예방 조치 방안(계속)

구분	위해요소	예방조치
화학적 위해요소	곰팡이독소(아플라톡신, 파튤린 등), 잔류농약, 중금속 등	화학적 위해요소인 원·부 식재료의 중금속, 잔류농약 등을 관리하기 위해서는 원료 입고 시 시험성적서 확인 등을 통해 적합성 여부를 판단하고 관리해야 한다(본사 또는 물류센터 등의 입고 검사 시 확인 관리 가능).
물리적 위해요소	금속조각, 비닐, 끈, 실, 플라스틱, 머리카락 등	물리적 위해요소인 이물 혼입 방지를 위해서는 원·부 식재료 및 조리과정 중 작업환경관리, 개인위생관리 및 육안 선별 등을 실시한다.

② 중요관리점(CCP) 관리 및 기준이탈 시 조치

품목	OOO(메뉴종류)	OOO(메뉴종류)
한계기준	가열온도: 00±0℃ 가열시간: 00±0초	품온 85℃ 이상

○ 가열과정을 거친 후 냉가하여 대기·보관 중인 식재료를 혼한 또는 성형한 다음 가열설비(오븐, 가스레인지, 튀김기 등)를 이용하여 재가열하는 것으로 품온은 85℃ 이상을 유지한다.

○ 식중독균 등 세균을 제거하고 균일한 품질을 확보하기 위하여 재가열온도 및 재가열시간이 메뉴별 조리 지침에 따라 준수되는지, 가열 후 품온(85℃ 이상)이 유지되는지를 오전/오후(1일 2회 이상)마다 모니터링(확인)하고 기록한다.

○ 품온은 재가열 과정을 거친 메뉴의 중심온도를 확인한다.

※ 탐침온도계 사용 시 온도계를 제품의 중심부에 꽂고 10초 후에 온도를 측정하는 이유는 온도계가 최고온도를 가리키는 시점이 일반적으로 10초 정도 소요되기 때문이다.

○ 품온이 85℃ 이상일 경우는 다음 과정을 진행하고 그렇지 않은 제품은 품온이 85℃ 이상이 될 때까지 재가열한다.

○ 재가열 과정을 재실시하여 품질에 이상이 없으면 다음 과정을 진행하고 그렇지 않다면 폐기 또는 적절한 조치를 이행한다. 또한 개선조치 내용은 중요관리점(CCP) 점검표(별표)에 기록한다.

○ 온도계의 정상작동 여부를 확인하기 위해, 연 1회 이상 검·교정 등을 통해 이상 유무를 확인한다.

그림 13-32

A 매장의 중요관리점 관리와 기준 이탈 시 조치방안 예시-재가열

(9) 검증

① 검증원 자격요건

- 자사의 HACCP 검증원은 본사의 간부이거나 동종업종에 O년 이상의 경력
  을 갖춘 자
- HACCP 전문가 과정, 팀장과정을 공인기관에서 수료한 자 등

② 검증 시기와 검증 내용

구분	내용
일상 검증(중요관리점(CCP) 검증 점검표를 이용하여 매월 실시)	• CCP공정에 대한 준수여부, 이탈시 조치사항 및 기록여부 확인(실행성 평가) • 근무자가 CCP 공정에서 정해진 주기로 측정이나 관찰을 수행하는지 현장 관찰 • 한계기준 이탈 시 개선조치를 취하고 있으며, 개선조치가 적절한 지 확인 • 개선조치 실제 실행여부와 개선조치의 적절성 확인을 위하여 기록의 완전성·정확성 등을 자격 있는 사람이 검토하고 있는지 확인 • 검사·모니터링 장비의 주기적인 검·교정 실시 여부 등을 확인
특별 검증(신메뉴 출시, 식재료나 공정상 변경 등 특이 사항 발생시 마다 실시)	새로운 위해정보가 발생시, 해당식품의 특성 변경 시, 원료·제조공정 등의 변동 시, HACCP계획의 문제점 발생 시 해당부분에 대한 재검토

(10) 교육훈련 계획

① 기본 교육훈련 : 기본 교육훈련은 신입사원 입사 시 월 1회 이상, 특이사항
발생 시에 사내교육으로 진행한다.

- 신입사원 입사 시 월 1회 이상 일반위생관련 교육·훈련 실시, 교육훈련일지
  에 기록.
- 작업장 위생수칙, 종업원 준수사항 등 식품안전관련 일반위생교육 실시
- HACCP 개요, 기준서 내용 등
- CCP 담당자 및 점검담당자를 대상으로 월 1회 이상 CCP 관련 사항 및 점
  검방법 등에 대한 교육·훈련을 실시, 교육훈련일지에 기록
- 필요 시 외부 기관 및 타업체 견학 실시, 교육훈련일지에 기록

② HACCP 정기교육과정 : HACCP 책임자인 점장은 법적 사항에 의거한

HACCP 적용업소의 정기교육을 이수하여야 하며, 점장은 근무자 전원을 대상으로 4시간의 정기교육을 사내교육으로 진행한다.

- HACCP팀장 교육 훈련: 4시간(팀원 대체 가능)
- HACCP팀원, 기타 종업원 교육 훈련: 4시간(자체 교육 가능)
- ※ 식품의약품안전청이 지정한 교육훈련 기관에서 교육 이수
- ※ "HACCP팀장과정", "HACCP팀원과정"과 교육내용이 다르므로 "HACCP정기교육과정" 이수

7. 육가공 업체의 HACCP 적용

본 자료는 HACCP을 적용한 육가공 및 판매업체의 도면이다. 육가공 업체뿐 아니라 육가공 공정이 필요한 정육식당 등의 음식점의 설계에 참고할 만한 부분이 있다고 판단되어 함께 수록한다.

그림 13-33을 보면, 해당 업체는 육가공 시설이 주를 이루며, 매장 방문 고객을 위한 판매 공간이 함께 구성되어 있다.

가공 시설은 지육냉동실, 냉장실, 냉동실, 작업실과 출고전실 등으로 구성돼 있으며, 위생 시설로는 소독실, 직원용 공간으로는 탈의실과 화장실 등으로 구성돼 있다. 마지막으로 판매 공간이 함께 구성됐다.

평면도를 보면, 직원은 위생복으로 탈의 후 손 세정 시설(손 세정대, 손 소독기, 핸드 드라이어 등)과 소독기(장화신발 소독기, 위생복 소독기, 발판 소독기 등) 등이 갖춰진 소독실에서 소독작업을 완료하고, 작업실로 이동한다. 이후 판매점 옆의 작업실과 중앙 작업실에서 육가공 작업을 진행한다. 외부 오염물질을 차단하기 위하여 작업실은 외부와 직접 이어지지 않고, 냉장실과 출고전실 등을 거치도록 업장 중앙에 배치하고, 작업실의 주요 출입문에는 에어커튼을 설치하였다.

육가공 작업은 중량작업이 많아, 작업대의 높이는 일반적인 작업대 높이인 850mm보다 50mm (5cm) 낮게 설계하여, 작업 시 체중을 실어 작업하는 데

용이하도록 하였다. 또한 일반 싱크 대신 생선 작업용 싱크를 배치하여 부피가
큰 기기 등을 세척하기 편리하도록 하였다.

1) 전체 평면도와 면적 배분

Floor name 1	Floor area	7주방기구 면적	Floor name 1	Floor area	7주방기구 면적
냉동실	60.823 m²	13.667 m²	출고전실	16.786 m²	0.000 m²
냉장실	55.180 m²	13.501 m²	탈의실	3.392 m²	0.405 m²
소독실	13.620 m²	2.814 m²	판매점	43.047 m²	10.034 m²
작업실	117.624 m²	28.876 m²	화장실	3.393 m²	0.000 m²
지육냉동실	14.569 m²	0.193 m²			

그림 13-33

HACCP 적용 육가공 업체의 전체 평면도
자료: 에벤에셀기업

2) 입고기기 목록

번호	품목	가로	세로	높이	수량
1	냉장쇼케이스				2
2	평대쇼케이스				1
3	오픈다단쇼케이스				3
4	에어커튼				2
5	장화신발소독기	700	590	1900	1
6	위생복소독기	700	590	1900	1
7	발판소독기	800	650	30	2
8	손세정대	450	530	1178	1
9	손소독기	240	274	271	1
10	핸드드라이어	290	190	260	1
11	진공스팀청소기				1
12	작업대	1800	900	800	8
13	생선씽크	1200	600	1040	1
14	냉온정수기	326	470	1151	1
15	앞치마소독기	700	590	1900	1
16	칼도마소독기	1050	573	1320	1
17	에어커튼	1000	200	220	2
18	전자저울	420	735	765	1
19	냉동육절기	1050	770	1507	1
20	골절기	444	444	950	1
21	다단식선반	1500	600	1650	27
22	다단식선반	1200	600	1650	1

그림 13-34

HACCP 적용 육가공 업체의 입고기기 목록

자료: 에벤에셀기업

3) 기기 배치가 완료된 업체의 3D 도면

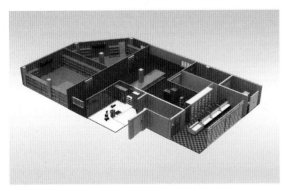

그림 13-35

HACCP 적용 육가공 업체의 3D도면-소독실 측면에서 바라본 모습

자료: 에벤에셀기업

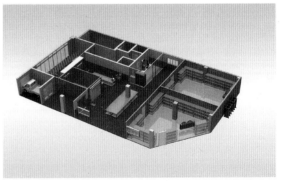

그림 13-36

HACCP 적용 육가공 업체의 3D도면-냉장실 측면에서 바라본 모습

자료: 에벤에셀기업

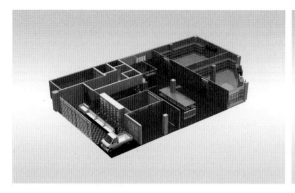

그림 13-37
HACCP 적용 육가공 업체의 3D도면─출고전실 측면에서 바라본 모습
자료: 에벤에셀기업

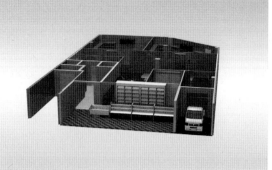

그림 13-38
HACCP 적용 육가공 업체의 3D도면─판매점 측면에서 바라본 모습
자료: 에벤에셀기업

- 주방의 환경의 위생관리는 주방의 생산성을 높이고, 안전성을 높여줄 뿐만 아니라 음식점의 운영비를 절감하는 데 도움을 준다. 체계적인 위생관리를 위하여 주방관리자는 정기적인 위생관리 계획을 세우고 실행하여야 한다.

- HACCP이란 '위해요소 분석(Hazard Analysis)'과 '중요관리점(Critical Control Point)'의 영문 약자로, '식품안전관리인증기준'이라 부른다. HACCP은 식품의 원료 및 제조공정에서 각종 위해요소들이 존재할 수 있는 상황을 과학적으로 분석하고 사전에 위해요소의 잔존, 오염될 수 있는 원인들을 차단하여 소비자에게 안전하고 위생적인 식품을 공급하기 위한 시스템이며, 위해 방지를 위한 사전 예방적 식품안전관리체계를 뜻한다.

- HACCP 적용의 7원칙은 위해요소 분석(HA), 중요관리점(CCP) 결정, 한계 기준 설정, 모니터링 방법 설정, 개선조치 설정, 검증 방법 설정, 기록유지 및 문서관리 등으로 이루어진다.

- HACCP 도입은 기업의 생산성 증가와 매출 향상, 위해요소 감소 등의 긍정적 결과로 나타나고 있다. 현재 외식업은 HACCP 적용 의무 대상은 아니지만, 배달, 밀키트 유통 등의 업태 변화로 곧 HACCP 적용이 필요해질 것으로 보인다.

1. 내가 근무하고 있는 주방 환경의 위생관리를 위한 정기관리 매뉴얼을 작성해 보자.

2. 주변에서 HACCP을 도입한 외식업체를 찾아보고, HACCP 시스템을 어떻게 적용하고 관리하고 있는지 조사해보자.

3. 음식점에 HACCP을 도입하는 데 장애물은 어떤 것들이 있으며, 이를 어떻게 개선할 수 있을지 생각을 정리해보자.

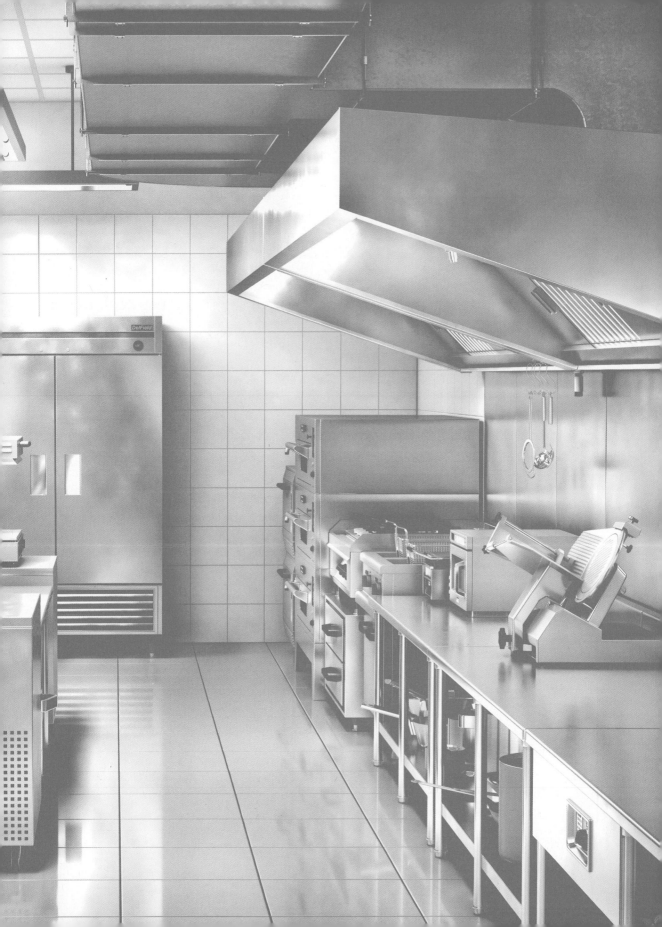

CHAPTER 14
주방 안전관리

14

주방 안전관리

학습목표

- 주방 안전관리의 개념과 그 필요성을 설명할 수 있다.
- 주방 안전사고에는 어떤 것들이 있는지 이해하고, 이를 예방하기 위한 방안들을 설명할 수 있다.
- 주방의 화재 위험 요소에는 어떤 것들이 있는지 설명할 수 있다.
- 주방에서 안전사고가 발생했을 때 어떤 응급처치를 해야 하는지 설명할 수 있다.
- 음식점의 사고 피해를 최소화하기 위한 보험에 대해 이해한다.

1. 주방 안전관리의 이해

1) 주방 안전관리의 정의

음식점, 특히 주방에서는 크고 작은 사고와 이로 인한 부상이 끊이지 않는다. 발생하는 대부분의 사고는 기본적인 안전수칙들만 숙지하고 잘 지킨다면, 사전에 예방할 수 있는 것들이다. 주방의 안전관리란 주방에서 벌어질 수 있는 사고와 부상의 요인과 이를 예방할 수 있는 방법들을 숙지하여 안전하게 근무할 수 있는 환경을 만들도록 관리하는 활동을 뜻한다.

2) 주방 안전관리의 필요성

(1) 사고 예방

기본적으로 음식점에서 사고가 발생하면 금전적, 비금전적 피해가 걷잡을 수 없을 만큼 커지는 경우가 많다. 사고 현장 복구는 물론, 피해자들과 피해업체들에 손해배상, 사고 수습으로 인해 운영하지 못하는 기간동안 발생하는 고정비 등 다양한 금전적 피해는 물론, 해당 음식점에 대한 부정적인 여론이 빠른 속도로 퍼져 나간다. 이는 이용 고객의 감소로 이어지기 마련이고, 이용하는 고객들도 음식점에 대한 불신을 갖기 쉽다.

따라서 평상시에 철저한 안전관리를 통해 사고가 발생할 가능성을 원천적으로 차단하는 것이 매우 중요하다.

(2) 후속 피해 최소화

주방에서 일어나는 사고는 고객이나 직원의 신체적, 정신적 손상으로 이어질 가능성이 높은 것들이 많다. 식품위생관련 사고가 발생할 경우, 한두 명의 피해가 아니라 수십, 수백명 단위의 피해로 이어질 수 있고, 가스나 전기 설비의 문제로 화재가 발생할 경우 해당 음식점뿐만 아니라, 음식점이 위치한 건물이나 주변 건물까지 화재가 이어져, 수십 억의 재산 피해로 이어지기도 한다.

그러나 적절한 식품위생관리와 정기적인 설비 점검과 유지보수를 한다면 언급한 사고는 발생 가능성을 최소화할 수 있고, 이로 인한 피해 또한 최소화할 수 있다.

(3) 법적 분쟁과 규제 등으로 인한 손해 최소화

안전사고가 발생하면 피해를 입은 고객이나 직원이 음식점을 상대로 소송을 제기하는 경우가 늘고 있다. 이렇게 법적 분쟁이 발생하면 변호사 선임이나 손해배상비용은 물론, 이를 처리하기 위한 시간과 노력, 스트레스 또한 이로 인해 매장 관리에 소홀해지면서 발생하는 보이지 않는 비용요소도 발생한다.

음식점의 안전사고는 그 피해 규모가 커질 수 있고, 피해 정도도 가벼운 수준에서 심각한 수준까지 다양하다. 따라서 관리당국에서는 엄격하게 안전관리에 대한 법과 규정을 제정하고, 관리하고 있다. 만일 음식점이 이를 위반할 경우, 개선 명령, 벌금형을 선고받거나 심각한 경우 폐업명령을 내리기도 한다. 이는 상당한 비용을 투자한 경영자에게는 큰 타격이 될 수 있다. 따라서 주방 안전관리는 이러한 손해를 사전에 방지하기 위한 적극적 활동이다.

주방의 안전관리는 크게 물리적 요소로 인한 사고 예방과 식품위생관리로 나눠서 볼 수 있는데, 이번 장에서는 물리적 요소로 인한 사고의 예방에 대하여 살펴보고, 다음 장에서 식품위생관리에 대해 살펴보도록 하겠다.

(4) 근무자의 직무 만족도 향상

모든 노동자는 안전한 환경에서 근무할 권리가 있다.

주방은 많은 위험요소가 곳곳에 도사리고 있는 작업 공간으로, 주방근무자는 크고 작은 부상을 당하는 일이 잦을 수밖에 없고, 이러한 일이 잦아질수록 근무자의 근로 의욕과 직무 만족도는 떨어질 수밖에 없다. 주방의 근무환경을 쾌적하고 안전하게 개선해 나가는 것은 근무자의 작업 효율과 만족도를 높여주고 이직률을 낮출 수 있는 하나의 방안으로, 주방 안전관리는 음식점 경영자와 주방관리자의 의무이다.

2. 주방 안전사고의 이해

1) 주방 안전사고의 종류

주방은 고온·고압 기기와 대형 조리기구, 칼과 무거운 물건 등으로 인해 사고율이 높은데 비해 비교적 영세한 사업장이 많아, 재해예방에 관한 인식이 매우 낮고, 안전교육이나 안전장비 등을 갖추는 일도 적은 편이다.

그림 14-1

주방 안전사고의 종류

자료: 대한산업안전협회 블로그

| 베임 또는 절단 | 미끄러짐과 넘어짐 | 화상과 데임 |
| 전기감전과 누전 | 감김, 끼임 | 근골격계 질환 |

    주방에는 여성·고령 작업자들에 의한 인력작업이 많고 반복성, 과도한 힘, 부자연스러운 자세 등의 활동이 많아 근골격계 부상 위험을 높일 수 있다. 또한 물과 기름을 많이 사용하는 공간으로 미끄럼, 넘어짐 등의 사고도 잦고, 조리작업에 사용되는 전기, 가스 등에 따른 화재, 폭발 등 대형재해의 위험도 높다.

2) 주방 안전사고 종류별 발생 원인과 예방

(1) 베임 또는 절단

① 사고의 발생 원인: 주방에서는 날카로운 칼이나 슬라이서, 절단기나 분쇄기 등을 사용하는 일이 주요한 업무인 만큼 베임이나 절단 사고가 잦다. 이외에도

깨진 그릇이나 유리조각 등으로 다치는 일도 종종 발생한다.

베임이나 절단 사고 예방을 위해서는 조리기구의 올바른 사용과 작업대의 정리정돈 등이 필요하다.

② 사고 예방을 위한 방법

- 안전한 절단 및 썰기를 위해 도마를 이용한다.
- 장비 작동과 안전작업 절차에 대한 적절한 훈련을 받는다.
- 장비의 작동, 청소 및 관리는 사용지침서를 참조한다.
- 부서지거나 금이 간 유리제품은 폐기한다.
- 절단된 칼날 근처에 손을 대지 않는다.
- 양손(그리고 모든 손가락)과 절단 칼날을 항상 보면서 작업한다.
- 떨어지는 물체를 무리해서 잡으려 하지 않는다.
- 절단기, 블렌더 등 칼이 들어가 있는 기기류에는 손을 넣지 않는다(식품을 밀어 넣는 전용 봉 등의 도구 이용)
- 슬라이서 작업 시 너무 얇게 썰지 않는다. 절단 마무리는 칼을 사용한다.
- 회전기계에 휘말릴 수 있는 헐거운 옷이나 장갑, 장식물을 착용하지 않는다.

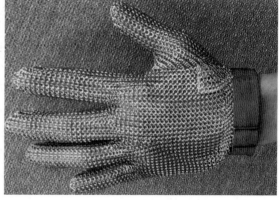

그림 14-2
절단작업 시 베임 등의 부상을 예방할 수 있는 안전장갑
자료: 주방뱅크

- 절단을 위한 기기를 사용할 경우에는 안전장갑을 착용하고, 얼어있는 생선을 다루거나 골절기 등을 사용할 경우 얼음이나 뼛조각 등이 튀면서 사고로 이어질 수 있으므로, 보안경을 착용한다.

(2) 미끄러짐과 넘어짐

① 사고의 발생 원인: 미끄러짐은 물이나 기름 등으로 미끄러운 바닥이나 계단, 사다리와 발판 불량, 시야 확보 실패 등에 의하여 발생된다. 물건을 들고 이동 중에 미끄러지거나 미끄러지면서 기기 등의 모서리에 부딪히면 더 큰 사고로 이어질 수 있으므로 미끄러짐은 매우 중요한 안전관리 요소로 이해하고 예방을 위해 노력해야 한다.

② 사고 예방을 위한 방법

- 바닥에 떨어진 음식물 등 미끄러짐을 유발할 수 있는 위험 요소는 발견 즉

그림 14-3
2차 피해로 이어질 수 있는 미끄러짐 사고의 위험성
자료: 산업재해예방 안전보건공단

시 제거한다.

- 바닥과 계단은 항상 깨끗하고, 건조하며 미끄럽지 않도록 미끄럼 방지 스티커 등을 시공한다.
- 바닥청소와 처리에 미끄럼 방지제를 사용한다.
- 작업화는 미끄러짐 방지 기능이 있는 것으로 선택한다.
- 카펫이나 매트에 올이 성긴 실, 헐거운 모서리 등 걸려 넘어짐을 유발할 수 있는 돌출부분이 없는지 확인한다.
- 젖은 바닥이나 기타 위험에 대한 적절한 경고 신호를 이용한다.
- 사다리 대용으로 의자, 디딤대 또는 상자를 사용하지 않는다.
- 오븐, 식기세척기 또는 찬장 문을 열어놓으면 다른 작업자가 걸려 넘어질 수 있으므로, 사용하지 않을 때는 항상 닫아 놓는다.
- 주요 동선에 임시적으로라도 다른 작업자가 예상하지 못하고 걸려 넘어질 수 있는 물건을 두지 않는다.
- 주방 바닥에 고무매트를 깔고, 미끄럼 방지 기능과 칼 등이 떨어졌을 때 발을 보호할 수 있는 기능이 있는 작업화(4cm 이하의 굽 권장)를 제공해준다면, 주방근무자들에게 피로도를 감소시키고, 바닥의 물기나 기름기로 인한 미끄럼 사고를 예방하는 데 유용하다. 단, 이러한 매트를 사용할 경우, 정기적으로 매트를 들어내고 청소를 해야 바닥 환경을 청결하게 유지할 수 있다.

그림 14-4
미끄럼 방지용 고무매트와 미끄럼 방지 기능이 있는 작업화
자료: 주방뱅크

(3) 화상 또는 데임

① 사고의 발생 원인: 주방에서는 레인지, 국솥, 오븐이나 튀김기 등 다양한 열 조리기구가 곳곳에 배치돼 있어 작업자들은 빈번한 화상 위험에 노출돼 있다.

주로 레인지에서 올라오는 불꽃이나 뜨거운 기름, 스팀, 오븐, 전열기기, 국솥 등의 기구와 접촉하거나 뜨거운 물을 사용한 데치기, 끓이기, 소독하기 등의 작업 시에 화상의 위험이 있다.

또한 고온의 국물 또는 튀김용 기름에 재료를 잘못 투입할 때 국물이나 기름이 튀거나, 회전식 국솥을 제대로 고정하지 않을 경우 국솥이 기울어지면서 국물이 쏟아져 화상을 입을 수 있다. 화상을 예방하기 위해서는 고온의 기구나 식재료를 다루는 작업임을 인식하여 이에 맞는 작업방법을 선택하고 보호구를 사용하여야 한다.

② 사고 예방을 위한 방법

- 모든 그릇과 팬 그리고 금속 손잡이는 뜨겁다고 생각하고 준비한다.
- 뜨거운 물체와 불꽃과의 접촉을 방지하도록 작업지역을 배치한다.
- 뜨거운 물체를 다루기에 적합한 오븐용 긴 장갑을 이용한다.
- 모든 근무자는 전기 및 화재 안전지침을 따른다.
- 장비의 조작은 사용자 지침서에 따른다.
- 조리기구와 조리방법에 적합한 온도로만 조리한다.
- 뜨거운 물이나 액체가 담긴 그릇의 뚜껑은 내부의 스팀이나 국물이 튀는 것을 막기 위해 천천히 연다. 뚜껑의 방향은 작업자 자신의 반대쪽으로 하여 열기 시작한다.
- 음식물이 튀어 화상을 입는 것을 막기 위해 긴소매의 면 셔츠와 바지를 입는다(합성섬유의 경우 열에 약해 화상 시 피부에 더 큰 상처를 남길 수 있음).
- 음식이 조리 시에 넘치지 않도록 그릇과 팬에는 적당량의 음식만 넣어 조리한다.
- 조리 시 그릇과 팬에 열전도율이 높은 금속 수저를 놓지 않는다.

- 뜨거운 기름에는 물을 붓지 않는다.
- 압력이 있는 경우에는 조리기와 스팀 오븐을 열지 않는다.
- 결함이 있는 기기는 즉시 관리자에게 보고한다.

(4) 전기감전과 누전

① 사고의 발생 원인: 주방은 물을 많이 사용하는 장소인 데다 가스레인지 등의 조리기기 대신 효율성과 안전성이 높은 전기 조리기구를 사용하는 업체가 증가하고 있다.

이런 상황에서 결함이 있는 전기설비와 전선, 장비의 사용으로 누전사고가 발생할 수 있으며, 물이 있는 상태를 미처 파악하지 못한 채 전기기기를 사용할 경우 감전사고의 위험이 매우 높다. 따라서 전기 관련 사고 예방을 위해 적절한 접지[1] 및 누전차단기의 사용, 절연상태의 수시점검 등 올바른 전기사용이 필요하다.

② 사고 예방을 위한 방법
- 플러그나 스위치는 반드시 물기 없는 손으로 잡아야 한다.
- 전기기구의 전원을 차단할 때는 코드를 당기지 말고 플러그를 뽑는다. 코드를 잡아당기면 피복 안의 구리선이 끊어져 화재나 감전사고의 원인이 될 수 있다.
- 전기 조리기구, 전원 코드 등 전기기구를 사용하기 전에 손상된 부분이 없는지 점검한다. 손상된 장비는 수리 또는 교체한다.
- 전기기구가 적절하게 접지되어 있는지 또는 이중절연이 되어 있는지 확인한다.

---

1 접지: 전기 기기의 전선 등이 피복이 벗겨지거나 하여 노출된 상태에서 전선이나 기기의 케이스를 만지게 되면 전기가 사람 몸을 통해 땅으로 전기가 흐르게 되면서 부상 또는 사망 등 큰 사고로 이어지게 된다. 이를 막아주는 것이 접지(接地)이다. 접지란 기기의 전기기기를 전선을 통해 땅과 연결하여 기기와 지구와의 전위차가 0볼트가 되도록 하는 것으로, 접지는 감전을 예방하는 확실한 방법이다.

- 발에 걸려 넘어지는 위험을 제거하기 위해 복도나 작업지역 위로 전원코드를 매단다.
- 덮개가 없는 전기 콘센트는 플라스틱 안전 플러그로 덮는다.
- 문어발식 연결을 하지 않는다.
- 열, 물, 기름으로부터 전기코드를 멀리하고, 밀가루, 먼지 등 가연성 분진이 많이 발생하는 장소는 수시로 청소를 하여 분진이 쌓이지 않도록 한다.
- 연장코드(멀티탭)를 상시 사용하는 전선으로 사용하지 않는다.
- 보호되지 않은 전기코드 위로 손수레 등의 장비가 넘나들지 않도록 한다. 코드는 보호관을 덮어 단선되지 않도록 하거나 코드 주위를 널빤지 등으로 보호해야 한다.
- 스위치, 분전함의 내부를 정기적으로 점검하여 전기가 통할 수 있는 물질이나 가연성 물질 등을 제거한다.
- 대용량 전기기구에는 회로를 분류하여 회로별로 누전차단기를 설치한다.
- 누전차단기는 한 달에 한번씩 정상 작동여부를 반드시 확인한다.
- 전기기구를 청소할 때는 반드시 전원 스위치를 끄고 플러그를 뺀 것을 확인한 후 작업한다.
- 전기기구 사용 시 콘센트에 플러그를 완전히 삽입하여 접촉부분에서 열이 발생되지 않도록 한다.

(5) 감김, 끼임

① 사고의 발생 원인: 주방에서 사용하는 각종 절단기, 분쇄기, 반죽기, 컨베이어형 식기세척기 등은 내부의 모터가 대상 재료나 물품을 기계 안으로 끌어들여 가공하거나 세척하는 구조로 돼 있다. 이러한 기기류를 사용할 때 고무장갑을 착용한 손이나 옷 등이 기기로 말려들어가 감김이나 끼임으로 인한 부상이 발생하는 원인이 된다.

② 사고 예방을 위한 방법

- 내부에 모터가 있는 기기를 구매할 때는 덮개가 열릴 경우 정지되는 구조로 되어있는 기기를 선정한다.
- 기계 점검, 청소 및 찌꺼기 제거 등을 할 때는 반드시 전원을 차단한 후 작업한다.
- 절단기 또는 분쇄기 등 작업 시 말려들 위험이 높은 면장갑 착용을 금한다.
- 재료투입 또는 청소 작업 시에는 손이 아닌 막대기나 솔 등의 수공구를 사용한다.
- 눈에 잘 띄는 곳에 비상정지 스위치를 설치한다.
- 기계에 경고표지 및 작업안전수칙을 눈에 띄기 쉬운 곳에 부착한다.
- 작업안전수칙 등에 대한 지속적인 안전교육을 실시한다.

(6) 근골격계 질환

① 사고의 발생 원인 : 주방 근무자는 장시간 서서 근무하며, 반복적인 동작이 많고, 제한된 공간에서 부자연스러운 자세를 취하거나, 과도한 힘을 사용하는 등의 작업을 많이 해야 한다. 이로 인해 주방 근무자들에게는 요통, 건활막염, 수근관 증후군, 건염, 테니스 엘보, 트리거 핑거, 회전근개염 등 근골격계 질환이 많이 생긴다.

② 사고 예방을 위한 방법

- 부피가 큰 물품을 운반할 때는 적절한 운반용구를 사용한다.
- 만일 물품운반 시 운반용구를 사용할 수 없을 경우에는 올바른 중량물 취급 방법에 따라 안전하게 물품을 운반해야 한다.
- 중량물의 운반 시에는 남성과 여성의 작업영역의 범위의 차이가 있기 때문에, 이를 고려하여 적절한 작업영역에서 취급할 수 있도록 조치해야 한다. 또한 적정 중량을 초과하는 물건을 운반할 때는 2인 이상이 함께 작업하고, 가능한 각 근로자에게 중량이 균일하게 전달되도록 해야 한다.

그림 14-5

중량물 운반을 위한 접이식 운반차와 위생통 운반구

자료: 주방뱅크

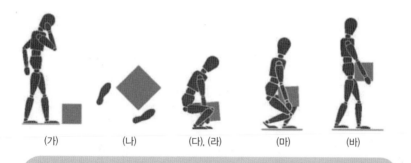

(가)　　　(나)　　　(다), (라)　　　(마)　　　(바)

(가) 중량물에 몸의 중심을 가깝게 한다.
(나) 발을 어깨너비 정도로 벌리고 몸은 정확하게 균형을 유지한다.
(다) 무릎을 굽힌다.
(라) 가능하면 중량물을 양손으로 잡는다.
(마) 목과 등이 거의 일직선이 되도록 한다.
(바) 등을 반듯이 유지하면서 무릎의 힘으로 일어난다.

그림 14-6

올바른 중량물 취급방법

자료: 한국산업안전보건공단(2012)

- 주방 근무는 육체적 노동의 피로가 크기 때문에, 근무시간 중 적절한 휴식 시간을 제공해야 하며, 휴식시간에는 편안한 상태로 휴식할 수 있는 공간을 제공하여야 한다.
- 작업대의 높이는 너무 높거나 낮지 않도록 하고, 만일 근무자의 키와 맞지

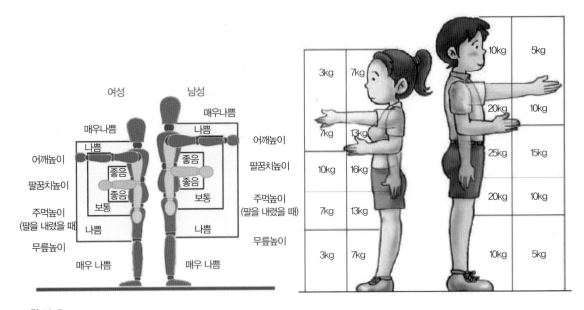

그림 14-7
남성과 여성의 작업점의 높이에 다른 적정 작업영역과 적정 무게 분산
자료: 한국산업안전보건공단(2012)

않을 경우 조절할 수 있는 방안을 제공한다.

• 팬이나 냄비 등 빈번하게 들고 사용하는 기물류는 가능하면 가벼운 소재를 사용하여 손목 등의 무리를 최소화한다.

(7) 화학물질로 인한 피부질환

① 사고의 발생 원인: 주방에서는 세척제, 소독제 등 각종 화학물질을 사용한다. 화학물질들은 식품과 주방의 위생관리와 안전관리를 위하여 꼭 필요하지만, 각종 부상과 피부질환을 유발하는 요소가 되기도 한다. 예를 들어 고농도의 세제를 열 때 액체가 눈이나 피부로 튀어 부상을 당할 수도 있고 가려움, 반점, 부종 등의 피부질환으로 나타나기도 한다.

또한 단일 사용으로는 문제가 없지만 성상이 다른 두 가지 이상의 화학물질이 만나면서 화학반응을 일으키면서 나타나는 문제들도 있다. 따라서 이들 화학물질의 성분과 위험성, 올바른 취급방법을 정확히 알고 사용하여야 한다.

② 사고 예방을 위한 방법

- 관리자 및 모든 직원들이 사용하는 화학물질의 인체 유해성 등을 사전에 파악한다. 이를 위해 화학물질을 소분하여 사용하는 용기 등에 위험성에 대한 내용과 응급상황에 대한 대처 방법 등을 간략하게 기록하여 부착하면 도움이 된다.
- 관리자는 직원 안전교육 시에 물질안전보건자료의 내용에 의거하여 사용하는 화학물질의 안전한 사용, 취급, 보관 및 폐기방법 등을 교육한다.
- 근무자는 화학물질 사용 시에 용기에 표기된 주의사항을 읽는다.
- 화학물질은 해당 용도로만 사용하고, 다른 용도에 대체하여 사용하지 않는다.
- 필요시 장갑과 보안경 등 보호구를 착용한다.
- 독성물질을 흡입하거나 삼키거나 접촉하였을 경우, 적절한 응급처치와 치료를 받는다.
- 화학물질은 적절하게 표시된 용기에 담아 지정된 장소에 보관한다.
- 화학물질 보관 장소는 식품 창고와 구분하여 지정 캐비닛에 보관하거나, 식품과 가능하면 멀리 떨어뜨려 보관한다.
- 화학물질 보관장소에는 화학물질의 성분과 사용 방법, 독성, 안전 지침 및 응급처치 등에 관한 정보를 제공하는 물질안전보건자료(MSDS)[2]를 비치한다.
- 화학물질 보관 창고는 지정된 인원만이 보관창고에 출입하도록 하고, 경고 표지를 게시하고 항상 문을 잠가 놓는다.
- 항상 화학물질의 용기는 꼭 닫아 놓는다.
- 화학물질의 분배 또는 보관을 위해 조리용기 또는 식품용기를 이용하지 않는다.
- 화학물질은 임의로 혼합하여 방치하지 않고, 혼합하여 사용하는 물질도 명

---

2 물질안전보건자료: 산업안전보건법에서는 학교, 병원, 산업체, 사무실, 식품회사, 음식점 등 화학물질을 사용하는 모든 사업장이 사용하는 화학물질(음식점의 경우 주로 소독제와 세제류)의 성분에 대한 정보와 유해성, 위험성, 취급 방법 등에 대한 상세 정보를 제공하는 물질안전보건자료(MSDS, Material Safety Data Sheets)를 의무적으로 보관하도록 규정하고 있다. 물질안전보건자료는 각 생산업체나 유통업체를 통해 제공받을 수 있다.

시된 사항이 아닐 경우에는 바로 사용할 분량만 혼합하여 사용하고, 혼합한 채로 보관하지 않는다[3].

- 화학물질과 함께 제공되지 않은 플라스틱 스푼은 예기치 못한 화학반응을 일으킬 수 있으므로 덜어낼 때 사용하지 않는다.
- 화학물질은 반드시 낮은 선반에 보관해 높은 곳에서 떨어지거나 새어 나왔을 때 사고가 발생하는 일을 줄인다.
- 고무장갑 사용 후 라텍스 알러지로 인한 가려움증이 발생할 수 있으므로, 라텍스 소재가 함유되지 않은 니트릴 장갑을 사용한다.

그림 14-8
물질안전보건자료(MSDS)의 요약 표기 예시

그림 14-9
화학물질 전용 캐비닛과 물질안전보건자료 보관함

---

3 혼합으로 인한 화학반응: 화학물질은 혼합하여 사용할 경우 화학반응으로 인하여 큰 사고가 발생할 수 있다. 예를 들어 식초나 염산 등의 산성물질과 락스 등의 표백제가 만나면 다량의 염소기체가 발생하는데, 염소기체는 만성 기관지 염증을 유발할 수 있다.

(8) 호흡기 질환

① 사고의 발생 원인: 밀가루, 고춧가루, 후추, 마늘, 향료 등 양념과 첨가제 등 분말이나 화학물질에 노출, 또는 먼지가 많은 공간의 청소 시 호흡기 질환이 있거나 기관지가 약한 근무자는 기침, 천식, 호흡곤란의 위험이 있다.

또한 즉각적인 호흡기 질환이 아니지만, 가스나 숯 등의 연료를 이용한 조리 시 발생하는 일산화탄소, 튀김이나 볶음 요리를 할 때 발생하는 유증기, 초미세먼지와 포름알데히드 등이 오랜 시간 근무로 누적될 경우, 폐암 등의 심각한 호흡기 질환으로 발전할 수 있다.

② 사고 예방을 위한 방법

- 분말류를 사용하는 작업에서는 마스크를 사용하고, 밀폐된 공간에서 작업하지 않도록 한다. 또한 청소 등의 작업 시에는 창문과 문을 열어 충분한 환기가 가능하도록 하고, 공기 중에 떠도는 분말류의 농도가 높을 경우 주방의 불꽃을 만나 화재가 발생할 가능성도 있으므로 주의한다.
- 한 학교에서는 12년간 급식실 조리사로 일했던 조리사가 폐암 4기 판정을 받고 사망한 사례가 알려졌는데, 사망 후 조사를 통해 그 주요한 원인이 주방의 열악한 환기시설이었던 것으로 드러났다.
- 주방에서 근무할 경우 일산화탄소나 기타 유해물질 등을 아예 피할 수는 없다. 하지만 충분한 급배기 설비와 환기 매뉴얼 등을 갖추고, 관리할 수 있

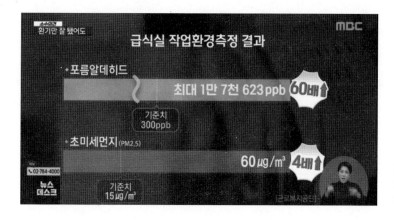

그림 14-10
열악한 급식실 공기 질 측정 사례
자료: MBC 뉴스

다면 이러한 호흡기 질환으로 인한 산업재해의 위험은 낮출 수 있다.

3. 화재의 이해와 예방

주방에서는 가스를 사용하여 직화로 조리하는 경우가 많고, 기름 등의 인화성 물질을 많이 사용하기 때문에 직접적인 화재발생의 위험도 높고, 화재의 확산도 빠르다. 또한 전기기기 사용 시 누전으로 인한 전기화재의 위험도 큰 공간이다.

1) 전기 화재

전기로 인한 화재는 용량에 맞지 않는 전선이나 콘센트 등을 사용하는 데서 빈번하게 발생한다.

콘센트와 멀티탭 등을 사용할 때 문어발 배선 등으로 많은 전기기구를 사용하게 되면 과전류로 인해 과열로 화재가 발생할 수 있다. 또한 비닐로 감싼 전선을 제한 용량보다 높게 사용할 경우에도 화재 위험이 크다.

전기 화재 예방을 위해서는 다음과 같은 부분에 유의해야 한다. 다음의 내용을 지키는 것만으로도 전기 화재 90%는 예방이 가능하다.

- 문어발식 콘센트 사용은 하지 않는다. 특히 전열기기 등을 한 곳에 무리하게 꽂아서 사용해서는 안 된다.
- 스위치, 콘센트, 전기기구 부근에 가연성 물질을 두지 않는다.
- 전열기기용 전선은 충분한 용량으로 사용한다.
- 불법시설의 금지 및 임의 시설공사시 안전시공에 유의한다.
- 누전차단기 주기적인 점검 및 노후시설 교체

2) 가스 화재

가스로 인한 화재는 가스레인지 등 불꽃이 있는 가스기기를 사용하거나, 중화요리처럼 순간적으로 강한 불이 솟구치는 조리를 할 때, 불꽃이 가연성 물질에 옮겨붙으며 생기는 경우가 일반적이며, 가스 누출로 폭발 등이 일어나는 경우가 있다.

가스 화재 발생을 막기 위해서는 다음과 같은 부분을 주의하여 가스기기를 사용해야 한다.

- 화구 주변에 종이, 기름 등의 가연성 물질을 쌓아두지 않는다.
- 가스불 위에 요리를 올려놓고, 장시간 방치하지 않는다.
- 가스 누설로 인한 화재 예방을 위해 호스와 연소기 등의 이음매 부근에서 가스가 새지 않는지 비눗물이나 점검액 등으로 수시로 점검해야 한다.
- 주방 내에서는 절대 금연하고, 지정된 흡연구역에서만 흡연하도록 교육한다.
- 겨울에서 봄으로 넘어가는 2~3월 전후로는 얼었던 땅이 녹아 지반 침하 때

그림 14-11
화재 위험이 높은 중식 주방
자료: Kelly B on Flickr

문에 땅속의 배관이 손상될 우려가 있다. 따라서 건물이나 주방으로 연결된 배관 상태를 반드시 점검해야 한다.

• 플람베(Flambé)를 하거나, 중화요리 등에서는 강한 불이 순간적으로 솟구치는 경우가 많은데, 이때 배기후드 필터나 덕트에 기름기나 먼지가 많이 쌓여있는 경우 화재로 이어질 수 있으므로, 필터와 덕트는 정기적으로 청소해야 한다.

• 식용유 화재 발생시 진화를 위해 물을 뿌리면 물이 기화되면서 유증기를 더욱 확산시킬 수 있기 때문에 절대로 물을 사용해서는 안 되며, 기름화재

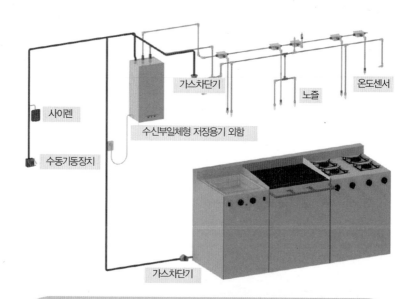

① 화재발생
② 화재 설정온도 감지 또는 수동스위치 작동
③ 제어부 화재신호 전달
④ 각 기능 작동 시작(덕트 댐퍼 작동 → 가스차단기 작동 → 소화기의 모터헤드 작동)
⑤ 소화약제 분사 → 화재 진화 시작
⑥ 조리시설 내/외부 위치별로 분사노즐에 의한 전방위 진화

그림 14-12
주방용 자동 소화장치의 구조와 작동 원리
자료: ㈜한국소방기구제작소

전용 소화기인 K급 소화기를 사용해야 한다.

- 조리기구 상부에 자동 소화장치를 설치하면 조리 중 화재로 인한 피해를 최소화할 수 있다.

3) 가스 누출 사고

가스는 관리가 소홀할 경우 엄청난 사고로 이어질 수 있다.

2020년 1월, 설 연휴에 강원도의 한 펜션에 모인 가족들이 식사 중에 가스가 폭발해 일가족 7명 전원이 사망하는 끔찍한 사건이 발생했다. 사건 발생 후 조사에서 허술한 관리가 누적됨으로 예정된 인재(人災)였던 것이 밝혀졌는데, 그 원인은 다음과 같았다.

- 펜션 운영자는 전기 인덕션을 사용하기 위해 종업원에게 가스레인지를 철거하도록 지시했으며, 사고 당일까지 LP가스 누출 방지를 위한 마감 조치를 하지 않았다.
- 펜션 종업원은 전문적인 자격이 없음에도 가스레인지를 철거한 후 가스배관은 마감 조치를 하지 않았다.
- 가스공급자는 연 1회 실시하는 정기검사를 제대로 하지 않았다.
- 사고 당시 현장에는 의무적으로 달아야 하는 중간밸브가 없었고, 이 자리

그림 14–13
강원도 펜션 가스폭발 사고 뉴스
자료: YTN News 유튜브

에 볼밸브가 있었으며, 곧바로 가스호스를 연결할 수 있는 니플이 달려 있었다. 니플은 주로 대형버너를 연결할 때 사용하는데 이 부분을 펜션 업주가 임의로 교체한 것으로 추정됐다.

가스 철거 후 마감조치가 제대로 이루어지지 않고, 정기검사 또한 허술했던 것이 사고의 주요한 원인이었던 것으로 밝혀졌고, 몇 사람의 안전불감증 때문에 일가족 전원 사망이라는 결과를 초래한 것이다. 이처럼 가스는 안전한 설치는 물론, 정기적인 점검 및 관리가 필수적이다.

가스 누출은 질식, 폭발 등으로 이어질 수 있기 때문에, 가스 누출이 일어나지 않도록 하는 것이 가장 중요하다. 일단 가스가 누출된 경우는 신속하게 환기를 시켜 폭발 등의 사고로 이어지지 않도록 하는 것이 중요하다.

가스는 무색, 무취의 기체이나, 누출 시에 빠르게 알아챌 수 있도록 특정한 냄새를 넣는다. 가스냄새가 나거나, 경보기의 알람이 울리면 가스기기의 밸브를 잠근 후 최대한 빨리 중간밸브, 용기밸브, 혹은 메인밸브를 모두 잠가야 한다. 천연가스는 그 자체로는 독성이 없으나 질식성이 있어, 가스 누출 시에는 질식현상(산소결핍증)에 주의하여야 한다.

LPG는 공기보다 1.5~2배 무거워 가스가 누출되면 바닥에 가라앉고, LNG는 공기보다 0.6~0.7배 가벼워 누출되면 천장 근처에 모인다. 가스 누출 시에는 사용하는 가스의 성질을 감안하여 환기해야 한다.

가스 누출 사고 예방을 위해서는 다음과 같이 관리해야 한다.

(1) 가스 사고 예방을 위한 방법
① 사용 전
- 가스를 사용하기 전에는 연소기 주변을 비롯한 실내에서 냄새를 맡아 가스가 새지 않았는가를 확인하고 창문을 열어 환기시키는 안전수칙을 생활화한다.
- 콕, 호스 등 연결부에서 가스가 누출되는 경우가 많기 때문에 호스 밴드로 확실하게 조이고, 호스가 낡거나 손상되었을 때에는 즉시 새것으로 교체한다.

② 사용 중

- 사용중에는 가스의 불꽃 색깔이 황색이나 적색인 경우는 불완전연소되는 것으로, 연소 효율이 좋지 않을 뿐 아니라 일산화탄소가 발생되므로, 공기 조절장치를 움직여서 파란 불꽃 상태가 되도록 조절해야 한다.
- 가스레인지의 경우 바람이 불거나 국물이 넘쳐 불이 꺼지면 가스가 그대로 누출되므로 사용중에는 불이 꺼지지 않았는지 자주 살펴봐야 한다.
- 가스레인지의 불이 꺼질 경우 소화 안전장치가 없는 연소기는 가스가 계속 누출되고 있으므로 가스를 잠근 다음, 샌 가스가 완전히 실외로 배출된 것을 확인한 후에 재점화해야 한다.
- 공기와 혼합된 가스는 아주 작은 불꽃에 의해서도 폭발되므로 가스 누출 후 이를 배출시킬 때에는 환풍기나 선풍기 같은 전기제품을 절대로 사용하지 말고 방석이나 빗자루를 이용함으로써 전기스파크에 의한 폭발을 막아야 한다.
- 사용중에 가스가 떨어져 불이 꺼졌을 경우에도 반드시 연소기의 콕과 중간밸브를 잠그도록 해야 한다.

③ 사용 후

- 가스를 사용하고 난 후에는 연소기에 부착된 콕은 물론 중간밸브도 확실하게 잠그는 습관을 갖도록 해야 한다.
- LPG 가스의 경우 가스를 다 사용하고 난 빈 용기라도 용기안에 약간의 가스가 남아 있는 경우가 많으므로 빈용기라고 해서 용기밸브를 열어놓은 채 방치하면 남아있는 가스가 새어나올 수 있으므로 용기밸브를 반드시 잠근 후에 화기가 없는 곳에 보관하여야 한다.

④ 가스 시설 점검

- 가스 누출점검은 가스가 누출될 위험이 있는 부위에 주방세제와 물을 1 : 1 비율로 섞은 비눗물을 발라 기포가 일어나는지를 알아보는 것만으로 충

분하다.

- 만약 누출되는 것을 발견하면 용기밸브나 메인밸브를 잠그고 판매점 등에 연락하여 보수를 받은 후 다시 사용한다. 이와 같은 점검은 요일을 정해놓고 정기적으로 실행하여 안전한 주방환경을 만드는 것이 좋다.

⑤ 가스 누출 감지경보기 설치

- 가스 누출 감지경보기는 가스사용시설로부터 가스 누출 시에 이를 조기 감지 및 경보하여 화재 및 폭발을 방지하기 위하여 설치한다.
- 가스 누출 감지경보기는 사용하는 가스 종류에 따라 감지부(센서)의 위치가 달라진다. LPG는 공기보다 무거우므로 바닥 부근에 설치하고, LNG는 공기보다 가벼우므로 천장에서 30cm 이내에 설치한다. 모든 감지부는 가스사용시설로부터 수평거리 4m 이내에 설치하여야 정확하게 감지가 가능하다. 또한 감지부에 물이나 이물질이 고착되지 않도록 덮개를 씌우고 기구 세척 및 바닥청소 시에는 특히 주의해야 한다.
- 가스 누출 감지경보기의 수신 경보부는 경보 시 신속한 안전조치를 취할 수 있도록 작업자가 상주하는 곳이나 경보음을 쉽게 청취할 수 있는 곳에 설치한다. 또한 주방의 경우 소음으로 가스 누출 시 경보를 듣지 못할 수 있기 때문에, 소리와 함께 불빛으로 경보를 알려주는 경보기를 설치하는 것이 안전하다.
- 가스 누출 감지경보기는 항상 가동될 수 있도록 전기 콘센트에 연결시켜 놓고, 오작동을 예방하기 위해 주기적으로 정상작동 여부를 점검하고, 작동이 불량한 경우 즉시 교체하거나 수리하여야 한다.

4) 소방시설 설치와 관리

(1) 소방시설과 비상구

지하층이나 2층 이상의 점포에 음식점을 창업할 때는 소방시설과 비상구를 반드시 갖춰야 한다. 특히 100m² 이상의 영업장은 소방필증을 받도록 규정하고 있다. 소방시설 점검사항은 소화기 배치, 스프링 쿨러 설치, 방염 재질의 마감재 사용, 비상 플래시, 소방 경보기 설치, 비상 안내도 등으로 이루어지는데, 창업 전에는 점포 계약 후 인테리어 공사에 앞서 소방 허가 대행업체에 의뢰해 점포 시설과 기타 요소를 점검하고, 보완작업을 준비해야 향후 소방시설 점검 시에 시간과 비용을 절감할 수 있다.

(2) 일반 소방시설

소방시설은 주방의 규모와 넓이, 취급하는 가스의 종류와 주된 조리방법 등에 따라 예상되는 폭발이나 화재를 예방하기 위하여 적합한 소방시설을 설치한다.

옥내·외의 소화전함은 램프에 의하여 식별이 가능하도록 하고, 음식점 내부에는 2개 이상의 소방 호스와 노즐을 비치하며, 다른 물품과 함께 보관하지 않는다.

소화기와 비상벨은 구획마다 설치해야 하는데, 사람의 통행이 빈번하거나 보기 쉬운 장소에 바닥으로부터 1.5m 이내의 높이에 설치한다. 특히 주방에서는 기름 화재의 진화에 효과적인 K등급의 소화기를 화구 가까운 곳에 추가로 비치하여야 한다.

소화설비에는 점검표를 게시하여 점검자가 매월 또는 매주단위로 주기적인 점검을 실시해야 하고, 압력이 저하되거나 사용한 소화기는 다시 사용할 수 있

1. 약제가 굳었는지 흔들어 확인
2. 각 구획마다 설치되었는지 확인
3. 압력계 지침이 녹색을 가리키면 정상, 노란색이면 압력미달

가압식 노후소화기는 폭발 위험성 등으로 폐기 후 축압식 소화기로 교체사용

녹색: 정상

노란색: 압력미달

월1회: 흔들어주세요

그림 14-14
소화기 점검사항

안전시설등 세부점검표(작성 예시)

1. 점검대상

대상명		전화번호	
소재지		주용도	
건물구조	대표자	소방안전 관리자	

2. 점검사항

점검사항	점검결과	조치사항
① 소화기 또는 자동확산소화기의 외관점검 　－ 구획된 실마다 설치되어 있는지 확인 　－ 약제 응고상태 및 압력게이지 지시침 확인	－ 실마다 설치 － 소화기 압력상태 미달	－ 소화기교체
② 간이스프링클러설비 작동기능점검 　－ 시험밸브 개방 시 펌프기동, 음향경보 확인 　－ 헤드의 누수·변형·손상·장애 등 확인	－ 펌프,경보 이상없음 － 이상없음	
③ 경보설비 작동기능점검 　－ 비상벨설비의 누름스위치, 표시등, 수신기확인 　－ 자동화재탐지설비의 감지기, 발신기, 수신기확인 　－가스누설경보기 정상작동여부 확인	－ 이상없음	
④ 피난설비 작동기능점검 및 외관점검 　－ 유도등·유도표지등부착상태 및 점등상태확인 　－ 구획된 실마다 휴대용비상조명등 비치 여부 　－ 화재신호 시 피난유도선 점등상태 확인 　－ 피난기구(완강기, 피난사다리 등) 설치상태 확인	－ 부착상태 양호 － 각실에 비치됨 － 점등상태 양호 － 피난기구 설치됨	
⑤ 비상구 관리상태 확인	－ 비상구관리 양호	
⑥ 영업장 내부 피난통로 관리상태 확인 　－ 영업장 내부 피난통로 상 물건적치 등 관리상태	－ 물건적치 불량	－ 적치물건 치움
⑦ 창문(고시원)관리상태 확인	－ 관리상태 양호	
⑧ 영상음향차단장치 작동기능점검 　－ 경보설비와 연동 및 수동작동 여부 점검 　　(화재신호 시 영상음향차단 되는 지 확인)	－ 비상벨작동시 　영상음향 차단됨	
⑨ 누전차단기의 작동 여부 확인	－ 전기업체에서 점검 받음	
⑩ 피난안내도 설치 위치 확인	－ 각실부착함	
⑪ 피난안내영상물 상영 여부 확인	－ 손님 바뀔때마다 영상물 상영함	
⑫ 실내장식물·내부구획 재료 교체 여부 확인 　－ 커튼, 카페트 등 방염선처리제품 사용 여부 　－ 합판·목재 장염성능확보 여부 　－ 내부구획재료 불연재료 사용여부	－ 완공필증 발급시 확인 완료	
⑬ 방염 소파·의자 사용 여부 확인	－ 사용하고 있음	
⑭ 안전시설등 세부점검표 분기별 작성 및 1년간보관 　여부	－ 보관하고 있음	

그림 14-15

안전시설 점검표 예시

자료: 국민안전처 중앙소방본부(2016)

도록 허가업체에서 약제를 보충한다.

다중이용시설로 지정된 음식점에서는 분기별로 1회 이상 안전시설을 점검하고, 점검 결과보고서를 1년간 보관해야 한다. 정기점검을 실시하지 않거나, 점검표를 보관하지 않았을 때는 300만원 이하의 과태료가 부과될 수 있다.

4. 응급상황 대처

1) 화재

화재 발생 시에는 다음과 같은 방식으로 대처한다.

소리와 경보로 알리기	• 화재를 발견한 사람은 큰 소리로 "불이야!" 등으로 화재 사실을 알리고 화재 경보기를 누른다.
119에 신고하기	• 이때 신고가 가능한 경우 119에 신고한다.
대피로 확보 후 초기 진화	• 화재 신고 후 초기 진화가 가능하다면 소화기, 소화전 등을 이용하여 불을 끈다. 단, 대피로가 확보됐는지 확인한 후 초기 진화를 해야 한다. 소형 소화기는 약제가 부족할 수 있고, 진화 경험이 없는 경우 화재를 더 키울 수도 있기 때문이다.
대피	• 대피할 때는 불꽃과 연기가 적은 통로로 대피하되, 엘리베이터는 이용하지 말고 계단을 이용하여 대피한다. 대피할 때는 물을 적신 수건이나 옷 등으로 코와 입을 가리고 연기를 피해 자세를 낮추고 대피한다. 만일 문을 손으로 짚었을 때 뜨거우면 해당 공간이 이미 불이 많이 번진 상태이므로 다른 곳으로 대피해야 한다. • 대피가 불가능한 경우에는 연기가 들어오지 못하도록 물을 적신 옷이나 천으로 문틈을 막고, 연기가 없는 창문을 통해 소리를 지르거나, 흰 천을 흔들어 갇혀있다는 사실을 외부에 알린다.

소화기를 불이 난곳으로 옮긴다.

안전핀을 뽑는다.

바람을 등지고 호스를 불쪽으로 향한다.

손잡이를 강하게 눌러 골고루 방사한다.

그림 14–16
소화기 사용방법

2) 부상

(1) 베임 또는 절단

베임이나 절단 사고가 있을 경우 작업을 중단하고 즉시 관리자에게 보고한다. 만일 환자가 움직일 수 있는 상황이면 다른 조리 종사원과의 접촉을 피한 후 조리장소로부터 격리시킨다.

출혈이 있는 경우 상처부위를 눌러 지혈시키고, 출혈이 계속되면 출혈부위를 심장보다 높게 하여 병원으로 이송한다. 경미한 상처는 소독액으로 소독하고 포비돈 용액이나 항생제를 함유한 연고 등을 바른다. 상처는 박테리아 감염의 원인이 되므로 일회용 방수성 반창고로 상처부위를 감싸고, 손가락 장갑(평거코트) 등의 내수성 있는 재질로 다시 감싼다. 부득이 작업에 임할 경우 청결한 음식물이나 식기를 담당하는 대신 다른 작업에 배치시킨다.

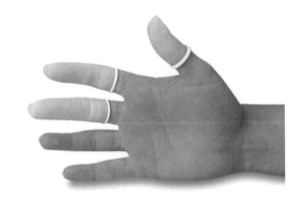

그림 14-17
손가락 장갑

(2) 화상

화상은 열에 의해 피부 조직이 손상되는 부상을 의미한다. 화상은 피부의 손상 정도에 따라 1도, 2도, 3도 화상으로 분류한다.

1도 화상은 표피층에 손상이 되는 경우로, 적절한 응급처치가 이루어지면 며칠 안에 흉터 없이 가라앉는다. 2도 화상은 표피층과 진피층까지 손상이 진행되며, 물집이 생기는 경우가 많다. 2도 화상은 흉터와 색소침착 등의 후유증이 나타날 수 있다. 3도 화상은 표피층, 진피층, 피하조직까지 손상되는 경우로, 3도 화상은 모든 신경이 손상돼서 통증도 느끼기 어려운 경우가 많다.

일반적인 화상인 경우 깨끗한 냉수로 15분 이상 차게 하여 가능한 빨리 피부에서 화기를 없앤다. 만일 가까이에 물이 없거나 병원으로 이송할 경우에는 깨끗한 냉수로 적신 수건을 대고 15분 이상 차게 하고, 화상연고 등을 발라 환부를 진정시킨다. 그러나 화상 부위가 크거나 2도 이상의 화상인 경우 바로 병원으로 이동하는 것이 좋다.

화기가 어느 정도 없어지면 감염 방지를 위해 멸균거즈 또는 깨끗한 포를 상처부위에 대고 그 위에 붕대 등으로 감는다. 긴급히 의사의 치료를 받을 수 없

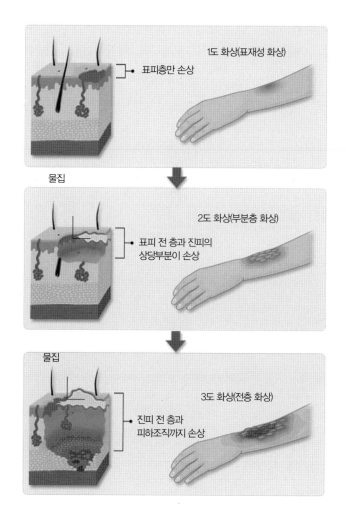

1도 화상(표재성 화상)
표피층만 손상

물집

2도 화상(부분층 화상)
표피 전 층과 진피의
상당부분이 손상

물집

3도 화상(전층 화상)
진피 전 층과
피하조직까지 손상

그림 14-18
손상 깊이에 따른 화상의 분류
자료: 국가건강정보포털

는 경우에는 소독약(무색 액체)으로 상처부위 및 그 주위를 소독한다.

화상을 당한 부위에 민간요법으로 된장, 간장, 감자 등을 바르는 것은 상처표면을 불결하게 하여 세균감염을 일으키는 원인이 되므로 절대로 하지 않아야 한다. 또한 물집이 생기면 터뜨리지 말고 그대로 놔 둬야 한다. 물집을 터뜨리면 세균감염이 될 수 있다.

화상이 심한 경우 갈증이 있어도 의사의 허락이 있을 때까지 물을 마시지 말아야 하며, 안구 화상의 경우 눈을 문지르면 각막이 손상되므로 절대 문지르지 않아야 한다.

(3) 근골격계 손상

미끄러짐이나 무거운 물건을 들다 근골격계의 손상이 생긴 경우, 큰 움직임이 없도록 하고, 특히 손상 부위가 움직이지 않도록 한다.

외부에 상처가 생긴 경우 깨끗한 거즈로 덮어주고, 손상부위에 신속히 냉찜질을 해 준다. 냉찜질은 최대 20분정도 수행하고, 거동이 어려운 경우 119 등에 도움을 청해 병원으로 이송한다.

(4) 화학물질의 접촉으로 인한 부상

약품이 피부에 침투하기 전에 흐르는 수돗물로 20분 이상 씻어낸다. 만일 약품이 눈에 들어간 경우는 얼굴 전체를 세면기 등에 넣고 수돗물을 천천히 흘리면서 눈을 떴다 감았다 하면서 약 20분 이상 씻어낸 후 신속히 병원으로 이송한다.

화학약품을 보관하는 창고에는 가까운 곳에 눈세척기와 식염수를 보관하여 응급시 사용할 수 있는 눈세척기 함을 비치하면 도움이 된다.

(5) 감전

감전이 되면 인체에 통과하는 전류의 양에 따라 다른 증상이 나타난다.

표 **14-1.** 전류의 크기에 따른 인체의 반응

통과 전류의 크기	1mA	5mA	10mA	15mA	50~100mA
증상	행동이 약간 둔해짐	경련	심신 불안정	강력한 경련	사망

　감전이 확인되면 되었을 때는 가장 먼저 전원을 끊어야 한다. 전원 차단이 불가능한 경우, 환자를 감전 원인에서 멀리 떼어내야 한다. 감전된 환자는 아직 전류가 흐를 수 있기 때문에 환자를 바로 만지면 만진 사람도 위험할 수 있다. 따라서 전기가 통하지 않는 옷차림(고무장갑, 고무장화, 마른 면양말 등)을 하고 전류가 통하지 않는 플라스틱이나 나무막대기 등을 사용해 감전 원인과 환자를 분리한다. 특히 주방은 바닥에 물기가 있어 구조를 하려는 사람의 신발이 젖어있는 경우 함께 위험해질 수 있음을 명심해야 한다.

　환자를 전원에서 떼어내면 조용히 눕힐 수 있는 장소로 이동시킨다. 이때 환자의 이동을 돕는 사람은 모두 전기가 통하지 않는 옷차림을 한 상태여야 한다. 환자를 눕힌 후에는 이름을 부르는 등 의식의 유무를 살피며 119에 신

그림 14-19

감전사고시 비전도체를 사용하여 환자를 전원과 분리

자료: Anatomy Atlases

고한다.

의식이 없으면 즉시 호흡과 맥박의 여부를 확인하고 호흡이 멎어 있을 때는 기도를 확보하고 인공호흡을, 맥박도 멎어 있으면 인공호흡과 병행해서 심폐소생술을 한다. 만일 의식이 있는 경우에는 본인이 가장 편한 자세로 안정을 취하도록 하면서 환자에게 말을 걸거나 하면서 안정에 도움을 준다.

환자의 의식이 분명하고 건전해 보여도, 감전은 신체에 내상을 입히는 경우가 있기 때문에 바로 병원으로 이송하여 진찰을 받아야 한다.

3) 상비약품 구비

주방은 빈번하게 부상이 발생하는 공간이므로, 상비약품의 구비는 필수적이다 (산업안전보건기준에 관한 규칙 제82조). 일단 상비약품을 준비한 후에는 정기적으로 점검하여 사용한 구급약품을 보충하고, 사용기한이 만료되면 약품을 교체하여 상시 발생할 수 있는 사고에 대비하는 것이 좋다. 표 14-2는 상비약품을 구비하고, 관리하기 위한 리스트이다.

표 **14-2.** 기본적 구급약품 목록 예

분류	품목	입고수량	(/)일 수량	사용기한
먹는약	해열제			
	소염진통제			
	소화제/지사제			
	종합감기약			
외용제	소독약			
	상처 연고			
	화상 연고			
의약외품	일회용밴드			
	방수 일회용밴드			
	멸균거즈			
	반창고			
	손가락 골무			

5. 보험 가입

빈번한 음식점에서의 안전사고의 발생과 식품안전 규제의 강화, 고객들의 건강에 대한 관심의 증가 등으로 인해 식품산업과 관련한 보험상품도 증가하고 있는 추세이다. 음식점에서 안전사고가 발생할 경우, 관련기업은 배상책임과 판매량 감소로 인한 금전적 손실뿐만 아니라 평판 훼손 등으로 인한 비금전적 손실도 함께 발생한다. 따라서 적절한 보험을 선택하고 미리 가입하면 이로 인한 금전적, 비금전적 손실을 최소화할 수 있다.

1) 화재보험 및 재난배상책임보험

화재보험은 화재로 인한 사업장의 손해를 보상받기 위한 보험이며, 화재배상책임보험은 화재로 인한 타인의 생명·신체·재산상의 손해를 보상하기 위한 보험이다.
　재난배상책임보험은 음식점 등 다중이용업소의 경우 의무적으로 가입하도록 되어 있으며, 만일 소방 점검 시 화재배상책임보험에 가입돼 있지 않을 경우, 300만원 이하의 과태료가 부과될 수 있다. 단, '화재로 인한 재해보상과 보험가입에 관한 법률 시행령' 제2조(특수건물)에 해당되는 건물의 다중이용업소는 가입 의무가 제외되므로 참고하자.

2) 시설소유자 배상책임보험

시설소유자 배상책임보험은 시설 소유자가 시설이나 시설의 용도에 따른 업무 수행으로 생긴 사고로 해당 시설을 이용하는 사람에게 부상, 사망, 장애, 대물 피해 등을 입힌 경우, 손해배상 책임을 보상하기 위한 보험이다.
　예를 들어 고객에게 음식을 서빙하던 중 그릇을 놓쳐 고객의 옷을 훼손시키거나 화상을 입힌 경우, 화장실 청소 후 바닥이 미끄러운 상황에서 고객이 미끄러진 경우에는 이러한 보험으로 고객에게 손해배상을 할 수 있다.

3) 식품안전 관련 보험

음식물배상책임보험은 우리나라의 많은 음식점들도 가입하고 있어 익숙해지고 있는 보험상품이다. 여기에 더해 미국, 유럽, 일본 등 주요 선진국의 식품기업을 중심으로 식품안전사고로 인한 위험을 담보하는 생산물 회수비용보험, 상품오염 담보보험 등이 일반화되고 있다.

표 **14.3.** 식품안전사고 리스크를 담보하는 보험상품

구분	담보범위
음식물 배상책임보험	음식점에서 제조 및 판매한 음식물로 인해 고객의 신체 또는 재물손해 등의 사고가 발생했을 경우, 배상하는 보험 – 법률상 손해배상 및 소송비용 등
생산물 회수비용 보험(리콜보험)	질병 또는 사망을 유발하는 우연하고 고의성이 없는 식품결함, 유해 물질 표시 누락 등으로 인한 제품회수위험의 담보 – 소비자 통지 비용, 검사 비용, 폐기 비용, 제품 대체 비용 등
상품오염 담보보험	우연한 식품사고로 인한 제품회수 및 악의적 제품회손 위험 등을 담보 – 피보험자의 리콜 비용, 사전검사 및 사후 위기관리 비용, 기업복구 비용 등

자료: 정인영(2017)

6. 사고 발생 후 후속처리

주방 안전관리는 불의의 사고로 인해 고객과 근무자, 음식점 경영자와 음식점 자체까지 모두를 보호하기 위하여 반드시 지켜야 할 주방관리 요소 중 하나이다. 주방 안전관리는 사고 발생을 미연에 방지하는 것이 가장 큰 목표이다. 하지만 한 번 사고가 발생하면 그에 대해 민첩하게 대처하여 더 큰 사고로 이어지지 않게 하는 것도 중요한 목표이다.

어떤 사고가 발생하든 사고의 피해자나 관리자 모두 당혹스럽기는 마찬가지다. 이때 신속하고 적절한 후속 대처가 있다면 해당 음식점은 사고로 인해 이미지가 나빠지는 것이 아니라, 오히려 고객과 내부 직원들의 신뢰와 충성도를 확보하는 데 도움이 될 수 있다. 이를 위해서는 안전관리 단계에서 다양한 사

고 발생 요소를 미연에 예방하기 위한 장치들을 마련하고, 응급상황에 대한 대처방안을 수립하고, 평상시에 직원을 훈련하는 것이 필요하다.

요약

- 주방에서 발생하는 대부분의 사고는 고객이나 직원의 신체적, 정신적 손상, 대규모 사고로 이어질 수 있다. 이로 인해 음식점은 음식점의 존폐를 위협할 정도의 피해가 발생할 수 있어 미리 예방하는 것이 매우 중요하다.
- 주방 안전사고의 종류는 베임 또는 절단, 미끄러짐과 넘어짐, 화상, 전기 감전과 누전, 끼임, 근골격계 질환, 화학물질로 인한 피부질환과 호흡기 질환 등이 있다.
- 주방은 불꽃이 노출되는 가스레인지 등의 기기와 전기기기, 가스 누출 등으로 화재 위험이 큰 곳으로, 각 기기를 사용할 때는 안전수칙을 잘 지키는 것이 매우 중요하다.
- 주방에서 안전사고가 발생했을 때는 당황하지 않고, 각 상황에서 안전을 확보하고, 더 많은 피해가 생기지 않도록 조치하는 것이 중요하다. 이러한 대처는 평상시 근무자들을 대상으로 충분히 교육으로 숙지되었을 때 가능하다는 점을 기억해야 한다.
- 음식점의 사고 피해를 최소화하기 위한 보험으로는 화재보험, 재난배상책임보험, 시설소유자 배상책임보험. 음식물 배상책임보험 등이 있고, 생산물회수비용보험과 상품오염담보보험 등의 상품들도 개발되고 있다.

연습문제

1. 이번 장에서는 다양한 주방 안전사고들에 대하여 살펴보았다. 주방 안전사고가 실제로 어떻게 일어나고, 그 위험성이 어느 정도인지 뉴스나 관련 자료를 찾아보고, 피해정도를 정리해 보자.

2. 내가 근무중인 음식점에는 안전관리 요소 중 미흡한 부분들이 있는지 살펴보고, 어떻게 개선할 수 있을지 생각해보자.

CHAPTER 15
미래의 주방

15

미래의 주방

학습목표

- 현대의 외식산업이 직면하고 있는 환경에 대하여 이해한다.
- 음식점의 운영에 도움을 주는 기술과 사업 모델의 발전 상황을 이해한다.

'타임머신이 있다면 무엇을 하고 싶은가요?'라는 질문을 던져보면, 많은 이들이 '과거로 가서 ○○사 주식을 사 두겠다', '과거로 가서 **시 땅을 사 두겠다' 등의 대답을 한다. 앞으로 벌어질 일에 대해 안다는 것은 엄청난 힘이 있다는 걸 보여주는 사례이다.

매년 가을이 되면 학자들이 내년도 우리나라 각 분야의 트렌드를 예측하는 자료를 공개하기 시작한다. 매체들은 앞다투어 그 자료를 인용하여 기사를 내고, 기업에서는 내년도 상품 기획과 마케팅, 나아가 기업 경영 전략 전반에 이를 어떻게 적용해야 할 지 고민한다. 모든 것들이 앞으로 벌어질 일들을 조금이라도 빨리 예측하고, 그에 대응하기 위해서다.

기술과 산업의 발전이 가속화되면서 미래를 예측하는 것이 갈수록 어려운 일이 되고 있다. 어찌 보면 우리는 이미 미래를 사는 것처럼 느껴지기도 한다. 하지만 한 걸음이 아닌 반 걸음이라도 앞서 세상을 바라볼 수 있다면, 많은 일들이 달라진다.

따라서 이번 장에서는 현재의 외식산업은 어떻게 발전하고 있는지에 대한 자료들을 살펴봄으로 미래의 외식산업은 어떻게 달라져 있을지 예측해 보고자 한다.

1. 현대 외식산업의 특성

1) 불확실성의 증대

우리가 살고 있는 이 시대는 '불확실성의 시대'라 불러도 무방할 정도이다.

우리는 생활 곳곳에서 기술의 발전이 가속화되는 것을 경험하고 있다. '가속화된다'는 것은 움직이고 있는 물체가 기존의 속도에 계속 속도가 더 붙어 움직임이 빨라진다는 의미이다. 다시 말해 지금의 기술의 발전 속도는 전에 경험한 적 없던 속도이며, 이러한 속도는 앞으로 더욱 더 빨라질 것이다.

또한 세계화로 전세계가 운명 공동체가 된 상황에서 들어본 적도 없는 나라에서 발생하는 일이 우리나라에, 내 삶에 영향을 주는 일이 빈번해지고 있다. 코로나 바이러스가 그 대표적인 예이다. 중국의 한 도시에서 발생한 질병이 아시아를 넘어 전세계를 휩쓸었다. 국가간의 교류가 활발해지면서 코로나 바이러스가 전세계를 점령하는 데 걸린 기간은 일 년도 걸리지 않았다. 2019년 말, 2020년 트렌드와 시장을 점쳤던 자료들은 휴지조각이 됐고, 각 나라의 여러 산업군은 암흑기를 맞이했고, 코로나 시대 이후에 대해 전세계의 전문가들은 여러 예측들을 내놓지만 전례 없는 이런 상황에 누가 맞을지는 시간이 검증해 줄 수밖에 없다.

2) 4차 산업혁명과 푸드테크

4차 산업혁명은 정보통신 기술(ICT)의 융합으로 이루어지는 차세대 산업혁명
이다. 이 혁명은 빅데이터 분석, 인공지능, 로봇공학, 사물인터넷(IoT), 무인 운송
수단(무인 항공기, 무인 자동차), 3D 인쇄, 나노 기술과 같은 7대 분야가 주도한다.

4차 산업혁명은 물리적인 세계와 화면 속에만 존재했던 디지털적인 세계가
O2O(Online to Offline)기술로 통합되고, 생물학적 세계에서는 스마트 워치나 스
마트 밴드를 이용하여 인체의 정보(생물학적 정보)를 디지털 세계로 접목하는 작
업이 한창이다. 4차 산업혁명에서 등장하는 중요한 개념 중 하나는 바로 푸드
테크이다.

푸드테크(Food Tech)는 식품(Food)산업과 기술(Technology)이 접목된 산업 영
역으로, 식품의 생산, 보관, 유통, 판매 등 관련 분야의 기술적 발전을 의미한
다. 푸드테크의 눈부신 발전에 힘입어 외식산업은 배달 플랫폼, 서빙로봇, 비대
면 주문 시스템, 공유주방 등 운영의 효율성을 높이는 요소들을 적용해 나가
고 있다.

3) 펜데믹의 일상화-코로나 바이러스

2020년 상반기에 코로나 바이러스가 발병한 후, 하반기에는 전세계적인 대유
행(팬데믹)의 시대에 도래했다.

사람과의 접촉이나 밀폐된 공간에서 오염된 공기를 통해 감염되는 바이러스
의 특성상 각국 정부는 외부 활동의 자제를 권고하고, 음식점과 카페, 주점 등
의 영업 제한 등의 조치로 감염자가 늘어나지 않도록 전력을 기울였다. 외식산
업은 팬데믹으로 크게 피해를 본 산업군 중 하나다. 이러한 상황에서 외식기업
들은 생존을 위한 여러 방법들을 모색했는데, 대면 영업이 일반적이던 외식업
종이 배달과 포장 영업을 도입하거나, HMR 개발 등 영업 방식의 전환 사례가
증가했다.

이후 속속 백신이 개발되고, 공급되면서 코로나 바이러스는 서서히 잠잠해
질 것으로 기대하고 있지만, 국가간 교류가 늘어나며 앞으로도 우리가 알지 못
하는 바이러스로 인한 팬데믹의 발생 가능성은 언제나 있을 것으로 보인다.

4) 인구구조의 변화

한국의 인구구조는 빠르게 변화하고 있다. 저출산과 고령화가 어느 나라보다
빠른 속도로 진행되고 있으며, 2018년에 국내 1인 가구는 전체 가구의 30%
로, 이후로도 매우 빠르게 증가하고 있다.

이러한 인구구조와 가족 구성의 변화는 외식 소비의 방식에 영향을 미쳐,
1990년대부터 2000년대까지 큰 인기를 끌었던 패밀리 레스토랑 등이 사라지
고, 1인 가구, 혼밥 고객을 대상으로 하는 메뉴와 음식점 콘셉트가 그 자리를
대신하고 있다.

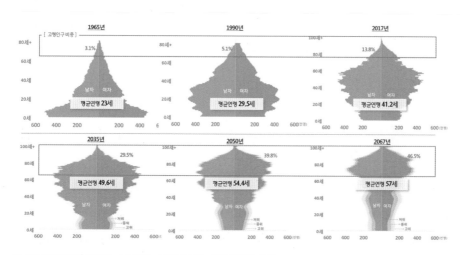

주: 장래인구특별추계(2017~2067년), 2035년부터는 예측치임(통계청)

그림 15-1
대한민국 인구구조의 변화
자료: KT에스테이트

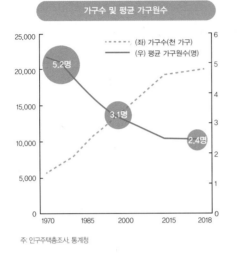

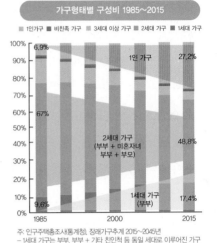

그림 15-2
대한민국 가족 구성의 변화
자료: KT에스테이트

5) SNS로 인한 트렌드 변화의 가속화

스마트폰의 보급과 함께 SNS 사용자도 빠르게 증가하였다. 음식점에서 음식이
나오면, 이제 사람들은 식사를 시작하기 전에 핸드폰으로 사진과 영상을 찍고,
SNS에 공유한다. SNS의 활용은 소비자의 일상과 외식업체의 마케팅 방식을
바꿔놓았을 뿐만 아니라, 전세계적인 외식시장의 유행을 주도하고 있다.

지방 어느 곳의 맛있어 보이는 메뉴가 SNS를 통해 인기를 얻기 시작하면, 얼
마 안 가 같은 메뉴를 파는 음식점이 전국 곳곳에 등장한다. 이러한 패턴은 한
국에서만 국한되지 않는다. 대만의 흑당 버블티가 SNS를 통해 인기를 끌기 시
작하면, 다른 나라에서 그 메뉴를 만나게 되는 데는 그리 오랜 시간이 걸리지
않게 된다. 이런 방식으로 외식사업의 유행 아이템은 어느 때보다 빠르게 등장
하고 사라지고 있다. 그에 따른 관련 산업(해당 메뉴를 다루는 프랜차이즈 브랜드, 관련
식자재나 식품 기계 등의 생산과 수입 유통 등)도 SNS의 흐름에 좌우되고 있다고 해도
과언이 아니다.

6) 경쟁 구도의 변화

점차 음식점과 식품제조업, 유통업 간의 경계가 모호해지고 있다.

많은 유통업체들이 식품제조업체와 협력하여 자체 상품으로 간편식과 밀키트 등을 개발한다. 개인 음식점 브랜드의 메뉴가 대량 생산되어 전국에 유통되기도 한다. 이제 음식점의 경쟁상대는 대형마트의 밀키트, 편의점과 인터넷 쇼핑몰에서 판매되는 가정 간편식(HMR) 등이 되고 있다. 그만큼 경쟁이 치열해지고, 음식점은 이제 한끼 때우기 위한 식사 이상의 가치를 고객에게 제공해야만 선택받을 수 있게 되었다.

2. 친환경 전기주방을 통한 주방 환경의 개선

일반적으로 음식점 주방은 덥고, 습도가 높은 환경으로 근무자들의 근무 만족도가 낮은 곳이다. 이러한 환경은 가스 조리기기의 원인이 가장 크다. 가스 조리기기는 미세먼지와 유해 가스의 발생, 가스폭발 사고나 화상, 조리실 온도 상승으로 인한 추가적인 냉방설비의 필요, 냉장 및 냉동설비의 효율 저하 등의 문제들을 수반한다.

이러한 문제들을 근본적으로 개선하며 탄소 발생을 줄이기 위하여 선진국에서는 화석연료를 주 에너지원으로 사용하는 조리기기 대신 친환경적인 전기를 주 에너지원으로 사용하는 전기주방을 적극 도입하고 있다. 일본의 경우 전기주방 프로모션으로 인증된 전기기기 구입 시 구입비와 전력금액의 일정부분을 지원하고 있으며, 전전화(全電化) 주방 시스템 구축을 추진하고 있다.

1) 인덕션 기술의 발전

이처럼 친환경 주방으로의 전환에는 인덕션 기술의 발전이 큰 기여를 하고 있다. 앞서 살펴본 대로 인덕션은 가스레인지에 비해 실내공기 오염을 줄일 수 있고, 기기 자체에서 열이 발생하지 않기 때문에, 더운 여름엔 주방 온도 상승을 막아 쾌적한 작업환경을 만들 수 있으며, 상판이 가열되지 않기 때문에 열로 인한 화상 등의 사고와 위험이 적다.

또한 인덕션 기술이 날로 발전하며 음식점 등 대량 조리를 필요로 하는 곳에서 사용할 수 있을 정도로 효율이 좋아지고, 생산 업체들도 증가하고 있어, 새롭게 창업하는 음식점은 물론, 기존 음식점들도 기존의 가스기기를 인덕션으로 교체하는 경우도 늘어나고 있다.

그림 15-3
인덕션 설치 사례
자료: 키친리더

2) 인덕션의 장점

인덕션의 장점은 5C로 정리할 수 있는데, 즉 Cool(저발열), Clean(청결), Control(품질관리), Cost(비용절감), Compact(공간활용)이다.

표 **15-1.** 인덕션의 장점 5C

발열이 적음(Cool)	가스기기를 사용하던 주방에서 발생하던 이산화탄소와 방사열이 줄어 주방 내 환경을 쾌적하게 유지할 수 있음. 식재료 변질, 식중독 예방, 작업자의 근무 피로도 감소, 공조시스템의 부하 저감으로 공조 광열비 절감이 가능함.
청결함(Clean)	조리 시 이산화탄소 발생과 그을음 등이 적고, 유증기의 날림도 적어 청결한 주방을 유지할 수 있음. 음식물이 넘쳐도 타거나 눌러 붙지 않아 청결 유지가 용이함.
품질관리 편의성(Control)	고화력으로 빠른 조리가 가능하면서도, 세밀한 온도조절과 시간 설정 등이 가능해, 메뉴 품질 관리를 위한 매뉴얼화 추진에 적합함.
비용절감(Cost)	열효율이 90% 이상으로, 연료비가 LPG의 70%, 도시가스의 50% 정도.
공간활용의 극대화 (Compact)	열 발생이 적어 레인지 아래 공간을 활용할 수 있고, 환기시설을 설치하지 않아도 되기 때문에, 운영 중에도 주방의 레이아웃을 손쉽게 변경할 수 있음. 주방에 인덕션 설치 시 주방면적을 30% 줄일 수 있고, 이를 홀 공간으로 활용할 수 있어 매출 향상도 기대할 수 있음.

3) 주방 환경의 개선

가스 없이 전기기기로만 주방을 구성하는 경우, 가스 공사로 인한 비용과 급/배기 시설에 필요한 비용, 공간 등이 절약되어, 작은 규모의 주방에서 더욱 각광받고 있다. 전기주방 사용자는 가스기기들을 사용할 때는 경험한 적 없는 쾌적한 근무 환경과 빠른 조리속도 등, 관리 편의성 등에 대해 매우 만족도가 높다고 이야기한다.

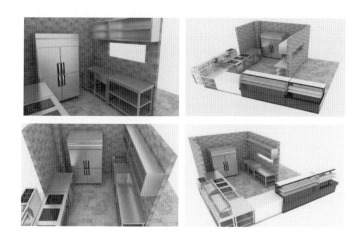

그림 15-4
전기주방의 도면과 입고 기기 목록(계속)
자료: 키친리더

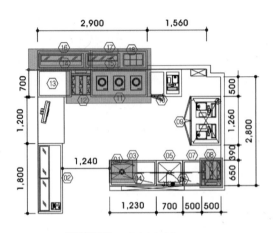

전기/인덕션 사용

NO.	DESCRIPTION	DIMENSION		
		W	D	H
1	업소용 전자레인지	446	319	279
2	제과쇼케이스(1800)	BY OTHER		
3	2단작업대	1200	650	800
4	벽선반	1500	350	550
5	1조세정대	700	650	800
6	벽선반	1000	350	550
7	보조대	500	650	800
8	전기튀김기	500	650	1020
9	45BOX올냉동고	1260	800	1900
10	테이블냉장고	900	700	800
11	3구인덕션렌지	1500	700	800
12	전기튀김기	500	650	1020
13	2단작업대(왼쪽막이)	900	700	800
14	전기온장고	1200	350	500
15	전기온장고	900	350	500
16	2단작업대	1400	500	800
17	2단작업대	1500	500	800
18	전기어묵기(6구)	540	330	300
19	전기튀김기	500	650	1020
20	2단작업대	1200	600	800
21	1단작업대	2000	300	500

그림 15-4

전기주방의 도면과 입고 기기 목록

자료: 키친리더

그림 15-5
설치가 완료된 전기주방

3. 배달 기술의 발전

1) 배달 플랫폼의 발전

2010년대 초 '배달의 민족', '요기요' 등의 배달 음식점 중개 플랫폼이 등장한 후 2018년 기준 사용자 수는 무려 2,500만 명에 이른다. 우리나라 인구 약 5천만 명을 기준으로 하면 두 명 중 한 명은 배달앱을 이용하고 있다는 뜻이다.

배달의 민족이 처음 개발되었을 때, 기본 콘셉트는 '전자 전단지'였던 데에서 출발했는데, 이제 배달 플랫폼은 단순히 음식점과 음식 주문자를 연결시켜주는 기능을 넘어서 배달이 되지 않던 음식점의 음식을 배달해주고, 생필품을 빠른 시간 내에 배달해주는 등의 기능 등이 추가되고 있다. 또한 단순 배달 서비스에서 진화해, 오랜 대기시간으로 인한 불만을 줄이고, 고객의 신뢰감을 더

하기 위하여 주문 후 고객에게 도착할 때까지 배송기사의 이동 정보, 도착 예정시간 등이 실시간으로 제공되는 서비스가 증가하고 있다. 배달기사의 사생활 침해 문제에서 자유로울 수는 없지만, 편의성과 만족도 때문에 대부분의 배달 시스템에 적용되는 것은 시간문제일 것으로 보인다.

2) 무인 배달 기술의 발전

전세계 주요 자동차 기업들에서는 자율주행차에 대한 개발이 한창이다. 자율주행차 시대가 도래하면, 차 안에서 외식, 쇼핑이 가능해 차량이 하나의 '이동형 점포'로 진화할 것으로 보인다.

그림 15-6
배달의 민족 서비스 안내
자료: 배달의 민족

제품 배송 방식을 바꾸기 위한 시도를 하는 기업도 많다.

실리콘밸리 스타트업 줌 피자(Zume Pizza)는 고객이 홈페이지나 앱을 통해 피자를 주문하면, 셰프는 로봇과 함께 피자를 만든다. 셰프는 도우나 소스를 만드는 등 미각과 전문성이 필요한 작업을, 로봇은 초벌구이를 위해 피자를 오븐에 넣는 것처럼 전문성이 필요하지 않은 업무를 주로 맡는다.

초벌구이를 마친 뒤 피자는 오븐이 장착된 트럭을 통해 배달된다. 트럭 안에 설치된 오븐은 고객이 갓 완성된 피자를 받을 수 있도록 배송지에 도착하기 직전 피자를 한 번 더 굽는다. 줌 피자는 실험적 콘셉트로 실리콘밸리에서 많은 주목을 받았지만, 이동중 조리 과정에서 차량이 급하게 움직이거나, 충돌이 발생할 때 피자의 품질이 심각하게 떨어지는 등의 문제가 발생하였고, 직원들이 피자에 대한 이해가 적은 사람들로 구성돼 있을 뿐만 아니라, 기대보다 배달 속도가 빠르지 않았다는 고객들의 의견 등으로 결국 폐업하였다. 하지만 이

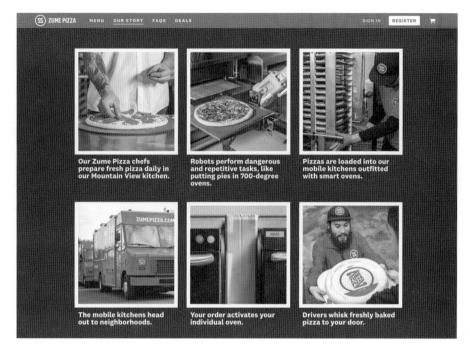

그림 15-7
줌 피자의 피자 조리–
배송 방법
자료: Zume Pizza

그림 15-8
도미노 피자의 무인 배달 차량 뉴로(Nuro)
자료: Self Driving Delivery–Dominos

러한 콘셉트는 향후 개선된 방향으로 등장할 가능성이 높다.

도미노피자는 무인배달 스타트업 뉴로(Nuro)와 손잡고 자율주행차를 이용한 음식 배달 기술을 개발해, 2021년 4월부터 텍사스 휴스턴 지역에서 피자 배달 시범 서비스를 시작했다. 온라인으로 피자를 주문하면, 고객은 비밀번호를 핸드폰으로 받고, 차량이 도착할 때까지 이동중인 위치를 확인할 수 있다. 차량이 도착하면, 고객은 비밀번호를 입력하고 피자를 받을 수 있다.

3) 배달 고객 경험 설계의 필요성

이제 배달은 음식점 운영에 필수조건일 뿐만 아니라, 생존을 위한 필수조건이 되고 있는 상황에서, 음식만 신속하게 배달하는 것으로는 차별화가 어려운 시대가 올 것으로 보인다. 주문 전후, 음식을 받았을 때, 포장을 열었을 때, 식사를 할 때, 식사를 마친 후까지 배달 주문 고객의 서비스 프로세스를 면밀하게 분석하여, 홀에서 식사하는 것과 같이 고객 경험을 섬세하게 설계하는 것이 중요해질 것이고, 그에 따른 부가적인 서비스를 제공하는 기업들이 대거 등장할 것으로 보인다.

　이러한 흐름을 타고 일회용 용기가 고급화되고, 브랜드 자체 개발 등으로 고객 경험을 개선하고자 하는 여러 시도들이 있다. 중국의 경우, 훠궈 전문점 '하이디라오' 등에서 기물류 일체를 배달 시 함께 대여해 주는데, 우리나라의 몇몇 매장에서도 직접 끓여가며 먹어야 하는 음식의 특성과 품질 유지, 그릇 회

그림 15-9

음식과 용기를 함께 배달해 만족스러운 고객 경험을 설계한 한 음식점

자료: 배달의 민족

수 비용 등을 고려해 아예 일회용이 아닌 다회용 냄비를 무상으로 제공하는 경우도 있다. 음식점에 방문해 식사할 때의 경험에 가깝게 식사할 수 있도록 하는 하나의 전략이다. 또한 이런 음식점의 경우, 기물의 품질이 일회용에 비해 훨씬 높기 때문에, 배달 앱상에서 고객의 만족도도 높은 편이다.

4. 식품기계의 발전과 로봇의 대중화

1) 발전하는 식품기계

기술의 발전과 함께 식품기계 또한 생산성과 음식의 품질, 주방의 쾌적함은 높이고, 근무자의 노동력과 위험 부담은 줄이는 쪽으로 계속 발전해 가고 있다.

자동볶음기
직화 기능으로 불향의 깊은 맛을 낸다. 볶음솥 자동회전 기능으로 조리 작업이 편리하며, 타이머 기능으로 일정한 조리가 가능해 품질관리에 용이하다.

인덕션 압력솥밥 제조기
기존의 가스나 전기 솥밥 제조기에 비해 효율이 높고, 빠른 시간에 조리가 가능해, 솥밥 제공 음식점의 고민인 테이블 회전율을 높이는 데 탁월하다.
압력방식과 가마솥 방식 두 가지의 조리 방식을 함께 사용할 수 있어, 고객의 다양한 취향을 반영한 조리가 가능하다.

육수 냉각기
기존의 육수 냉장고가 장시간 보관 시 육수의 농도 변화가 생겼던 단점을 보완하여, 항상 일정한 맛을 유지할 수 있다.

그림 15-10
전자동 주방기기의 예(계속)
자료: 주방뱅크

과열증기 조리기

120~140도의 뜨거운 증기와 원적외선히터를 이용하여 3~7분이면 대량의 고기구이가 가능하다. 단시간 고열 조리로 육즙이 잘 보존되는 장점이 있다.

전자동 면 삶기

1시간에 약 240인분 조리가 가능한 면 조리기로, 다량의 면을 동시에 조리해도 균일한 식감과 붙지 않는 장점이 있다. 열 투입을 용이하게 하는 자동 진동 시스템/자동 온도 조절 기능이 있다.

앙금 조리기

점도가 높아 조리 시 타기 쉬운 죽, 묵, 잼, 팥앙금 등을 만들 때 눌어붙지 않도록 저어주며, 온도 조절이 가능해 용이해 균일한 품질의 메뉴를 만들 수 있다.

야채절단기

다양한 칼날(기본 8가지 제공)의 조합으로 여러 모양의 전처리 가능, 이중의 안전장치 적용으로 안전성이 뛰어남.
오이, 당근 등의 야채를 비스듬히 투입할 수 있는 별도의 투입구를 두어 어슷썰기가 가능.

마늘절단기

번거로운 마늘썰기를 간편하게 해결해주는 마늘절단기

그림 15-10
전자동 주방기기의 예
(계속)
자료: 주방뱅크

탕파절단기
S칼날을 사용하여 효율적이고 뛰어난 절삭력을 발휘함.
가볍고 콤팩트한 사이즈로 주방 어디나 쉽게 배치할 수 있음

김밥절단기
많은 양의 김밥을 자를 때 유용하며, 일정한 크기로 김밥의 밑부분까지
깨끗하게 잘라 줌.
좁은 공간에서 많은 김밥을 만드는 곳에 유용함

초밥성형기
초밥 모양의 밥을 만들어 주는 기계로, 밥이 닿는 모든 부분은 특수 소
재 사용으로 많은 양의 밥을 사용하여도 밥이 달라붙지 않음.

감자탈피기
4~5분 만에 탈피가 완료되므로 생산성이 뛰어남. 원통 내부 박피부가
원터치로 분해되므로 완벽한 청소가 가능함

그림 15-10
전자동 주방기기의 예
자료: 주방뱅크

2) 서빙 로봇

인건비가 증가하면서 음식점은 갈수록 수익성이 악화되고 있는 것이 현실이다.
서빙 로봇은 이러한 음식점에서 무거운 음식을 나르고, 퇴식을 보조하는 등의
일을 수행하여 사람은 좀더 핵심적인 서비스에 집중하도록 개발되었다.
　서빙 로봇은 여러 개의 트레이를 싣고 이동할 수 있는 카트와 같은 형태로

- 실용적이고 안정적인 디자인(독일 레드닷 어워드 베스트 오브 베스트 수상)
- 직관적인 UI
- 적재 하중(개당 13KG, 총 50KG 적재가능)
- 트레이 7단 높이 조절 및 분리 가능
- 설계수명 10년.
- 푸두슬램(LiDAR, 하이퍼포먼스RGBD, 천장마커 이용, 현존 가장 정확한 위치 인식 기술)
- 장애물 반응속도 0.5초, cm 단위 정확도
- 인텔 RGBD 3D 센서 2개 탑재
- 고성능 서스펜션으로 주행 정숙성 확보
- 배터리 효율성(4시간 충전, 13~24시간 사용)
- 한 공간에서 100대 이상 협업 가능

〈PUDU SLAM〉　　〈3D 장애물인식〉　　〈로봇 협업기술〉

그림 15-11
서빙 로봇 푸두봇
자료: 브이디컴퍼니 주식회사

제작되어, 트레이에 음식을 담으면, 서빙 로봇이 지정 테이블로 음식을 운반한다. 기기의 기능에 따라 자율 주행 설정을 하면, 반찬 리필 등의 고객 요청에 신속하게 대응할 수 있다.

중국에서는 2018년 징동(京东)그룹이 100% 무인으로 운영되는 '징동X미래 레스토랑'을 개업하여 서빙로봇인 푸두봇과 조리 로봇을 활용하였다. 우리나라에서는 배달의 민족이 서빙로봇을 활용한 '메리고 키친' 레스토랑을 시범적으로 운영하기도 했다.

3) 조리 로봇

(1) 조리 로봇

2016년 MIT공대 학생 4명은 학교 식당에 스파이스 키친(Spyce Kitchen)이라는 이름의 완전 자동화 음식점을 선보였다. 스파이스 키친에는 $6m^2$의 면적에 냉장고, 식기세척기, 스토브, 식기세척기 등을 갖추고 있으며 잠발라야, 맥앤치즈, 쿠스쿠스, 커리, 고구마 해쉬 등 5가지 메뉴를 조리하여 제공했다.

고객은 스마트폰 앱이나 기기 옆 터치스크린으로 재료나 소스 양을 취향에 따라 주문하면 3분 내로 조리가 완료된다. 조리과정에서는 온도와 품질 센서로 요리의 품질을 유지하도록 설계하였으며, 동시에 두 가지 메뉴의 요리가 가능하다. 조리를 완료한 로봇은 접시에 요리를 담아낸 후 싱크대로 이동해 자가 세척을 한다. 직원은 자동으로 측정되는 재고를 파악하여 떨어진 재료를 채워주기만 하면 된다.

5년이 지난 2021년 현재, 스파이스는 미국 보스턴에 세련된 디자인의 새로운 매장을 오픈하였다. 주문 방식은 전과 같지만, 초기보다 다양한 조리방법을 적용해 메뉴군을 확장했고, 세심하게 개인화 된 주문이 가능하도록 기기와 시스템을 업그레이드했다.

완성된 메뉴. 친환경 용기에 주문한 시각과 메뉴, 맞춤 주문 사항, 주문자의 이름 등이 새겨져 제공된다.

최상의 마이야르 반응을 이끌어 내는 플란차 그릴

영양소 손실을 최소화하고, 맛을 끌어올리는 시중 스티머보다 100도 가량 높은 초강력 스티머

고객의 개인화 된 주문을 처리하는 초정밀 계량/타이머 시스템

그림 15-12

조리 로봇으로 운영하는 미국 레스토랑 Spyce

자료: Spyce

(2) 로봇 셰프

현재 상용화된 조리 로봇은 재료를 웍에 담아 볶는 등의 단순한 조리법으로 완성되는 메뉴를 생산하는 모델이 일반적이다. 이 외에 아직 가정용으로 개발되긴 했지만, 인체의 팔의 움직임을 본따 복잡하고 섬세한 조리 작업이 가능한 조리 로봇도 보급되고 있다.

영국의 로봇 개발기업인 몰리 로보틱스(Moley Robotics)의 로봇 키친(Robot Kitchen)은 주방 천장에 양팔 로봇을 장착한 시스템으로, 버튼을 누르면 직접 음식을 요리해 식사를 제공하고, 청소도 진행한다. 로봇 팔은 냉장고에서 재료 꺼내기, 인덕션 온도 조절하기, 싱크대 수도꼭지로 냄비에 물 채우기, 완성된 요리를 접시에 담기, 주방 청소하기 등 인간과 동일한 수준의 움직임을 안정적으로 수행한다.

BBC 요리 대결 프로그램인 '마스터셰프' 우승 경력을 보유한 셰프가 자신의 요리 기술을 직접 3D로 기록한 뒤 이를 적용했다. 덕분에 로봇은 재료를 섞거나 붓는 등의 행위를 마치 사람처럼 자연스럽게 해낸다. 디지털 메뉴판도 지원해 5000여 가지 이상의 요리를 선택할 수 있으며, 조리법 생성 프로그램으로 새로운 메뉴를 만들수도 있다.

그림 15-13
몰리 로보틱스의 로봇 키친
자료: 몰리 로보틱스

약 6년간의 개발 후 로봇 키친의 상용화를 시작한 몰리 로보틱스는 이 로봇 시스템을 고객 맞춤형 주방으로 제공할 방침이다. 대리석과 오닉스 등 고급 조리대 상판과 고객의 취향에 따라 장식과 스타일을 선택할 수 있는 주방용 캐비넷을 제공한다. 로봇이 없는 스마트 주방도 별도로 판매한다. 이 주방은 사물인터넷(IoT) 냉장고, 재료의 재고량을 알려주는 보관함, 인덕션, 오븐과 싱크대 등을 갖추고 있다. 로봇 키친의 가격대는 설치비용에 따라 달라질 수 있지만, 일반적인 고급 주방과 비슷하다는 게 몰리 로보틱스 설명이다. 회사는 향후 로봇 주방의 상업용 버전을 출시할 계획을 가지고 있다.

LG전자는 LG 클로이 셰프봇을 개발하여 CJ 푸드빌의 패밀리 레스토랑인 빕스에서 선보이기도 했다. 빕스에는 즉석 조리 코너가 있어, 고객이 원하는 재료를 담아 조리사에게 주면, 즉석에서 조리해 주는 형태인데, 이 코너에 셰프봇을 설치하였다.

LG전자는 빕스 매장에서 클로이 셰프봇을 활용할 수 있도록 조리에 특화된

그림 15-14

LG 클로이 셰프봇
자료: LG전자 소셜매거진

독자 기술을 개발해서 요리사의 움직임을 세밀히 연구해 셰프봇이 실제 요리 사처럼 움직일 수 있도록 모션제어 기술, 다양한 형태의 그릇과 조리기구를 잡 아 떨어뜨리지 않고 안전하게 사용할 수 있도록 하는 스마트 툴 체인저 기술 등을 셰프봇에 적용했다.

5. 홀 없는 음식점의 증가

1) 홀이 최소화된 음식점

음식점 창업 비용의 상당 부분은 점포 임대를 위해 사용된다. 음식점은 기본 적으로 '고객이 방문하여 식사를 하는 공간'의 인식이 강했기 때문에, 고객을 수용할 수 있는 충분한 공간을 임대해야 했다. 하지만 배달 서비스가 일반화 되고, 코로나 바이러스를 기점으로 포장/배달 서비스가 새로운 표준이 되면서

그림 15-15
BBQ치킨의 배달 전문점 'BBQ 스마트 키친'
자료: BBQ 창업 홈페이지

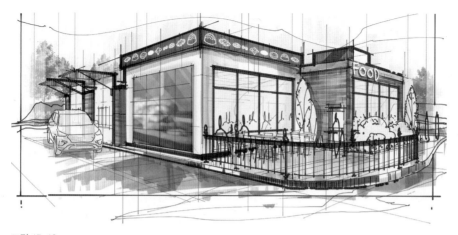

그림 15-16
미래 음식점의 전경
자료: WD Partners

음식점에서 홀의 필요성이 대폭 축소되었다. 넓은 홀을 가진 음식점은 운영비 부담이 늘어 폐업하는 사례가 늘었고, 배달 전문 음식점의 창업은 급격하게 늘었다. 홀 매장 위주로 가맹사업을 진행하던 프랜차이즈 기업들도 홀의 규모를 축소하거나, 아예 없앤 배달 전문점 타입의 브랜드를 속속 출시했다.

미국의 전략 컨설팅 기업인 WD Partners는 미래의 음식점은 브랜드를 경험하고, 온라인에서의 구매 욕구를 자극하는 쇼룸 같은 장소이며, 픽업 센터이자, 배송기지, 고객센터, 창고이자, 생산시설이 될 것으로 전망했다. 그에 따라 홀의 규모는 축소하고, 드라이브 스루 시설과 포장/배달을 위한 픽업 시설, 대량 생산이 가능한 주방, 창고 등을 갖춘 음식점 형태를 제안했다.

2) 공유주방

(1) 공유주방의 이해

공유주방이란 말 그대로 주방을 나눠 사용하는 개념의 사업 모델이다. 미국에서 성행한 사업 모델로, 상업용 등급의 주방 공간과 설비를 갖추고, 이를 사용자에게 임대하는 사업(licensed commercial kitchen)이며, 한국에서는 2015년 설립

그림 15-17
우리나라 공유주방 '위쿡'의 주방 전경
자료: 주방뱅크

된 '위쿡'이 시작점이다.

공유주방은 경쟁력 있는 아이템이 있다면, 적은 투자비용으로 좋은 주방설비가 갖춰진 주방을 빌려 아이템을 생산하고, 공유주방 운영사의 도움을 받아 브랜드를 개발하거나, 각종 노하우를 배우며 본격적으로 창업을 할 수도 있다. 큰 위험 부담을 안고 창업을 했다 실패하는 일을 막아줄 수 있는 사업 모델이다.

빠른 트렌드 변화와 다품종 소량생산에 대한 니즈 그리고 온라인 식품 시장 가능성 등이 공유주방 사업 성장의 밑거름이 되고 있다.

(2) 공유주방의 종류

공유주방은 몇 가지 타입으로 나눠진다. 현재 우리나라에서는 적은 투자비용으로 주방을 빌려 메뉴를 조리하고, 배달 플랫폼을 활용하여 조리한 음식을 유통하는 배달형 공유주방이 널리 퍼져 있지만, 향후 미국처럼 다양한 형태의 공유주방도 증가할 것으로 보인다.

① 미국의 공유주방: 공유주방의 선진국인 미국에서는 창업자를 대상으로 한 교육 프로그램 등의 인큐베이팅 기능이 더해지면 키친 인큐베이터, 유통 기능이 추가되면 셰어드 키친(shared kitchen), 배달 솔루션을 더하면 고스트 키친(ghost kitchen) 또는 다크 키친(dark kitchen)으로 부른다. 케이터링 전문 공유주방, 배달 음식점을 위한 공유주방, 푸드트럭 전문 공유주방, R&D(연구·개발)이나 포장 식품만 취급하는 전문적 공유주방도 있다.

② 한국의 공유주방: 우리나라의 대표적 공유주방 기업인 위쿡은 4가지 형태의 공유주방을 운영한다.
- 제조형 공유주방: 잼, 제과, 반찬 등의 생산과 온라인 유통에 특화된 공유주방. 콘텐츠를 제작할 수 있는 스튜디오도 함께 갖추고 있다.
- 그로서리형 공유주방: 오프라인 판매 채널과 공유주방이 함께하는 모델로, 일종의 반찬가게 같은 시스템이다. 다양한 푸드 메이커가 만드는 제품들을 식료품점을 뜻하는 그로서리에서 판매한다.
- 배달형 공유주방: 배달 플랫폼을 활용하여 주문 즉시 생산하여 배달하는 형태로, 핵심적인 상권에 위치한다.
- 식당형 공유주방: 브랜드와 매장 등의 인프라를 공유주방 관리사 측에서 준비하고, 그 안의 콘텐츠는 푸드 메이커가 계속 변화시키는 방식으로 운영한다.

6. 다양한 소프트웨어와 시스템의 발전

1) 주문 시스템

이제 음식점에서 흔히 '키오스크'라 부르는 무인 주문 시스템 단말기를 찾아보는 것은 어려운 일이 아니다. 특히 코로나 바이러스로 비대면 서비스들이 늘면서 키오스크를 설치한 음식점도 빠른 속도로 늘어났다.

그림 15-18
전자 주문 시스템을 도입한 차 전문점 공차
자료: 공차 홈페이지, Book_Young 블로그

이러한 주문 시스템은 인건비를 절감할 수 있고, 메뉴판을 겸하여 메뉴 정보를 상세하게 전달할 수 있으며, 주문 실수로 인한 고객 불만족을 줄일 수 있다는 장점이 있다. 또한 주문에 다양한 옵션이 있을 경우 이러한 주문 시스템의 장점은 더욱 부각된다. 그 예로 차 전문점인 공차는 주문 시 티의 종류, 토핑, 당도, 얼음 양 등을 선택해야 하는데, 키오스크 도입으로 고객과 매장 직원의 편의성 모두를 향상시켰다는 평가를 받는다.

이 외에도 스마트폰 앱을 통한 주문, 앱 설치 없이 음식점에 부착된 QR코드를 찍어 주문과 결제를 진행하는 주문 방식도 많이 사용되고 있다.

2) 음식점 운영 시스템

흔히 우리가 알고 있는 포스(POS, Point Of Sale) 시스템(이하 포스)은 음식점의 운영을 도와주는 대표적인 시스템이다. 특정 테이블에서 주문한 메뉴를 등록하고, 주방에 전달하고, 결제와 마감정산 등을 도와주는 시스템 정도로 활용하는 음식점이 대다수이다. 하지만 포스는 메뉴 판매 데이터, 고객의 이용 행태 분석, 각종 매출 분석, 고객 로열티 프로그램 관리, 재고관리, 원가관리 등 다양한 기능을 가지고 있다. 현재는 기본적인 기능을 보유하는 데서 끝나는 것이 아니라, 음식점 운영자들이 편리하게 활용할 수 있는 시스템들이 개발되고 있다.

그 중 대표적인 것이 키친 디스플레이 시스템(KDS, Kitchen Display System)인데, 키친 디스플레이 시스템은 기존에 포스에 입력된 주문 내역이 주방에 종이로 출력되어, 주방 근무자가 이를 확인하고 조리하는 방식을 디지털 화면으로 옮긴 것이다. 이 시스템은 주문 접수, 대기, 조리중, 준비 완료 상태 등을 한 눈에 파악하여, 누락되는 작업이 없게 하며, 홀의 직원도 주방의 상황을 파악할 수 있게 해준다. 메뉴별로 해야 하는 작업을 띄워 업무가 능숙하지 않은 신입 직원도 빠르게 업무를 파악하고, 정확하게 업무를 수행할 수 있게 도와준다. 이 외에도 주문량에 따라 준비된 식재료 재고가 얼마나 소진되었는지 파악하거나, 주문이 몰리는 특정 시간대의 정보를 학습하여, 고객이 붐비는 시간에도 효율적으로 메뉴를 제공하도록 하는 등 음식점의 핵심 관리 영역을 손쉽게 관리할 수 있도록 한다.

7. 결론

앞서 살펴본 것처럼 우리가 살고 있는 현대는 외식산업 종사자들에게 여러 모로 어려운 환경들이 조성돼 있다. 변화의 속도와 폭은 어느때보다 빠르고, 커서 앞으로의 환경을 한 치 앞도 내다보지 못하도록 만들고 있다. 미래에 대한 불안감이 커짐과 동시에 음식점 운영을 돕는 기술과 창의적인 아이디어들은 오늘도 빠른 속도로 발전하고 있다.

불확실성은 앞으로 극복할 수 있는 것이 아니다. 이제 우리에게는 그 불확실성을 감안하여 미래 예측을 할 수 있는 통찰력과 급격한 변화의 물결에 휩쓸려가는 것이 아닌 흐름을 탈 수 있는 유연한 자세가 필요해지고 있다.

인류가 존재하는 한 외식산업은 사라지지 않는다. 그저 명맥만 유지하는 것이 아니라 날마다 조금씩 더 발전해 나갈 것이다.

인류는 지구상에 등장한 이후에 수많은 어려움을 맞닥뜨리고, 이를 극복하며 발전해 왔고, 위기 극복의 DNA는 한국인에게 더욱 더 강하게 나타난다. 일제 강점기와 한국전쟁, IMF, 국제 금융위기 등 아마도 극복하기 어려울 것이라는 모두의 예상을 깨고 우리는 그 어려움들을 너끈히 극복해 왔다. 그리고 우리나라의 외식산업은 이러한 위기 극복의 DNA를 지닌 이들로 발전해왔다.

우리는 위기를 극복해 온 과거와 불확실한 미래 사이에서 기술과 창의성, 의지를 가지고 불확실한 미래를 든든한 현실로 바꿔가며 외식산업의 발전에 이바지할 것이다. 모쪼록 이 책을 읽는 독자 한 사람 한 사람이 그러한 역할을 감당해 주길 진심으로 바란다.

- 현대의 외식산업은 기술의 급격한 발전과 인구구조의 변화, 경쟁자의 증가, 세계화로 인한 예측하기 어려운 다양한 위험들로 불확실성이 커진 상황을 마주하고 있다.
- 푸드테크는 외식산업이 직면한 여러 어려움을 극복하며 발전할 수 있는 데 도움이 되는 다양한 기술들로, 현재 가장 두드러지는 발전은 배달 플랫폼과 운송수단, 서빙과 조리 로봇, 각종 소프트웨어 등에서 나타나고 있다.
- 현대의 음식점은 홀의 규모가 축소되고, 음식을 조리하고, 제공하는 기능이 부각되어 부동산에 투자하는 비용이 최소화된 구조로 변화하고 있다.

1. 외식산업에 도움을 주는 기술 중 이 장에서 언급하지 않은 내용들을 찾아서 정리하고, 이 책과 직접 찾아본 내용을 바탕으로 미래의 외식산업과 음식점, 주방의 모습은 어떠할 지 토의해보자.

2. 음식점이 현재와 미래에 성공하기 위해서는 어떤 요소들이 필요할지 의견을 정리해보자.

부록

1. 용어사전

용어	뜻풀이
BOH	BOH는 Back Of the House의 약자이다. 고객에게 보이지 않는, 즉 음식점의 뒷부분으로, 주방, 직원 동선, 창고, 직원 휴게실과 사무실 등을 말한다.
FOH	FOH는 Front Of the House의 약자이다. 음식점의 앞부분, 즉 고객에게 보이는 공간을 뜻하며, 홀 공간을 뜻한다.
HACCP	HACCP은 위해요소 분석(Hazard Analysis)과 중요관리점(Critical Control Point)의 영문 약자로서 '해썹' 또는 '식품안전관리인증기준'으로 부른다. HACCP은 식품의 원료 및 제조공정에서 생물학적, 화학적, 물리적 위해요소들이 존재할 수 있는 상황을 과학적으로 분석하고 사전에 위해요소의 잔존, 오염될 수 있는 원인들을 차단하여 소비자에게 안전하고 위생적인 식품을 공급하기 위한 시스템이며, 위해 방지를 위한 사전 예방적 식품안전관리체계이다.
HMR	HMR(Home Meal Replacement)은 '가정 간편식'이라고도 부르는 상품으로, 조리가 완료된 식품이나, 데우거나 끓이기 등 간단한 조리과정을 거쳐 섭취할 수 있는 음식을 뜻한다.
PPM	ppm(parts per million)이란, '백만분의 1'을 표기하는 기호로, 액체나 고체 속에 특정 성분의 밀도나 농도를 표기할 때 사용한다.
가격 구성	가격 구성(Price Line)은 같은 유형의 상품들이 판매되는 가격의 종류를 뜻한다.
가격대	가격대(Price Zone)란, 가격이 가장 높은 상품과 가장 낮은 상품 사이의 폭을 의미한다.
가금류	가금(家禽)류란, 달걀 등 알을 모으거나 고기 및 깃털을 위한 목적으로 인간이 기른 새의 부류이다. 닭, 오리, 거위 등을 뜻한다.
가스트로놈	'미식'을 뜻하는 gastronomy와 '표준, 기준'을 뜻하는 norm의 합성어인 가스트로놈(Gastronorm) 표준은 1964년 스위스에서 개발된 전세계 호텔 및 외식산업 등에서 사용하는 크기 기준을 말한다.
검수	검수란 배송된 식재료가 주문한 요건에 맞게 배송되었는지, 불량품이나 변질된 물품은 없는지 등을 확인하여 수령 여부를 결정하고 적절한 조치를 취하는 것을 말한다.
공조설비	공조설비란 '공기 조화 설비'의 줄임말로 해당 공간의 온도와 습도, 기류와 공기의 질을 관리하는 설비를 의미한다. 공조 시설에는 급/배기 시스템, 온/습도 관리를 위한 에어컨, 공기의 질 관리를 위한 공기청정기 등이 속한다.
교차오염	교차오염(Cross Contamination)이란 식재료, 기구, 물 등에 오염되어 있던 균들이 오염되지 않은 식재료, 기구, 종사자와의 접촉 또는 작업과정에서 혼입되어 오염되지 않은 식재료까지 오염시키는 것을 말한다.
그리스트랩	그리스트랩은 주방에서 발생하는 오수에서 물과 기름의 비중 차이를 이용해 기름기를 제거하는 장치를 말한다.
기물	기물은 외식업에서 음식을 담는 식기와 조리도구 등을 묶어서 부르는 말이다.
덕트	덕트는 후드에서 모아진 연기와 수증기 등을 옥외로 배출시키는 통로이다.
덤웨이터	덤웨이터(dumbwaiter)는 물건을 운반하기 위한 간이 화물용 승강기를 말한다.
도면	도면은 해당 음식점 부지의 기초공사, 작업, 구조적 시스템, 구획으로 나뉘는 각 공간과 설비 시스템, 기기, 마감재 외 세부적인 사항들을 포함한 신규 또는 개보수 시설에 대한 시공 방법 등을 표기한 문서이다.

용어	뜻풀이
라돈	라돈(radon)은 토양에서 자연적으로 발생하는 방사성 기체로, 호흡을 통해 사람의 폐에 들어와 방사선을 방출, 폐암을 일으키는 물질로 보고돼 있다.
룩스	룩스(lux)란, 빛의 양을 측정하는 기준으로, 촛불 1개의 불빛이 1m 떨어진 $1m^2$의 면적에 골고루 비추는 빛의 양을 뜻한다.
물질안전보건자료 (MSDS)	물질안전보건자료(Material Safety Data Sheets)는 화학물질(음식점의 경우 주로 소독제와 세제류)의 성분에 대한 정보와 유해성, 위험성, 취급 방법 등에 대한 상세 정보를 제공하는 자료로, 모든 화학물질 제조사는 자사의 생산 품목에 대한 물질안전보건자료를 제작하여 구매자에게 제공해야 한다. 물질안전보건자료는 각 생산업체나 유통업체를 통해 제공받을 수 있다.
밀키트	밀키트(Meal Kit)란, 식사(meal)라는 단어와 특정한 목적을 위해 조립해 완성할 수 있는 부품의모음을 의미하는 키트(kit)라는 단어를 조합한 것으로, 요리에 필요한 손질된 식재료와 양념, 조리법 등을 세트로 구성해 제공하는 상품이다. 밀키트는 신선한 재료를 사용하여 외식보다는 저렴하면서 건강한 식사를 할 수 있는 새로운 식사 형태이다. 1~2인 가구가 빠르게 증가하는 현대에 요리를 위해 해야 하는 식재료의 구매, 손질, 조리 등의 활동을 줄이며, 식재료의 낭비를 막을 수 있어 인기를 끌고 있다.
박스	박스(box)는 상업용 냉장고/냉동고의 용량을 표기하는 단위이다. 박스 단위는 냉장고가 개발되던 시절 미군에서 큐빅피트(ft^3) 단위의 박스를 쌓던 데서 유래했다.
배식동선	배식동선은 조리된 음식이 고객에게 제공되기 위해 이동되는 동선을 의미한다.
병원균	병원균이란 질병의 원인이 되는 세균을 말한다.
선입선출	선입선출(FIFO, first-in-first-out)이란 먼저 들어온 물품을 먼저 사용한다는 뜻으로, 저장 기간이 짧은 식재료를 보관하는 기본 원칙이다.
센트럴 키친	센트럴 키친(CK, Central Kitchen)은 식재료를 호텔의 영업주방 또는 프랜차이즈의 간편화된 주방에서 간단하게 조리하여 완성할 수 있는 반조리 상태의 제품으로 제조하는 데 특화된 기업화된 또는 대형화된 주방을 뜻한다.
소테	소테(saute)는 전도열에 의한 조리방법으로, 얇은 소테 팬이나 프라이팬에 유지류를 넣고, 재료를 넣어 200℃ 고온에 살짝 볶는 방법이다.
식재료의 흐름	식재료의 흐름이란, 식재료를 구입할 때부터 준비와 조리를 거쳐 고객에게 제공될 때까지 식재료가 이동하는 경로를 뜻한다.
실측	점포 설계를 위해서는 점포 현장을 방문해 현장의 실제 측량을 진행하는데 이를 실측이라 한다.
아나필락시스	아나필락시스는 급작스럽게 발생하는 알레르기 과민반응으로, 사망에까지 이를 수 있는 심각한 알레르기 질환이다. 아나필락시스를 유발하는 식품은 견과류, 갑각류, 생선, 우유, 계란, 과일 등이 대표적이다.
에어커튼	에어커튼이란 출입문 상부에 설치해 강한 바람으로 외부 공기와 내부 공기를 차단하여 공기 중의 이물질이나 벌레의 출입을 차단하고, 실내 온도를 유지하는 장치이다.
연소	가스나 석탄, 석유 등의 연료는 산소와 반응해 높은 열과 빛을 내며 탄다. 그리고 이 과정에서 이산화탄소와 물(수증기) 등을 배출하게 되는데, 이를 연소라 부른다. 연소에는 충분한 양의 산소가 필요한데, 이때 산소가 충분하면 완전연소로 수증기와 함께 이산화탄소를 배출하고, 산소가 충분하지 않으면 불완전연소로 수증기와 함께 일산화탄소를 배출한다.
열섬현상	열섬현상(Heat Island)이란 주위의 타 지역보다 주목할 정도로 따뜻한 지역이 나타나는 현상을 뜻한다.
영업주방	영업주방(business kitchen)은 메인 주방에서 제공받은 완제품, 반제품과 영업주방에서 자체 구매한 식재료를 사용해 고객의 요청에 따라 음식을 조리하여 판매하는 공간이다.

용어	뜻풀이
외식	외식(外食)이란, 가정 밖에서 행하는 식사를 뜻한다. 최근에는 배달 또는 포장주문을 하여, 가정 내에서 행하는 식사도 외식으로 간주한다.
외식사업	외식사업이란, 외식활동이 이루어지도록 식사할 수 있는 장소 및 시설의 제공, 음식을 조리하는 행위, 음식을 고객에게 제공하는 행위 등을 통한 경제활동을 뜻한다.
외식산업	외식산업이란, 외식사업체를 포함하여 외식상품의 기획·개발·생산·유통·소비·수출·수입·가맹사업 및 이에 관련된 서비스를 행하는 산업군을 뜻한다.
워크인 냉장고	호텔이나 대형 음식점처럼 보관할 음식물이 많은 경우 냉장/냉동 창고를 제작하기도 하는데, '걸어 들어갈 수 있는' 냉장고/냉동고'라는 뜻으로 '워크인(walk-in) 냉장고/냉동고'라고 한다.
위생	위생이란 위험한 세균이 있는 미생물이 완전히 또는 인체에 해를 주지 않을 만큼 제거된 상태를 의미한다.
인덕션	인덕션은 기기에서 발생하는 자기장이 맞닿아 있는 전기 유도물질로 만들어진 용기와 반응해 용기만 가열하는 방식을 뜻한다.
일산화탄소	탄소 한 원자에 산소 한 원자의 비율로 된, 무색·무취의 유독한 기체. 탄소 또는 그 화합물의 불완전 연소 등으로 발생한다. 완전연소 시에는 이산화탄소가 발생한다.
전처리	식재료를 조리하기 전 상태로 처리하는 단계로 포장 제거, 세척, 다듬기, 자르기, 해동 등의 과정이 포함된다.
접지	접지(接地)란 기기의 전기기기를 전선을 통해 땅과 연결하여 기기와 지구와의 전위차가 0볼트가 되도록 하는 것으로, 접지는 감전을 예방하는 방법이다.
조닝	조닝(Zoning)은 주방 설계에서 구역 설정을 하는 작업을 뜻한다. 필요한 공간을 판단하고, 공간별 규모를 추정하며, 관련 법규나 규정을 고려하면서 공간을 배치해 보는 것을 말한다.
조리	식재료의 절단, 혼합, 가열, 냉각 등의 과정을 통해 고객에게 제공할 수 있는 메뉴의 형태로 만드는 과정이다.
주방 설계	주방 설계란 주방의 효율성을 향상시키기 위하여 식재료 반입부터 조리, 고객에게 제공하는 모든 과정을 계획하고 설계하는 활동을 의미한다.
주방기기	주방기기(機器)는 음식 조리와 보관 및 기타 주방의 업무를 위해 사용하는 각종 기계류를 말한다.
주방기물	주방기물(器物)은 음식을 담고, 조리할 때 사용하는 조리도구와 각종 소도구 등을 뜻한다.
주방설비	주방설비(設備)란 주방 공간의 기본 구성에 해당하는 요소들을 묶어 부르는 말로, 벽과 바닥, 급수와 배수를 위한 상하수도, 가스 배관과 전기 배선, 조명과 환기, 온도조절 등의 공기조화(공조) 시설 등이 주방설비에 속한다.
중심가격	중심가격(Price Point)은 전체 가격대 중 중심이 되는 가격을 뜻한다.
척도	척도란 실제 크기를 지도나 도면에 표시하기 위하여 일정한 비율로 줄이거나, 확대하는 단위를 뜻한다.
축척	축척은 '척도를 축소한다'는 뜻으로, 지도나 도면 등에 실제 크기를 1로 보았을 때 줄이는 비율을 숫자로 표기한다.
커트러리	커트러리란, 음식을 집거나 액체를 뜨고, 적당한 크기로 자르는 등 식사를 위해 사용하는 도구를 뜻하며, 나이프, 포크, 스푼 등을 묶어서 부를 때 사용한다. 이 책에서는 젓가락, 숟가락 등도 함께 커트러리로 묶어서 사용하였다. 플랫웨어, 실버웨어 등의 이름으로 부르기도 한다.

용어	뜻풀이
콘셉트, 음식점의 콘셉트	음식점의 콘셉트는 브랜드, 상권과 입지, 규모와 좌석의 수, 메뉴의 유형과 수, 식사시간과 회전율, 이용목적과 이용상황, 서비스 형태, 판매방법, 가격, 목표시장, 목표고객, 분위기와 테마, 영업일수와 시간, 부가수익 창출 방안 등 다른 음식점과 구분되는 이 음식점만이 갖는 특성들의 조합이라 할 수 있다.
콜드체인 시스템	콜드체인 시스템(cold chain system)이란, 전 유통과정을 제품의 선도 유지에 적합한 온도로 관리하는 체계로, 청과물, 수산물, 육류, 달걀, 유제품 등을 생산에서부터 소비자에 이르기까지 지속적으로 적절한 온도를 유지시켜 생산 직후의 품질상태 그대로 공급되도록 하는 유통 체계를 말한다.
테이블 웨어	테이블 웨어는 테이블에서 음식을 담는 그릇류를 묶어서 부르는 말이다.
템퍼링	템퍼링이란 초콜릿 가공에 사용하는 용어로, 온도에 따라 변화하는 결정형의 성질을 이용해 안정된 결정이 만들어지도록 온도를 맞춰주는 작업이다.
퇴식	음식점에서 고객이 식사를 마친 후, 각종 기물을 거둬 설거지를 할 수 있도록 운반하고, 테이블을 정리하여 새로운 고객이 이용할 수 있도록 정돈하는 활동을 말한다.
퇴식동선	퇴식동선은 고객이 식사를 마친 후의 기물이 식기세척 구역으로 이동하고, 남은 음식물이 폐기되는 동선을 의미한다.
트렌치	주방 설비에서 트렌치란 오수를 배출하기 위하여 만든 배수로를 뜻한다.
플레이팅	플레이팅(plating)은 고객에게 제공할 음식을 적절한 그릇에 담는 과정을 말한다. 그릇에 담고, 매력적으로 꾸미는 푸드 스타일링(food styling)도 겸한 뜻으로 사용하기도 한다.
하이라이트 레인지	하이라이트는 내부 열선이 상판을 데워 뜨거워진 상판에 그릇을 올려 가열하는 방식의 전기 레인지이다.
회전율	외식업에서 테이블 회전율이란, 일정 시간 동안 한 무리의 고객이 음식점을 방문해 식사를 하고 떠날 때까지 테이블을 점유한 후 다음 고객이 이용하는 횟수를 나타내는 수치로, 음식점의 매출을 보여주는 지표이다.
후드	후드는 조리기기에서 나오는 열기와 수증기, 기름기, 배기가스를 모으는 역할을 하는 장치이다.

2. 도면 기호

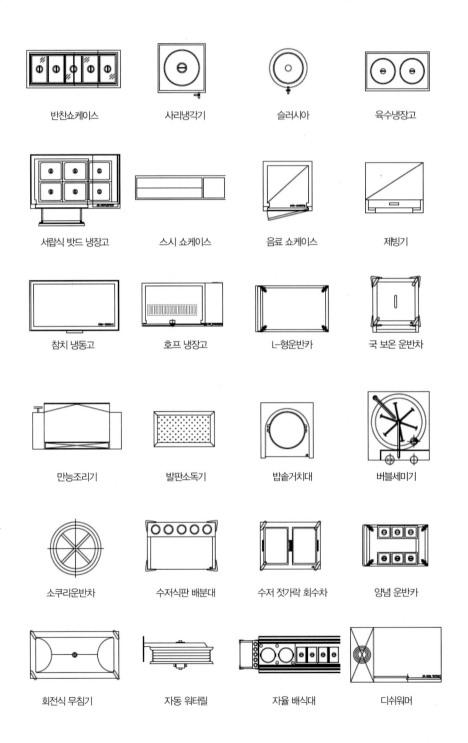

반찬쇼케이스

사리냉각기

슬러시아

육수냉장고

서랍식 밧드 냉장고

스시 쇼케이스

음료 쇼케이스

제빙기

참치 냉동고

호프 냉장고

L-형운반카

국 보온 운반차

만능조리기

발판소독기

밥솥거치대

버블세미기

소쿠리운반차

수저식판 배분대

수저 젓가락 회수차

양념 운반카

회전식 무침기

자동 워터릴

자율 배식대

디쉬워머

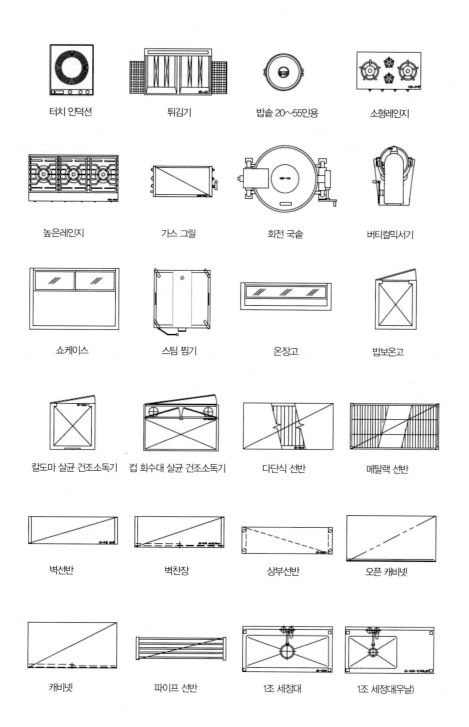

터치 인덕션	튀김기	밥솥 20~55인용	소형레인지
높은레인지	가스 그릴	회전 국솥	버티컬믹서기
쇼케이스	스팀 찜기	온장고	밥보온고
칼도마 살균 건조소독기	컵 회수대 살균 건조소독기	다단식 선반	메탈랙 선반
벽선반	벽찬장	상부선반	오픈 캐비넷
캐비넷	파이프 선반	1조 세정대	1조 세정대(우날)

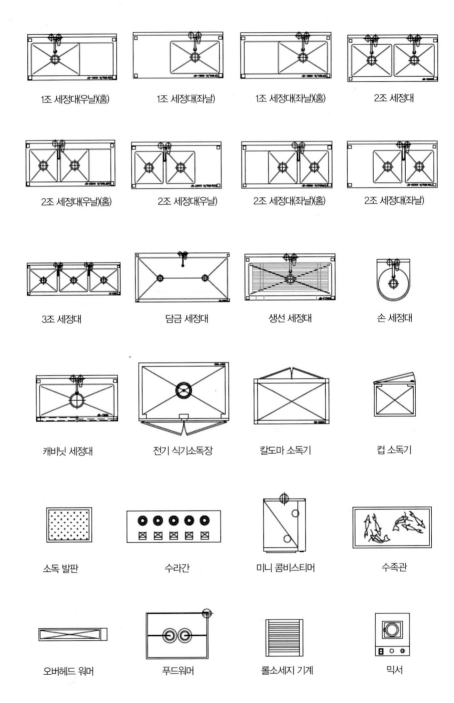

1조 세정대(우날)(홈)   1조 세정대(좌날)   1조 세정대(좌날)(홈)   2조 세정대

2조 세정대(우날)(홈)   2조 세정대(우날)   2조 세정대(좌날)(홈)   2조 세정대(좌날)

3조 세정대   담금 세정대   생선 세정대   손 세정대

캐비닛 세정대   전기 식기소독장   칼도마 소독기   컵 소독기

소독 발판   수라간   미니 콤비스티머   수족관

오버헤드 워머   푸드워머   롤소세지 기계   믹서

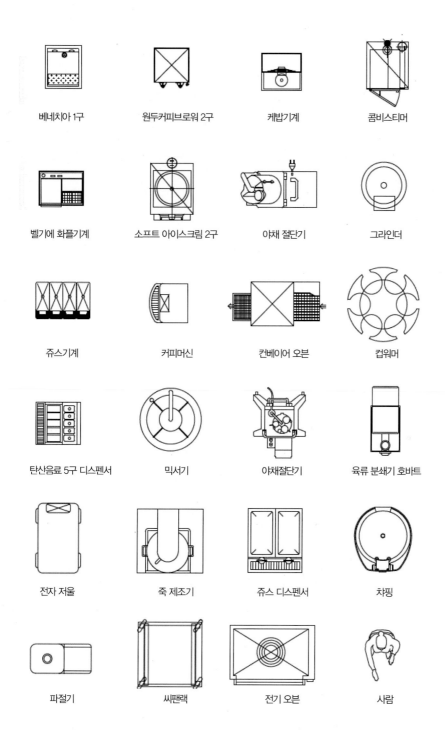

베네치아 1구	원두커피브로워 2구	케밥기계	콤비스티머
벨기에 화플기계	소프트 아이스크림 2구	야채 절단기	그라인더
쥬스기계	커피머신	컨베이어 오븐	컵워머
탄산음료 5구 디스펜서	믹서기	야채절단기	육류 분쇄기 호바트
전자 저울	죽 제조기	쥬스 디스펜서	챠핑
파절기	씨팬랙	전기 오븐	사람

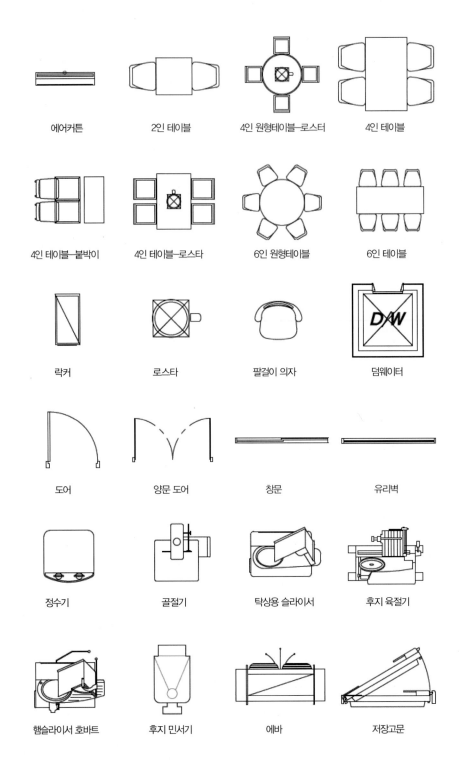

에어커튼

2인 테이블

4인 원형테이블—로스터

4인 테이블

4인 테이블—붙박이

4인 테이블—로스타

6인 원형테이블

6인 테이블

락커

로스타

팔걸이 의자

덤웨이터

도어

양문 도어

창문

유리벽

정수기

골절기

탁상용 슬라이서

후지 육절기

햄슬라이서 호바트

후지 민서기

에바

저장고문

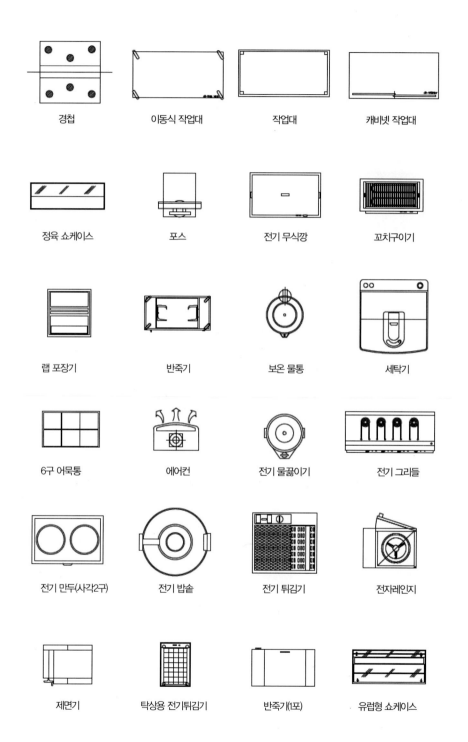

경첩

이동식 작업대

작업대

캐비넷 작업대

정육 쇼케이스

포스

전기 무식깡

꼬치구이기

랩 포장기

반죽기

보온 물통

세탁기

6구 어묵통

에어컨

전기 물끓이기

전기 그리들

전기 만두(사각2구)

전기 밥솥

전기 튀김기

전자레인지

제면기

탁상용 전기튀김기

반죽기(1포)

유럽형 쇼케이스

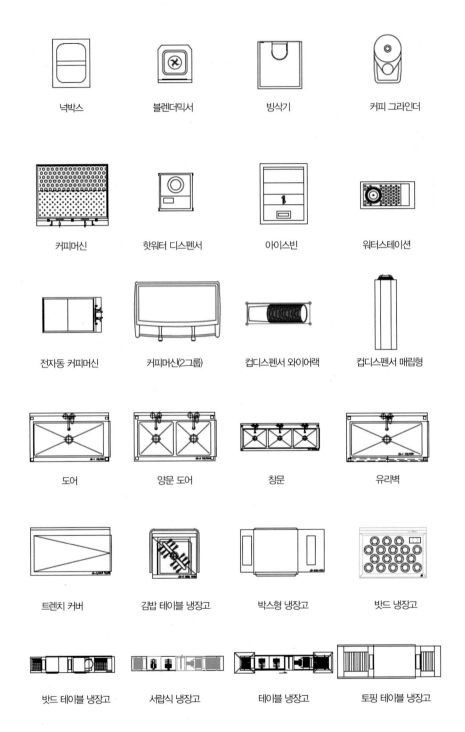

넉박스　　　블렌더믹서　　　빙삭기　　　커피 그라인더

커피머신　　　핫워터 디스펜서　　　아이스빈　　　워터스테이션

전자동 커피머신　　　커피머신(2그룹)　　　컵디스펜서 와이어랙　　　컵디스펜서 매립형

도어　　　양문 도어　　　창문　　　유리벽

트렌치 커버　　　김밥 테이블 냉장고　　　박스형 냉장고　　　밧드 냉장고

밧드 테이블 냉장고　　　서랍식 냉장고　　　테이블 냉장고　　　토핑 테이블 냉장고

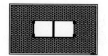
음식물처리기

잔반처리대

잔반통

랩 포장기

진공포장기

참고문헌

- 강무근. (2004). 호텔주방관리가 조리사의 직무만족에 미치는 영향. MICE 관광연구 (구 컨벤션연구), 6, 31-49.

- 국민안전처 중앙소방본부. (2016). 다중이용업소 화재예방 · 안전관리 Guide Book.

- 김기영, 전효진. (2016). 호텔 외식산업 주방관리실무론. 백산출판사.

- 김기영. (1996). 호텔주방 종사자들의 조리 작업 활동 범위 설정에 관한 연구. Tourism Research, 10, 115-134.

- 김영갑, 강동원. (2018). 주방관리론: 주방설계부터 주방경영관리까지. 교문사.

- 김영갑, 채규진, 김선희. (2015). 음식점 성공창업을 위한 외식사업창업론. 교문사.

- 김용문, 박기오, 권오천, 황성원 & 박윤주. (2016). Green 주방관리론. 광문각.

- 김인환, 박헌진, 정진우. (2007). 호텔주방설비가 직무만족, 자기유능감, 생산효율에 미치는 영향에 관한 연구. Culinary Science & Hospitality Research, 13(1), 235-243.

- 김태형, 김보성, 김희기, 안호기 & 최용석. (2010) 주방관리론. 교문사.

- 김태형. (2020) 주방관리론 2판. 교문사.

- 김태희 외. (2004). 식음 서비스 시설 개론. 시그마프레스.

- 대전시 대덕구 청소위생팀. (2013). 하절기 식중독예방교육자료.

- 박정연, 홍기운. (2013). 세대별 외식고객의 외식선택속성에 대한 차이분석. 외식산업경영연구, 9(1), 39-58.

- 박정하. (2020). 호텔 조리사들이 지각하는 주방의 물리적환경, 자기효능감, 생산성 간의 인과 관계 연구. 관광연구저널, 34(7), 183-196.

- 박헌진. (2007). 주방 설비와 동선이 직무 만족과 조직 몰입에 관한 연구. Culinary Science & Hospitality Research, 13(3), 166-174.

- 서울특별시 식품안전추진단. (2010). 식품 알레르기 교육 및 급식 관리 매뉴얼.

- 서울특별시(2002). 학교급식 위생관리 지침서.

- 서울특별시(2012). 집단급식소 등 위생관리 매뉴얼.

- 식품의약품안전처 (2018. 7. 16). "닭요리 할 때, 캠필로박터 식중독 조심하세요". 식품의약품안전처.

- 식품의약품안전처(2015) 1. 개방형 주방 음식점 위생관리 매뉴얼 [한식 · 중식 · 일식].

- 식품의약품안전처(2015) 2. 식품안전관리인증기준(HACCP)의 이해와 정책방향.

- 식품의약품안전처(2015) 3. 알기쉬운 HACCP관리 개정판 2015.

- 식품의약품안전처(2016) 1. 떡류 HACCP 준비개요 및 관리 우수사례집.

- 식품의약품안전처(2016) 2. 식품접객업 HACCP 준비개요 및 관리 우수사례집.

- 식품의약품안전처(2016) 3. 평가 사례로 풀어보는 HACCP 운영 개선집.

- 식품의약품안전처(2017). HACCP평가(심사) 매뉴얼—심사 · 지도관용

- 식품의약품안전처(2018) 1. 알기쉬운 HACCP관리 개정판 2018.

- 식품의약품안전처(2018) 2. 영업자를 위한 음식점 위생등급 신청 · 평가 가이드라인 [민원인 안내서]

- 식품의약품안전처(2021). 21년 HACCP 자체평가 따라하기—식품분야를 중심으로—

- 식품의약품안전처, 한국식품안전관리인증원(2020). 2020년 HACCP 사업.

- 식품의약품안전청(2010). 식재료 관리 및 위생 매뉴얼.

- 안전보건공단. (2012). 서서 일하는 근로자를 위한 건강가이드.

- 엄영호. (2008). 학교급식 환경에 따른 급식조리사의 직무 만족과 조직 몰입에 관한 연구. Culinary Science & Hospitality Research, 14(4), 357—367.

- 원철식, 박대환. (2020). 호텔시설관리론 고객을 위한 호텔시설관리의 모든 것. 백산출판사.

- 윤지영, 주나미 외(2019). 급식, 외식 관리자를 위한 푸드서비스 워크북. 교문사.

- 이동욱, 이행순, 이수범. (2008). 호텔주방 공조환경과 레이아웃이 주방작업환경만족, 조직후원인식 및 직무만족에 미치는 영향. 호텔경영학연구, 17(1), 89—105.

- 이흥구. (2017). 외식 호텔조리 전공자를 위한 호텔 외식주방 설비 관리론. 다이어리 R.

- 인천광역시도시개발공사 관광처. (2009). 하버파크호텔 주방설비 구매 및 설치에 관한 입찰공고내역.

- 장혁래, 이서형, 조춘봉. (2004). 호텔규모에 따른 주방의 업무환경에 관한 연구. 외식경영연구, 7, 99—121.

- 장혜자, 최경기, 왕태환, 곽동경. (2015). 사례 조사를 통한 한식 음식점의 주방면적 비율과 환기시설의 적정성 조사. 한국식품조리과학회지, 31(1).

- 정영자, 유주연, 이석만. (2013). 호텔 주방환경이 조리종사원의 직무만족과 직무성과에 미치는 영향. 관광연구저널, 27(5), 351—363.

- 정인영. (2017). 글로벌 이슈—식품안전사고와 보험산업. KiRi 리포트 2017. 9. 18, 36—37.

- 정진우. (2005). 호텔양식 주방의 동선관리 연구. 관광레저연구, 17(1), 247-265.

- 정진우. (2007). 주방 설비가 조리 종사원의 직무 스트레스에 미치는 영향에 관한 연구. Culinary Science & Hospitality Research, 13(3), 263-277.

- 조혜영. (2013). 한국 부엌 디자인의 역사: 근대 이후 부엌의 문화사적 의미. 박사학위논문, 국민대학교 테크노디자인 전문대학원, 서울.

- 한국농촌경제연구원. (1997). 농축산물 콜드체인시스템 구축방안. 연구보고 R366, 1997. 12.

- 한국산업안전보건공단. (2012). 근골격계질환 예방을 위한 작업환경개선 지침. KOSHA GUIDE H-66-2012.

- 한국산업안전보건공단. (2012). 급식실 시설에 관한 안전지침.

- 황춘기, 나영아, 정수식, 김덕한, 이동열, 이재진, 양신철, 최희중, 하대중. (2010). NEW 주방관리론. 지구문화사.

- Birchfield, J. C. S., Raymond, T., John, C. B., & Raymond, T. S. (2003). Design and layout of foodservice facilities.

- National Restaurant Association. (2008). SERVSAFE 에센셜 5판.

- Sin, G. S. (2006). HACCP의 개념과 필요성. Journal of the Korean veterinary medical association, 42(6), 534-544.

보도자료

- 동아일보 1988.03.29 '美 맥도널드 햄버거 上陸'

- 중앙일보 2009.09.11 [style&home & deco] 냄비, 부엌의 표정'

- 경기도 뉴스포털 2010.05.26 '나들이 가서 김밥 안전하게 먹으려면?'

- 조선닷컴 홈&리빙 2011.10.06 '유리 소재 밀폐용기 안전가이드'

- 식품의약품안전처 2017. 3. 21 '식품용 유리제 기구·용기 올바른 사용법'

- 한겨레 2018.06.15 '로봇 셰프가 요리하는 레스토랑 보실래요?'

- 정보통신기획평가원 2018.11.28 '최신 ICT이슈'

- 식약일보 2019.01.25 '구리합금 '유기', 뛰어난 살균 효과 증명'

- 시그널 2020.04.07 '[기고]공유주방이란 무엇인가'

- 위키트리 2020.05.04 '"갖고싶은 주방 도구" 구리 냄비 사용법 A to Z'

- 로봇신문 2021.01.13 '몰리 로보틱스, CES 2021서 주방 로봇 '로봇 키친' 선봬'

- MBC 뉴스 2021.04.27 '[소수의견] 가스실 같은 주방..폐암에 쓰러지는 급식 노동자'

- YTN라디오 YTN 뉴스FM 슬기로운 라디오생활 20201.02.25 '"알루미늄 먹어도 되나요" 양은냄비 끓인 라면 인체에 무해할까'

웹사이트

- Anatomy Atlases http://www.anatomyatlases.org/

- BBQ 창업 홈페이지 https://www.bbqchangup.co.kr:446/brand/bbq_bsk.asp

- Bed Bath and Beyond www.bedbathandbeyond.com

- Book_Young 블로그 https://m.blog.naver.com/kimuy9/221467666220

- Cloud Kitchen https://www.cloudkitchens.com/commercial-kitchens

- Delish https://www.delish.com/cooking/recipe-ideas/a32937364/how-to-season-a-cast-iron-pan/

- Domimo's Self Driving Delivery www.selfdrivingdelivery.dominos.com

- Fiat Products https://www.fiatproducts.com/

- Fluent Korean https://fluentkorean.com/different-chopsticks/

- Foodservice Equipment Marketing https://www.fem.co.uk/

- HK마트 http://hkmart.co.kr/

- Hospitality Institute of Technology and Management http://www.hi-tm.com/Documents/Handwash-FL99.html

- KT에스테이트 https://content.v.kakao.com/v/5e4351bf7391205c8a527d85

- LG전자 소셜매거진 https://live.lge.co.kr/lg_cloi_chefbot_1124/

- National Restaurant Association www.restaurant.org

- Nisbets www.nisbets.co.uk

- Safety Poster Shop www.safetypostershop.com

- SPC http://www.spc.co.kr

- Spyce https://www.spyce.com/

- Team McChord www.mcchord.af.mil

- The Balance https://www.thebalance.com/.

- The Spoon https://thespoon.tech/how-the-smart-kitchen-may-help-induction-cooking-get-hot-in-the-us/

- Urban Monique www.urbanmonique.net

- WD Partners https://www.wdpartners.com/

- Webstaurant Store www.webstaurantstore.com

- 강병기 on wikipedia.org https://ko.wikipedia.org/wiki/%EC%84%9C%EC%9A%B8_%EC%95%94%EC%82%AC%EB%8F%99_%EC%9C%A0%EC%A0%81#/media/%ED%8C%8C%EC%9D%BC:Amsa_prehistoric_Museum1.jpg

- 공차 https://www.gong-cha.co.kr/brand/menu/order.php

- 국가건강정보포털 http://health.cdc.go.kr/

- 국가법령정보센터 https://www.law.go.kr/

- 국립중앙박물관 https://www.museum.go.kr/

- 그랑 라루스 요리백과-중탕 https://terms.naver.com/entry.naver?docId=5740214&cid=63025&categoryId=63777

- 그랑 라루스 요리백과-팬 https://terms.naver.com/entry.naver?docId=5873197&cid=63025&categoryId=63777

- 대한산업안전협회 블로그 http://blog.naver.com/safety1964

- 디자인다 블로그 https://m.blog.naver.com/designda/221886920454

- 로봇카페 b;eat 인스타그램 https://www.instagram.com/robotcafe_beat/

- 롸버트 치킨 인스타그램 https://www.instagram.com/robertchicken_/?hl=ko

- 르쿠퍼 네이버 스마트 스토어 https://smartstore.naver.com/lecopper

- 르쿠퍼 네이버 포스트 http://naver.me/x35R1EpT

- 마크로밀엠브레인 트렌드 모니터 https://www.trendmonitor.co.kr/tmweb/trend/allTrend/detail.do?bldx=1537&code=0301&trendType=CKOREA

- 모아크린 블로그 https://blog.naver.com/kyjdass/

- 몰패스 https://shop.mallpass.co.kr/mall/view/goodsNo/20976272

- 브이디컴퍼니 주식회사 http://www.vdcompany.co.kr/

- 서관면옥 http://seogwanmyeonog.kr/

- 서교동 언니집 http://bykatie.co.kr/

- 식품외식경제 http://www.foodbank.co.kr

- 식품음료신문 http://www.thinkfood.co.kr

- 식품의약품안전처 http://www.mfds.go.kr

- 아토즈 하우징 http://atozhousing.co.kr/

- 에벤에셀기업 http://www.3dkpl.com/

- 원티드 로보 아르테 페이지 https://www.wanted.co.kr/company/14163

- 위메프 www.wemakeprice.com

- 위브 더파크 https://www.weveapt.co.kr/bupyeong/sub/8.do

- 위쿡 https://www.wecook.co.kr/

- 위키미디어 www.Wikimedia.org

- 위키피디아—Gastronorm https://en.wikipedia.org/wiki/Gastronorm

- 위키피디아—제4차 산업혁명 https://ko.wikipedia.org/wiki/%EC%A0%9C4%EC%B0%A8_%EC%82%B0%EC%97%85_%ED%98%81%EB%AA%85

- 유천공조엔지니어링 http://www.yuchun.co.kr

- 유튜브— Whole Latte Love https://www.youtube.com/user/wholelattelovetv

- 유튜브— YTN News https://youtu.be/FGobEW_RJ2A

- 유튜브—JTBC Entertainment https://www.youtube.com/channel/UCFL1sCAksD6_7JlZwwHcwjQ

- 유튜브—서울시 코로나19 확산방지를 위한 서울시 정례브리핑 2021년 4월 16일 https://www.youtube.com/watch?v=pyK1xrm1ScQ&list=PL1JqjmyTiaushO9lAea—BRix_o_Psk7tH&index=38

- 이노바텍 코리아 http://maruind.net/

- 젠픽스 http://www.zenfix.co.kr/

- **주방뱅크** http://www.jubangbank.co.kr

- **주식회사 아키즈** www.akiz.co.kr

- **㈜한국소방기구제작소** http://www.koreafire.com/sub_02_05.php?tabNum=4

- **㈜한빛이엔에스** https://www.hanbitens.com/

- **채선당 공식 블로그** https://blog.naver.com/chaesundang123/221835318971

- **키친리더** http://www.kitchenleader.co.kr/

- **타이거슈가 코리아 인스타그램** https://www.instagram.com/krtigersugar/?hl=ko

- **테트람** http://tetram.co.kr/

- **통계청** https://kosis.kr/statHtml/statHtml.do?orgId=114&tblId=DT_114054_006

- **통계청 한국표준산업분류** http://kssc.kostat.go.kr/

- **피쳐플로어링** http://www.ffr.co.kr/sub02_03.php

- **하우스레인지** http://houserange.co.kr/b_inc/range03.php

- **한국민족문화대백과사전-음식점(飮食店)** http://encykorea.aks.ac.kr/Contents/Index?contents_id=E0043020

- **한국식품안전관리인증원** https://www.haccp.or.kr/

- **한국외식산업연구원** https://www.kfiri.org/

- **한식문화사전-도자기** https://www.kculture.or.kr/brd/board/640/L/menu/641?brdType=R&thisPage=29&bbIdx=11820&searchField=&searchText=&recordCnt=10

- **휴먼씨앤디** http://www.hmc007.co.kr/

찾아보기

저자 소개

강동원 관광학 박사
(주)주방뱅크 회장
(주)글로벌키친리더 주방시스템 전략연구소 소장
전주대학교 문화관광대학 외식산업학과 객원교수
한성대학교 지식서비스 & 컨설팅대학원 미래융합컨설팅학과 겸임교수
사단법인 한국주방유통협회 회장
사단법인 외식·프랜차이즈진흥원 회장
사단법인 한국프랜차이즈산업협회 협력이사
사단법인 한국외식산업협회 중구광역지회장
사단법인 한국조리협회 상임이사
한국 신지식인
2021 대한민국 국제요리 & 제과경연대회 심사위원
2021 대한민국 국제요리 & 제과경연대회 조직위원

김영갑 한양사이버대학교 호텔조리외식경영학과 교수
한양사이버대학교 대학원 외식프랜차이즈MBA 주임교수
사단법인 일자리창출진흥원 원장
소상공인시장진흥공단 2016년 가상창업체험서비스 시범사업 자문교수
(사)한국프랜차이즈협회 한국프랜차이즈대상 심사위원
한국직업능력개발원 민간자격 공인 조사연구 위원
고용노동부 직업능력개발훈련 사업 심사평가 위원
농림축산식품부 외식산업경기전망지수 산출 자문교수
글로벌 외식 및 한식산업 조사 자문위원
외식 프랜차이즈 매거진 칼럼니스트(월간 호텔 & 레스토랑, 창업 & 프랜차이즈, 식품저널)

서재실 현)한국호텔관광실용학교 학장
사단법인 한국조리기능장협회 이사장
한국외식조리협회 회장
식품공학 박사
초당대학교 조리과학부 교수
직업능력개발 계좌제 평가위원
NCS 신자격 설계 전문위원
NCS 과정평가 출제위원
NCS 일식·복어 집필위원장
국가공인 조리기능장
대한민국 일식조리명인 1호
조리기능경기대회 심사위원
국가기술자격정책 심의위원
조리기능장, 산업기사, 기능사 실기 검정위원
르네상스서울호텔 조리팀장
오산대학교, 강릉영동대학교, 혜전대학교 겸임교수

실전 **주방관리론**

초판 발행 2022년 01월 21일

지은이 강동원 · 김영갑 · 서재실
펴낸이 류원식
펴낸곳 교문사

편집팀장 김경수 | **책임진행** 심승화 | **디자인** 신나리 | **본문편집** 유선영

주소 10881, 경기도 파주시 문발로 116
대표전화 031-955-6111 | **팩스** 031-955-0955
홈페이지 www.gyomoon.com | **이메일** genie@gyomoon.com
등록번호 1968.10.28. 제406-2006-000035호

ISBN 978-89-363-2289-2(93590)
정가 35,500원